同济大学本科教材出版基金资助

U0180611

材料专业实验

（土木工程材料分册）

王 茹 编著

同济大学出版社
TONGJI UNIVERSITY PRESS

内 容 提 要

　　土木工程材料种类繁多,并且有些材料的检测项目颇多,本书在内容上选择了对应于土木工程材料教学内容涉及的常规和基本实验。同时,为了顾及教学过程中不同培养方案的需要,本书有些实验中包含了一种材料的一系列(组)性质(性能)的实验方法或一种性质(性能)的不同实验方法。

　　本书分上下两篇,各含23种(组)实验方法。上篇与胶凝材料相关,涉及水泥化学成分,水泥、建筑石膏和石灰物理力学性质以及水泥原料、生料性质的测定。下篇与建筑结构材料和建筑功能材料相关,涉及钢筋和砂石、水泥砂浆和混凝土以及其他建筑材料的性能测定。本书中每种实验方法都包括了实验意义和目的、实验原理、试剂(原料)及仪器设备、实验步骤和结果计算及数据处理等详细内容。

　　本书可供高等学校用作土木工程材料相关专业实验教材,同时可供土木工程材料研究开发人员、生产技术人员、工程施工人员等参考。

图书在版编目(CIP)数据

材料专业实验.土木工程材料分册 / 王茹编著. —
上海：同济大学出版社，2021.12
　ISBN 978-7-5608-9031-9

　Ⅰ.①材… Ⅱ.①王… Ⅲ.①土木工程−实验−高等
学校−教材 Ⅳ.①TU-33

　中国版本图书馆 CIP 数据核字(2022)第 006849 号

材料专业实验(土木工程材料分册)

王　茹　编著

责任编辑　宋　立　**责任校对**　徐春莲　**封面设计**　陈益平

出版发行　同济大学出版社　　　　www.tongjipress.com.cn
　　　　　(地址:上海市四平路1239号　邮编:200092　电话:021-65985622)
经　　销　全国各地新华书店、网络书店、建筑书店
印　　刷　启东市人民印刷有限公司
开　　本　787 mm×1092 mm　1/16
印　　张　21.5
字　　数　537 000
版　　次　2021 年 12 月第 1 版　　2021 年 12 月第 1 次印刷
书　　号　ISBN 978-7-5608-9031-9

定　　价　88.00 元

前　　言

为服务同济大学"双一流"建设目标,实现立德树人,全员、全方位、全过程育人,进一步提高教育教学质量,学校进行了新一轮教学改革。土木工程材料是同济大学材料学科的传统研究方向,其教学大纲不断改进,教材建设持续加强。为适应教学改革并满足土木工程材料学科实验课程的需要,根据新的教学大纲要求,我们编写了《材料专业实验(土木工程材料分册)》这本实验教材。

近年来,我国土木工程日新月异,随着土木工程材料领域的迅速发展,相应的材料及其测试标准也在不断更新。本书力求与时俱进,编入的实验方法参考并引用了最新的标准,以使学生掌握新的知识。同时,编写过程中汲取了编者在材料科学与工程专业土木工程材料方向多年的专业实验教学经验,以期充分体现土木工程材料实验方法的系统性、包容性及实用性。

土木工程材料种类繁多,且有些材料的检测项目颇多。本书在内容上选择了与土木工程材料教学内容对应的常规实验和基本实验。但为了满足不同教学培养方案的需求,本书有些实验包含了一种材料的一系列(组)性质(性能)的实验方法或一种性质(性能)的不同实验方法。在使用过程中,可以根据培养方案的需求,选择其中某些项目开展实验。

本书分上下两篇,各包含 23 种(组)实验方法。上篇与胶凝材料相关,涉及水泥化学成分,水泥、建筑石膏和石灰物理力学性质以及水泥原料、生料性质的测定。下篇与建筑结构材料和建筑功能材料相关,涉及钢筋和砂石、水泥砂浆和混凝土以及其他建筑材料的性能测定。

本书每个实验都包括实验意义和目的、实验原理、试剂(原料)及仪器设备、实验步骤和结果计算及数据处理等详细内容。

本书可用作高等学校土木工程材料相关专业实验教材,同时可供土木工程材料研究开发人员、生产技术人员、工程施工人员等参考使用。

最后,谨向在本书编写和出版过程中给予支持和帮助的各位同仁表示衷心的感谢! 同时,感谢同济大学本科教材出版专项基金的支持!

由于编者水平有限,书中难免有疏漏和错误之处,敬请批评指正!

编　者

2020 年 9 月

目　　录

下篇　建筑结构与功能材料实验

上 篇
胶凝材料实验

第一部分　水泥化学成分

实验1　水泥熟料中游离氧化钙含量的测定

一、实验意义和目的

在水泥熟料的煅烧过程中,绝大部分的氧化钙均能与酸性氧化物反应生成硅酸三钙(C_3S)、硅酸二钙(C_2S)、铝酸三钙(C_3A)、铁铝酸四钙(C_4AF)等矿物,但受原料成分、生料细度、生料的均匀性及煅烧温度等因素影响,仍存在少量游离的氧化钙(f-CaO)。游离氧化钙的存在会影响水泥的安定性。测定水泥中游离氧化钙的含量,对确保水泥质量尤为重要。本实验介绍了测定游离氧化钙含量的甘油法和乙二醇法。具体实验目的如下:

(1) 掌握测定水泥熟料中游离氧化钙的实验方法和实验原理。

(2) 采用甘油法或乙二醇法测定水泥熟料中游离氧化钙含量。

二、甘油法

(一) 实验原理

在加热搅拌下,以硝酸锶为催化剂,使试样中的 f-CaO 与甘油作用生成弱碱性的甘油钙,以酚酞为指示剂,用苯甲酸-无水乙醇标准滴定溶液滴定,根据所消耗的标准滴定溶液的体积,计算试样中的 f-CaO 含量。

(二) 试剂及仪器

1. 天平:精确至 0.0001 g。

2. 铂(瓷)坩埚:带盖,容量 20～30 mL。

3. 干燥器:内装变色硅胶。

4. 水泥游离氧化钙快速测定仪:具有加热、搅拌、计时功能,并配有冷凝管。

5. 试剂:

(1) 无水乙醇[C_2H_5OH]:体积分数不低于 99.5％。

(2) 丙三醇(甘油)[$C_3H_5(OH)_3$]:体积分数不低于 99％。

(3) 氢氧化钠[NaOH]。

(4) 氢氧化钠-无水乙醇溶液(0.1 mol/L):将 0.4 g 氢氧化钠溶于 100 mL 无水乙醇中,防止吸潮。

(5) 酚酞。

(6) 甘油-无水乙醇溶液(1+2):将 500 mL 甘油与 1 000 mL 无水乙醇混合,加入 0.1 g 酚酞,混匀。用氢氧化钠-无水乙醇溶液中和至微红色。贮存于干燥密封的瓶中,防止吸潮。

(7) 硝酸锶[$Sr(NO_3)_2$]。

(8) 苯甲酸-无水乙醇标准滴定溶液[$c(C_6H_5COOH)=0.1$ mol/L]。

① 苯甲酸-无水乙醇标准滴定溶液的配制:称取 12.2 g 已在干燥器中干燥 24 h 的苯甲酸(C_6H_5COOH)溶于 1 000 mL 无水乙醇中,贮存于带胶塞(装有硅胶干燥管)的玻璃瓶内。

② 苯甲酸-无水乙醇标准滴定溶液对氧化钙滴定度的标定:取一定量碳酸钙($CaCO_3$,基准试剂)置于铂(瓷)坩埚中,在(950 ± 25)℃下灼烧至恒量,从中称取 0.04 g 氧化钙(m_1),精确至 0.0001 g,置于 250 mL 干燥的锥形瓶中,加入 30 mL 甘油-无水乙醇溶液,加入约 1 g 硝酸锶,放入一根干燥的搅拌子,装上冷凝管,置于游离氧化钙测定仪上,以适当的速度搅拌溶液,同时升温并加热煮沸,在搅拌下微沸 10 min 后,取下锥形瓶,立即用苯甲酸-无水乙醇标准滴定溶液滴定至微红色消失。装上冷凝管,继续在搅拌下煮沸至红色出现,而后取下滴定。如此反复操作,直至在加热 10 min 后不出现红色为止(V_1),精确至 0.01 mL。

苯甲酸-无水乙醇标准滴定溶液对氧化钙的滴定度按式(1.1)计算:

$$T'_{CaO}=\frac{m_1\times1\,000}{V_1} \tag{1.1}$$

式中 T'_{CaO}——苯甲酸-无水乙醇标准滴定溶液对氧化钙的滴定度,单位为毫克每毫升 (mg/mL),结果保留三位有效数字;

  m_1——氧化钙的质量,单位为克(g);

  V_1——滴定时消耗苯甲酸-无水乙醇标准滴定溶液的总体积,单位为毫升(mL)。

(三) 实验步骤

称取约 0.5 g 试样(m_2),精确至 0.0001 g,置于 250 mL 干燥的锥形瓶中,加入 30 mL 甘油-无水乙醇溶液,加入约 1 g 硝酸锶,放入一根干燥的搅拌子,装上冷凝管,置于游离氧化钙测定仪上,以适当的速度搅拌溶液,同时升温并加热煮沸,在搅拌下微沸 10 min 后,取下锥形瓶,立即用苯甲酸-无水乙醇标准滴定溶液滴定至微红色消失。装上冷凝管,继续在搅拌下煮沸至红色出现,而后取下滴定。如此反复操作,直至在加热 10 min 后不出现红色为止(V_2),精确至 0.01 mL。

(四) 结果计算及数据处理

游离氧化钙的质量分数按式(1.2)计算:

$$\omega_{f\text{-}CaO}=\frac{T'_{CaO}\times V_2}{m_2\times1\,000}\times100\%=\frac{T'_{CaO}\times V_2\times0.1}{m_2}\% \tag{1.2}$$

式中 $\omega_{f\text{-}CaO}$——游离氧化钙的质量分数,用百分数表示,结果精确至 0.01%;

  T'_{CaO}——苯甲酸-无水乙醇标准滴定溶液对氧化钙的滴定度,单位为毫克每毫升 (mg/mL),结果保留三位有效数字;

  V_2——滴定时消耗苯甲酸-无水乙醇标准滴定溶液的总体积,单位为毫升(mL),结果精确至 0.01 mL;

m_2——试料的质量,单位为克(g),结果精确至 0.0001 g。

三、乙二醇法

(一) 实验原理

在加热搅拌下,使试样中的 f-CaO 与乙二醇作用生成弱碱性的乙二醇钙,以酚酞为指示剂,用苯甲酸-无水乙醇标准滴定溶液滴定,根据所消耗的标准溶液的体积,计算试样中的 f-CaO含量。

(二) 试剂及仪器

1. 水泥游离氧化钙快速测定仪:具有加热、搅拌、计时功能,并配有冷凝管。

2. 试剂:

(1) 无水乙醇[C_2H_5OH]:体积分数不低于 99.5%。

(2) 乙二醇[$HOCH_2CH_2OH$]:体积分数为 99%。

(3) 氢氧化钠[$NaOH$]。

(4) 氢氧化钠-无水乙醇溶液(0.1 mol/L):将 0.4 g 氢氧化钠溶于 100 mL 无水乙醇中,防止吸潮。

(5) 酚酞。

(6) 乙二醇-无水乙醇溶液(2+1):将 1 000 mL 乙二醇与 500 mL 无水乙醇混合,加入 0.2 g 酚酞,混匀。用氢氧化钠-无水乙醇溶液中和至微红色。贮存于干燥密封的瓶中,防止吸潮。

(7) 苯甲酸-无水乙醇标准滴定溶液[$c(C_6H_5COOH)=0.1$ mol/L]。

① 苯甲酸-无水乙醇标准滴定溶液的配制:称取 12.2 g 已在干燥器中干燥 24 h 的苯甲酸(C_6H_5COOH)溶于 1 000 mL 无水乙醇中,贮存于带胶塞(装有硅胶干燥管)的玻璃瓶内。

② 苯甲酸-无水乙醇标准滴定溶液对氧化钙滴定度的标定:取一定量碳酸钙($CaCO_3$,基准试剂)置于铂(瓷)坩埚中,在(950±25)℃下灼烧至恒量,从中称取 0.04 g 氧化钙(m_3),精确至 0.0001 g,置于 250 mL 干燥的锥形瓶中,加入 30 mL 乙二醇-乙醇溶液,放入一根干燥的搅拌子,装上冷凝管,置于游离氧化钙测定仪上,以适当的速度搅拌溶液,同时加热煮沸,当冷凝的乙醇开始连续滴下时,继续在搅拌下加热微沸 5 min,取下锥形瓶,立即用苯甲酸-无水乙醇标准滴定溶液滴定至微红色消失(V_3),精确至 0.01 mL。

苯甲酸-无水乙醇标准滴定溶液对氧化钙的滴定度按式(1.3)计算:

$$T''_{CaO}=\frac{m_3\times 1\,000}{V_3} \tag{1.3}$$

式中 T''_{CaO}——苯甲酸-无水乙醇标准滴定溶液对氧化钙的滴定度,单位为毫克每毫升(mg/mL),结果保留三位有效数字;

m_3——氧化钙的质量,单位为克(g);

V_3——滴定时消耗苯甲酸-无水乙醇标准滴定溶液的总体积,单位为毫升(mL)。

(三) 实验步骤

称取约 0.5 g 试样(m_4),精确至 0.0001 g,置于 250 mL 干燥的锥形瓶中,加入 30 mL 乙

二醇-无水乙醇溶液,放入一根干燥的搅拌子,装上冷凝管,置于游离氧化钙测定仪上,以适当的速度搅拌溶液,同时加热煮沸,当冷凝的乙醇开始连续滴下时,继续在搅拌下加热微沸5 min,取下锥形瓶,立即用苯甲酸-无水乙醇标准滴定溶液滴定至微红色消失(V_4),精确至0.01 mL。

(四) 结果计算及数据处理

游离氧化钙的质量分数 $\omega_{\text{f-CaO}}$ 按式(1.4)计算:

$$\omega_{\text{f-CaO}} = \frac{T''_{\text{CaO}} \times V_4}{m_4 \times 1\,000} \times 100\% = \frac{T''_{\text{CaO}} \times V_4 \times 0.1}{m_4}\% \tag{1.4}$$

式中　$\omega_{\text{f-CaO}}$——游离氧化钙的质量分数,用百分数表示,结果精确至0.01%;

T''_{CaO}——苯甲酸-无水乙醇标准滴定溶液对氧化钙的滴定度,单位为毫克每毫升(mg/mL),结果保留三位有效数字;

V_4——滴定时消耗苯甲酸-无水乙醇标准滴定溶液的体积,单位为毫升(mL),结果精确至0.01 mL;

m_4——试料的质量,单位为克(g),结果精确至0.0001 g。

实验2　水泥中不溶物含量的测定

一、实验意义和目的

水泥中的不溶物是指水泥经过一定浓度的酸和碱处理后,不被溶解的残留物。不溶物的来源是多方面的,如从原料、混合材和石膏中带入的杂质。当熟料煅烧好、石膏纯度高、火山灰质混合材活性好时,熟料中不溶物含量就低。因此,测定水泥中不溶物含量可以衡量水泥活性和水泥品质。本实验目的如下:

(1) 掌握测定水泥中不溶物的实验方法及实验原理。

(2) 测定水泥中不溶物含量。

二、实验原理

将试样先以盐酸溶液处理,尽量避免可溶性二氧化硅的析出,滤出的不溶渣再以氢氧化钠溶液处理,进一步溶解可能已沉淀的痕量二氧化硅,以盐酸中和、过滤,残渣经灼烧后称量。

三、试剂及仪器

1. 天平:精确至0.0001 g。

2. 瓷坩埚:带盖,容量20~30 mL。

3. 干燥器:内装变色硅胶。

4. 高温炉:隔焰加热炉,在炉腔外围进行电阻加热。应使用温度控制器准确控制炉温,可控制温度为(950±25)℃。

5. 蒸汽水浴。

6. 滤纸:中速定量滤纸。

7. 玻璃仪器:150 mL烧杯、平头玻璃棒、玻璃棒、表面皿。

8. 试剂:

(1) 盐酸(HCl):1.18～1.19 g/cm³,质量分数为36%～38%。

(2) 盐酸(1+1):1份体积的浓盐酸与1份体积的水相混合。

(3) 乙醇(C₂H₅OH):乙醇的体积分数为95%。

(4) 氢氧化钠溶液(10 g/L):将10 g氢氧化钠(NaOH)溶于水中,加水稀释至1 L,贮存于塑料瓶中。

(5) 甲基红指示剂溶液(2 g/L):将0.2 g甲基红溶于100 mL乙醇中。

(6) 硝酸铵溶液(20 g/L):将2 g硝酸铵(NH₄NO₃)溶于水中,加水稀释至100 mL。

四、实验步骤

称取约1 g试样(m_1),精确至0.0001 g,置于150 mL烧杯中,加入25 mL水,搅拌使试样完全分散,在不断搅拌下加入5 mL盐酸,用平头玻璃棒压碎块状物使其完全分散。用近沸的热水稀释至50 mL,盖上表面皿,将烧杯置于蒸汽水浴中加热15 min并用中速定量滤纸过滤,用热水充分洗涤10次以上。

将残渣和滤纸一并移入原烧杯中,加入100 mL近沸的氢氧化钠溶液,盖上表面皿,置于蒸汽水浴中加热15 min。加热期间搅动滤纸及残渣2～3次。取下烧杯,加入1～2滴甲基红指示剂溶液,滴加盐酸(1+1)至溶液呈红色,再过量8～10滴。用中速定量滤纸过滤,用热的硝酸铵溶液充分洗涤残渣和滤纸至少14次,每次等上次洗涤液滴完后再进行下次洗涤。

将残渣及滤纸一并移入已灼烧恒量的瓷坩埚中,灰化后在(950±25)℃的高温炉内灼烧30 min以上。取出坩埚,置于干燥器中,冷却至室温后称量。反复灼烧,直至恒量或者在(950±25)℃下灼烧约30 min(有争议时,以反复灼烧直至恒量的结果为准),置于干燥器中冷却至室温后称量(m_2)。

恒量:经第一次灼烧、冷却、称量后,通过连续每次15 min的灼烧,然后冷却、称量的方法来检查恒定质量,当连续两次称量之差小于0.0005 g时,即达到恒量。

五、结果计算及数据处理

不溶物的质量分数ω_{IR}按式(2.1)计算:

$$\omega_{IR}=\frac{m_2}{m_1}\times100\%$$ (2.1)

式中 ω_{IR}——不溶物的质量分数,用百分数表示,结果精确至0.01%;

m_2——灼烧后不溶物的质量,单位为克(g),结果精确至0.0001 g;

m_1——试料的质量,单位为克(g),结果精确至0.0001 g。

每个试样测定两次,当不溶物含量不高于2%,两次测定结果的绝对差值在0.10%以内,或当不溶物含量大于2%,两次测定结果的绝对差值在0.15%以内时,用两次实验结果的平均值表示测定结果。如果两次实验结果的绝对差值超出允许范围,应在短时间内进行第三次测定,测定结果与前两次的任一次分析结果之差值符合规定时,则取其平均值,否则,应查找原因,重新按上述步骤进行分析。

测定应同时进行空白实验(不加入试样,按照相同的测定步骤进行实验并使用相同量的试剂),并对测定结果加以修正。

实验3　水泥烧失量的测定

一、实验意义和目的

烧失量与水泥品质及其性能密切相关。水泥在灼烧过程中去除二氧化碳和水分,同时将试样中易氧化的元素氧化。通过测定水泥的烧失量,可以控制石膏和混合材中杂质含量,以保证水泥质量。本实验介绍了测定水泥烧失量的灼烧差减法和矿渣硅酸盐水泥烧失量的测定——校正法(基准法)。本实验目的如下:

(1) 掌握测定水泥烧失量的灼烧差减法和校正法的实验方法及实验原理。

(2) 选择灼烧差减法或校正法测定水泥的烧失量。

二、灼烧差减法

(一) 实验原理

试样在(950±25)℃的高温炉中灼烧,灼烧所失去的质量即为烧失量。

(二) 仪器设备

1. 天平:精确至0.0001 g。

2. 瓷坩埚:带盖,容量20～30 mL。

3. 干燥器:内装变色硅胶。

4. 高温炉:隔焰加热炉,在炉膛外围进行电阻加热。应使用温度控制器准确控制炉温,可控制温度为(950±25)℃。

(三) 实验步骤

称取约1 g试样(m_1),精确至0.0001 g,放入已灼烧恒量的瓷坩埚中,盖上坩埚盖,并留有缝隙,放在高温炉内,从低温开始逐渐升高温度,在(950±25)℃下灼烧15～20 min,取出坩埚置于干燥器中,冷却至室温,称量,反复灼烧直至恒量或在(950±25)℃下灼烧约1 h(有争议时,以反复灼烧直至恒量的结果为准),置于干燥器中冷却至室温后称量(m_2)。

(四) 结果计算及数据处理

烧失量的质量分数 ω_{LOI} 按式(3.1)计算:

$$\omega_{LOI} = \frac{m_1 - m_2}{m_1} \times 100\% \tag{3.1}$$

式中　ω_{LOI}——烧失量的质量分数,用百分数表示,结果精确至 0.01%;

　　　m_1——试样的质量,单位为克(g),结果精确至 0.0001 g;

　　　m_2——灼烧后试样的质量,单位为克(g),结果精确至 0.0001 g。

三、矿渣硅酸盐水泥烧失量的测定——校正法(基准法)

(一) 实验原理

试样在(950±25)℃的高温炉中灼烧,由于试样中硫化物的氧化而引起试料质量的增加,通过测定灼烧前和灼烧后硫酸盐三氧化硫含量的增加来校正此类水泥的烧失量。

(二) 试剂及仪器

1. 盐酸(1+10):1 份体积的浓盐酸与 10 份体积的水相混合。

2. 天平:精确至 0.0001 g。

3. 烧杯:200 mL。

4. 铂(瓷)坩埚:带盖,容量 20~30 mL。

5. 干燥器:内装变色硅胶。

6. 高温炉:隔焰加热炉,在炉膛外围进行电阻加热。应使用温度控制器准确控制炉温,可控制温度为(950±25)℃。

(三) 实验步骤

称取约 1 g 试样(m_1),精确至 0.0001 g,放入已灼烧恒量的铂坩埚或瓷坩埚中,盖上坩埚盖,并留有缝隙,放在高温炉内,在(950±25)℃下灼烧 15~20 min,取出坩埚,置于干燥器中冷却至室温,称量(m_2)。不用反复灼烧直至恒量。

所用瓷坩埚应内部釉完整、表面光滑。

灼烧后试料中硫酸盐三氧化硫的质量分数可按以下两种方法测定。当有争议时,以方法一为准。

方法一:用灼烧后的全部试料测定。仔细地将灼烧后的试料全部转移至 200 mL 烧杯中,用少许热盐酸(1+10)洗净坩埚,用平头玻璃棒压碎试料。然后按本书实验 4 的方法测定硫酸盐三氧化硫的质量分数。

方法二:称取约 0.5 g 灼烧后的试料测定。将灼烧后的试料压碎搅匀,称取约 0.5 g 灼烧后的试料(m_3)。然后按本书实验 4 的方法测定硫酸盐三氧化硫的质量分数。

按以上方法测定未灼烧水泥试样中的硫酸盐三氧化硫的质量分数 ω_1。

(四) 结果计算及数据处理

1. 实测的烧失量质量分数计算

实际测定的烧失量质量分数 ω_{LOI} 按式(3.2)计算:

$$\omega_{LOI} = \frac{m_1 - m_2}{m_1} \times 100\% \tag{3.2}$$

式中　ω_{LOI}——实际测定烧失量的质量分数,用百分数表示,结果精确至 0.01%;

　　　m_1——试样的质量,单位为克(g),结果精确至 0.0001 g;

　　　m_2——灼烧后试样的质量,单位为克(g),结果精确至 0.0001 g。

2. 灼烧后试料中硫酸盐三氧化硫质量分数的计算

按方法一,以水泥基表示灼烧后试料中硫酸盐三氧化硫的质量分数 ω_2,按式(3.1)计算,试样质量为 m_1。

按方法二,以灼烧基表示灼烧后试料中硫酸盐三氧化硫的质量分数 ω_3,按式(3.1)计算,试样质量为 m_3。再将灼烧基换算为水泥基表示的灼烧后的试料中硫酸盐三氧化硫质量分数 ω_2,按式(3.3)计算:

$$\omega_2 = \omega_3 \times \frac{100\% - \omega_{LOI}}{100\%} \tag{3.3}$$

式中　ω_2——以水泥基表示灼烧后试料中硫酸盐三氧化硫的质量分数,用百分数表示,结果精确至 0.01%;

ω_3——以灼烧基表示灼烧后试料中硫酸盐三氧化硫的质量分数,用百分数表示,结果精确至 0.01%;

ω_{LOI}——实际测定烧失量的质量分数,用百分数表示,结果精确至 0.01%。

3. 烧失量的校正计算

根据灼烧前后硫酸盐三氧化硫含量的变化,矿渣硅酸盐水泥在灼烧过程中由于硫化物氧化引起烧失量的误差可按式(3.4)进行校正:

$$\omega'_{LOI} = \omega_{LOI} + 0.8 \times (\omega_2 - \omega_1) \tag{3.4}$$

式中　ω'_{LOI}——校正后烧失量的质量分数,用百分数表示,结果精确至 0.01%;

ω_{LOI}——实测的烧失量的质量分数,用百分数表示,结果精确至 0.01%;

ω_1——未灼烧水泥试样中硫酸盐三氧化硫的质量分数,用百分数表示,结果精确至 0.01%;

ω_2——以水泥基表示灼烧后试料中硫酸盐三氧化硫的质量分数,用百分数表示,结果精确至 0.01%;

0.8——S^{2-} 氧化为 SO_4^{2-} 时增加的氧与 SO_3 的摩尔质量比,即 $(4 \times 16)/80 = 0.8$。

每个试样测定两次,当两次测定结果的绝对差值在 0.15%(灼烧差减法)或 0.20%(校正法)以内时,用两次实验结果的平均值表示测定结果。如果两次实验结果的绝对差值超出允许范围,应在短时间内进行第三次测定,测定结果与前两次的任一次分析结果之差值符合规定时,则取其平均值,否则,应查找原因,重新按上述方法进行分析。

测定应同时进行空白实验(不加入试样,按照相同的测定步骤进行实验并使用相同量的试剂),并对测定结果加以修正。

实验4　水泥中硫酸盐三氧化硫的测定

一、实验意义和目的

水泥中硫酸盐三氧化硫能调节水泥的凝结时间和强度,但如果水泥中三氧化硫过多则会导致水泥与水混合之后发生膨胀,影响水泥的安定性。测定水泥中硫酸盐三氧化硫的含量,对保证水泥的品质具有重要意义。本实验介绍了测定水泥中硫酸盐三氧化硫含量的硫酸钡重量法(基准法)、碘量法(代用法)和库仑滴定法(代用法)。本实验目的如下:

(1) 掌握测定水泥中硫酸盐三氧化硫的实验方法和实验原理。

(2) 选择一种方法测定水泥中硫酸盐三氧化硫的含量。

二、硫酸钡重量法(基准法)

(一) 实验原理

用盐酸分解试样生成硫酸根离子,在煮沸下用氯化钡溶液沉淀,生成的硫酸钡沉淀经过滤灼烧后称量。测定结果以三氧化硫计。

(二) 试剂及仪器

1. 天平:精确至 0.0001 g。

2. 干燥器:内装变色硅胶。

3. 高温炉:隔焰加热炉,在炉膛外围进行电阻加热。应使用温度控制器准确控制炉温,可控制温度为(800 ± 25)℃和(950 ± 25)℃。

4. 滤纸:慢速定量滤纸、中速定量滤纸。

5. 烧杯:200 mL 和 400 mL。

6. 搅拌棒:平头玻璃棒。

7. 表面皿。

8. 滴定管。

9. 胶头擦棒。

10. 瓷坩埚。

11. 漏斗。

12. 试剂:

(1) 盐酸(HCl):1.18~1.19 g/cm³,质量分数为 36%~38%。

(2) 氯化钡溶液(100 g/L):将 100 g 氯化钡($BaCl_2 \cdot 2H_2O$)溶于水中,加水稀释至 1 L,必要时过滤使用。

(3) 盐酸(1+1):1 份体积的浓盐酸与 1 份体积的水相混合。

(4) 氢氧化铵(NH_4OH):0.9 g/cm³。

(5) 硝酸银溶液(5 g/L):将 0.5 g 硝酸银($AgNO_3$)溶于水中,加入 1 mL 硝酸,加水稀释至 100 mL,贮存于棕色瓶中。

(三) 实验步骤

称取约 0.5 g 试样(m_1),精确至 0.0001 g,置于 200 mL 烧杯中,加入约 40 mL 水,搅拌使试样完全分散,在搅拌下加入 10 mL 盐酸(1+1),用平头玻璃棒压碎块状物,加热煮沸并保持微沸 5~10 min。用中速定量滤纸过滤,并用热水洗涤 10~12 次,滤液及洗液收集于400 mL 烧杯中。加水稀释至约 250 mL,玻璃棒底部压一小片定量滤纸,盖上表面皿,加热煮沸,在微沸下从杯口缓慢逐滴加入 10 mL 热的氯化钡溶液,继续微沸数分钟使沉淀良好的形成,然后在常温下静置 12~24 h 或温热处静置至少 4 h(有争议时,以在常温下静置 12~

24 h 的结果为准),溶液体积应保持在约 200 mL。用慢速定量滤纸过滤,用热水洗涤,用胶头擦棒和定量滤纸片擦洗烧杯及玻璃棒,洗涤至检验无氯离子为止。

将沉淀及滤纸一并移入已灼烧恒量的瓷坩埚中,灰化完全后,放入 800～950 ℃的高温炉内灼烧 30 min 以上,取出坩埚,置于干燥器中冷却至室温,称量,反复灼烧直至恒量或者在 800～950 ℃下灼烧 30 min(有争议时,以反复灼烧直至恒量的结果为准),置于干燥器中冷却至室温后称量(m_2)。

注:检验氯离子(硝酸银检验)。按规定洗涤沉淀数次后,用水冲洗漏斗的下端。继续用水洗涤滤纸和沉淀,将滤液收集于试管中,加数滴硝酸银溶液,观察试管中的溶液是否浑浊。如果浑浊,继续洗涤并检验,直至用硝酸银检验溶液不再浑浊为止。

(四) 结果计算及数据处理

试样中三氧化硫的质量分数 ω_{SO_3} 按式(4.1)计算:

$$\omega_{SO_3} = \frac{(m_2 - m_0) \times 0.343}{m_1} \times 100\%$$ (4.1)

式中　ω_{SO_3}——硫酸盐三氧化硫的质量分数,用百分数表示,结果精确到 0.01%;

m_2——灼烧后沉淀的质量,单位为克(g),结果精确至 0.0001 g;

m_1——试料的质量,单位为克(g),结果精确至 0.0001 g;

m_0——空白试样灼烧后沉淀的质量,单位为克(g),结果精确至 0.0001 g;

0.343——硫酸钡对三氧化硫的换算系数。

三、碘量法(代用法)

(一) 实验原理

试样先经磷酸处理,分解除去硫化物。再加入氯化亚锡-磷酸溶液并加热,将硫酸盐的硫还原成等物质的量的硫化氢,收集于氨性硫酸锌溶液中,然后用碘量法进行测定。试样中除硫化物(S^{2-})和硫酸盐外,还存在其他状态的硫时,可能对测定造成误差。

(二) 试剂及仪器

1. 天平:精确至 0.0001 g。

2. 容量瓶:1 000 mL。

3. 锥形瓶:250 mL。

4. 烧杯:400 mL。

5. 测定硫化物及硫酸盐的仪器装置示意如图 4.1 所示。

6. 试剂:

(1) 磷酸(H_3PO_4):1.68 g/cm³,质量分数为 85%。

(2) 无水碳酸钠(Na_2CO_3):将无水碳酸钠用玛瑙研钵研细至粉末状,贮存于密封瓶中。

(3) 氯化亚锡-磷酸溶液:将 1 000 mL 磷酸放在烧杯中,在通风橱中于电炉上加热脱水,至溶液体积缩减至 850～950 mL 时,停止加热。待溶液温度降至 100 ℃以下时,加入100 g 氯化亚锡($SnCl_2 \cdot 2H_2O$),继续加热至溶液透明且无大气泡冒出时为止(此溶液的使用期一般不超过两周)。

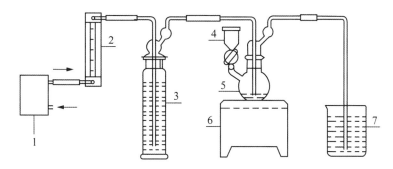

1—吹气泵；2—转子流量计；3—洗气瓶，250 mL，内盛 100 mL 硫酸铜溶液(50 g/L)；
4—分液漏斗，20 mL；5—反应瓶，100 mL；6—电炉，600 W，与 1～2 kVA 调压变压器相连接；
7—烧杯，400 mL，内盛 20 mL 氨性硫酸锌溶液和 300 mL 水

图 4.1　测定硫化物及硫酸盐的仪器装置示意图

（4）氨性硫酸锌溶液(100 g/L)：将 50 g 硫酸锌($ZnSO_4 \cdot 7H_2O$)溶于 150 mL 水和 350 mL 氨水中。静置至少 24 h 后使用，必要时过滤后使用。

（5）明胶溶液(5 g/L)：将 0.5 g 明胶(动物胶)溶于 100 mL 70～80 ℃的水中。现用现配。

（6）淀粉溶液(10 g/L)：将 1 g 淀粉(水溶性)置于烧杯中，加水调成糊状后，加入 100 mL 沸水，煮沸约 1 min，冷却后使用。

（7）硫酸铜溶液(50 g/L)：将 5 g 硫酸铜($CuSO_4 \cdot 5H_2O$)溶于 100 mL 水中。

（8）盐酸(1+1)：1 份体积的浓盐酸与 1 份体积的水相混合。

（9）氢氧化钠(NaOH)。

（10）碘化钾(KI)。

（11）碘酸钾标准滴定溶液[$c(1/6KIO_3)=0.03$ mol/L]。

称取 1.0701 g 已于 180 ℃烘过 2 h 的碘酸钾(KIO_3，基准试剂)，精确至 0.0001 g，溶于约 200 mL 新煮沸过的冷水中，加入 0.2～0.5 g 氢氧化钠(NaOH)及 25 g 碘化钾(KI)，溶解后移入 1 000 mL 容量瓶中，再用新煮沸过的冷水稀释至刻度，摇匀。

（12）硫代硫酸钠标准滴定溶液[$c(Na_2S_2O_3)=0.03$ mol/L]。

① 硫代硫酸钠标准滴定溶液的配制：将 7.5 g 硫代硫酸钠($Na_2S_2O_3 \cdot 5H_2O$)溶于 200 mL 新煮沸过的冷水中，加入 0.05 g 无水碳酸钠，溶解后再用新煮沸过的冷水稀释至 1 L，摇匀，贮存于棕色瓶中。

提示：由于硫代硫酸钠标准溶液不稳定，建议在每批实验之前，要重新标定碘酸钾标准滴定溶液与硫代硫酸钠标准滴定溶液体积比。

② 碘酸钾标准滴定溶液与硫代硫酸钠标准滴定溶液体积比的标定：从滴定管中缓慢放出 15.00 mL 碘酸钾标准滴定溶液于 250 mL 锥形瓶中，加入 50 mL 水及 20 mL 盐酸(1+1)，在摇动下用硫代硫酸钠标准滴定溶液滴定至淡黄色后，加入约 2 mL 淀粉溶液，再继续滴定至蓝色消失(V_1)。

碘酸钾标准滴定溶液与硫代硫酸钠标准滴定溶液的体积比按式(4.2)计算：

$$K_1 = \frac{15.00}{V_1} \tag{4.2}$$

式中 K_1——碘酸钾标准滴定溶液与硫代硫酸钠标准滴定溶液的体积比；

15.00——加入碘酸钾标准滴定溶液的体积，单位为毫升(mL)；

V_1——滴定时消耗硫代硫酸钠标准滴定溶液的体积，单位为毫升(mL)。

(三) 实验步骤

向 400 mL 烧杯中加入 20 mL 氨性硫酸锌溶液和 300 mL 水，按图 4.1 的仪器装置连接方式将玻璃导气管插入烧杯中。

称取约 0.5 g 试样(m_1)，精确至 0.0001 g，置于 100 mL 的干燥反应瓶中，加入 10 mL 磷酸，置于小电炉上加热至沸，并继续在微沸下加热至无大气泡、液面平静、无白烟出现时为止。取下放冷，向反应瓶中加入 10 mL 氯化亚锡-磷酸溶液，按图 4.1 中仪器装置连接方式连接各部件。

开动空气泵，控制气体流量为 100~150 mL/min(每秒 4~5 个气泡)，加热煮沸并微沸15 min，停止加热。

提示： 实验结束时反应瓶中的溶液温度较高，注意冷却后再洗涤反应瓶。

关闭空气泵，把插入吸收液内的玻璃导气管作为搅拌棒，将溶液冷却至室温，加入 10 mL明胶溶液，加入 15.00 mL 碘酸钾标准滴定溶液(V_2)，在充分搅拌下加入 40 mL 盐酸(1+1)，用硫代硫酸钠标准滴定溶液滴定至淡黄色，加入 2 mL 淀粉溶液，继续滴定至蓝色消失(V_3)。如果 V_3 小于 1.5 mL，用减少一半的试样质量重新实验。建议碘酸钾标准滴定溶液的加入量见表 4.1。

表 4.1 建议碘酸钾标准滴定溶液的加入量

硫酸盐三氧化硫含量	称样量/g	碘酸钾标准滴定溶液加入量/mL
1.5%~2.0%	0.5	9~12
2.0%~2.5%	0.5	11~14
2.5%~3.0%	0.5	13~16
3.0%~3.5%	0.5	15~18
3.5%~4.0%	0.5	17~20

(四) 结果计算及数据处理

硫酸盐三氧化硫的质量分数 ω_{SO_3} 按式(4.3)计算：

$$\omega_{SO_3} = \frac{1.201 \times [(V_2 - K_1 \times V_3) - (V_{02} - K_1 \times V_{03})]}{m_1 \times 1\,000} \times 100\%$$

$$= 0.1201 \times \frac{(V_2 - K_1 \times V_3) - (V_{02} - K_1 \times V_{03})}{m_1}\%$$

(4.3)

式中 ω_{SO_3}——硫酸盐三氧化硫的质量分数，用百分数表示，结果精确至 0.01%；

1.201——碘酸钾标准滴定溶液对三氧化硫的滴定度，单位为毫克每毫升(mg/mL)，结果保留四位有效数字；

V_2——加入碘酸钾标准滴定溶液的体积，单位为毫升(mL)，结果精确至 0.01 mL；

V_3——滴定时消耗硫代硫酸钠标准滴定溶液的体积,单位为毫升(mL),结果精确至 0.01 mL;

V_{02}——空白实验加入碘酸钾标准滴定溶液的体积,单位为毫升(mL),结果精确至 0.01 mL;

V_{03}——空白实验消耗硫代硫酸钠标准滴定溶液的体积,单位为毫升(mL),结果精确至 0.01 mL;

K_1——碘酸钾标准滴定溶液与硫代硫酸钠标准滴定溶液的体积比,结果保留四位有效数字;

m_1——试料的质量,单位为克(g),结果精确至 0.0001 g。

四、库仑滴定法(代用法)

(一) 实验原理

试样先经甲酸处理,分解除去硫化物。在催化剂的作用下,试样于空气流中燃烧分解,生成的二氧化硫被碘化钾溶液吸收,以电解碘化钾溶液所产生的碘进行滴定。

试样中含有大量的硫化物(S^{2-})或其他状态的硫时,硫化物或其他状态的硫可能未完全被甲酸所分解,将给测定结果造成正误差,如掺入大量矿渣的水泥。

(二) 试剂及仪器

1. 天平:精确至 0.0001 g。

2. 瓷舟:长 70~80 mm,可耐温 1 200 ℃。

3. 石英舟:稍大于瓷舟。

4. 拉细的玻璃棒。

5. 电炉。

6. 库仑积分测硫仪:由管式高温炉、电解池、磁力搅拌器和库仑积分器组成。

7. 试剂:

(1) 甲酸(HCOOH):1.22 g/cm^3,质量分数为 88%。

(2) 甲酸(1+1):1 份体积的甲酸与 1 份体积的水混合。

(3) 五氧化二钒(V_2O_5)。

(4) 电解液:将 6 g 碘化钾(KI)和 6 g 溴化钾(KBr)溶于 300 mL 水中,加入 10 mL 冰乙酸。

(三) 实验步骤

使用库仑积分测硫仪进行测定,将管式高温炉升温并控制在 1 150~1 200 ℃。

开动供气泵和抽气泵并将抽气流量调节到约 1 000 mL/min。在抽气下,将 200~300 mL 电解液加入电解池内(电解液的加入量按仪器说明书要求加入),开动磁力搅拌器。

调节电位平衡:在瓷舟中放入少量含一定硫的试样,并盖一薄层五氧化二钒,将瓷舟置于一稍大的石英舟上,送进炉内,库仑滴定随即开始。如果实验结束后库仑积分器的显示值为零,应再次调节直至显示值不为零为止。

称取约(0.05±0.01)g 试样(m_1),精确至 0.0001 g,将试样均匀地平铺于瓷舟中,慢慢滴加 4~5 滴甲酸(1+1),用拉细的玻璃棒沿瓷舟方向搅拌几次,使试样完全被甲酸润湿,再用

2~3 滴甲酸(1+1)将玻璃棒上沾有的少量试样冲洗于瓷舟中,将瓷舟放在电炉上,控制电炉丝呈暗红色,低温加热并烤干,防止溅失,再升高温度加热 3~5 min。取下冷却后在试料上覆盖一薄层五氧化二钒,将瓷舟置于石英舟上,送进炉内,库仑滴定随即开始,实验结束后,库仑积分器显示出三氧化硫(或硫)的毫克数(m_2),并用有证标准样品/标准物质进行校正。

(四) 结果计算及数据处理

硫酸盐三氧化硫的质量分数 ω_{SO_3} 按式(4.4)计算:

$$\omega_{SO_3} = \frac{(m_2 - m_{02}) \times 2.50}{m_1 \times 1\,000} \times 100\% = \frac{(m_2 - m_{02}) \times 0.25}{m_1}\% \qquad (4.4)$$

式中　ω_{SO_3}——硫酸盐三氧化硫的质量分数,用百分数表示,结果精确至 0.01%;

　　　m_2——库仑积分器上显示的硫的质量,单位为毫克(mg);

　　　m_{02}——空白实验库仑积分器上显示的硫的质量,单位为毫克(mg);

　　　m_1——试料的质量,单位为克(g),结果精确至 0.0001 g;

　　　2.50——硫对三氧化硫的换算系数。

实验5　水泥中氧化镁含量的测定

一、实验意义和目的

水泥中氧化镁会水化形成氢氧化镁[$Mg(OH)_2$]晶体,晶体在局部区域内的生成和生长使浆体产生膨胀,影响水泥的安定性。水泥中氧化镁含量是衡量水泥品质的一个重要指标。测定水泥中氧化镁的含量,对保证水泥的品质具有重要意义。本实验目的如下:

(1)掌握测定水泥中氧化镁含量的实验方法和实验原理。

(2)测定水泥中氧化镁的含量。

二、实验原理

以氢氟酸-高氯酸分解、氢氧化钠熔融或碳酸钠熔融试样的方法制备溶液,分别取一定量的溶液,用锶盐消除硅、铝、钛等的干扰,在空气-乙炔火焰中,于波长 285.2 nm 处测定溶液的吸光度。

三、试剂及仪器

除另有说明外,所用试剂应不低于分析纯,所用水应符合现行国家标准《分析实验室用水规格和试验方法》(GB/T 6682)规定的三级水要求。

用体积比表示试剂稀释程度,例如盐酸(1+1)表示 1 份体积的浓盐酸与 1 份体积的水相混合。

1. 天平:可精确至 0.0001 g。

2. 铂坩埚、银坩埚:带盖,容量 30 mL。

3. 铂皿:容量 100~150 mL。

4. 聚四氯乙烯器皿。

5. 高温炉:可控制温度为(700±25)℃和(950±25)℃。

6. 玻璃容器器皿:滴定管,250 mL、500 mL、1 000 mL 容量瓶,移液管,250 mL、300 mL 烧杯,表面皿等。

7. 原子吸收分光光度计:带有镁、钾、钠、铁、锰、锌元素空心阴极灯。

8. 试剂:

(1) 盐酸:1.18~1.19 g/cm³,质量分数为 36%~38%。

(2) 氢氟酸:1.15~1.18 g/cm³,质量分数为 40%。

(3) 高氯酸:1.60 g/cm³,质量分数为 70%~72%。

(4) 盐酸(1+1),盐酸(1+9)等。

(5) 氢氧化钠(NaOH)。

(6) 氯化锶溶液(锶 50 g/L):将 152 g 氯化锶($SrCl_2 \cdot 6H_2O$)溶解于水中,加水稀释至 1 L,必要时过滤后使用。

(7) 无水碳酸钠(Na_2CO_3):将无水碳酸钠用玛瑙研钵研细至粉末状,贮存于密封瓶中。

四、实验步骤

1. 制备分解试样

(1) 制备氢氟酸-高氯酸分解试样。

称取约 0.1 g 试样(m_0),精确至 0.0001 g,置于铂坩埚(或铂皿、聚四氯乙烯器皿)中,加入 0.5~1 mL 水润湿,加入 5~7 mL 氢氟酸和 0.5 mL 高氯酸,放入通风橱内低温电热板上加热,近干时摇动铂坩埚以防溅失,待白色浓烟完全排除后,取下冷却。加入 20 mL 盐酸(1+1),加热至溶液澄清,冷却后,移入 250 mL 容量瓶中,加入 5 mL 氯化锶溶液,用水稀释至刻度,摇匀。配制得溶液 C。

(2) 制备氢氧化钠熔融试样。

称取约 0.1 g 试样(m_0),精确至 0.0001 g,置于银坩埚中,加入 3~4 g 氢氧化钠,盖上坩埚盖,并留有缝隙,放入高温炉中,在 750 ℃下熔融 10 min,取出冷却。将坩埚放入已盛有约 100 mL 沸水的 300 mL 烧杯中,盖上表面皿,待熔块完全浸出后(必要时适当加热),取出坩埚,用水冲洗坩埚和盖。在搅拌下一次加入 35 mL 盐酸(1+1),用热盐酸(1+9)洗净坩埚和盖。将溶液加热煮沸,冷却后,移入 250 mL 容量瓶中,用水稀释至刻度,摇匀。配制得溶液 D。

(3) 制备碳酸钠熔融试样。

称取约 0.1 g 试样(m_0),精确至 0.0001 g,置于铂坩埚中,加入 0.4 g 无水碳酸钠。搅拌均匀,放入高温炉中,在 950 ℃下熔融 10 min,取出冷却。将坩埚放入已盛有 50 mL 盐酸(1+1)的 250 mL 烧杯中,盖上表面皿,加热至熔块完全浸出后,取出坩埚,用水洗净坩埚和盖。将溶液加热煮沸,冷却后,移入 250 mL 容量瓶中,用水稀释至刻度,摇匀。配制得溶液 E。

2. 氧化镁标准溶液

(1) 标准溶液的配制。

称取 1.0000 g 已于(950±25)℃灼烧过 1 h 的氧化镁(MgO,基准试剂或光谱纯),精确至 0.0001 g,置于 300 mL 烧杯中,加入 50 mL 水,再缓缓加入 20 mL 盐酸(1+1),低温加热至完全溶解,冷却至室温后,移入 1 000 mL 容量瓶中,用水稀释至刻度,摇匀。此标准溶液每毫升含 1 mg 氧化镁。

吸取 25.00 mL 上述标准溶液放入 500 mL 容量瓶中,用水稀释至刻度,摇匀。此标准溶液每毫升含 0.05 mg 氧化镁。

(2) 工作曲线的绘制。

吸取每毫升含 0.05 mg 氧化镁的标准溶液 0 mL、2.00 mL、4.00 mL、6.00 mL、8.00 mL、10.00 mL 和 12.00 mL,分别放入 500 mL 容量瓶中,加入 30 mL 盐酸及 10 mL 氯化锶溶液,用水稀释至刻度,摇匀。将原子吸收分光光度计调节至最佳工作状态,在空气-乙炔火焰中,用镁元素空心阴极灯,于波长 285.2 nm 处,以水校零测定溶液的吸光度。用测得的吸光度作为相对应的氧化镁含量的函数,绘制工作曲线。

3. 氧化镁的测定

从溶液 C 或溶液 D、溶液 E 中吸取 5.00 mL 溶液放入 100 mL 容量瓶中(试样溶液的分取量及容量瓶的容积视氧化镁的含量而定),加入 12 mL 盐酸(1+1)及 2 mL 氯化锶溶液(测定溶液中盐酸的体积分数为 6%,锶的浓度为 1 mg/mL)。用水稀释至刻度,摇匀。用原子吸收分光光度计,在空气-乙炔火焰中,用镁元素空心阴极灯,于波长 285.2 nm 处,在与绘制工作曲线相同的仪器条件下测定溶液的吸光度,在工作曲线上求出氧化镁的浓度(c_1)。

五、结果计算及数据处理

氧化镁的质量分数 ω_{MgO} 按式(5.1)计算:

$$\omega_{MgO} = \frac{c_1 \times 100 \times 50}{m_0 \times 10^6} \times 100\% = \frac{c_1 \times 0.5}{m_0 \times 10^6}\% \tag{5.1}$$

式中　ω_{MgO}——氧化镁的质量分数,用百分数表示,结果精确至 0.01%;

　　　c_1——扣除空白实验值测定溶液中氧化镁的浓度,单位为微克每毫升($\mu g/mL$),结果保留四位有效数字;

　　　m_0——试样的质量,单位为克(g);

　　　100——测定溶液的体积,单位为毫升(mL);

　　　50——全部试样溶液与所分取试样溶液的体积比。

每个试样测定两次,当两次测定结果的绝对差值在 0.15% 以内时,用两次实验结果的平均值表示测定结果。如果两次实验结果的绝对差值超出允许范围,应在短时间内进行第三次测定,测定结果与前两次的任一次分析结果之差值符合规定时,则取其平均值,否则,应查找原因,重新按上述方法进行分析。

测定应同时进行空白实验(不加入试样,按照相同的测定步骤进行实验并使用相同量的试剂),并对测定结果加以修正。

实验6　水泥中氯离子含量的测定

一、实验意义和目的

水泥原料中加入氯盐能提高水泥强度、降低冰点,使其能在低温下保存并保证质量。在燃料煅烧过程中,氯盐能作为矿化剂,节约能源。氯离子在煅烧过程中能够大量排出,但氯离子(Cl^-)的存在,会使水泥混凝土结构内部发生"电化反应""氧化反应""碱骨料反应"和"酸碱腐蚀反应",影响混凝土的耐久性。检测水泥中氯离子含量对保证水泥品质尤为重要。本实验介绍了测定水泥中氯离子含量的硫氰酸铵容量法(基准法)和电位滴定法(代用法)。具体实验目的如下:

(1) 掌握测定水泥中氯离子含量的实验方法和实验原理。

(2) 选择一种方法测定水泥中氯离子的含量。

二、硫氰酸铵容量法(基准法)

(一) 实验原理

本方法给出总氯加溴的含量,以氯离子(Cl^-)表示结果。试样用硝酸进行分解,同时消除硫化物的干扰。加入已知量的硝酸银标准溶液使氯离子以氯化银的形式沉淀。煮沸、过滤后,将滤液和洗液冷却至25 ℃以下,以铁(Ⅲ)盐为指示剂,用硫氰酸铵标准滴定溶液滴定过量的硝酸银。

(二) 试剂及仪器

除另有说明外,所用试剂应不低于分析纯。用于标定与配制标准溶液的试剂应为基准试剂。所用水应符合现行国家标准《分析实验室用水规格和试验方法》(GB/T 6682)中规定的三级水要求。

本方法所列市售浓液体试剂的密度均指20 ℃时的密度。

在化学分析中,所用酸或氨水,凡未注浓度者均指市售的浓酸或浓氨水,用体积比表示试剂稀释程度,例如硝酸(1+2)表示:1份体积的浓硝酸与2份体积的水相混合。

质量以"克(g)"表示,精确至0.0001 g。滴定管体积用"毫升(mL)"表示,精确至0.05 mL。滴定度单位用"毫克每毫升(mg/mL)"表示,滴定度经修约后保留有效数字三位。

空白实验是使用相同量的试剂,不加入试样,按照相同的测定步骤进行实验,对得到的测定结果进行校正。

1. 玻璃容量器皿:滴定管、容量瓶、移液管、400 mL烧杯、250 mL锥形瓶、搅拌棒。

2. 滤纸:快速滤纸。

3. 玻璃砂芯漏斗:直径为40~60 mm,型号G4(平均孔径为4~7 μm)。

4. 试剂:

(1) 硝酸(HNO_3):密度为1.39~1.41 g/cm³或质量分数为65%~68%。

(2) 硝酸(1+2):1份体积的浓硝酸与2份体积的水相混合。

(3) 硝酸(1+100):1 份体积的浓硝酸与 100 份体积的水相混合。

(4) 滤纸浆:将定量滤纸撕成小块,放入烧杯中,加水浸没,在搅拌下加热煮沸 10 min 以上,冷却后移入广口瓶中备用。

(5) 硝酸银标准溶液[$c(AgNO_3)=0.05$ mol/L]:称取 2.1235 g 已于(150 ± 5)℃烘过 2 h 的硝酸银($AgNO_3$),精确至 0.0001 g,置于烧杯中,加水溶解后,移入 250 mL 容量瓶中,加水稀释至刻度,摇匀。贮存于棕色瓶中,避光保存。

(6) 硫氰酸铵标准滴定溶液[$c(NH_4SCN)=0.05$ mol/L]:称取(3.8 ± 0.1)g 硫氰酸铵(NH_4SCN)溶于水,稀释到 1 L。

(7) 硫酸铁铵指示剂溶液[$NH_4Fe(SO_4)_2\cdot12H_2O$]:将 10 mL 硝酸(1+2)加入 100 mL 冷的硫酸铁(Ⅲ)铵的饱和水溶液中。

(三) 实验步骤

1. 样品处理

采用四分法或缩分器将试样缩分至约 100 g,经 150 μm 方孔筛筛析后除去杂物,将筛余物经过研磨后使其全部通过孔径为 150 μm 的方孔筛,充分混匀,装入干净、干燥的试样瓶中。密封,进一步混匀供测定用。

如果试样制备过程中带入的金属铁可能影响相关化学特性的测定,则用磁铁吸去筛余物中的金属铁。

提示:尽可能快速地进行试样的制备以防止吸潮。分析水泥和水泥熟料试样前不需要烘干试样。

2. 测试

称取约 5 g 试样(m_1),精确至 0.0001 g,置于 400 mL 烧杯中,加 50 mL 水,搅拌使试样完全分散,在搅拌下加入 50 mL 硝酸(1+2),加热煮沸,微沸 1~2 min。取下,加入 5.00 mL 硝酸银标准溶液,搅匀,煮沸 1~2 min,加入少许滤纸浆,用预先用硝酸(1+100)洗涤过的快速滤纸过滤或玻璃砂芯漏斗抽气过滤,滤液收集于 250 mL 锥形瓶中,用硝酸(1+100)洗涤烧杯、玻璃棒和滤纸,直至滤液和洗液总体积达到约 200 mL,溶液在弱光线或暗处冷却至 25 ℃以下。

加入 5 mL 硫酸铁铵指示剂溶液,用硫氰酸铵标准滴定溶液滴定至产生的红棕色在摇动下不消失为止(V_1)。如果 V_1 小于 0.5 mL,用减少一半的试样质量重新实验。

不加入试样按上述步骤进行空白实验,记录空白滴定所用硫氰酸铵标准滴定溶液的体积(V_2)。

(四) 结果计算及数据处理

氯离子的质量分数 ω_{Cl^-} 按式(6.1)计算:

$$\omega_{Cl^-}=\frac{1.773\times5.00\times(V_2-V_1)}{1\,000\times V_2\times m_1}\times100\%=0.8865\times\frac{V_2-V_1}{V_2\times m_1}\% \tag{6.1}$$

式中 ω_{Cl^-}——氯离子的质量分数,用百分数表示,结果精确至 0.001%;

V_1——滴定时消耗的硫氰酸铵标准滴定溶液的体积,单位为毫升(mL),结果精确至 0.01 mL;

V_2——空白实验消耗的硫氰酸铵标准滴定溶液的体积,单位为毫升(mL),结果精确至 0.01 mL;

m_1——试样的质量,单位为克(g),结果精确至 0.0001 g;

1.773——硝酸银标准溶液对氯离子的滴定度,单位为毫克每毫升(mg/mL)。

三、电位滴定法(代用法)

(一) 实验原理

用硝酸分解试样。加入氯离子标准溶液,提高检测灵敏度,加入过氧化氢以氧化共存的干扰组分,并加热溶液,然后冷却到室温,用氯离子电位滴定装置测量溶液的电位,用硝酸银标准滴定溶液滴定。

(二) 试剂及仪器

1. 磁力搅拌器:具有调速和加热功能,带有包着惰性材料的搅拌棒,例如聚四氯乙烯材料。

2. 氯离子电位滴定装置:精度≤2 mV。可连接氯离子电极和双盐桥甘汞电极或甘汞电极。

3. 氯离子电极:使用前应将氯离子电极在低浓度氨离子的溶液中浸泡 1 h 以上,这样可以对氯离子电极进行活化,然后用水清洗,再用滤纸吸干电极表面的水分。使用完毕后用水清洗到电极的空白电位值(如 260 mV 左右),用滤纸吸干电极表面的水分后放回包装盒干燥保存。

4. 双盐桥饱和甘汞电极或饱和氯化钾甘汞电极:双盐桥饱和甘汞电极内筒液体使用氯化钾饱和溶液,外筒液体使用硝酸钾饱和溶液。

5. 玻璃仪器:滴定管、250 mL 烧杯、500 mL 容量瓶、玻璃棒、表面皿。

6. 磁力搅拌棒。

7. 试剂:

(1) 硝酸(HNO_3):密度为 1.39～1.41 g/cm³ 或质量分数为 65%～68%。

(2) 硝酸(1+1):1 份体积的浓硝酸与 1 份体积的水相混合。

(3) 氯离子标准溶液[$c(NaCl)=0.02$ mol/L]:称取 0.5844 g 已于 105～110 ℃烘过 2 h 的氯化钠(NaCl,基准试剂或光谱纯),精确至 0.0001 g,置于烧杯中,加水溶解后,移入 500 mL 容量瓶中,用水稀释至刻度,摇匀。

(4) 硝酸银标准滴定溶液[$c(AgNO_3)=0.02$ mol/L]。

① 硝酸银标准滴定溶液的配制:称取 1.70 g 硝酸银(AgNO_3),精确至 0.0001 g,置于烧杯中,加水溶解后,移入 500 mL 容量瓶中,用水稀释至刻度,摇匀,贮存于棕色瓶中,避光保存。

② 硝酸银标准滴定溶液浓度的标定:吸取 10.00 mL 氯离子标准溶液放入 250 mL 烧杯中,加入 2 mL 硝酸(1+1),用水稀释至约 150 mL,放入一根磁力搅拌棒。把烧杯放在磁力搅拌器上,用氯离子电位滴定装置测量溶液的电位,在溶液中插入氯离子电极和甘汞电极,开始搅拌。用硝酸银标准滴定溶液逐渐滴定,在化学计量点前后,每次滴加 0.10 mL 硝酸银标准滴定溶液,记录滴定管读数和对应的毫伏计读数。计量点前,毫伏计读数变化越来越大;过计量点后,每滴加一次溶液,变化将减小。继续滴定至毫伏计读数变化不大时为止。

用二次微商法或氯离子电位滴定装置计算出消耗的硝酸银标准滴定溶液的体积(V_1)。二次微商法的计算实例参见表 6.1。

表 6.1 电位滴定法测定氯离子时计量点的计算实例

第一列 AgNO$_3$/mL	第二列 电位/mV	第三列[a] Δ/mL	第四列[b] Δ^2/mL
4.20	243.8		
		4.7	
4.30	248.5		1.6
		6.3	
4.40	254.8		1.1
		7.4	
4.50	262.2		0.3
		7.7	
4.60	269.9		0.8
		8.5	
4.70	278.4		−0.6
		7.9	
4.80	286.3		−0.7
		7.2	
4.90	293.5		−0.8
		6.4	
5.00	299.9		

计量点是在最大的 Δ/mL 之间(第三列),即在 4.60 mL 和 4.70 mL 之间,由 Δ^2/mL 数值(第四列)按式(6.2)计算在 0.10 间隔内的准确计量点:

$$V = 4.60 + \frac{0.8}{0.8-(-0.6)} \times 0.10 = 4.66 \text{ mL} \tag{6.2}$$

注:a. 第二列读数之差。
  b. 第三列数据之差的"二次微分"。

硝酸银标准滴定溶液的浓度按式(6.3)计算:

$$c(AgNO_3) = \frac{0.02 \times 10.00}{V_1} = \frac{0.2}{V_1} \tag{6.3}$$

式中 $c(AgNO_3)$——硝酸银标准滴定溶液的浓度,单位为摩尔每升(mol/L),结果保留四位有效数字;

V_1——滴定时消耗硝酸银标准滴定溶液的体积,单位为毫升(mL);

0.02——氯离子标准溶液的浓度,单位为摩尔每升(mol/L)。

③ 硝酸银标准滴定溶液对氯离子的滴定度的计算。

硝酸银标准滴定溶液对氯离子的滴定度按式(6.4)计算:

$$T_{Cl^-} = c(AgNO_3) \times 35.45 \tag{6.4}$$

式中　T_{Cl^-}——硝酸银标准滴定溶液对氯离子的滴定度,单位为毫克每毫升(mg/mL);

　　$c(AgNO_3)$——硝酸银标准滴定溶液的浓度,单位为摩尔每升(mol/L);

　　35.45——Cl^-的摩尔质量,单位为克每摩尔(g/mol)。

(5) 过氧化氢(H_2O_2):1.11 g/cm³,质量分数为30%。

(三) 实验步骤

称取约 5 g 试样(m_1),精确至 0.0001 g,置于 250 mL 干烧杯中,加入 20 mL 水,搅拌使试样完全分散,然后在搅拌下加入 25 mL 硝酸(1+1),加水稀释至 100 mL。加入 2.00 mL 氯离子标准溶液和 2 mL 过氧化氢,盖上表面皿,加热煮沸,微沸 1～2 min。然后冷却至室温,用水冲洗表面皿和玻璃棒,并从烧杯中取出玻璃棒,放入一根磁力搅拌棒。把烧杯放在磁力搅拌器上,用氯离子电位滴定装置测量溶液的电位,在溶液中插入氯离子电极和甘汞电极,开始搅拌。用硝酸银标准滴定溶液逐渐滴定,在化学计量点前后,每次滴加 0.10 mL 硝酸银标准滴定溶液,记录滴定管读数和对应的毫伏计读数。计量点前,毫伏计读数变化越来越大;过计量点后,每滴加一次溶液,变化将减小。继续滴定至毫伏计读数变化不大时为止。用二次微商法或氯离子电位滴定装置计算出消耗的硝酸银标准滴定溶液的体积(V_1)。

吸取 2.00 mL 氯离子标准溶液放入 250 mL 烧杯中,加水稀释至 100 mL。加入 2 mL 硝酸(1+1)和 2 mL 过氧化氢。盖上表面皿,加热煮沸,微沸 1～2 min。然后冷却至室温,并按上述步骤用硝酸银标准溶液滴定(V_{01})。

(四) 结果计算及数据处理

氯离子的质量分数 ω_{Cl^-} 按式(6.5)计算:

$$\omega_{Cl^-} = \frac{T_{Cl^-} \times (V_1 - V_{01})}{1\,000 \times m_1} \times 100\% = \frac{0.1 \times T_{Cl^-} \times (V_1 - V_{01})}{m_1}\% \tag{6.5}$$

式中　ω_{Cl^-}——氯离子的质量分数,用百分数表示,结果精确至 0.001%;

　　T_{Cl^-}——硝酸银标准滴定溶液对氯离子的滴定度,单位为毫克每毫升(mg/mL),结果保留四位有效数字;

　　V_1——滴定时消耗硝酸银标准滴定溶液的体积,单位为毫升(mL),结果精确至 0.01 mL;

　　V_{01}——滴定空白时消耗硝酸银标准滴定溶液的体积,单位为毫升(mL),结果精确至 0.01 mL;

　　m_1——试料的质量,单位为克(g),结果精确至 0.0001 g。

实验7　水泥中的氧化钾和氧化钠的测定

一、实验意义和目的

碱含量是指原材料中碱性物质的含量,通常用($Na_2O+0.658K_2O$)的计算值来表示。生产水泥的原料中含有钾和钠,在水泥煅烧过程中,大部分钾、钠会蒸发,而残余的钾、钠会引起混凝土发生"碱骨料反应",影响混凝土的耐久性。测定水泥中碱含量对保证水泥质量至关重要。本实验介绍了测定水泥中碱含量的火焰光度法(基准法)和原子吸收分光光度法。具体实验目的如下:

(1) 掌握测定水泥中氧化钠和氧化钾的实验方法和实验原理。

(2) 选择一种方法测定水泥中氧化钠和氧化钾的含量。

二、火焰光度法(基准法)

(一) 实验原理

试样经氢氟酸-硫酸蒸发处理除去硅,用热水浸取残渣,以氨水和碳酸铵分离铁、铝、钙、镁。滤液中的钾、钠用火焰光度计进行测定。

(二) 试剂及仪器

1. 天平:精确至 0.0001 g。

2. 铂皿或聚四氟乙烯器皿:容量 150～200 mL。

3. 聚氯乙烯皿。

4. 干燥器:内装变色硅胶。

5. 干燥箱:可控温度范围为 0～250 ℃,温控精度为 ±5 ℃。

6. 火焰光度计:可稳定地测定钾在波长 768 nm 处和钠在波长 589 nm 处的谱线强度。

7. 塑料瓶。

8. 滤纸:快速定量滤纸。

9. 玻璃容器皿:玻璃棒、滴定管、容量瓶(1 000 mL、100 mL)、移液管、烧杯、胶头擦棒等。

10. 试剂:

(1) 所用试剂应不低于分析纯,所用水应符合现行国家标准《分析实验室用水规格和试验方法》(GB/T 6682)规定的三级水要求。

(2) 氯化钾:基准试剂或光谱纯。

(3) 氯化钠:基准试剂或光谱纯。

(4) 氢氟酸:1.15～1.18 g/cm³,质量分数为 40%。

(5) 硫酸(1+1):1 份体积的浓硫酸与 1 份体积的水相混合得到的硫酸溶液。

(6) 甲基红指示剂(2 g/L):将 0.2 g 甲基红溶解于 100 mL 乙醇中。

(7) 碳酸铵溶液(100 g/L):将 10 g 碳酸铵[$(NH_4)_2CO_3$]溶解于 100 mL 水中,使用时

现配。

（8）盐酸（1+1）：1份体积的浓盐酸与1份体积的水相混合得到的盐酸溶液。

（9）氨水（1+1）：1份体积的浓氨水与1份体积的水相混合得到的氨水溶液。

（三）实验步骤

1. 氧化钾、氧化钠标准溶液的配制

称取1.5829 g已于105～110 ℃烘干2 h的氯化钾（KCl，基准试剂或光谱纯）及1.8859 g已于105～110 ℃烘干2 h的氯化钠（NaCl，基准试剂或光谱纯），精确至0.0001 g，置于烧杯中，加水溶解后，移入1 000 mL容量瓶中，用水稀释至刻度，摇匀。贮存于塑料瓶中。此标准溶液每毫升含1 mg氧化钾及1 mg氧化钠。

吸取50.00 mL上述标准溶液放入1 000 mL容量瓶中，用水稀释至刻度，摇匀。贮存于塑料瓶中，此标准溶液每毫升含0.05 mg氧化钾和0.05 mg氧化钠。

2. 工作曲线的绘制

吸取每毫升含1 mg氧化钾及1 mg氧化钠的标准溶液0、2.50 mL、5.00 mL、10.00 mL、15.00 mL、20.00 mL分别放入500 mL容量瓶中，用水稀释至刻度，摇匀。贮存于塑料瓶中。将火焰光度计调节至最佳工作状态，按仪器使用规程进行测定。用测得的检流计读数作为相对应的氧化钾和氧化钠含量的函数，并绘制工作曲线。

3. 氧化钾和氧化钠含量的测定

称取约0.2 g试样（m_0），精确至0.0001 g，置于铂皿（或聚四氟乙烯器皿）中，加入少量水润湿，加入5～7 mL氢氟酸和15～20滴硫酸（1+1），放入通风橱内的电热板上低温加热，近干时摇动铂皿，以防溅失。待氢氟酸驱尽后，逐渐升高温度，继续加热至三氧化硫白烟冒尽，取下冷却。加入40～50 mL热水，用胶头擦棒压碎残渣使其分散，加入1滴甲基红指示剂溶液，用氨水（1+1）中和至黄色，再加入10 mL碳酸铵溶液，搅拌，然后放入通风橱内电热板上加热至沸并继续微沸20～30 min。用快速滤纸过滤，然后以热水充分洗涤，用胶头擦棒擦洗铂皿，将滤液及洗液收集于100 mL容量瓶中，冷却至室温。用盐酸（1+1）中和至溶液呈微红色，用水稀释至刻度，摇匀。在火焰光度计上，按仪器使用规程，在与本实验步骤2相同的仪器条件下进行测定。在工作曲线上分别求出氧化钾和氧化钾的含量（m_1）和（m_2）。

（四）结果计算及数据处理

氧化钾和氧化钠的质量分数ω_{K_2O}和ω_{Na_2O}分别按式（7.1）和式（7.2）计算：

$$\omega_{K_2O} = \frac{m_1}{m_0 \times 1\,000} \times 100\% = \frac{m_1 \times 0.1}{m_0}\% \tag{7.1}$$

$$\omega_{Na_2O} = \frac{m_2}{m_0 \times 1\,000} \times 100\% = \frac{m_2 \times 0.1}{m_0}\% \tag{7.2}$$

式中　ω_{K_2O}——氧化钾的质量分数，用百分数表示，结果精确至0.01%；

　　　ω_{Na_2O}——氧化钠的质量分数，用百分数表示，结果精确至0.01%；

　　　m_0——试料的质量，单位为克（g），结果精确至0.0001 g；

m_1——扣除空白实验值后 100 mL 测定溶液中氧化钾的含量,单位为毫克(mg);

m_2——扣除空白实验值后 100 mL 测定溶液中氧化钠的质量,单位为毫克(mg)。

三、原子吸收分光光度法

(一) 实验原理

用氢氟酸-高氯酸分解试样,以锶盐消除硅、铝、钛等的干扰,在空气-乙炔火焰中,分别于波长 766.5 nm 和波长 589.0 nm 处测定氧化钾和氧化钠的吸光度。

(二) 试剂及仪器

1. 天平:精度为 0.0001 g。

2. 铂坩埚:带盖,容量 20～30 mL。

3. 铂皿:容量 150～200 mL。

4. 聚四氯乙烯器皿。

5. 干燥器:内装变色硅胶。

6. 干燥箱:可控温度范围为 0～250 ℃,温控精度为±5 ℃。

7. 原子吸收分光光度计:带有镁、钾、钠、铁、锰、锌元素空心阴极灯。

8. 塑料瓶。

9. 滤纸:快速定量滤纸。

10. 玻璃容器器皿:玻璃棒、滴定管、容量瓶、移液管、烧杯等。

11. 试剂:

所用试剂应不低于分析纯,所用水应符合现行国家标准《分析实验室用水规格和试验方法》(GB/T 6682)规定的三级水要求。

(1) 氯化钾:基准试剂或光谱纯。

(2) 氯化钠:基准试剂或光谱纯。

(3) 氢氟酸:1.15～1.18 g/cm^3,质量分数为 40%。

(4) 高氯酸:1.60 g/cm^3,质量分数为 70%～72%。

(5) 氯化锶溶液(锶 50 g/L):将 152 g 氯化锶(SrCl$_2$·6H$_2$O)溶解于水中,加水稀释至 1 L,必要时过滤后使用。

(6) 盐酸(1+1):1 份体积的浓盐酸与 1 份体积的水相混合得到的盐酸溶液。

(三) 实验步骤

1. 氧化钾、氧化钠标准溶液的配制

称取 1.5829 g 已于 105～110 ℃烘干 2 h 的氯化钾(KCl,基准试剂或光谱纯)及 1.8859 g 已于 105～110 ℃烘干 2 h 的氯化钠(NaCl,基准试剂或光谱纯),精确至 0.0001 g,置于烧杯中,加水溶解后,移入 1 000 mL 容量瓶中,用水稀释至刻度,摇匀。贮存于塑料瓶中。此标准溶液每毫升含 1 mg 氧化钾及 1 mg 氧化钠。

吸取 50.00 mL 上述标准溶液放入 1 000 mL 容量瓶中,用水稀释至刻度,摇匀。贮存于塑料瓶中,此标准溶液每毫升含 0.05 mg 氧化钾和 0.05 mg 氧化钠。

2. 工作曲线的绘制

吸取每毫升含 0.05 mg 氧化钾及 0.05 mg 氧化钠的标准溶液 0 mL,2.50 mL,5.00 mL,

10.00 mL，15.00 mL，20.00 mL，25.00 mL 分别放入 500 mL 容量瓶中，加入 30 mL 盐酸及 10 mL 氯化锶溶液，用水稀释至刻度，摇匀。贮存于塑料瓶中。

将原子吸收分光光度计调节至最佳工作状态，在空气-乙炔火焰中，分别用钾元素空心阴极灯于波长 766.5 nm 处和钠元素空心阴极灯于波长 589.0 nm 处，以水校零测定溶液的吸光度。用测得的吸光度作为相对应的氧化钾和氧化钠含量的函数，绘制工作曲线。

3. 氢氟酸-高氯酸分解试样

称取约 0.1 g 试样（m_0），精确至 0.0001 g，置于铂坩埚（或铂皿、聚四氯乙烯器皿）中，加入 0.5~1 mL 水润湿，加入 5~7 mL 氢氟酸和 0.5 mL 高氯酸，放入通风橱内电热板上低温加热，近干时摇动铂坩埚以防溅失，待白色浓烟完全驱尽后，取下冷却。加入 20 mL 盐酸（1+1），温热至溶液澄清，冷却后，移入 250 mL 容量瓶中，加入 5 mL 氯化锶溶液，用水稀释至刻度，摇匀。配制得溶液 C。

4. 氧化钾和氧化钠含量的测定

直接取用溶液 C，用原子吸收分光光度计，在空气-乙炔火焰中，分别用钾元素空心阴极灯于波长 766.5 nm 处和钠元素空心阴极灯于波长 589.0 nm 处，在与步骤 2 相同的仪器条件下测定溶液的吸光度，在工作曲线上求出氧化钾浓度（c_1）和氧化钠的浓度（c_2）。

（四）结果计算与数据处理

氧化钾和氧化钠的质量分数 ω_{K_2O} 和 ω_{Na_2O} 分别按式（7.3）和式（7.4）计算：

$$\omega_{K_2O}=\frac{c_1\times250}{m_0\times10^6}\times100\%=\frac{c_1\times0.025}{m_0}\% \tag{7.3}$$

$$\omega_{K_2O}=\frac{c_2\times250}{m_0\times10^6}\times100\%=\frac{c_2\times0.025}{m_0}\% \tag{7.4}$$

式中 ω_{K_2O}——氧化钾的质量分数，用百分数表示，结果精确至 0.01%；

ω_{Na_2O}——氧化钠的质量分数，用百分数表示，结果精确至 0.01%；

m_0——试料的质量，单位为克（g），结果精确至 0.0001 g；

c_1——扣除空白实验值后测定溶液中氧化钾的浓度，单位为微克每毫升（μg/mL），结果保留四位有效数字；

c_2——扣除空白实验值后测定溶液中氧化钠的浓度，单位为微克每毫升（μg/mL），结果保留四位有效数字；

250——测定溶液的体积，单位为毫升（mL）。

每个试样测定两次，当两次测定的氧化钾含量绝对差值在 0.10% 以内，氧化钠含量绝对差值在 0.05% 以内时，用两次实验结果的平均值表示测定结果。如果两次实验结果的绝对差值超出允许范围，应在短时间内进行第三次测定，测定结果与前两次的任一次分析结果之差值符合规定时，则取其平均值，否则，应查找原因，重新按上述方法进行分析。

测定应同时进行空白实验（不加入试样，按照相同的测定步骤进行实验并使用相同量的试剂），并对测定结果加以修正。

实验8   pH 值和碱度的测定

一、外加剂的 pH 值

(一) 实验意义和目的

外加剂能够在一定程度上改善水泥基材料的性能,而外加剂的 pH 值会对水泥的水化、凝结时间、强度以及耐久性产生一定影响,因此,测定外加剂的 pH 值来确保掺外加剂水泥基材料的性能也就尤为重要。本实验目的如下:

(1) 掌握测定 pH 值的实验方法和实验原理。

(2) 测定外加剂的 pH 值。

(二) 实验原理

根据奈斯特(Nernst)方程 $E=E_0+0.05915\lg[H^+]$, $E=E_0-0.05915\,\mathrm{pH}$,利用一对电极在不同 pH 值溶液中能产生不同电位差来测定外加剂的 pH 值。这一对电极由测试电极(玻璃电极)和参比电极(饱和甘汞电极)组成,在 25 ℃时每相差一个单位 pH 值时产生 59.15 mV 的电位差,因此可在仪器的刻度表上直接读出 pH 值。

(三) 试剂及仪器

1. 酸度计:测量精度为 0.1 pH 单位,有玻璃电极和甘汞电极并带有温度补偿功能。

2. 恒温水浴:温度控制在(25±1)℃。

3. 天平:分度值为 0.0001 g。

4. 烧杯:250 mL。

5. 玻璃棒。

6. 磁力搅拌器。

7. 烘箱:温度范围为 0~200 ℃,精度为±2 ℃。

8. 试剂:

(1) 新煮沸的无二氧化碳的蒸馏水。

(2) pH 值分别为 4.01、6.86 和 9.18(25 ℃)的标准缓冲溶液。

邻苯二甲酸氢钾标准缓冲溶液(pH=4.01):精确称量并在(115±5)℃下干燥 2~3 h 后的邻苯二甲酸氢钾[$KHC_8H_4O_4$] 10.12 g,加水使其溶解并稀释至 1 000 mL。

磷酸盐标准缓冲溶液(pH=6.86):精确称量并在(115±5)℃下干燥 2~3 h 后的无水磷酸氢二钠 3.533 g 与磷酸二氢钾 3.387 g,加水使其溶解并稀释至 1 000 mL。

硼砂标准缓冲溶液(pH=9.18):精确称取硼砂($Na_2B_4O_7\cdot10H_2O$)3.80 g(注意避免风化),加水使溶解并稀释至 100 mL,置聚乙烯塑料瓶中,密封,避免与空气中二氧化碳接触。

(四) 实验步骤

1. 校准

根据酸度计的说明书,浸泡玻璃电极并用标准缓冲溶液对仪器进行校准(25 ℃)。

2. 外加剂 pH 值测定

校正好仪器后,先用水,再用测试溶液冲洗电极,然后再将电极浸入被测溶液中轻轻摇动试杯,使溶液均匀。待酸度计的读数稳定 1 min 后,记录读数。测量结束后,用水冲洗电极,以待下次测量。

3. 可再分散乳胶粉的水分散体 pH 值测定

(1) 取三个试样,每个试样取 20 g 溶于约 80 mL 蒸馏水中形成水分散体。

(2) 用量筒量取约 50 mL 水分散体倾入烧杯中作为待测试样。

(3) 将装有试样的烧杯放入(25±1)℃的恒温水浴中,当待测试样温度和恒温水浴的温度达到平衡后,将用蒸馏水冲洗过并用柔软的吸水纸擦干的电极插入烧杯,搅拌稳定后进行测定,连续三次测定结果不变时,为 pH 测定值,其值取到小数点后第一位。

(4) 按同样的步骤对其余两个样品的 pH 值进行测定,如果三个样品的 pH 值的差大于 0.3,则应重新取三个试样再次测定,直到 pH 值的差值不大于 0.3 为止。

(5) 测量完毕必须立即用蒸馏水仔细将电极清理干净后放置于电极补充液中保存(注意:电极不能长时间浸泡在蒸馏水中)。

4. 纤维素醚的 pH 值测定

测定前用三种标准缓冲溶液对酸度计进行校正(定位),在 25 ℃下进行测定。取已经干燥好的样品 1.0 g,精确至 0.0001 g,置于 250 mL 已知质量的干燥烧杯中,向其中加入 90 ℃左右的蒸馏水[羟水基纤维素(HEC)试样可以用常温水]约 99 g。用玻璃棒充分搅拌使其溶胀,然后将烧杯置于冰水浴中冷却溶解,冷却过程中不断搅拌溶液直至产生黏度(向 HEC 水溶液中加入转子,放置在磁力搅拌器上充分搅拌溶解)。补水,将试样溶液调到试样的质量分数为 1%,搅拌均匀,调温到 25 ℃,移入 50 mL 的烧杯中,用酸度计测定 pH 值。

(五) 数据处理

在酸度计上直接读数,精确至 0.1,即为测定结果。如果三个样品的 pH 值相差不大于 0.3,取其算术平均值。如果三个样品的 pH 值相差大于 0.3,则应重新取三个试样再次测定,直到 pH 值的差值不大于 0.3 为止。

二、水泥碱度

(一) 实验意义和目的

低碱度硫铝酸盐水泥以无水硫铝酸钙、硅酸二钙为主要熟料矿物,配入较多量石灰石、适量石膏共同磨细制成,石灰石掺加量应不小于水泥质量的 15%,且不大于水泥质量的 35%。其在水化过程中产生的碱性物质会被另一水化产物铝胶消耗,从而使水泥的碱度大为降低。测定水泥碱度具有重要意义。本实验目的如下:

(1) 掌握测定水泥碱度的实验方法和实验原理。

(2) 测定低碱度硫铝酸盐水泥的碱度。

(二) 实验原理

通过在常温和大水灰比条件下,对水泥基本全水化时的液相碱度进行测定,来表征低碱度硫铝酸盐水泥水化时的平衡碱度。

(三) 仪器设备

1. 酸度计:精度±0.05 pH。

2. 天平:量程为 100 g,精度为 0.1 g。

3. 磁力搅拌器:带有塑料壳的搅拌子,具有调速和加热功能。

(四) 实验步骤

实验前样品应密封保存,不应受潮和风化。

使用前先按规定用标准缓冲溶液对酸度计进行校准。

每个样品需平行进行三个试样的 pH 值测定,每个试样需称取水泥 10 g,精确至 0.1 g,置于 200～300 mL 塑料瓶内,加入(20±2)℃蒸馏水 100 mL 并放入一个搅拌子,旋紧盖子以防止碳化,立即置于(20±2)℃条件下的磁力搅拌器上搅拌 1 h,立即用干的滤纸过滤。

将滤液置于 50 mL 干燥的烧杯中,立即在校准好的酸度计上测定 pH 值。将电极插入溶液搅拌后,在 10 s 内读取 pH 值。

(五) 数据处理

以三个平行试样的 pH 值算术平均值作为检测结果,当其中一个值与平均值之差大于 0.1 时应将该值取消,并以余下两个值的平均值作为检测结果;如两个值中仍有超过 0.1 的,应重新按照上述方法进行测定。结果保留至小数点后一位。

第二部分　水泥物理力学性质

实验 9　水泥密度的测定

一、实验意义和目的

水泥密度是非常重要的水泥物理指标之一,是水泥比表面积测定的前提参数,水泥密度的检验能更好地保证水泥品质。本实验目的如下:

(1) 掌握测定水泥密度的实验方法及实验原理。

(2) 测定水泥密度。

二、实验原理

本方法主要是将一定质量的试样倒入装有足够量液体介质的李氏瓶内,液体的体积应可以充分浸润试样颗粒。根据阿基米德定律,试样颗粒的体积等于它所排开的液体体积,从而可算出试样单位体积的质量即为密度。实验中,液体介质采用无水煤油或不与水泥发生反应的其他液体。

三、试剂及仪器

1. 李氏瓶

李氏瓶由优质玻璃制成,透明无条纹,具有抗化学侵蚀性且热滞后性小,要有足够的厚度以确保良好的耐裂性。李氏瓶横截面形状为圆形,外形尺寸如图 9.1 所示。

瓶颈刻度由 0～1 mL 和 18～24 mL 两段刻度组成,且 0～1 mL 和 18～24 mL 两段刻度均以 0.1 mL 为分度值,任何标明的容量误差都不大于 0.05 mL。

2. 无水煤油:符合《煤油》(GB 253—2008)的要求。

3. 恒温水槽:应有足够大的容积,使水温可以稳定控制在(20±1)℃。

4. 天平:量程不小于 100 g,分度值不大于 0.01 g。

5. 温度计:量程包含 0～50 ℃,分度值不大于 0.1 ℃。

6. 0.90 mm 方孔筛。

7. 烘干箱。

8. 干燥器。

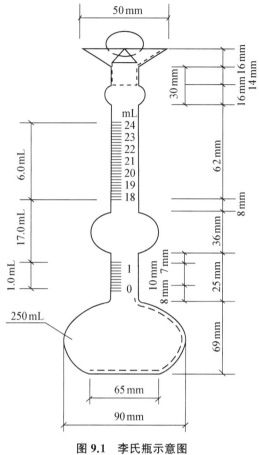

图 9.1　李氏瓶示意图

四、实验步骤

本实验按如下步骤进行。

（1）水泥试样应预先通过 0.90 mm 方孔筛,在(110±5)℃温度下烘干 1 h,并在干燥器内冷却至室温[室温应控制在(20±1)℃]。

（2）称取水泥 60 g(m),精确至 0.01 g。

（3）将无水煤油注入李氏瓶中至"0 mL"到"1 mL"之间刻度线后(选用磁力搅拌,此时应加入磁力棒),盖上瓶塞放入恒温水槽内,使刻度部分浸入水中[水温应控制在(20±1)℃],恒温至少 30 min,记下无水煤油的初始(第一次)读数(V_1)。

（4）从恒温水槽中取出李氏瓶,用滤纸将李氏瓶细长颈内没有煤油的部分仔细擦干净。

（5）用小匙将水泥样品一点点地装入李氏瓶中,反复摇动(亦可用超声波震动或磁力搅拌等),直至没有气泡排出,再次将李氏瓶静置于恒温水槽内,使刻度部分浸入水中,恒温至少 30 min,记下第二次读数(V_2)。

（6）测定第一次读数和第二次读数时,恒温水槽的温度差不大于 0.2 ℃。

五、结果计算及数据处理

试样密度 ρ 按式(9.1)计算,实验结果取两次测定结果的算术平均值,两次测定结果之差不大于 0.02 g/cm³。

$$\rho = m/(V_2 - V_1) \tag{9.1}$$

式中　ρ——试样密度,单位为克每立方厘米(g/cm³),结果精确至 0.01 g/cm³;

　　　m——水泥质量,单位为克(g),结果精确至 0.01 g;

　　　V_2——李氏瓶第二次读数,单位为毫升(mL),结果精确至 0.01 mL;

　　　V_1——李氏瓶第一次读数,单位为毫升(mL),结果精确至 0.01 mL。

实验 10　水泥比表面积的测定

一、实验意义和目的

水泥比表面积越大,水化速度越快,早期强度越高,但水化热也越大,抗裂性和耐久性越差。水泥的比表面积与水泥的性能密切相关。本实验目的如下:

(1)掌握测定水泥比表面积的实验方法及实验原理。

(2)测定水泥的比表面积。

二、实验原理

本方法主要是根据一定量的空气通过具有一定空隙率和固定厚度的试样层时,所受阻力不同而引起流速的变化来测定试样的比表面积。在一定空隙率的试样层中,空隙的大小和数量是颗粒尺寸的函数,同时也决定了空气通过料层的气流速度。

三、试剂及仪器

1. 透气仪

1) 勃氏仪结构

勃氏仪分为手动和自动两种。手动勃氏仪由透气圆筒、穿孔板、捣器、U 形压力计、抽气装置等组成。自动勃氏仪由透气圆筒、穿孔板、捣器、U 形压力计、抽气装置、光电管、单片机等组成。

(1)手动勃氏仪

透气圆筒内径为 $12.70^{+0.05}_{0}$ mm(图 10.1),由不锈钢或铜质材料制成。在内壁距离上口边(55±1)mm 处有一突出的宽度为 0.5~1 mm 的边缘,以放置穿孔板。阳锥锥度为 19/38[19:(19±1)mm;38:34~38 mm,二者 1:10 增减]。

穿孔板由不锈钢制成,厚度为(1.0±0.1)mm,直径为 $12.70^{0}_{-0.05}$ mm,在其面上均匀地打有 35 个直径为(1.0±0.05)mm 的小孔。35 个小孔分布方式为:穿孔板中心 1 个小孔,中心小孔外第一圈 6 个小孔,中心小孔外第二圈 12 个小孔,中心小孔最外圈 16 个小孔。

捣器用不锈钢或铜质材料制成。与透气圆筒的间隙不大于 0.1 mm。捣器的底面应与主轴垂直。侧面扁平槽宽度为(3.0±0.3)mm。当捣器放入透气圆筒时,捣器的支持环与圆筒上口边接触,捣器底面与穿孔板间的距离为(15.0±0.5)mm。

U 形压力计是由内径为(7.0±0.5)mm 的玻璃管制成。U 形管间距为(25±1)mm,在连接透气圆筒的一臂上刻有环形线,U 形管底部到第一条刻度线的距离为 130~140 mm,第一条刻度线与第二条刻度线的距离为(15±1)mm,第一条刻度线与第三条刻度线的距离为(70±1)mm。从压力计底部往上 280~300 mm 处有一个出口管,出口管上装有阀门,连接抽气装置。与透气圆筒相连的阴锥锥度:19/38,[19:(19±1)mm;38:34~38 mm,二者1:10 增减]。

抽气装置的吸力能保证水面超过第三条刻度线。

透气圆筒阳锥与 U 形压力计的阴锥应能严密连接。U 形压力计上的阀门以及软管等接口处应能密封,在密封情况下,压力计内液面 3 min 内不应下降。

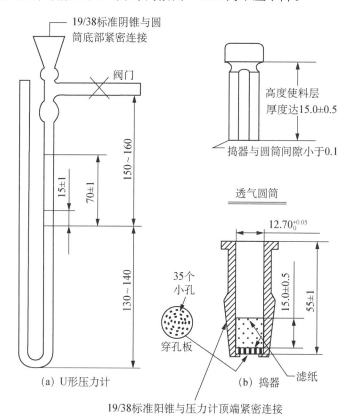

图 10.1　透气圆筒、捣器和 U 形压力计的结构及部分尺寸示意图(单位:mm)

(2) 自动勃氏仪

透气圆筒、穿孔板、捣器同手动勃氏仪中有关规定。

U 形压力计:材质、玻璃管内径、U 形管的间距和 U 形管上环形刻线的技术要求同手动勃氏仪中有关规定。底部往上 280~300 mm 处无出口管无阀门,直接连接抽气装置。

抽气装置的吸力能保证水面超过第三条刻度线,并根据第三条刻度线处或第三条刻度线以上处的光电管传给单片机的指令自动停止抽气。

光电管至少应有两对,分别处于U形管第二条刻度线处和第三条刻度线处。光电管不需要借助U形管内漂浮的遮光球即可对U形压力计内无色或有色液面的升降进行感应。

自动勃氏仪空隙率等常数可根据实验需要进行调整。

自动勃氏仪计算程序应按现行国家标准《水泥比表面积测定方法 勃氏法》(GB/T 8074)给定的公式(即结果计算部分公式)进行,计算显示的结果相对误差不大于0.01%;并且计算出的示值重复性误差不大于0.1%。

2)勃氏仪标定

(1)透气仪的校准采用中国水泥质量监督检验中心制备的标准试样[符合现行国家标准《水泥细度和比表面积标准样品》(GSB 14—1511)]或相同等级的标准物质。有争议时以现行国家标准《水泥细度和比表面积标准样品》(GSB 14—1511)为准。

(2)密封性的检查。

① 手动勃氏仪密封性的检查。U形压力计内装水至第一条刻度线,用橡皮塞将透气圆筒上口塞紧,将透气圆筒外部涂上凡士林(或其他活塞油脂)后插入U形压力计锥形磨口,在阀门处也涂些凡士林(注意不要堵塞通气孔),打开抽气装置抽水,水面超过第三条刻度线时关闭阀门,观察压力计内液面,在3 min内不下降,表明仪器的密封性良好。

② 自动勃氏仪密封性的检查。U形压力计内装水至第一条刻度线,用橡皮塞将透气圆筒上口塞紧,将透气圆筒外部涂上凡士林(或其他活塞油脂)后插入U形压力计锥形磨口;按测量键,抽气装置抽水,水面超过第三条刻度线时单片机程序会自动关闭阀门,观察压力计内液面,在3 min内不下降,表明仪器的密封性良好。

(3)圆筒试料层体积的标定方法

用水银排代法标定圆筒的试料层体积。将穿孔板平放入圆筒内,再放入两片滤纸,然后用水银注满圆筒,用玻璃片挤压圆筒上口多余的水银,使水银面与圆筒上口平齐,倒出水银称量(P_1),然后取出一片滤纸,在圆筒内加入适量的试样。再盖上一片滤纸后用捣器压实至试料层规定高度。取出捣器用水银注满圆筒,同样用玻璃片挤压平后,将水银倒出称量(P_2),圆筒试料层体积按式(10.1)计算。试料层体积要重复测定两遍,取平均值,计算精确至0.001 cm³。

$$V = \frac{P_1 - P_2}{\rho_{水银}} \tag{10.1}$$

式中 V——透气圆筒的试料层体积,单位为立方厘米(cm³);

P_1——未装试样时,充满圆筒的水银质量,单位为克(g);

P_2——装试样后,充满圆筒的水银质量,单位为克(g);

$\rho_{水银}$——实验温度下水银的密度,单位为克每立方厘米(g/cm³)。

(4)标准时间的标定

① 标准样。用水泥细度和比表面积标准样测定标准时间。

② 标准样处理。将一瓶水泥细度和比表面积标准样,倒入不小于50 mL的磨口瓶中摇

匀,放置实验室恒温 1 h。

③ 标准样质量确定。标准样质量按式(10.2)计算,结果精确至 0.001 g:

$$W = \rho_0 V(1 - \varepsilon_0) \tag{10.2}$$

式中　W ——称取水泥细度和比表面积标准样的质量,单位为克(g);

　　　ρ_0 ——水泥细度和比表面积标准样的密度,单位为克每立方厘米(g/cm^3);

　　　V ——透气圆筒试料层体积,单位为立方厘米(cm^3);

　　　ε_0 ——空隙率,取 0.5。

④ 试料层制备。将穿孔板放入透气圆筒内,取一片滤纸放入,并放平。将准确称取的水泥细度和比表面积标准样倒入圆筒,使其表面平坦,再放入一片滤纸,用捣器均匀压实标准样直至捣器的支持环紧紧接触圆筒顶边,旋转捣器 1~2 圈,慢慢取出捣器。

⑤ 标准样透气时间的确定。手动勃氏仪:将装好标准样的圆筒下锥面涂一薄层凡士林,把它连接到 U 形压力计上。打开阀门,缓慢地从压力计一臂中抽出空气,直到压力计内液面上升到超过第三条刻度线时关闭阀门。当压力计内液面的凹液面下降到第三条刻度线时开始计时,当液面的凹液面下降到第二条刻度线时停止计时。记录液面从第三条刻度线到第二条刻度线所需的时间,精确到 0.1 s。测定透气时间时要重复称取两次标准样,分别进行测定。当两次透气时间的差超过 1.0 s 时,要测第 3 遍,取两次不超过 1.0 s 的透气时间平均值作为该仪器的标准时间。自动勃氏仪:将装好标准样的圆筒下锥面涂一薄层凡士林,把它连接到 U 形压力计上。选择标定键,录入相关常数;按测量键进行透气实验。测定透气时间时要重复称取两次标准样,分别进行测定。当两次实验的常数相对误差超过 0.2% 时,要进行第 3 次实验;取两次常数相对误差不超过 0.2% 的平均数作为自动勃氏仪的标准常数,结果精确至该仪器显示的位数。

2. 烘干箱:控制温度灵敏度为 ±1 ℃。

3. 分析天平:分度值为 0.001 g。

4. 秒表:精确至 0.5 s。

5. 压力计液体:采用带有颜色的蒸馏水或直接采用无色蒸馏水。

6. 滤纸:中速定量滤纸。

7. 汞:分析纯汞。

8. 实验室条件:相对湿度不大于 50%。

9. 标准样:符合现行国家标准《水泥细度和比表面积标准样品》(GSB 14—1511)或同等级的标准物质。有争议时以现行国家标准《水泥细度和比表面积标准样品》(GSB 14—1511)为准。

10. 水泥样品:按现行国家标准《水泥取样方法》(GB/T 12573)进行取样,将试样通过 0.9 mm 方孔筛,再在(110±5)℃下烘干 1 h,并在干燥器中冷却至室温。

四、实验步骤

1. 测定水泥密度

按本书实验 9 的方法测定水泥密度。

2. 漏气检查

将透气圆筒上口用橡皮塞塞紧,接到压力计上。用抽气装置从压力计一臂中抽出部分气体,然后关闭阀门,观察是否漏气。如发现漏气,可用活塞油脂加以密封。

3. 空隙率(ε)的确定

PⅠ、PⅡ型水泥的空隙率采用 0.500 ± 0.005,其他水泥或粉料的空隙率选用 0.530 ± 0.005。

当按上述空隙率不能将试样压至下文试料层制备规定的位置时,则允许改变空隙率。

空隙率的调整以 2 000 g 砝码(5 等砝码)将试样压实至下文试料层制备规定的位置为准。

4. 确定试样量

试样量按式(10.3)计算:

$$m = \rho V (1 - \varepsilon) \tag{10.3}$$

式中　m ——需要的试样量,单位为克(g);

　　　ρ ——试样密度,单位为克每立方厘米(g/cm^3);

　　　V ——试料层体积,单位为立方厘米(cm^3);

　　　ε ——试料层空隙率。

5. 试料层制备

将穿孔板放入透气圆筒的突缘上,用捣棒把一片滤纸放到穿孔板上,边缘放平并压紧。称取按步骤 4 确定的试样量,精确到 0.001 g,倒入圆筒。轻敲圆筒的边,使水泥层表面平坦。再放入一片滤纸,用捣器均匀捣实试料直至捣器的支持环与圆筒顶边接触,并旋转 1~2 圈,慢慢取出捣器。

穿孔板上的滤纸为 ϕ12.7 mm 边缘光滑的圆形滤纸片。每次测定需用新的滤纸片。

6. 透气实验

在装有试料层的透气圆筒下锥面涂一薄层活塞油脂,然后把它插入压力计顶端锥型磨口处,旋转 1~2 圈。要保证紧密连接不致漏气,并不震动所制备的试料层。

打开微型电磁泵慢慢从压力计一臂中抽出空气,直到压力计内液面上升到扩大部下端时关闭阀门。当压力计内液体的凹液面下降到第一条刻度线时开始计时(参见图10.1),当液体的凹液面下降到第二条刻度线时停止计时,记录液面从第一条刻度线到第二条刻度线所需的时间,以秒记录,并记录下实验时的温度(℃)。每次透气实验,应重新制备试料层。

五、结果计算及数据处理

当被测试样的密度、试料层中空隙率与标准样品相同,实验时的温度与勃氏仪标定时温度(校准温度)之差小于等于 3 ℃时,可按式(10.4)计算:

$$S = \frac{S_s \sqrt{T}}{\sqrt{T_s}} \tag{10.4}$$

如实验时的温度与校准温度之差大于 3 ℃时,则按式(10.5)计算:

$$S = \frac{S_s \sqrt{\eta_s} \sqrt{T}}{\sqrt{\eta} \sqrt{T_s}} \tag{10.5}$$

式中　S ——被测试样的比表面积,单位为平方厘米每克(cm^2/g);

　　　S_s ——标准样品的比表面积,单位为平方厘米每克(cm^2/g);

　　　T ——被测试样实验时,压力计中液面降落测得的时间,单位为秒(s);

　　　T_s ——标准样品实验时,压力计中液面降落测得的时间,单位为秒(s);

　　　η ——被测试样实验温度下的空气黏度,单位为微帕·秒($\mu Pa \cdot s$);

　　　η_s ——标准样品实验温度下的空气黏度,单位为微帕·秒($\mu Pa \cdot s$)。

当被测试样的试料层中空隙率与标准样品试料层中空隙率不同,实验时的温度与校准温度之差小于等于 3 ℃时,可按式(10.6)计算:

$$S = \frac{S_s \sqrt{T} (1-\varepsilon_s) \sqrt{\varepsilon^3}}{\sqrt{T_s} (1-\varepsilon) \sqrt{\varepsilon_s^3}} \tag{10.6}$$

如实验时的温度与校准温度之差大于 3 ℃时,则按式(10.7)计算:

$$S = \frac{S_s \sqrt{\eta_s} \sqrt{T} (1-\varepsilon_s) \sqrt{\varepsilon^3}}{\sqrt{\eta} \sqrt{T_s} (1-\varepsilon) \sqrt{\varepsilon_s^3}} \tag{10.7}$$

式中　ε ——被测试样试料层中的空隙率;

　　　ε_s ——标准样品试料层中的空隙率。

当被测试样的密度和空隙率均与标准样品不同,实验时的温度与校准温度之差小于等于 3 ℃时,可按式(10.8)计算:

$$S = \frac{S_s \rho_s \sqrt{T} (1-\varepsilon_s) \sqrt{\varepsilon^3}}{\rho \sqrt{T_s} (1-\varepsilon) \sqrt{\varepsilon_s^3}} \tag{10.8}$$

如实验时的温度与校准温度之差大于 3 ℃时,则按式(10.9)计算:

$$S = \frac{S_s \rho_s \sqrt{\eta_s} \sqrt{T} (1-\varepsilon_s) \sqrt{\varepsilon^3}}{\rho \sqrt{\eta} \sqrt{T_s} (1-\varepsilon) \sqrt{\varepsilon_s^3}} \tag{10.9}$$

式中　ρ ——被测试样的密度,单位为克每立方厘米(g/cm^3);

　　　ρ_s ——标准样品的密度,单位为克每立方厘米(g/cm^3)。

试样比表面积应由两次透气实验结果的平均值确定。如两次实验结果相差 2% 以上时,应重新实验。计算结果保留至 10 cm^2/g。

当同一试样用手动勃氏透气仪测定的结果与用自动勃氏透气仪测定的结果有争议时,以手动勃氏透气仪测定结果为准。

不同温度下的水银密度、空气黏度见表 10.1。水泥层空隙率值见表 10.2。

表 10.1 在不同温度下水银密度、空气黏度 η 和 $\sqrt{\eta}$

室温/℃	水银密度/(g·cm^{-3})	空气黏度 η(Pa·s)	$\sqrt{\eta}$
8	13.58	0.0001749	0.01322
10	13.57	0.0001759	0.01326
12	13.57	0.0001768	0.01330
14	13.56	0.0001778	0.01333
16	13.56	0.0001788	0.01337
18	13.55	0.0001798	0.01341
20	13.55	0.0001808	0.01345
22	13.54	0.0001818	0.01348
24	13.54	0.0001828	0.01352
26	13.53	0.0001837	0.01355
28	13.53	0.0001847	0.01359
30	13.52	0.0001857	0.01363
32	13.52	0.0001867	0.01366
34	13.51	0.0001876	0.01370

表 10.2 水泥层空隙率值

水泥层空隙率 ε	$\sqrt{\varepsilon^3}$	水泥层空隙率 ε	$\sqrt{\varepsilon^3}$
0.495	0.348	0.515	0.369
0.496	0.349	0.520	0.374
0.497	0.350	0.525	0.380
0.498	0.351	0.530	0.386
0.499	0.352	0.535	0.391
0.500	0.354	0.540	0.397
0.501	0.355	0.545	0.402
0.502	0.356	0.550	0.408
0.503	0.357	0.560	0.413
0.504	0.358	0.565	0.419
0.505	0.359	0.570	0.425
0.506	0.360	0.575	0.430
0.507	0.361	0.580	0.436
0.508	0.362	0.585	0.442
0.509	0.363	0.590	0.453
0.510	0.364	0.600	0.465

实验 11   水泥细度的测定

一、实验意义和目的

水泥细度是指水泥颗粒总体的粗细程度。水泥颗粒越细,水泥的比表面积越大,水化反应速度越快,早期强度也越高,但在空气中硬化收缩性较大,成本也较高。本实验目的如下:

(1)掌握测定水泥细度的实验方法和实验原理。

(2)测定水泥细度。

二、实验原理

本实验是采用 45 μm 方孔筛和 80 μm 方孔筛对水泥试样进行筛析实验。用筛上筛余物的质量百分数来表示水泥样品的细度。

为保持筛孔的标准度,实验筛应用已知筛余的标准样品标定。

1. 负压筛析法

用负压筛析仪,通过负压源产生的恒定气流,在规定筛析时间内使实验筛内的水泥达到筛分。

2. 水筛法

将实验筛放在水筛座上,用规定压力的水流,在规定时间内使实验筛内的水泥达到筛分。

3. 手工筛析法

将实验筛放在接料盘(底盘)上,用手工按照规定的拍打速度和转动角度,对水泥进行筛析实验。

三、仪器设备

1. 实验筛

(1)实验筛由圆形筛框和筛网组成,筛网符合现行国家标准《试验筛 金属丝编织网、穿孔板和电成型薄板 筛孔的基本尺寸》(GB/T 6005)中 R20/3 尺寸 80 μm,R20/3 尺寸 45 μm 的要求,分负压筛、水筛和手工筛三种,负压筛和水筛的结构尺寸如图 11.1 和图 11.2 所示,负压筛应附有透明筛盖,筛盖与筛上口应有良好的密封性。手工筛结构符合现行国家标准《试验筛 技术要求和检验 第 1 部分:金属丝编织网试验筛》(GB/T 6003.1)的要求,其中筛框高度为 50 mm,筛子的直径为 150 mm。

(2)筛网应紧绷在筛框上,筛网和筛框接触处应用防水胶密封,防止水泥嵌入。

(3)筛孔尺寸的检验方法按现行国家标准《试验筛 技术要求和检验 第 1 部分:金属丝编织网试验筛》(GB/T 6003.1)进行。由于物料会对筛网产生磨损,实验筛每使用 100 次后需重新标定,标定方法按(4)进行。

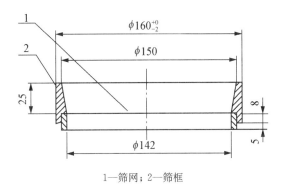

1—筛网；2—筛框

图 11.1　负压筛(单位:mm)

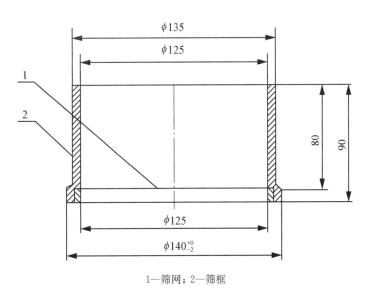

1—筛网；2—筛框

图 11.2　水筛(单位:mm)

（4）实验筛的标定方法。用标准样品在实验筛上的测定值,与标准样品的标准值的比值来反映实验筛筛孔的准确度。

水泥细度标准样品:符合现行国家标准《水泥细度和比表面积标准样品》(GSB 14—1511)的要求,或相同等级的标准样品。有争议时以标准样品为准。

被标定实验筛应事先经过清洗、去污、干燥(水筛除外),并和标定实验室温度一致。

将标准样装入干燥洁净的密闭广口瓶中,盖上盖子摇动 2 min,消除结块。静置 2 min后,用一根干燥洁净的搅拌棒搅匀样品。按本实验步骤的 1 称量标准样品精确至 0.01 g,将标准样品倒进被标定实验筛,中途不得有任何损失。接着按本实验步骤的 2 或 3 或 4 进行筛析实验操作。每个实验筛的标定应称取两个标准样品连续进行,中间不得插做其他样品实验。

两个样品结果的算术平均值为最终值,但当两个样品筛余结果相差大于 0.3% 时应称第三个样品进行实验,并取接近的两个结果进行平均作为最终结果。

修正系数按式(11.1)计算:

$$C = \frac{F_s}{F_t} \tag{11.1}$$

式中　C——实验筛修正系数,结果精确至 0.01;

　　　F_s——标准样品的筛余标准值,用百分数表示;

　　　F_t——标准样品在实验筛上的筛余值,用百分数表示。

当 C 值在 0.80~1.20 范围内时,实验筛可继续使用,C 可作为结果修正系数。

当 C 值超出 0.80~1.20 范围时,实验筛应淘汰。

2. 负压筛析仪

负压筛析仪由筛座、负压筛、负压源及收尘器组成,其中筛座由转速为 (30 ± 2) r/min 的喷气嘴、负压表、控制板、微电机及壳体构成,如图 11.3 所示。

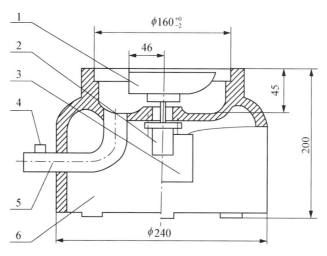

1—喷气嘴;2—微电机;3—控制板开口;4—负压表接口;5—负压源及收尘器接口;6—壳体

图 11.3　负压筛析仪筛座示意图(单位:mm)

筛析仪负压可调范围为 4 000~6 000 Pa。

喷气嘴上口平面与筛网之间距离为 2~8 mm。

喷气嘴的上开口尺寸如图 11.4 所示。

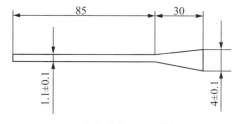

图 11.4　喷气嘴上开口(单位:mm)

负压源和收尘器,由功率大于等于 600 W 的工业吸尘器和小型旋风收尘筒组成或用其他具有相当功能的设备。

3. 水筛架和喷头

水筛架和喷头由塑料或不锈蚀金属制成。水筛架(图11.5)筛座内径为140$^{+0}_{-3}$ mm。筛座放上水筛工作时应能运转平稳,灵活方便。水筛喷头应呈弧面状,弧面圆周直径为(55±1)mm,喷头面上均匀分布90个孔,孔径为0.5～0.7 mm。

4. 天平或电子秤:最小分度值不大于0.01 g。

5. 羊毛刷:4号。

6. 干燥器:应具备保持试样干燥的效能。

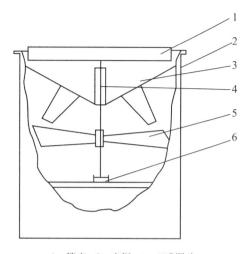

1—筛座；2—座框；3—双嘴漏斗；
4—旋转轴；5—水轮叶片；6—支座玻璃板

图11.5 水筛架

四、实验步骤

1. 实验准备

实验前所用实验筛应保持清洁,负压筛和手工筛应保持干燥。实验时,将试样充分拌匀,置于温度为105～110 ℃烘干箱内烘至恒重,取出放在干燥器中冷却至室温。80 μm筛析实验称取25 g,45 μm筛析实验称取10 g。

2. 负压筛析法

(1) 筛析实验前,应把负压筛放在筛座上,盖上筛盖,接通电源,检查控制系统,调节负压至4 000～6 000 Pa范围内。

(2) 称取试样精确至0.01 g,置于洁净的负压筛中,放在筛座上,盖上筛盖,接通电源,开动筛析仪连续筛析2 min,在此期间如有试样附着在筛盖上,可轻轻地敲击筛盖使试样落下。筛毕,用天平称量全部筛余物。

3. 水筛法

(1) 筛析实验前,应检查水中无泥、砂,调整好水压及水筛架的位置,使其能正常运转,并控制喷头底面和筛网之间距离为35～75 mm。

(2) 称取试样精确至0.01 g,置于洁净的水筛中,立即用淡水冲洗至大部分细粉通过后,放在水筛架上,用水压为(0.05±0.02)MPa的喷头连续冲洗3 min。筛毕,用少量水把筛余物冲至蒸发皿中,等水泥颗粒全部沉淀后,小心倒出清水,烘干并用天平称量全部筛余物。

4. 手工筛析法

称取水泥试样,精确至0.01 g,倒入手工筛内。

用一只手持筛往复摇动,另一只手轻轻拍打,往复摇动和拍打过程应保持近于水平。拍打速度为每分钟约120次,每40次向同一方向转动60°,使试样均匀分布在筛网上,直至每分钟通过的试样量不超过0.03 g为止。称量全部筛余物。

5. 实验筛的清洗

实验筛必须经常保持洁净,筛孔通畅。使用10次后要进行清洗。清洗金属框筛、铜丝网筛时应用专门的清洗剂,不可用弱酸浸泡。

五、结果计算及数据处理

1. 结果计算

水泥试样筛余百分数按式(11.2)计算:

$$F = \frac{R_t}{W} \times 100\%$$
(11.2)

式中　F ——水泥试样的筛余百分数,结果精确至 0.1%;

　　　R_t ——水泥筛余物质量,单位为克(g);

　　　W ——水泥试样质量,单位为克(g)。

2. 筛余结果的修正

实验筛的筛网会在实验中磨损,因此筛析结果应进行修正。修正的方法是将以上计算结果乘以该实验筛标定后得到的有效修正系数,即为最终结果。

合格评定时,每个样品应称取两个试样分别筛析,取筛余平均值为筛析结果。若两次筛余结果绝对误差大于 0.5%(筛余值大于 5.0% 时可放至 1.0%),应再做一次实验,取两次相近结果的算术平均值作为最终结果。

3. 实验结果

负压筛析法、水筛法和手工筛析法测定的结果发生争议时,以负压筛析法为准。

实验 12　水泥标准稠度用水量和凝结时间的测定

一、实验意义和目的

水泥标准稠度用水量与混凝土的工作性息息相关。水泥的凝结时间有初凝与终凝之分。自加水起至水泥浆开始失去塑性、流动性减小所需的时间,称为初凝时间。自加水时起至水泥浆完全失去塑性、开始有一定结构强度所需的时间,称为终凝时间。不同种类水泥对初凝和终凝时间的要求不同。本实验目的如下:

(1) 掌握测定水泥标准稠度用水量的实验方法及实验原理。

(2) 掌握测定水泥凝结时间的实验方法及实验原理。

(3) 测定水泥的标准稠度用水量及凝结时间。

二、实验原理

水泥标准稠度:水泥标准稠度净浆对标准试杆(或试锥)的沉入具有一定阻力。通过实验测量不同含水量水泥净浆的穿透性,以确定水泥标准稠度净浆中所需加入的水量。

凝结时间:试针沉入水泥标准稠度净浆至一定深度所需的时间。

三、仪器设备

1. 水泥净浆搅拌机。

水泥净浆搅拌机应符合现行国家标准《水泥净浆搅拌机》(JC/T 729)的要求,主要由搅拌锅、搅拌叶片、传动机构和控制系统组成。搅拌叶片在搅拌锅内做旋转方向相反的公转和自转,并可在竖直方向调节。搅拌锅可以升降,传动结构保证搅拌叶片按规定的方向和速度运转,控制系统具有按程序自动控制与手动控制两种功能。

(1) 搅拌叶片高速与低速时的自转和公转速度应符合表 12.1 的要求。

表 12.1 搅拌叶片高速与低速时的自转和公转速度

	自转/(r·min⁻¹)	公转/(r·min⁻¹)
慢速	140 ± 5	62 ± 5
快速	285 ± 10	125 ± 10

(2) 搅拌机拌和一次的自动控制程序:慢速(120 ± 3)s,停拌(15 ± 1)s,快速(120 ± 3)s。

(3) 搅拌锅:由不锈钢或带有耐蚀电镀层的铁质材料制成,形状和基本尺寸如图 12.1 所示。搅拌锅深度:(139 ± 2)mm;搅拌锅内径:(160 ± 1)mm;搅拌锅壁厚:$\geqslant0.8$ mm。

(4) 搅拌叶片:由铸钢或不锈钢制造,形状和基本尺寸如图 12.1 所示。搅拌叶片轴外径为 $\phi(20.0\pm0.5)$mm;与搅拌叶片传动轴联接螺纹为 M16×1～7H-L;定位孔直径为 $\phi12_0^{+0.043}$ mm,深度$\geqslant32$ mm。搅拌叶片总长:(165 ± 1)mm;搅拌有效长度:(110 ± 2)mm;搅拌叶片总宽:$111.0_0^{+1.5}$ mm;搅拌叶片翅外沿直径:$\phi5_0^{1.5}$ mm。

(5) 搅拌叶片与锅底、锅壁的工作间隙:(2 ± 1)mm。

(6) 在机头醒目位置标有搅拌叶片公转方向的标志。搅拌叶片自转方向为顺时针,公转方向为逆时针。

(7) 搅拌机运转时声音正常,搅拌锅和搅拌叶片没有明显的晃动现象。

(8) 搅拌机的电气部分绝缘良好,整机绝缘电阻$\geqslant2$ MΩ。

(9) 搅拌机外表面不得有粗糙不平及图 12.1 中未规定的凸起、凹陷。

(10) 搅拌机非加工表面均应进行防锈处理,外表面油漆应平整、光滑、均匀和色调一致。

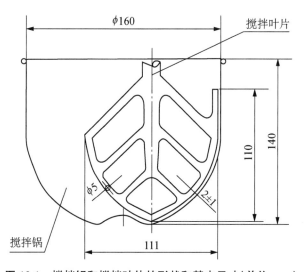

图 12.1 搅拌锅和搅拌叶片的形状和基本尺寸(单位:mm)

（11）搅拌机的零件加工面不得有碰伤、划痕和锈斑。

2. 标准法维卡仪。

测定水泥标准稠度和凝结时间用维卡仪及配件示意图如图 12.2 所示，包括测定初凝时间用维卡仪和试模，测定终凝时间用反转试模，标准稠度试杆，初凝用试针和终凝用试针。

标准稠度试杆由有效长度为(50±1)mm，直径为 $\phi(10\pm0.05)$mm 的圆柱形耐腐蚀金属制成。试针由钢制成，其有效长度初凝针为(50±1)mm、终凝针为(30±1)mm，直径为 $\phi(1.13\pm0.05)$mm。滑动部分的总质量为(300±1)g。与试杆、试针连结的滑动杆表面应光滑，能靠重力自由下落，不得有紧涩和晃动现象。

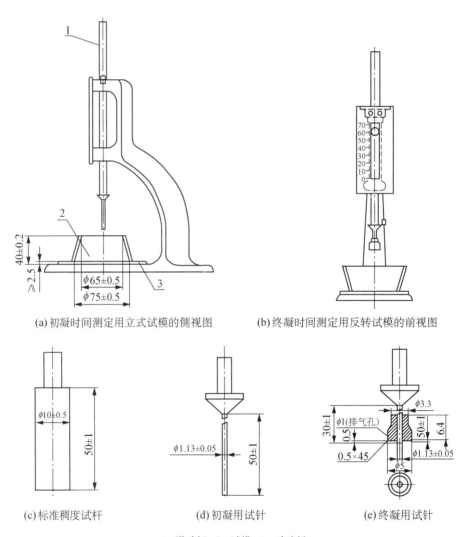

(a)初凝时间测定用立式试模的侧视图　(b)终凝时间测定用反转试模的前视图

(c)标准稠度试杆　(d)初凝用试针　(e)终凝用试针

1—滑动杆；2—试模；3—玻璃板

图 12.2　测定水泥标准稠度和凝结时间用维卡仪及配件示意图(单位：mm)

盛装水泥净浆的试模由耐腐蚀的、有足够硬度的金属制成。试模为深(40±0.2)mm、顶内径 $\phi(65\pm0.5)$mm、底内径 $\phi(75\pm0.5)$mm 的截顶圆锥体。每个试模应配备一个边长或直径约 100 mm、厚度 4~5 mm 的平板玻璃底板或金属底板。

3. 天平:量程不小于 1 000 g,最小分度值不大于 1 g。

4. 量筒或滴定管:精度±0.5 mL。

5. 用水应是洁净的饮用水,如有争议时应以蒸馏水为准。

四、实验条件

实验室温度为(20±2)℃,相对湿度应不低于 50%;水泥试样、拌和水、仪器和用具的温度应与实验室一致;湿气养护箱的温度为(20±2)℃,相对湿度不低于 90%。

五、实验步骤

1. 标准稠度用水量测定方法(标准法)

(1) 实验前准备工作。

① 维卡仪的滑动杆能自由滑动。试模和玻璃底板用湿布擦拭,将试模放在底板上。

② 调整至试杆接触玻璃板时指针对准零点。

③ 搅拌机运行正常。

(2) 水泥净浆的拌制。

用水泥净浆搅拌机搅拌,搅拌锅和搅拌叶片先用湿布擦过,将拌和水倒入搅拌锅内,然后在 5~10 s 内小心将称好的 500 g 水泥加入水中,防止水和水泥溅出;拌和时,先将锅放在搅拌机的锅座上,升至搅拌位置,启动搅拌机,低速搅拌 120 s,停 15 s,同时将叶片和锅壁上的水泥浆刮入锅中间,接着高速搅拌 120 s 停机。

(3) 标准稠度用水量的测定。

拌和结束后,立即取适量水泥净浆一次性将其装入已置于玻璃底板上的试模中,浆体超过试模上端,用宽约 25 mm 的直边刀轻轻拍打超出试模部分的浆体 5 次以排除浆体中的孔隙,然后在试模上表面约 1/3 处,略倾斜于试模分别向外轻轻锯掉多余净浆,再从试模边沿轻抹顶部一次,使净浆表面光滑。在锯掉多余净浆和抹平的操作过程中,注意不要压实净浆;抹平后迅速将试模和底板移到维卡仪上,并将其中心定在试杆下,降低试杆直至与水泥净浆表面接触,拧紧螺钉 1~2 s 后,突然放松,使试杆垂直自由地沉入水泥净浆中。在试杆停止沉入或释放试杆 30 s 时记录试杆距底板之间的距离,升起试杆后,立即擦净;整个操作应在搅拌后 1.5 min 内完成。以试杆沉入净浆并距底板(6±1)mm 的水泥净浆为标准稠度净浆。其拌和水量为该水泥的标准稠度用水量(P),按水泥质量的百分比计。

2. 标准稠度用水量测定方法(代用法)

(1) 实验前准备工作。

① 维卡仪的金属棒能自由滑动。

② 调整至试锥接触锥模顶面时指针对准零点。

③ 搅拌机运行正常。

(2) 水泥净浆的拌制同标准法。

(3) 标准稠度用水量的测定。

采用代用法测定水泥标准稠度用水量可用调整水量和不变水量两种方法的任一种测定。采用调整水量方法时拌和水量按经验找水,采用不变水量方法时拌和水量用 142.5 mL。

拌和结束后,立即将拌制好的水泥净浆装入锥模中,用宽约 25 mm 的直边刀在浆体表面轻轻插捣 5 次,再轻振 5 次,刮去多余的净浆;抹平后迅速放到试锥下面固定的位置上,将试锥降至净浆表面,拧紧螺钉 1~2 s 后,突然放松,让试锥垂直自由地沉入水泥净浆中。到试锥停止下沉或释放试锥 30 s 时记录试锥下沉深度。整个操作应在搅拌后 1.5 min 内完成。

用调整水量方法测定时,以试锥下沉深度(30±1)mm 时的净浆为标准稠度净浆。其拌和水量为该水泥的标准稠度用水量(P),按水泥质量的百分比计。如下沉深度超出范围需另称试样,调整水量,重新实验,直至达到(30±1 mm)为止。

用不变水量方法测定时,根据式(12.1)(或仪器上对应标尺)计算得到标准稠度用水量 P。当试锥下沉深度小于 13 mm 时,应改用调整水量法测定。

$$P = 33.4 - 0.185S \tag{12.1}$$

式中　P ——标准稠度用水量,用百分数表示;

　　　S ——试锥下沉深度,单位为毫米(mm)。

3. 凝结时间测定方法

(1)实验前准备工作。

调整凝结时间测定仪的试针接触玻璃板时指针对准零点。

(2)试件的制备。

以标准稠度用水量按标准法制成标准稠度净浆,并按标准法装模和刮平后,立即放入湿气养护箱中。记录水泥全部加入水中的时间作为凝结时间的起始时间。

(3)初凝时间的测定。

试件在湿气养护箱中养护至加水后 30 min 时进行第一次测定。测定时,从湿气养护箱中取出试模放到试针下,降低试针与水泥净浆表面接触。拧紧螺钉 1~2 s 后,突然放松,试针垂直自由地沉入水泥净浆。观察试针停止下沉或释放试针 30 s 时指针的读数。临近初凝时间时每隔 5 min(或更短时间)测定一次,当试针沉至距底板(4±1)mm 时,为水泥达到初凝状态;由水泥全部加入水中至初凝状态的时间为水泥的初凝时间,用 min 来表示。

(4)终凝时间的测定。

为了准确观测试针沉入的状况,终凝针上安装了一个环形附件,如图 12.2(e)所示。在完成初凝时间测定后,立即将试模连同浆体以平移的方式从玻璃板取下,翻转 180°,直径大端向上、小端向下放在玻璃板上,再放入湿气养护箱中继续养护。临近终凝时间时每隔 15 min(或更短时间)测定一次,当试针沉入试体 0.5 mm 时,即环形附件开始不能在试体上留下痕迹时,为水泥达到终凝状态。由水泥全部加入水中至终凝状态的时间为水泥的终凝时间,用分钟(min)来表示。

(5)测定注意事项。

测定时应注意,在最初测定的操作时应轻轻扶持金属柱,使其徐徐下降,以防试针撞弯,但结果以自由下落为准;在整个测试过程中试针沉入的位置至少要距试模内壁 10 mm。临近初凝时,每隔 5 min(或更短时间)测定一次,临近终凝时每隔 15 min(或更短时间)测定一次。到达初凝时应立即重复测一次,当两次结论相同时才能确定到达初凝状态,到达终凝时,需要在试体另外两个不同点测试,确认结论相同才能确定到达终凝状态。每次测定不能让试针落入原针孔,每次测试完毕须将试针擦净并将试模放回湿气养护箱内,整个测试过程要防止试模受震动。

注:可以使用能得出与标准中规定方法相同结果的凝结时间自动测定仪,有争议时以标准规定方法为准。

实验 13　水泥体积安定性的测定

一、实验意义和目的

水泥体积安定性是指水泥在凝结硬化过程中体积变化是否均匀的性能。如果水泥硬化后产生不均匀的体积变化,即为体积安定性不良。体积安定性不良会使水泥制品或混凝土构件产生膨胀性裂缝。本实验介绍测定水泥体积安定性的沸煮法和压蒸法。具体实验目的如下:

(1)掌握沸煮法、了解压蒸法测定水泥体积安定性的实验方法和实验原理。

(2)采用沸煮法测定水泥体积安定性。

二、沸煮法

(一)实验原理

雷氏法是通过测定水泥标准稠度净浆在雷氏夹中沸煮后试针的相对位移表征其体积膨胀的程度。

试饼法是通过观测水泥标准稠度净浆试饼煮沸后的外形变化情况来评定水泥体积安定性。

(二)仪器设备

1.水泥净浆搅拌机:符合现行行业标准《水泥净浆搅拌机》(JC/T 729)的要求。

2.雷氏夹

由铜质材料制成,其结构如图 13.1 所示。当一根指针的根部先悬挂在一根金属丝或尼龙丝上,另一根指针的根部再挂上 300 g 质量的砝码时,两根指针针尖的距离增加应在 (17.5 ± 2.5)mm 范围内,即 $2x=(17.5\pm2.5)$mm(图 13.2),当去掉砝码后针尖的距离能恢复至挂砝码前的状态。

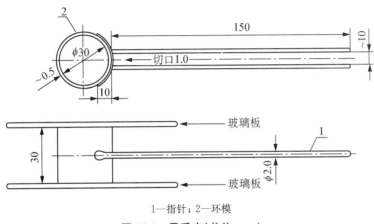

1—指针;2—环模

图 13.1　雷氏夹(单位:mm)

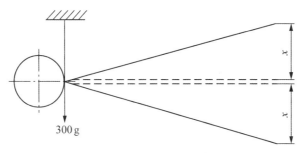

图 13.2　雷氏夹受力示意图

3. 沸煮箱

沸煮箱由箱体、加热管和控制器等组成,其箱体结构如图 13.3 所示。

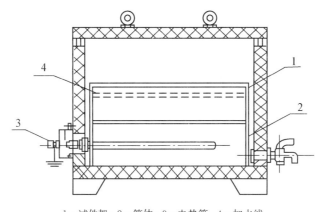

1—试件架;2—箱体;3—电热管;4—加水线

图 13.3　沸煮箱箱体结构示意图

(1) 沸煮箱材料由不锈钢制成。

(2) 沸煮箱的绝缘电阻不小于 2 MΩ。

(3) 沸煮箱在工作过程中,水封槽和箱体应不漏水。在箱体 150 mm 等高线处的外表面温度不得超过 60 ℃。

(4) 沸煮箱箱体内部尺寸为:长(410±3)mm,宽(240±3)mm,高(310±3)mm。

(5) 沸煮箱箱体底部配有两根功率不同的电热管,小功率电热管的功率为 900~1 100 W,两根电热管的总功率为 3 600~4 400 W。电热管距箱底的净距离(h_1)为:20 mm<h_1<30 mm。

(6) 沸煮箱控制器具有自动控制和手动控制两种功能。①自动控制。能在(30±5)min 内将箱中实验用水从(20±2)℃加热至沸腾状态并保持(180±5)min 后自动停止,整个实验过程中不需补充水量。②手动控制。可在任意情况下关闭或开启大功率电热管。

(7) 沸煮箱内配有雷氏夹试件架和试饼架两种。

① 雷氏夹试件架。结构示意图如图 13.4 所示。支撑金属丝间的净距离(S_1)为:10 mm<S_1<15 mm,支撑金属丝距电热管的净距离(h_2)为:50 mm<h_2<75 mm,隔离金属丝间的净距离(S_2)为:30 mm<S_2<35 mm。支撑金属丝和隔离金属丝由不锈钢或铜质

材料制成,直径不小于 4 mm。

② 试饼架。其结构示意图如图 13.5 所示。蓖板面平整,上面均匀分布规则的孔。蓖板距电热管的净距离(h_3)为:50 mm$<h_3<$75 mm。蓖板材料为不锈钢或铜质材料制成。

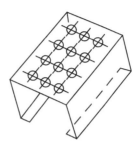

图 13.4 雷氏夹试件架   图 13.5 试饼架

（8）外观:箱体外表面应平整光亮。箱盖板结合处应密封、平整。

4. 雷氏夹膨胀测定仪:如图 13.6 所示,标尺最小刻度为 0.5 mm。

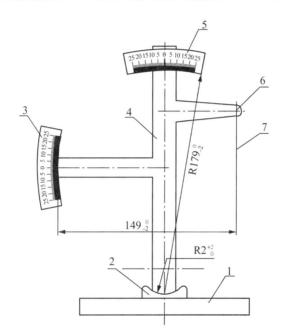

1—底座；2—模子座；3—测弹性标尺；4—立柱；5—测膨胀值标尺；6—悬臂；7—悬丝

图 13.6 雷氏夹膨胀测定仪(单位:mm)

5. 量筒或滴定管:精度±0.5 mL。

6. 天平:量程不小于 1 000 g,分度值不大于 1 g。

7. 玻璃板:边长或直径约 80 mm、厚度为 4~5 mm 的玻璃板两块;约 100 mm×100 mm 的玻璃板两块。

8. 直尺。

9. 水:实验用水应是洁净的饮用水,如有争议时应以蒸馏水为准。

10. 湿气养护箱。

（三）实验条件

实验室温度为(20 ± 2)℃，相对湿度应不低于50%；水泥试样、拌和水、仪器和用具的温度应与实验室一致；湿气养护箱的温度为(20 ± 2)℃，相对湿度不低于90%。

（四）实验步骤

1. 雷氏法（标准法）

（1）实验前准备工作。

每个试样需成型两个试件，每个雷氏夹需配备两个边长或直径约80 mm、厚度为4~5 mm的玻璃板，凡与水泥净浆接触的玻璃板和雷氏夹内表面都要稍稍涂上一层油。

注：有些油会影响凝结时间，矿物油比较合适。

（2）标准稠度净浆的制备。

以标准稠度用水量按实验12中水泥净浆的拌制方法制备标准稠度净浆。

（3）雷氏夹试件的成型。

将预先准备好的雷氏夹放在已稍擦油的玻璃板上，并立即将已制好的标准稠度净浆一次装满雷氏夹，装浆时一只手轻轻扶持雷氏夹，另一只手用宽约25 mm的直边刀在浆体表面轻轻插捣3次，然后抹平，盖上稍涂油的玻璃板，接着立即将试件移至湿气养护箱内养护(24 ± 2)h。

（4）沸煮。

调整好沸煮箱内的水位，使能保证在整个沸煮过程中都超过试件，不需中途添补实验用水，同时又能保证在(30 ± 5)min内升至沸腾。

脱去玻璃板取下试件，先测量雷氏夹指针尖端间的距离(A)，精确到0.5 mm，接着将试件放入煮沸箱水中的试件架上，指针朝上，然后在(30 ± 5)min内加热至沸并恒沸(180 ± 5)min。

2. 试饼法（代用法）

（1）实验前准备工作。

每个样品需准备两块边长约100 mm的玻璃板，凡与水泥净浆接触的玻璃板都要稍稍涂上一层油。

（2）试饼的成型方法。

将制好的标准稠度净浆取出一部分分成两等份，使之成球形，放在预先准备好的玻璃板上，轻轻振动玻璃板并用湿布擦过的小刀由边缘向中央抹，做成直径70~80 mm、中心厚约10 mm、边缘渐薄、表面光滑的试饼，接着将试饼放入湿气养护箱内养护(24 ± 2)h。

（3）沸煮。

调整好沸煮箱内的水位，使之能保证在整个沸煮过程中都超过试件，不需中途添补实验用水，同时又能保证在(30 ± 5)min内升至沸腾。

脱去玻璃板取下试饼，在试饼无缺陷的情况下将试饼放在沸煮箱水中的箅板上，在(30 ± 5)min内加热至沸并恒沸(180 ± 5)min。

（五）结果评定

1. 雷氏法（标准法）

沸煮结束后，立即放掉沸煮箱中的热水，打开箱盖，待箱体冷却至室温，取出试件进行判别。测量雷氏夹指针尖端的距离(C)，准确至0.5 mm，当两个试件煮后增加距离($C-A$)的平均值不大于 5.0 mm 时,即认为该水泥安定性合格,当两个试件煮后增加距离($C-A$)的平均值大于 5.0 mm 时,应该用同一样品立即重做一次实验。以复检结果为准。

2. 试饼法(代用法)

沸煮结束后,立即放掉沸煮箱中的热水,打开箱盖,待箱体冷却至室温,取出试件进行判别。目测试饼未发现裂缝,用钢直尺检查也没有弯曲(使钢直尺和试饼底部紧靠,以二者间不透光为不弯曲)的试饼为安定性合格,反之为不合格。当两个试饼判别结果有矛盾时,该水泥的安定性为不合格。

三、压蒸法

(一) 实验原理

在饱和水蒸气条件下提高温度和压力使水泥中的方镁石在较短的时间内绝大部分水化,用试件的形变来判断水泥浆体积安定性。压蒸是指在温度大于 100 ℃的饱和水蒸气条件下的处理工艺。为了使水泥中的方镁石在短时间里水化,用 215.7 ℃的饱和水蒸气处理3 h,其对应压力为 2.0 MPa。

(二) 仪器设备

1. 25 mm×25 mm×280 mm 试模、钉头、捣棒和比长仪。

2. 水泥净浆搅拌机:详见本实验沸煮法仪器设备。

3. 沸煮箱:详见本实验沸煮法仪器设备。

4. 压蒸釜

为高压水蒸气容器,装有压力自动控制装置、压力表、安全阀、放气阀和电热器。电热器应能在最大实验荷载条件下,45~75 min 内使锅内蒸汽压升至表压 2.0 MPa,恒压时要尽量不使蒸汽排出。压力自动控制器应能使锅内压力控制在(2.0±0.05)MPa[相当于(215.7±1.3)℃]范围内,并保持 3 h 以上。压蒸釜在停止加热后 90 min 内能使压力从 2.0 MPa 降至 0.1 MPa 以下。放气阀用于加热初期排除锅内空气和在冷却期终放出锅内剩余水汽。压力表的最大量程为 4.0 MPa,最小分度值不得大于 0.05 MPa。压蒸釜盖上还应备有温度测量孔,插入温度计后能测出釜内的温度。

(三) 实验条件

成型实验室的温度应保持在(20±2)℃,相对湿度应不低于 50%。

试体带模养护的养护箱或雾室温度保持在(20±1)℃,相对湿度不低于 90%。

试体养护池水温度应在(20±1)℃范围内。

成型试件前试样的温度应在 17~25 ℃范围内。压蒸实验室应不与其他实验共用,并备有通风设备和自来水水源。

试件长度测量应在成型实验室或温度恒定的实验室里进行,比长仪和校正杆都应与实验室的温度一致。

(四) 实验步骤

1. 试样准备

试样应通过 0.9 mm 的方孔筛。试样的沸煮安定性必须合格。为减少 f-CaO 对压蒸结果的影响,允许试样摊开在空气中存放不超过一周再进行压蒸试件的成型。

2. 试件的成型

(1) 试模的准备:实验前在试模内涂上一薄层机油,并将钉头装入模槽两端的圆孔内,注意钉头外螺部分不要沾染机油。

(2) 水泥标准稠度净浆的制备:每个水泥样应成型两条试件,需称取水泥 800 g,用标准稠度水量拌制,其操作步骤同实验 12。

(3) 试体的成型:将已拌和均匀的水泥浆体,分两层装入已准备好的试模内。第一层浆体装入高度约为试模高度的五分之三,先以小刀划实,尤其钉头两侧应多插几次,然后用23 mm×23 mm 捣棒由钉头内侧开始,即在两钉头尾部之间,从一端向另一端顺序地捣压 10 次,往返共捣压 20 次,再用缺口捣棒在钉头两侧各捣压 2 次,然后再装入第二层浆体,浆体装满试模后,用刀划匀,刀划之深度应透过第一层胶砂表面,再用捣棒在浆体上顺序地捣压 12 次,往返共捣压 24 次。每次捣压时应先将捣棒接触浆体表面,再用力捣压。捣压必须均匀,不得打击。捣压完毕将剩余浆体装到模上,用刀抹平,放入湿气养护箱中养护 3~5 h 后,将模上多余浆体刮去,使浆体面与模型边平齐。然后记上编号,放入湿汽养护箱中养护至成型后 24 h 脱模。

3. 试件的沸煮

(1) 初长的测量:试件脱模后即测其初长。测量前要用校正杆校正比长仪百分表零读数,测量完毕也要核对零读数,如有变动,试件应重新测量。

试件在测长前应将钉头擦干净,为减少误差,试件在比长仪中的上下位置在每次测量时应保持一致,读数前应左右旋转,待百分表指针稳定时读数(L_0),结果记录至 0.001 mm。

(2) 沸煮实验:测完初长的试件平放在沸煮箱的试架上,调整好沸煮箱内的水位,使之能保证在整个沸煮过程中都超过试件,不需中途添补实验用水,同时又能保证在(30 ± 5)min 内煮至沸腾,然后进行沸煮并恒沸(180 ± 5)min。如果需要,沸煮后的试件也可进行测长。

4. 试件的压蒸

(1) 沸煮后的试件应在 4 天内完成压蒸。试件在沸煮后压蒸前这段时间里应放在(20 ± 2)℃的水中养护。

压蒸前将试件在室温下放在试件支架上。试件间应留有间隙。为了保证压蒸时压蒸釜内始终保持饱和水蒸气压,必须加入足量的蒸馏水,加入量一般为锅容积的 7%~10%,但试件应不接触水面。

(2) 在加热初期应打开放气阀,让釜内空气排出直至看见有蒸汽放出后关闭,接着提高釜内温度,使其从加热开始经 45~75 min 达到表压(2.0 ± 0.05)MPa,在该压力下保持 3 h 后切断电源,让压蒸釜在 90 min 内冷却至釜内压力低于 0.1 MPa。然后微开放气阀排出釜内剩余蒸汽。

注意:压蒸釜的操作应严格按有关规程和附录 A 进行。

(3) 打开压蒸釜,取出试件立即置于 90 ℃以上的热水中,然后在热水中均匀地注入冷水,在 15 min 内使水温降至室温,注入水时不要直接冲向试件表面。再经 15 min 取出试件擦净,测长(L_1)。如发现试件弯曲、过长、龟裂等应做记录。

(五) 结果计算及评定

1. 结果计算

水泥净浆试件的膨胀率以百分数表示,取两条试件的平均值,当试件的膨胀率与平均值相差超过±10％时应重做。

试件压蒸膨胀率按式(13.1)计算：

$$L_A = \frac{L_1 - L_0}{L} \times 100\%$$　　　　　　(13.1)

式中　L_A——试件压蒸膨胀率,用百分数表示,结果精确至0.01％;

　　　L——试件有效长度,250 mm;

　　　L_0——试件脱模后初长读数,单位为毫米(mm);

　　　L_1——试件压蒸后长度读数,单位为毫米(mm)。

2. 结果评定

当普通硅酸盐水泥、矿渣硅酸盐水泥、火山灰质硅酸盐水泥、粉煤灰硅酸盐水泥的压蒸膨胀率不大于0.50％,硅酸盐水泥压蒸膨胀率不大于0.80％时,为体积安定性合格,反之为不合格。

附录 A

安全注意事项

(1) 在压蒸实验过程中将温度计与压力表同时使用,因为温度和饱和蒸汽压力具有一定的关系,同时使用就可及时发现压力表发生的故障,以及实验过程中由于压蒸釜内水分损失而造成的不正常的情况。

(2) 安全阀应调节至高于压蒸实验工作压力的10％,即约为 2.2 MPa;安全阀每年至少检验两次,检验时可以用压力表检验设备,也可以调节压力自动控制器,使压蒸釜达到 2.2 MPa,此时安全阀应立即被顶开。注意安全阀放气方向应背向操作者。

(3) 在实际操作中,有可能同时发生以下故障:自动控制器失灵;安全阀不灵敏;压力指针骤然指示为零,实际上已超过最大刻度从反方向返至零点。如发现这些情况,不管釜内压力有多大,应立即切断电源,并采取安全措施。

(4) 当压蒸实验结束放气时,操作者应站在背离放气阀的方向,打开釜盖时,应戴上石棉手套,以免烫伤。

(5) 在使用中的压蒸釜,有可能发生压力表表针折回实验初始位置或开始点的情况,此时未必表示压力为零,釜内可能仍然保持有一定的压力,应找出原因并采取措施。

实验 14　水泥胶砂强度的测定

一、实验意义和目的

水泥胶砂强度是指水泥胶砂硬化试体所能承受外力破坏的能力,用兆帕(MPa)表示。它是水泥重要的物理力学性能之一,是评定水泥强度等级的依据。本实验目的如下:

（1）掌握测定水泥胶砂抗折强度和抗压强度的实验方法及实验原理。

（2）测定水泥胶砂抗折强度和抗压强度。

二、实验原理

抗压强度：压力机在恒定加荷速率下对棱柱体的水泥试件光滑侧面均匀加荷直至破坏，用试件单位面积上所受到的最大荷载评价样品的抗压强度。

抗折强度：以一定的加荷速率用中心加荷法来测定抗折强度。

三、实验室和设备

1. 实验室

试体成型实验室的温度应保持在(20±2)℃,相对湿度应不低于50%。

实验室空气温度和相对湿度在工作期间每天至少记录一次。

2. 养护箱或雾室

试体带模养护的养护箱或雾室温度保持在(20±1)℃,相对湿度不低于90%。

养护箱或雾室的温度与相对湿度至少每4 h记录一次。在自动控制的情况下记录次数可以酌减至一天记录两次。

注：应安装装置确保养护时的温度均匀。如果在养护时安装了循环系统,风速应尽可能小,避免形成涡流。

3. 养护水池

水养用养护水池(带篦子)的材料不能和水泥发生反应。

试体养护池水温度应保持在(20±1)℃。

试体养护池水温在工作期间每天至少记录一次。

4. 实验用水泥、ISO标准砂和水

应与实验室温度相同。

5. 搅拌机

行星式水泥胶砂搅拌机,应符合现行行业标准《行星式水泥胶砂搅拌机》(JC/T 681)的规定,由胶砂搅拌锅和搅拌叶片及相应的机构组成。搅拌锅可以随意挪动,但可以很方便地固定在锅座上,而且搅拌时也不会明显晃动和转动;搅拌叶片呈扇形,搅拌时除顺时针自转外还沿锅周边逆时针公转,并具有高低两种速度。

（1）搅拌叶片高速与低速时的自转和公转速度应符合表14.1要求。

表14.1 搅拌叶片高速与低速时的自转和公转速度

	自转/(r·min^{-1})	公转/(r·min^{-1})
低速	140±5	62±5
高速	285±10	125±10

（2）胶砂搅拌机的工作程序分手动和自动两种。

自动控制程序为：低速(30±1)s,再低速(30±1)s,同时自动加砂开始并在20～30 s内全部加完,高速(30±1)s,停(90±1)s,高速(60±1)s。

手动控制具有高、停、低三挡速度及加砂功能控制钮,并与自动互锁。

(3) 一次实验所用标准砂应全部进入锅内,不应外溅。

(4) 搅拌锅应耐锈蚀,搅拌锅的形状和基本尺寸见图14.1。搅拌锅深度:(180±2)mm;搅拌锅内径:(202±1)mm;搅拌锅壁厚:(1.5±0.1)mm。

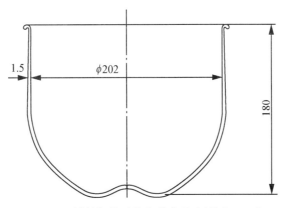

图14.1　搅拌锅的形状和基本尺寸(单位:mm)

(5) 搅拌叶片由铸钢或不锈钢制造。搅拌叶片的形状和基本尺寸如图14.2所示。

搅拌叶片轴外径为 $\phi(27.0±0.5)$mm;与搅拌叶片传动轴联接螺纹为 $M_18×1.5\sim6H$;定位孔直径为 $\phi15_0^{+0.027}$ mm,深度≥18 mm。

搅拌叶片总长:(198±1)mm;搅拌有效长度:(130±2)mm;搅拌叶片总宽:135.0～135.5 mm;搅拌叶片翅宽:(8±1)mm;搅拌叶片翅厚:(5±1)mm。

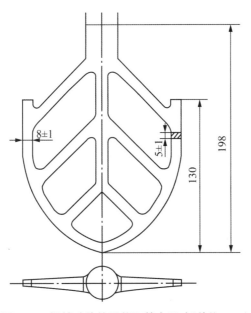

图14.2　搅拌叶片的形状和基本尺寸(单位:mm)

(6) 搅拌叶片与锅底、锅壁的工作间隙:(3±1)mm。

(7) 在机头醒目位置标有搅拌叶片公转方向的标志。搅拌叶片自转方向为顺时针,公转方向为逆时针。

(8) 胶砂搅拌机运转时声音正常,锅和搅拌叶片不得有明显的晃动现象。

(9) 胶砂搅拌机的电气控制稳定可靠,整机绝缘电阻不低于 2 MΩ。

(10) 胶砂搅拌机外表面不得有粗糙不平及图 14.2 中未规定的凸起、凹陷。

(11) 胶砂搅拌机非加工表面均应进行防锈处理,外表面油漆应平整、光滑、均匀和色调一致。

(12) 胶砂搅拌机的零件加工面不得有碰伤、划痕和锈斑。

6. 试模

试模由三个水平的模槽组成(图 14.3),可同时成型三条截面为 40 mm×40 mm,长 160 mm 的棱形试体,其材质和制造尺寸应符合现行行业标准《水泥胶砂试模》(JC/T 726)的要求。

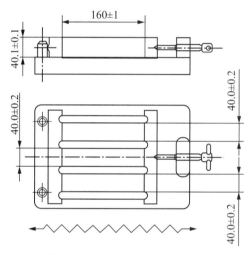

图 14.3 典型的试模(单位:mm)

当试模的任何一个公差超过规定的要求时,就应更换。在组装备用的干净模型时,应用黄干油等密封材料涂覆模型的外接缝。试模的内表面应涂上一薄层模型油或机油。

成型操作时,应在试模上面加一个壁高 20 mm 的金属模套,当从上往下看时,模套壁与模型内壁应该重叠,超出内壁不应大于 1 mm。

为了控制料层厚度和刮平胶砂,应备有如图 14.4 所示的两个播料器和一个金属刮平直尺。

7. 振实台

振实台应符合现行行业标准《水泥胶砂成型振实台》(JC/T 682)的规定,由台盘和使其跳动的凸轮等组成。台盘上有固定试模用的卡具,并连有两根起稳定作用的臂,凸轮由电机带动,通过控制器控制,按一定的要求转动,并保证使台盘平稳上升至一定高度后自由下落,其中心恰好与止动器撞击。卡具与模套连成一体,可沿与臂杆垂直方向向上转动不小于100°。其基本结构如图 14.5 所示。

058

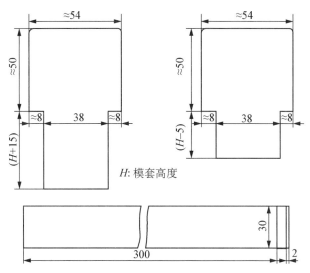

H: 模套高度

图 14.4　典型的播料器和金属刮平尺(单位:mm)

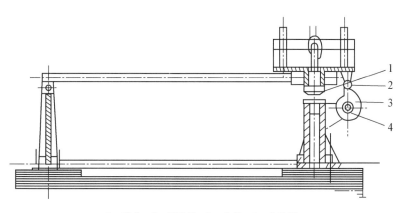

1—突头；2—随动轮；3—凸轮；4—止动器

图 14.5　典型的振实台

振实台的振幅:(15.0±0.3)mm。

振动 60 次的时间:(60±2)s。

台盘(包括臂杆、模套和卡具)的总质量:(13.75±0.25)kg,并将实测数据标识在台盘的侧面。

两根臂杆及其十字拉肋的总质量:(2.25±0.25)kg。

台盘中心到臂杆轴中心的距离:(800±1)mm。

当突头落在止动器上时,台盘表面应是水平的,四个角中任一角的高度与其平均高度差不应大于 1 mm。

突头的工作面为球面,其与止动器的接触为点接触。

突头和止动器由洛氏硬度不低于 55HRC 的全硬化钢制造。

凸轮由洛氏硬度不低于 40HRC 的钢制造。

卡具与模套连成一体,卡紧时模套能压紧试模并与试模内侧对齐。

控制器和计数器灵敏可靠,能控制振实台振动 60 次后自动停止。

整机绝缘电阻不低于 2.5 MΩ。

臂杆轴只能转动,不允许有晃动。

振实台启动后,其台盘在上升过程中和撞击瞬间无摆动现象,传动部分运转声音正常。

振实台底座地脚螺栓孔中心距如图 14.6 所示。

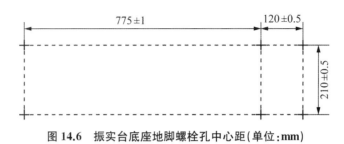

图 14.6　振实台底座地脚螺栓孔中心距(单位:mm)

振实台外表面不应有粗糙不平及图 14.5 中未规定的凸起、凹陷。油漆面应平整、光滑、均匀和色调一致。零件加工面不应有碰伤、划痕和锈斑。

振实台应安装在高度约 400 mm 的混凝土基座上。混凝土体积约为 0.25 m³,重约 600 kg。需防止外部振动影响振实效果时,可在整个混凝土基座下放一层厚约 5 mm 的天然橡胶弹性衬垫。

将仪器用地脚螺栓固定在基座上,安装后设备成水平状态,仪器底座与基座之间要铺一层砂浆以保证它们完全接触。

注:成型代用设备为全波振幅(0.75±0.02)mm,频率为 2 800～3 000 次/min 的振动台,应符合现行行业标准《水泥胶砂振动台》(JC/T 723)的有关要求。

8. 抗折强度试验机

抗折强度试验机应符合现行行业标准《水泥胶砂电动抗折试验机》(JC/T 724)的要求。试件在夹具中受力状态如图 14.7 所示。

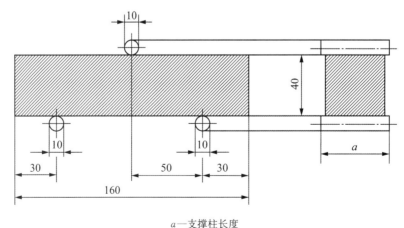

a—支撑柱长度

图 14.7　抗折强度测定加荷图(单位:mm)

通过三根圆柱轴的三个竖向平面应该平行,并在实验时继续保持平行和等距离垂直试体的方向,其中一根支撑圆柱和加荷圆柱能轻微倾斜使圆柱与试体完全接触,以便荷载沿试体宽度方向均匀分布,同时不产生任何扭转应力。

抗折强度也可用抗压强度试验机来测定,此时应使用符合上述规定的夹具。

抗折强度试验机的加荷速度应满足(50 ± 10)N/s。

9. 抗压强度试验机

抗压强度试验机应符合现行行业标准《水泥胶砂强度自动压力试验机》(JC/T 960)的规定,在较大的五分之四量程范围内使用时,记录的荷载应有$\pm1\%$精度,并具有按$(2\,400\pm200)$N/s速率的加荷能力,应有一个能指示试件破坏时荷载并把它保持到试验机卸荷以后的指示器,可以用表盘里的峰值指针或显示器来实现。人工操纵的试验机应配有一个速度动态装置以便于控制荷载增加。

压力机的活塞竖向轴应与压力机的竖向轴重合,在加荷时也不例外,而且活塞作用的合力要通过试件中心。压力机的下压板表面应与该机的轴线垂直并在加荷过程中一直保持不变。

压力机上压板球座中心应在该机竖向轴线与上压板下表面相交点上,其公差为±1 mm。上压板在与试体接触时能自动调整,但在加荷期间上下压板的位置应固定不变。

试验机压板应由维氏硬度不低于600HV硬质钢制成,最好为碳化钨,厚度不小于10 mm,宽为(40 ± 0.1)mm,长不小于40 mm。压板和试件接触的表面平面度公差应为0.01 mm,表面粗糙度(R_a)应在0.1~0.8。

当试验机没有球座,或球座已不灵活或直径大于120 mm时,应采用图14.8所示的夹具。

应注意以下事项:

(1) 试验机的最大荷载以200~300 kN为佳,可以有两个以上的荷载范围,其中最低荷载范围的最高值大致为最高范围里的最大值的五分之一。

(2) 采用具有加荷速度自动调节方法和具有记录结果装置的压力机是合适的。

(3) 可以润滑球座以使其与试件更好接触,但在加荷期间不致因此而发生压板的位移。不适宜使用在高压下有效的润滑剂,以免导致压板的移动。

(4) "竖向""上""下"等术语是对传统的试验机而言。此外,轴线不呈竖向的压力机也可以使用。

10. 抗压强度试验机用夹具

当需要使用夹具时,应把它放在压力机的上下压板之间并与压力机处于同一轴线,以便将压力机的荷载传递至胶砂试件表面。

抗压夹具应符合现行行业标准《40 mm×40 mm 水泥抗压夹具》(JC/T 683)的要求,由框架、传压柱、上下压板组成,上压板带有球座,用两根吊簧吊在框架上,下压板固定在框架上。工作时传压柱、上下压板与框架处于同轴线上。结构为双臂式,如图14.8所示。

上、下压板宽度:(40.0 ± 0.1)mm;长度:大于40 mm;厚度:大于10 mm;受压面积:40 mm×40 mm。

上、下压板平面度为0.01 mm。

上、下压板表面粗糙度(R_a)不高于 0.1,不低于 0.8。

上、下压板材料应采用洛氏硬度大于 58HRC 的硬质钢。传压柱材料应采用洛氏硬度大于 55HRC 的硬质钢。

上压板上的球座的中心应在夹具中心轴线与上压板下表面的交点上,偏差不大于 1 mm。

球座应为环带接触,环带的位置大约在球座的 2/3 高处,宽 4~5 mm。

上、下压板长度方向的两端面边应相互重合,不重合最大偏差不大于 0.2 mm。

传压柱中心轴线与上压板中心及下压板中心的同轴度不大于 0.2 mm。

上压板随着与试体的接触应能自动找平,但在加荷过程中上、下压板的相对位置应保持固定。

下压板的表面对夹具的轴线应是垂直的,并且在加荷过程中应保持垂直。

上、下压板自由距离大于 45 mm。

定位销的材料硬度应大于 55HRC。定位销高度不高于压板表面 5 mm,间距为 41~55 mm。两定位销内侧连线与下压板中心线的垂直度小于 0.06 mm。定位销内侧到下压板中心的垂直距离为(20.0±0.1)mm。

框架底部中心定位孔直径为(8.0±0.1)mm,深度为 8~10 mm。

传压柱进行导向运动时垂直滑动而不发生摩擦和晃动,上端中心工艺孔直径为(8.0±0.1)mm,深度为 8~10 mm。

导向销与导向槽配合光滑,无阻涩和晃动。

当抗压夹具上放置 2 300 g 砝码时,上下压板间的距离应在 37~42 mm。

外表面应平整光滑,无碰伤和划痕。底座平齐,无凸出或凹进。下压板与框架接触紧密。

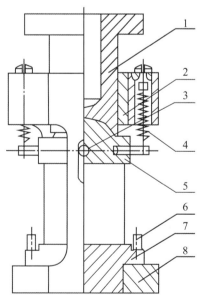

1—传压柱;2—铜套;3—定位销;4—吊簧;5—上压板和球座;6—定位销;7—下压板;8—框架

图 14.8 抗压夹具结构示意图

抗压夹具在压力机上的位置如图 14.9 所示,夹具要保持清洁,球座应能转动以使其上压板从一开始就适应试体的形状并在实验中保持不变。

可以润滑夹具的球座,但在加荷期间不会使压板发生位移,不能用高压下有效的润滑剂。

试件破坏后,滑块能自动回到原来的位置。

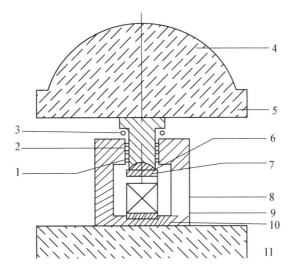

1—滚珠轴承;2—滑块;3—复位弹簧;4—压力机球座;5—压力机上压板;6—夹具球座;
7—夹具上压板;8—试体;9—底板;10—夹具下垫板;11—压力机下压板

图 14.9　典型的抗压强度实验夹具

四、实验步骤

1. 试件的制备

1) 胶砂组成

(1) 砂。各国生产的 ISO 标准砂都可以用来按本方法测定水泥强度,其颗粒分布应在表 14.2 规定的范围内。颗粒分布通过对总质量不少于 1 345 g、具有代表性的样品的筛析来测定。每个筛子的筛析实验应进行至每分钟通过量小于 0.5 g 为止。湿含量通过代表性样品在 105～110 ℃下烘干至恒重后的质量损失来测定,以干基的质量百分数表示,应小于0.2%。

表 14.2　ISO 标准砂颗粒分布

方孔边长/mm	累计筛余	方孔边长/mm	累计筛余
2.0	0	0.5	67%±5%
1.6	7%±5%	0.16	87%±5%
1.0	33%±5%	0.08	99%±1%

(2) 水泥。当水泥从取样至实验要保持 24 h 以上时,应将其贮存在基本装满和密封的容器里,且这个容器不会与水泥起反应。

（3）水。验收实验应用蒸馏水或去离子水,其他实验可用饮用水。有争议时应用蒸馏水或去离子水。

2）胶砂的制备

（1）配合比。胶砂的质量配合比应为一份水泥、三份标准砂和半份水(水灰比为 0.5)。一锅胶砂成三条试体,每锅材料需要水泥(450 ± 2)g,标准砂($1\,350\pm5$)g,水(225 ± 1)mL。当用自动滴管或加水器加 225 mL 水时,滴管精度应达到±1 mL。

（2）搅拌。每锅胶砂用搅拌机进行机械搅拌。先使搅拌机处于待工作状态,然后按以下的程序进行操作:把水加入锅里,再加入水泥,把锅放在固定架上,上升至固定位置。然后立即开动机器,低速搅拌 30 s 后,在第二个 30 s 开始的同时均匀地将砂子加入。把机器转至高速再拌 30 s。停拌 90 s,在第 1 个 15 s 内用一胶皮刮具将叶片和锅壁上的胶砂刮入锅中间。在高速下继续搅拌 60 s。各个搅拌阶段的时间误差应在±1 s 以内。

3）试件的制备

（1）尺寸和形状。试件应是 40 mm×40 mm×160 mm 的棱柱体。

（2）成型。

① 用振实台成型:胶砂制备后立即进行成型。将空试模和模套固定在振实台上,用一个适当勺子直接从搅拌锅里将胶砂分两层装入试模,装第一层时,每个槽里约放 300 g 胶砂,用大播料器垂直架在模套顶部沿每个模槽来回一次将料层播平,接着振实 60 次。再装入第二层胶砂,用小播料器播平,再振实 60 次。移走模套,从振实台上取下试模,用一金属直尺以近似 90°的角度(但向刮平方向倾斜)架在试模模顶的一端,然后沿试模长度方向以横向锯割动作慢慢向另一端移动,一次将超过试模部分的胶砂刮去。再用同一直尺以近乎水平的情况下将试体表面抹平,然后擦除试模周边的砂浆。

在试模上做标记或加字条标明试件编号和试件相对于振实台的位置。

注:锯割动作的多少和直尺角度的大小取决于胶砂的稠度,较干的胶砂需要多次锯割、直尺尽量水平。但抹平的次数要尽量少。

② 用振动台成型。当使用代用的振动台成型时,操作如下:在搅拌胶砂的同时将试模和下料漏斗卡紧在振动台的中心。将搅拌好的全部胶砂均匀地装入下料漏斗中,开动振动台,胶砂通过漏斗流入试模。振动(120 ± 5)s 停止。振动完毕,取下试模,用刮平尺以振实台成型规定的手法刮去高出试模的胶砂并抹平。接着在试模上做标记或用字条标明试件编号。

2. 试件的养护

1）脱模前的处理和养护

在试模上盖一块 210 mm×185 mm×6 mm 的玻璃板,也可用相似尺寸的钢板或不渗水的、和水泥没有反应的材料制成的板。盖板不应与水泥砂浆接触。为了安全,玻璃板应有磨口边。

立即将做好标记的试模放入雾室或养护箱的水平架子上养护,湿空气应能与试模各边接触。养护时不应将试模放在其他试模上。一直养护到规定的脱模时间,后取出脱模。

脱模前,用防水墨汁或颜料笔对试体进行编号和做其他标记。两个龄期以上的试体,在编号时应将同一试模中的三条试体分在两个以上龄期内。

2）脱模

脱模应非常小心。脱模时可用橡皮锤或脱模器。对于 24 h 龄期的,应在破型实验前 20 min 内脱模。对于 24 h 以上龄期的,应在成型后 20～24 h 之间脱模。

如经 24 h 养护,会因脱模对强度造成损害时,可以延迟至 24 h 以后脱模,但在实验报告中应予说明。

已确定作为 24 h 龄期实验(或其他不下水直接做实验)的已脱模试体,应用湿布覆盖至做实验时为止。

3）水中养护

将做好标记的试件立即水平或竖直放在温度为(20±1)℃的水中养护,水平放置时刮平面应朝上。

试件放在不易腐烂的篦子上(不宜用木篦子),并彼此间保持一定距离,以让水与试件的六个面接触。养护期间试件之间间隔或试体上表面的水深不得小于 5 mm。

每个养护池只养护同类型的水泥试件。

最初用自来水装满养护池(或容器),随后随时加水保持适当的恒定水位。在养护期间可以更换不超过 50% 的水。

除 24 h 龄期或延迟至 48 h 脱模的试体外,任何到龄期的试体应在实验(破型)前 15 min 从水中取出。揩去试体表面沉积物,并用湿布覆盖至实验为止。

4）强度实验试体的龄期

试体龄期是从水泥加水搅拌开始实验时算起。不同龄期强度实验在下列时间里进行:

24 h±15 min;

48 min±30 min;

72 min±45 min;

7 d±2 h;

>28 d±8 h。

3. 抗折强度的测定

将试体一个侧面放在试验机支撑圆柱上,试体长轴垂直于支撑圆柱,通过加荷圆柱以 (50±10)N/s 的速率均匀地将荷载垂直地加在棱柱体相对侧面上,直至折断。

保持两个半截棱柱体处于潮湿状态直至抗压实验。

4. 抗压强度测定

抗压强度实验在抗折强度实验完成后留下的半截棱柱体的侧面上进行,受压面是试体成型时的两个侧面。

当不需要抗折强度数值时,抗折强度实验可以省去。但抗压强度实验应在不使试件受有害应力情况下折断的两截棱柱体上进行。

半截棱柱体中心与压力机压板受压中心差应在±0.5 mm 内,棱柱体露在压板外的部分约为 10 mm。

在整个加荷过程中以(2 400±200)N/s 的速率均匀地加荷直至破坏。

五、结果计算及数据处理

1. 抗折强度

抗折强度 R_f 以兆帕(MPa)为单位,按式(14.1)进行计算:

$$R_f = \frac{1.5F_f L}{b^3} \tag{14.1}$$

式中　F_f ——折断时施加于棱柱体中部的荷载,单位为牛顿(N);

　　　L ——支撑圆柱之间的距离,单位为毫米(mm);

　　　b ——棱柱体正方形截面的边长,单位为毫米(mm)。

以一组三个棱柱体抗折强度结果的平均值作为实验结果。当三个强度值中有一个超出平均值的±10%时,应剔除后再取平均值作为抗折强度试验结果;当三个强度值中有两个超出平均值±10%时,则以剩余一个作为抗折强度结果。

单个强度结果精确至 0.1 MPa,算数平均值精确至 0.1 MPa。

2. 抗压强度

抗压强度 R_c 以兆帕(MPa)为单位,按式(14.2)进行计算:

$$R_c = \frac{F_c}{A} \tag{14.2}$$

式中　F_c ——破坏时的最大荷载,单位为牛顿(N);

　　　A ——受压部分面积,单位为平方毫米(mm²)(40 mm×40 mm=1 600 mm²)。

以一组三个棱柱体上得到的六个抗压强度测定值的算术平均值作为实验结果。单个强度结果精确至 0.1 MPa,算数平均值精确至 0.1 MPa。

如六个测定值中有一个超出六个平均值的±10%,剔除这个结果,再以剩下五个的平均数为结果。如五个测定值中再有超过它们平均数±10%的,则此组结果作废。

实验 15　水泥胶砂流动度的测定

一、实验意义和目的

水泥胶砂流动度是其可塑性的反映。胶砂流动度以胶砂在跳桌上按规定操作进行跳动后,测定底部扩散直径,以扩散直径大小表示流动性好坏。测定水泥胶砂流动度是检验水泥需水性的一种方法。本实验目的如下:

(1)掌握测定水泥胶砂流动度的实验方法和实验原理。

(2)测定水泥胶砂的流动度。

二、实验原理

本方法是通过测量一定配比的水泥胶砂在规定振动状态下的扩展范围来衡量其流动性。

三、仪器设备

1. 水泥胶砂流动度测定仪(简称跳桌)

跳桌主要由铸铁机架和跳动部分组成(图 15.1)。

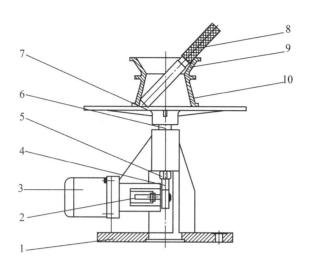

1—机架;2—接近开关;3—电机;4—凸轮;5—滑轮;6—推杆;
7—圆盘桌面;8—捣棒;9—模套;10—截锥圆模

图 15.1　跳桌结构示意图

机架是铸铁铸造的坚固整体,有三根相隔 120°分布的增强筋延伸整个机架高度。机架孔周围环状精磨。机架孔的轴线与圆盘上表面垂直。当圆盘下落和机架接触时,接触面保持光滑,并与圆盘上表面成平行状态,同时在 360°范围内完全接触。

跳动部分主要由圆盘桌面和推杆组成,总质量为(4.35±0.5)kg,且以推杆为中心均匀分布。圆盘桌面为布氏硬度不低于 200HB 的铸钢,直径为(300±1)mm,边缘约厚 5 mm。其上表面应光滑平整,并镀硬铬。表面粗糙度 R_a 为 0.8~1.6。桌面中心有直径为 125 mm 的刻圆,用以确定锥形试模的位置。从圆盘外缘指向中心有 8 条线,相隔 45°分布。桌面下有 6 根辐射状筋,相隔 60°均匀分布。圆盘表面的平面度不超过 0.10 mm。跳动部分下落瞬间,托轮不应与凸轮接触。跳桌落距为(10.0±0.2)mm。推杆与机架孔的公差间隙为 0.05~0.10 mm。

凸轮(图 15.2)由钢制成,其外表面轮廓符合等速螺旋线,表面硬度不低于洛氏 55HRC。当推杆和凸轮接触时不应察觉出有跳动,上升过程中保持圆盘桌面平稳,不抖动。

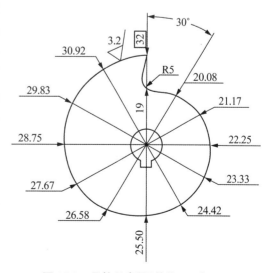

图 15.2　凸轮示意图(单位:mm)

转动轴与转速为 60 r/min 的同步电机,其转动机构能保证胶砂流动度测定仪在(25±1)s 内完成 25 次跳动。

跳桌底座有 3 个直径为 12 mm 的孔,以便与混凝土基座连接,三个孔均匀分布在直径为 200 mm 的圆上。

2. 水泥胶砂搅拌机:符合现行行业标准《行星式水泥胶砂搅拌机》(JC/T 681)的技术要求,详见本书实验 14 的仪器设备。

3. 试模:由截锥圆模和模套组成。金属材料制成,内表面加工光滑。圆模尺寸为:高度(60±0.5)mm;上口内径(70±0.5)mm;下口内径(100±0.5)mm;下口外径 120 mm;模壁厚大于 5 mm。

4. 捣棒:由金属材料制成,直径为(20±0.5)mm,长度约 200 mm。捣棒底面与侧面成直角,其下部光滑,上部手柄滚花。

5. 卡尺:量程不小于 300 mm,分度值不大于 0.5 mm。

6. 小刀:刀口平直,长度大于 80 mm。

7. 天平:量程不小于 1 000 g,分度值不大于 1 g。

8. 自动滴定管:精度±1 mL。

四、实验条件和材料

实验室的温度应保持在(20±1)℃,相对湿度应不低于 50%。
材料:砂,水泥,水(要求同实验 14)。

五、实验步骤

如跳桌在 24 h 内未被使用,先空跳一个周期即 25 次。

水泥胶砂的制备按本书实验 14 有关规定进行。在制备胶砂的同时,用潮湿棉布擦拭跳桌台面、试模内壁、捣棒以及与胶砂接触的用具,将试模放在跳桌台面中央并用潮湿棉布覆盖。

将拌好的胶砂分两层迅速装入试模,第一层装至截锥圆模高度约 2/3 处,用小刀在相互垂直的两个方向各划 5 次,用捣棒由边缘至中心均匀捣压 15 次(图 15.3);随后,装第二层胶砂,装至高出截锥圆模约 20 mm,用小刀在相互垂直的两个方向各划 5 次,再用捣棒由边缘至中心均匀捣压 10 次(图 15.4)。捣压后胶砂应略高于试模。捣压深度,第一层捣至胶砂高度的 1/2,第二层捣试不超过已捣实底层表面。装胶砂和捣压时,用手扶稳试模,不要使其移动。

捣压完毕,取下模套,将小刀倾斜,从中间向边缘分两次以近水平的角度抹去高出截锥圆模的胶砂,并擦去落在桌面上的胶砂。将截锥圆模垂直向上轻轻提起。立刻开动跳桌,以每秒钟一次的频率,在(25±1)s 内完成 25 次跳动。跳动完毕,用卡尺测量胶砂底面相互垂直的两个方向直径。

流动度实验,从胶砂加水开始到测量扩散直径结束,应在 6 min 内完成。

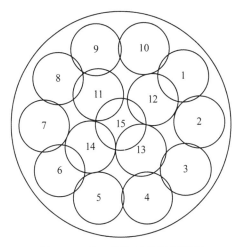
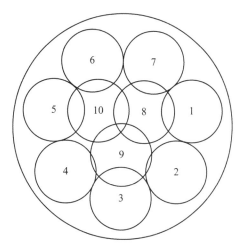

图 15.3　第一层捣压位置示意图　　　图 15.4　第二层捣压位置示意图

六、结果计算及数据处理

计算测得的胶砂底面相互垂直的两个方向直径平均值,取整数,单位为毫米(mm)。该平均值即为该水量的水泥胶砂流动度。

实验 16　膨胀水泥膨胀率的测定

一、实验意义和目的

膨胀水泥在水化和硬化过程中会产生体积膨胀,可以用来解决由于一般硅酸盐水泥在空气中硬化时的体积收缩,使水泥石结构产生微裂缝,降低水泥石结构的密实性,产生降低结构的耐久性等不利后果。膨胀水泥的膨胀率是其重要的性能指标。本实验目的如下:

(1)掌握测定膨胀水泥膨胀率的实验方法和实验原理。

(2)测定膨胀水泥的膨胀率。

二、实验原理

本方法是将一定长度的水泥净浆试体,在规定条件下的水中养护,通过测量规定的龄期试体长度变化率来确定水泥浆体的膨胀性能。

三、仪器设备

1. 行星式胶砂搅拌机:符合现行行业标准《行星式水泥胶砂搅拌机》(JC/T 681)的技术要求,详见本书实验 14 的仪器设备。

2. 天平:最大量程不小于 2 000 g,分度值不大于 1 g。

3. 比长仪:由百分表、支架及校正杆组成,百分表分度值为 0.01 mm,最大基长不小于

300 mm,量程为 10 mm。

4. 试模

试模为三联模,由相互垂直的隔板、端板、底座以及定位螺栓组成,结构如图 16.1 所示。各组件可以拆卸,组装后每联内壁尺寸为长 280 mm、宽 25 mm、高 25 mm,使用中试模允许尺寸误差为长±3 mm、宽±0.3 mm、高±0.3 mm。端板有三个安置测量钉头的小孔,其位置应保证成型后试体的测量钉头在试体的轴线上。

隔板和端板采用布氏硬度不小于 150HB 的钢材制成,工作面表面粗糙度 R_a 不大于 1.6。

底座用 HT 100 灰口铸铁加工,底座上表面粗糙度 R_a 不大于 1.6,底座非加工面涂漆无流痕。

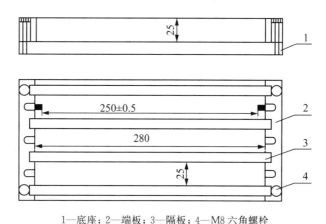

1—底座；2—端板；3—隔板；4—M8 六角螺栓

图 16.1　三联试模示意图(单位:mm)

5. 测量用钉头:用不锈钢或铜制成,规格如图 16.2 所示。成型试体时测量钉头深入试模端板的深度为(10±1)mm。

6. 湿气养护箱。

7. 脱模油。

8. 刷子。

9. 量筒。

10. 湿毛巾。

11. 小刀:刀口平直,长度大于 80 mm。

12. 小勺子。

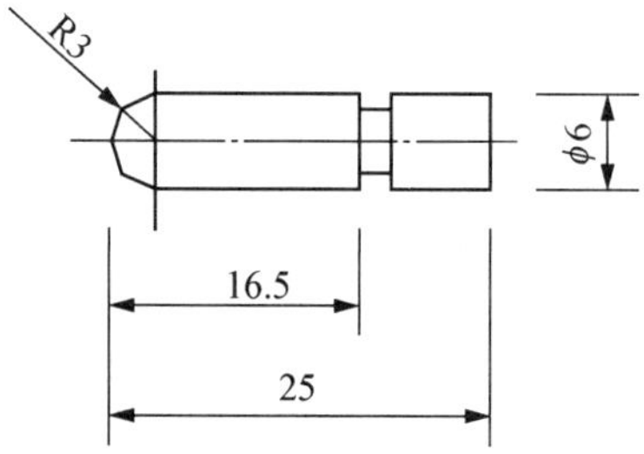

图 16.2　钉头(单位:mm)

四、实验条件和材料

1. 材料

水泥试样应通过 0.9 mm 的方孔筛,并充分混合均匀。

拌合用水应是洁净的饮用水。

2. 实验条件

成型实验室温度应保持在(20±2)℃,相对湿度不低于 50%。

湿气养护箱温度应保持在(20±1)℃,相对湿度不低于 90%。

试体养护池水温应在(20±1)℃范围内。

实验室、养护箱温度和相对湿度及养护池水温在工作期间每天至少记录一次。

五、实验步骤

1. 试件组成

(1) 水泥试样量:水泥膨胀率实验需成型一组三条 25 mm×25 mm×280 mm 试体。成型时需称取水泥试样 1 200 g。

(2) 成型用水量:按实验 12 测定水泥样品的水泥净浆标准稠度用水量,成型按标准稠度用水量加水。

2. 试体成型

(1) 将试模擦净并装配好,内壁均匀地刷一薄层机油。然后将钉头插入试模端板上的小孔中,钉头插入深度为(10±1)mm,松紧适宜。

(2) 用量筒量取拌合用水量,并用天平称取水泥 1 200 g。

(3) 用湿布擦拭搅拌锅和搅拌叶,然后将拌合用水全部倒入搅拌锅中,再加入水泥,装上搅拌锅,开动搅拌机,按现行行业标准《行星式水泥胶砂搅拌机》(JC/T 681)的自动程序进行搅拌(即慢拌 60 s,快拌 30 s,停 90 s,再快拌 60 s),用小刀刮下粘在叶片上的水泥浆,取下搅拌锅。

(4) 将搅拌好的水泥浆均匀地装入试模内,先用小刀插划试模内的水泥浆,使其填满试模的边角空间,再用小刀以 45°角由试模的一端向另一端压实水泥浆约 10 次,然后再向反方向返回压实水泥浆约 10 次,用小刀在钉头两侧插试 3~5 次,这一操作反复进行两遍,每一条试体都重复以上操作。再将水泥浆铺平。

(5) 一只手顶住试模的一端,用提手将试模另一端向上提起 30~50 mm,使其自由落下,振动 10 次,用同样操作将试模另一端振动 10 次。用小刀将试体刮平并编号。从加水时起 10 min 内完成成型工作。

(6) 将成型好的试体连同试模水平放入湿气养护箱中进行养护。

3. 试体脱模、养护和测量

(1) 试体自加水时间算起,养护(24±2)h 脱模。对于凝结硬化较慢的水泥,可以适当延长养护时间,以脱模时试体完整无缺为限,延长的时间应记录。有特殊要求的水泥脱模时间、试体养护条件及龄期由双方协商确定。

(2) 将脱模后的试体两端的钉头擦干净,并立即放入比长仪上测量试体的初始长度值 L_1。比长仪使用前应在实验室中放置 24 h 以上,并用校正杆进行校准,确认零点无误后才能用于试体测量。测量结束后,应再用校正杆重新检查零点,如零点变动超过±0.01 mm,则整批试体应重新测定。

提示:零点是一个基准数,不一定是零。

(3) 试体初始长度值测量完毕后,立即放入水中进行养护。

(4) 试体水平放置刮平面朝上,放在不易腐烂的篦子上,试体彼此间应保持一定距离,以让水与试体的六个面接触。养护期间试体之间间隔或试体上表面的水深不得小于 5 mm。试体每次测量后立即放入水中继续养护至全部龄期结束。

每个养护池只养护同类型的水泥试体。最初用自来水装满养护池(或容器),随后随时加水以保持适当的恒定水位,不允许在养护期间全部换水。

(5) 试体的养护龄期按产品标准规定的要求进行。试体的养护龄期计算是从测量试体的初始长度值时算起。

(6) 在水中养护至相应龄期后,测量试体某龄期的长度值 L_x,试体在比长仪中的上下位置应与初始测量时的位置一致。

(7) 测量读数时应旋转试体,使试体钉头和比长仪正确接触,指针摆动不得大于 ± 0.02 mm,表针摆动时,取摆动范围内的平均值。读数应记录至 0.001 mm。一组试体从脱模完成到测量初始长度应在 10 min 内完成。

(8) 任何到龄期的试体应在测量前 15 min 内从水中取出。揩去试体表面沉积物,并用湿布覆盖至测量实验为止。测量不同龄期试体长度值在下列时间范围内进行:

1 d±15 min

2 d±30 min

3 d±45 min

7 d±2 h

14 d±4 h

≥28 d±8 h

六、结果计算及数据处理

水泥试体某龄期的膨胀率 E_x 按式(16.1)计算:

$$E_x = \frac{L_x - L_1}{250} \times 100\% \qquad (16.1)$$

式中　E_x——试体某龄期的膨胀率,用百分数表示,结果精确至 0.001%;

　　　L_x——试体某龄期长度读数,单位为毫米(mm);

　　　L_1——试体初始长度读数,单位为毫米(mm);

　　　250——试体的有效长度,单位为毫米(mm)。

以三条试体膨胀率的平均值作为试样膨胀率的结果,如三条试体膨胀率最大极差大于0.010%,取相接近的两条试体膨胀率的平均值作为试样的膨胀率结果。

实验 17　自应力水泥自由膨胀率、自应力和强度的测定

一、实验意义和目的

自应力水泥膨胀值较大,用于生产自应力钢筋混凝土。在其硬化初期,由于化学反应,水泥石体积膨胀,使钢筋受到拉应力;硬化后,拉伸钢筋又使混凝土受到压应力,结果提高了钢筋混凝土构件的抗裂能力。自由膨胀率、自应力和强度是自应力水泥重要的性能指标。本实验目的如下:

(1) 掌握测定自应力水泥自由膨胀率、自应力和强度的实验方法和实验原理。

（2）测定自应力水泥的自由膨胀率、自应力和强度。

二、实验原理

自由膨胀：在无约束状态下，水泥水化硬化过程中的体积膨胀。

限制膨胀：在约束状态下，水泥水化硬化过程中的体积膨胀。

自应力：水泥水化硬化后体积膨胀能使砂浆或混凝土在受约束条件下产生应力，本实验规定的自应力值是通过测定水泥砂浆的限制膨胀率计算得到。

根据所测龄期的自由膨胀试件测量值与脱模后自由膨胀试件测量值的差与自由膨胀试件原始静长的比值，计算所测龄期的自由膨胀率。

根据所测龄期的限制膨胀试件测量值与脱模后限制膨胀试件测量值之差与限制膨胀试件原始静长的比值，计算出所测龄期的限制膨胀率。

抗压强度：采用压力机对棱柱体侧面均匀加荷直至破坏时，单位面积上所受到的最大荷载来评价样品的抗压强度。

抗折强度：以中心加荷法来测定水泥样品的抗折强度。

三、仪器设备

1. 蒸汽养护箱

养护箱蓖板与加热器之间的距离大于 50 mm，内外箱体之间应加保温材料隔热，箱的内层由不锈蚀的金属材料制成，箱口与箱盖之间用水封槽密封，箱盖内侧应成弓形，温度控制精度为 ±2 ℃，试件放入后温度回升至控制温度所需时间最长应不大于 10 min，实验期间水位要低于蓖板，高于加热器，并不需补充水量。

2. 比长仪

比长仪由百分表和支架组成（图 17.1），并带有基长标准杆。百分表最小刻度为 0.01 mm，支架底部应装有可调底座，用于调整测量基长。测量自由膨胀时基长为 176 mm，测量限制膨胀时基长为 156 mm，量程不小于 10 mm。在非仲裁检验中，允许使用精度符合上述要求的其他形式的测长仪。

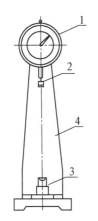
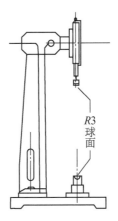

1—百分表；2—上顶头；3—可调下底座；4—支架

图 17.1　比长仪（单位：mm）

3. 限制钢丝骨架

限制钢丝骨架由直径 $\phi 5$ mm 钢丝与 4 mm 厚钢板铜焊制成,钢丝应符合现行国家标准《冷拉碳素弹簧钢丝》(GB/T 4357)的要求。构造如图 17.2 所示。钢板与钢丝的垂直偏差不大于 5°,钢丝应平直,两端测点表面应用铜焊 1～2 mm 厚,并使之呈球面。

钢丝极限抗拉强度应大于 1 200 MPa,铜焊处拉脱强度不低于 800 MPa。限制钢丝骨架可重复使用,但不应超过 5 次,当其受到损伤影响自应力值测定时,应及时更新。

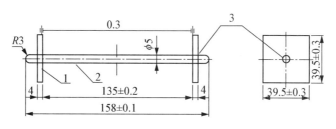

1—钢板;2—钢丝;3—焊接处
图 17.2　限制钢丝骨架(单位:mm)

4. 试模

自由膨胀率、限制膨胀率、强度成型试模均采用 40 mm×40 mm×160 mm 三联试模。其中,自由膨胀试模应在两端板内侧中心钻孔,以安装测量钉头,孔的直径为 $\phi 6_0^{+0.03}$ mm,孔深 8 mm,小孔位置必须保证测量钉头在试件的中心线上,装测量钉头后内侧之间的长度为 135 mm。

5. 测量钉头

测量钉头用铜材或不锈钢制成,尺寸如图 17.3 所示。

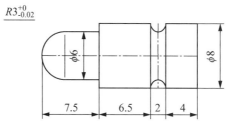

图 17.3　测量钉头(单位:mm)

6. 其他仪器设备

胶砂搅拌机、振实台、压力试验机和抗折机均应符合《水泥胶砂强度检验方法(ISO 法)》(GB/T 17671—1999)的有关规定,详见实验 14 的仪器设备。

四、实验步骤

1. 实验条件及材料

(1) 实验条件

成型实验室温度应保持在(20±2)℃,相对湿度不低于 50%。

湿气养护箱温度应保持在(20±1)℃,相对湿度不低于 90%。

试体养护池水温应在(20±1)℃范围内。

实验室、养护箱温度和相对湿度及养护池水温在工作期间每天至少记录1次。

(2) 水泥试样应充分混合均匀。

(3) 标准砂应符合《水泥胶砂强度检验方法(ISO法)》(GB/T 17671—1999)的有关要求。

(4) 实验用水应是洁净的淡水。

2. 蒸养温度的规定

自应力水泥的蒸汽养护温度按品种规定为:

(1) 自应力硅酸盐水泥,(85±5)℃;

(2) 自应力硫铝酸盐水泥,(42±2)℃;

(3) 自应力铁铝酸盐水泥,(42±2)℃;

(4) 自应力铝酸盐水泥,(42±2)℃。

3. 脱模强度的规定

(1) 自应力水泥的脱模强度规定为(10±2)MPa,要达到该脱模强度,应预先确定蒸养时间。

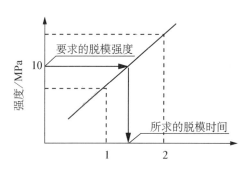

图 17.4　内插法找蒸养时间

(2) 脱模强度蒸养时间的测定按下文"试件的制备与养护"中 1)～3)成型两组强度试件,并按4)要求进行蒸养。一组蒸养约 1 h,另一组蒸养约 2 h,分别脱模冷却测其强度,用两个时间的对应强度作一直线,根据水泥脱模强度的要求,用内插法找出该水泥的蒸养时间,见图 17.4。

4. 试件的制备与养护

1) 试件成型用试模

一个样品应成型自由膨胀试件 3 条、限制膨胀试件 3 条、强度试件 9 条;试模内表面涂上一薄层模型油或机油,试模模框与底座的接触面应涂上黄干油,防止漏浆;将涂有少许黄干油的测量钉头圆头插入自由膨胀试模的两端孔内,并敲击测量钉头到位,测量钉头接触水泥端不应沾有油污;在限制膨胀试模内,装入干净无油污的限制钢丝骨架。

2) 胶砂组成

胶砂中水泥与砂的比例为 1：2.0(质量比);每锅胶砂需称水泥 675 g,标准砂 1 350 g (1 袋)。

胶砂的用水量按式(17.1)计算:

$$W = \frac{(P+K) \times C}{100} \tag{17.1}$$

式中　W——胶砂加水量,单位为克或毫升(g 或 mL);

　　　P——水泥标准稠度用水量,用百分数表示;

　　　K——加水系数,取 11%;

　　　C——水泥用量,单位为克(g)。

注:如按 K 值取 11% 加水成型时,胶砂在振动完毕后,试模内仍有未被胶砂充满的地方,则可提高 K 值,提高时以一个百分点的倍数,直至胶砂能充满整个试模为止。

3）成型操作

一个样品的全部试件应在 45 min 内完成成型、刮平和编号等操作,成型后的试件应在实验室中静置。具体操作如下。

用振实台成型:胶砂制备后立即进行成型。将空试模和模套固定在振实台上,用一个适当勺子直接从搅拌锅里将胶砂分两层装入试模,装第一层时,每个槽里约放 300 g 胶砂,用大播料器垂直架在模套顶部沿每个模槽来回一次将料层播平,接着振实 60 次。再装入第二层胶砂,用小播料器播平,再振实 60 次。移走模套,从振实台上取下试模,用一金属直尺以近似 $90°$ 的角度架在试模模顶的一端,然后沿试模长度方向以横向锯割动作慢慢向另一端移动,一次将超过试模部分的胶砂刮去,并用同一直尺以近乎水平的情况下将试体表面抹平。接着在试模上做标记或加字条标明试件编号。

用振动台成型:在搅拌胶砂的同时将试模和下料漏斗卡紧在振动台的中心。将搅拌好的全部胶砂均匀地装入下料漏斗中,开动振动台,胶砂通过漏斗流入试模。振动$(120±5)$s 停车。振动完毕,取下试模,用一金属直尺以近似 $90°$ 的角度架在试模模顶的一端,然后沿试模长度方向以横向锯割动作慢慢向另一端移动,一次将超过试模部分的胶砂刮去,并用同一直尺以近乎水平的情况下将试体表面抹平。接着在试模上做标记或用字条标明试件编号。

4）养护和脱模

从同一样品的第一个试模成型加水时开始计时,达到 45 min 时,应将这个样品的全部试件带模移入已达蒸养温度的蒸养箱中的同一层蓖板上。按预先确定的蒸养时间蒸养。蒸养时间从全部试件放入蒸养箱时开始计时,蒸养完毕取出试件立即脱模,脱模时应防止试件损伤,脱模后的试件摊开在非金属蓖板上冷却,从脱模开始算起在 1~1.5 h 内检测脱模强度,按本实验下文"自由膨胀率的测定"中 2）测量自由膨胀和限制膨胀试件初始值,测量后连同强度试件放入$(20±1)$℃水中养护。

每个养护水池只能养护同品种的水泥试件。

5. 自由膨胀率的测定

1）龄期

分为 3 d, 7 d, 14 d, 28 d 四个龄期。可根据产品膨胀稳定期要求增加测量龄期。

2）试件的测量

测量前从养护水池中取出自由膨胀试件,擦去试件表面沉淀物,应将试件测量钉头擦净,在要求龄期±1 h 内按一定的试件方向进行测长。测定值应记录至 0.002 mm。每次测长前和测长结束时应用标准杆校准百分表零点,如结束时发现百分表零点相差一格以上时,整批试件应重新测长。

6. 自应力的测定

1）自应力值

自应力值是通过测定水泥砂浆的限制膨胀率计算得到。

2）限制膨胀率龄期

分为 3 d, 7 d, 14 d, 28 d 四个龄期。可根据产品膨胀稳定期要求增加测量龄期。

3）限制膨胀率的测量

测量前从水中取出限制膨胀试件,接着按本实验自由膨胀率测定的操作进行测长。

7. 强度检验

1）龄期

分为脱模、7 d、28 d 三个龄期或按各品种水泥标准规定。

2）强度实验

到龄期的试件应在±1 h 内进行强度实验,实验时应在实验前 15 min 从水中取出、用湿布擦净。

（1）抗折强度测定

将试体一个侧面放在试验机支撑圆柱上,试体长轴垂直于支撑圆柱,通过加荷圆柱以(50±10)N/s 的速率均匀地将荷载垂直地加在棱柱体相对侧面上,直至折断。

保持两个半截棱柱体处于潮湿状态直至抗压实验。

（2）抗压强度测定

抗压强度实验在半截棱柱体的侧面上进行,受压面是试体成型时的两个侧面,面积为 40 mm×40 mm。

当不需要抗折强度数值时,抗折强度实验可以省去。但抗压强度实验应在不使试件受有害应力情况下折断的两截棱柱体上进行。

半截棱柱体中心与压力机压板受压中心差应在±0.5 mm 内,棱柱体露在压板外的部分约有 10 mm。

在整个加荷过程中以(2 400±200)N/s 的速率均匀地加荷直至破坏。

8. 28 d 自应力增进率的测定

（1）28 d 自应力增进率(K_{28})是采用出厂自应力值检测结果,按照 25~31 d 的日平均自应力值增长值来表示。

（2）要测定 28 d 自应力增进率时,只需将测自应力值的样品同时增加 35 d 龄期的自应力值测定;若没有要求自应力值测定的样品,应按本实验 4.4 的要求制备试件,并分别测定 14 d, 21 d, 28 d, 35 d 的自应力值。

五、结果计算及数据处理

1. 自由膨胀率

自由膨胀率 ε_1 按式(17.2)计算:

$$\varepsilon_1 = \frac{L_{X1} - L_1}{L_{01}} \times 100\% \tag{17.2}$$

式中　ε_1——所测龄期的自由膨胀率,用百分数表示,结果精确至 0.001%;

　　L_{X1}——所测龄期的自由膨胀试件测量值,单位为毫米(mm);

　　L_1——脱模后自由膨胀试件测量值,单位为毫米(mm);

　　L_{01}——自由膨胀试件原始净长,为 135 mm。

自由膨胀率以三条试件测定值的平均值来表示,当三个值中有超过平均值±10%的应予以剔除,余下的两个数值平均,不足两个数值时应重做实验。

2. 自应力

1) 限制膨胀率计算

限制膨胀率 ε_2 按式(17.3)计算:

$$\varepsilon_2 = \frac{L_{X2} - L_2}{L_{02}} \times 100\%$$ (17.3)

式中 ε_2——所测龄期的限制膨胀率,用百分数表示,结果精确至 0.001%;

    L_{X2}——所测龄期的限制膨胀试件测量值,单位为毫米(mm);

    L_2——脱模后限制膨胀试件测量值,单位为毫米(mm);

    L_{02}——限制膨胀试件原始静长,135 mm。

限制膨胀率的取值以三条试件测定值的平均值来表示,当三个值中有超过平均值 ±10% 的应予以剔除,余下的两个数值平均,不足两个数值时应重做实验。

2) 自应力值的计算

自应力值 σ 按式(17.4)计算:

$$\sigma = \mu \cdot E \cdot \varepsilon_2$$ (17.4)

式中 σ——所测龄期的自应力值,单位为兆帕(MPa),结果精确至 0.01 MPa;

    μ——配筋率,1.24×10^{-2};

    E——钢筋的弹性模量,1.96×10^5 MPa;

    ε_2——所测龄期的限制膨胀率,用百分数表示。

3. 抗折强度和抗压强度

1) 抗折强度

抗折强度 R_f 以兆帕(MPa)表示,按式(17.5)进行计算:

$$R_f = \frac{1.5 F_f L}{b^3}$$ (17.5)

式中 F_f——折断时施加于棱柱体中部的荷载,单位为牛顿(N);

    L——支撑圆柱之间的距离,单位为毫米(mm);

    b——棱柱体正方形截面的边长,单位为毫米(mm)。

各试体的抗折强度记录至 0.1 MPa,以一组三个棱柱体抗折结果的平均值作为实验结果,计算精确至 0.1 MPa。

当三个强度值中有超出平均值 ±10% 时,应剔除后再取平均值作为抗折强度实验结果。

2) 抗压强度

抗压强度 R_c 以兆帕(MPa)为单位,按式(17.6)进行计算:

$$R_c = \frac{F_c}{A}$$ (17.6)

式中 F_c——破坏时的最大荷载,单位为牛顿(N);

A ——受压部分面积,单位为平方毫米(mm²)(40 mm×40 mm=1 600 mm²)。

各个半棱柱体得到的单个抗压强度结果计算至 0.1 MPa,以一组三个棱柱体上得到的六个抗压强度测定值的算术平均值为实验结果,结果精确至 0.1 MPa。

如六个测定值中有一个超出六个平均值的±10%,就应剔除这个结果,而以剩下五个的平均数为结果。如果五个测定值中再有超过它们平均数±10%的,则此组结果作废。

4. 28 d 自应力增进率

以龄期(X)和对应的自应力值(Y)作乘幂函数曲线,求对应的关系式,把 25 d(X_1)和 31 d(X_2)龄期代入乘幂函数关系式,求出对应的自应力值 Y_1 和 Y_2,按式(17.7)计算,结果精确至 0.001 MPa/d:

$$K_{28} = \frac{Y_2 - Y_1}{X_2 - X_1} = \frac{Y_2 - Y_1}{6} \tag{17.7}$$

为了减少偏差最好用计算机进行作图并求乘幂函数关系式。

注:28 d 自应力增进率测定适用于自应力硫铝酸盐水泥和自应力铁铝酸盐水泥。

第三部分　水泥原料、生料

实验 18　水泥原料易磨性的测定

一、实验意义和目的

水泥原料的易磨性对水泥生产工艺影响重大。本实验目的如下：

(1) 掌握测定水泥原料易磨性的实验方法和实验原理。

(2) 测定水泥原料的易磨性。

二、实验原理

用规定的磨机对试样进行间歇式循化粉磨,根据平衡状态的磨机产量和成品粒度,以及试样粒度和成品筛孔径,计算试样的粉磨功指数。

三、仪器设备

1. 球磨机

内径 305 mm、内长 305 mm 的铁制圆筒状球磨机(结构尺寸如图 18.1 所示),转速为 70 r/min。

2. 钢球

(1) 符合现行国家标准《滚动轴承　第 1 部分:钢球》(GB/T 308.1)的规定,其构成如表 18.1 所示,总质量不小于 19.5 kg。

表 18.1　钢球

直径/mm	个数
36.5	43
30.2	67
25.4	10
19.1	71
15.9	94
合计	285

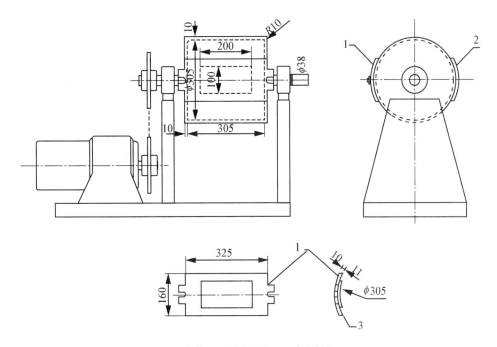

1—磨盖；2—平衡配重；3—密封衬垫

图 18.1　球磨机(单位:mm)

（2）新钢球使用前需通过粉磨硬质物料消减表面光洁度。

3. 实验筛

符合现行国家标准《试验筛　技术要求和检验　第 1 部分:金属丝编织网试验筛》(GB/T 6003.1)的规定。实验筛由金属丝编织网和实验筛筛框组成,结构如图 18.2 所示。相同规格(形式)的实验筛相互之间配合尺寸要适当。组合后置于筛机中筛分时,能整体同步运行,能防止物料溅出。筛框与筛面接缝连接应能防止物料泄漏。筛框表面应平整光亮,能防止物料黏附。

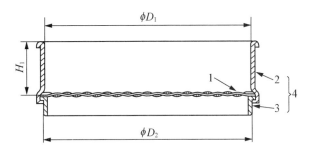

1—金属丝网；2—主体部分；3—基座；4—2 和 3 组成筛框

图 18.2　实验筛示意图(单位:mm)

4. 漏斗和量筒:如图 18.3 所示。

5. 称量设备

量程不小于 2 000 g,最小分度值不大于 1 g,用于试样的称量。

量程不小于 200 g,最小分度值不大于 0.1 g,用于成品的称量。

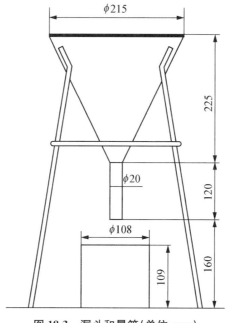

图 18.3　漏斗和量筒(单位:mm)

四、实验步骤

本实验按如下步骤进行。

(1) 准备试样:制备粒度小于 3.35 mm 的物料约 10 kg,在 100~110 ℃条件下烘干,缩分出 5 kg 作为试样,其余作为保留样。

(2) 将试样混匀,用漏斗和量筒测定 1 000 mL 松散试样的质量,乘以 0.7 即为入磨试样的质量。

(3) 缩分出约 500 g 试样,用筛分法测定其成品含量和 80%通过粒度。

(4) 缩分出入磨试样。当试样的成品含量超过 1/3.5 时,先筛除该入磨试样中的成品,并补充试样至筛前质量。

(5) 将上述入磨试样倒入已装钢球的磨机;根据经验选定磨机第一次运行的转数(通常为 100~300 r)。

(6) 运行磨机至预定的转数;将磨内物料连同钢球一起卸出,扫清磨内残留物料。

(7) 分离物料和钢球;用成品筛筛分卸出磨机的全部物料,并称量筛上粗粉质量。

(8) 按式(18.1)计算磨机每转产生的成品质量:

$$G_j = \frac{(\omega - a_j) - (\omega - a_{j-1})m}{N_j} \tag{18.1}$$

式中　G_j —— 第 j 次粉磨后,磨机每转产生的成品质量,单位为克每转(g/r);

　　　ω —— 入磨试样的质量,单位为克(g);

　　　a_j —— 第 j 次粉磨后,卸出磨机的全部物料经筛分未通过成品筛的粗粉质量,单位为

克(g);

a_{j-1}——上一次粉磨后,卸出磨机的全部物料经筛分未通过成品筛的粗粉质量,单位为克(g);当 $j=1$ 时 a_{j-1} 通常为 0,但若首次入磨的试样曾筛除过成品,则 a_{j-1} 还为未通过成品筛的粗粉质量;

m——试样中由破碎作用导致的成品含量,用百分数表示;当组成试样的各原料不同时,m 按以下方式取值:①自然粒度都小于 3.35 mm,完全不需要破碎制样时,m 为 0;②部分需要破碎制样时,测定已破物料的成品含量,结合试样组成计算 m;③全部需要破碎制样时,按试样组成将已破物料混匀后统一测定 m;④当单一原料的自然粒度不完全小于 3.35 mm 时,需用 3.35 mm 筛将其筛分为两部分,并按两种原料来处理;

N_j——第 j 次粉磨的磨机转数,单位为转(r)。

(9) 以 250% 的循环负荷为目标,按式(18.2)计算磨机下一次运行的转数。

$$N_{j+1}=\frac{\omega/(2.5+1)-(\omega-a_j)m}{G_j} \tag{18.2}$$

(10) 缩分出质量为 $(\omega-a_j)$ 的试样,与筛上粗粉 a_j 混合后一起倒入已装钢球的磨机。

(11) 重复上述(6)~(10)的操作,直至平衡状态(图 18.4)。

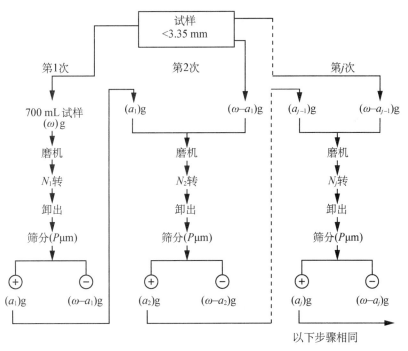

图 18.4　实验步骤示意图

(12) 计算平衡状态三个 G_j 的平均值。

(13) 将平衡状态所得的成品一起混匀,用筛分法测定其粒度分布,测定方法如下:称取成品 100.0 g,先用 40 μm 水筛洗去微粉,收集筛余物烘干后,再用 6 个 40~71 μm 的套筛进行筛分。根据粒度分布求成品的80%通过粒度。

五、结果计算及数据处理

1. 计算方法

按式(18.3)计算粉磨功指数:

$$W_i = \frac{176.2}{P^{0.23} \times G^{0.82} \times (10\sqrt{P_{80}} - 10/\sqrt{F_{80}})} \tag{18.3}$$

式中　W_i——粉磨功指数,单位为兆焦每吨(MJ/t);

　　　P——成品筛的筛孔尺寸,单位为微米(μm);

　　　G——平衡状态三个G_j的平均值,单位为克每转(g/r);

　　　P_{80}——成品的80%通过粒度,单位为微米(μm);

　　　F_{80}——试样的80%通过粒度,单位为微米(μm)。

当原料的自然粒度小于3.35 mm而无须破碎制备试样时,F_{80}用2 500代替。

2. 表示方法

表示粉磨功指数时应注明P,例如:$W_i=59.8$ MJ/t($P=80$ μm)。

实验 19　水泥生料易烧性的测定

一、实验意义和目的

水泥生料的易烧性是指生料煅烧形成熟料的难易程度。生料的矿物组成、细度、矿化剂等对水泥生料的易烧性有着决定性的作用。水泥原料的易烧性对水泥生产工艺影响重大。本实验目的如下:

(1)掌握测定水泥生料易烧性的实验方法和实验原理。

(2)测定水泥生料的易烧性。

二、实验原理

按一定的煅烧制度对水泥生料进行煅烧后,测定其游离氧化钙含量,用游离氧化钙含量表示水泥生料的易烧性。游离氧化钙含量愈低,水泥生料的易烧性愈好。

三、仪器设备

1. 球磨机:详见实验18仪器设备。

2. 预烧用高温炉:额定温度不低于1 000 ℃,温度控制精度为1.0%。

3. 煅烧用高温炉:额定温度不低于1 600 ℃,温度控制精度为0.5%。加热元件对称布置,且不暴露于炉膛;热电偶端点位于炉膛中部1/3边长区域内。

4. 电热干燥箱:可控制温度为100～110 ℃。

5. 平底耐高温容器:耐火度不小于 1 600 ℃,底面尺寸不大于 100 mm×100 mm。

6. 天平:量程不小于 200 g,最小分度值不大于 0.1 g。

7. 实验筛:详见实验 18 仪器设备部分。

8. 压力机:液压式,最大压力为 50 kN,控制精度为 0.1 kN。

9. 试体成型模具:如图 19.1 所示,材质为 45 号钢。

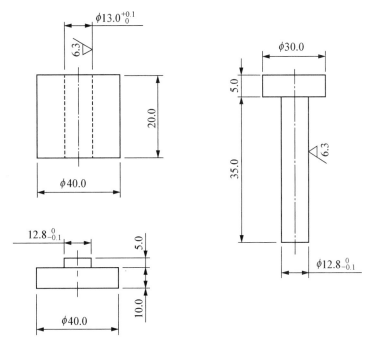

图 19.1 试体成型模具(单位:mm)

四、实验步骤

1. 试样制备

(1) 以实验室制备的生料,或工业生料与适量煤灰的混合料作为试样。实验室用球磨机制备生料,一次制备一种细度的生料 1.0 kg;生料的率值服从熟料的率值,无论生料的配制是否采用煤灰;生料的细度不限,但 80 μm 筛余应在(10±1)%。

(2) 称取试样 100 g,置于洁净容器中,边用小勺搅拌边加入 10 mL 蒸馏水,拌和至水分均匀。当用工业废渣做原料、试样难以成型时,可于拌合水中添加微量胶结剂(如聚乙烯醇)。

(3) 每次称取含水试样(3.6±0.1)g,放入试体成型模具内,用压力机以 10.6 kN 力制成 ϕ13 mm 的试体,不必保压。

(4) 将试体放入 100~110 ℃恒温的电热干燥箱内,至少烘 60 min。

2. 实验温度

试体的煅烧分别按 1 350 ℃、1 400 ℃和 1 450 ℃温度进行。特殊需要时也可增加其他温度。各温度的实验均按以下煅烧和游离氧化钙含量的步骤进行。

3. 煅烧和游离氧化钙含量

(1) 取至少六个相同试体为一组,均匀且不重叠地立置于平底耐高温容器内。

(2) 将试体随容器迅速放入已于 950 ℃恒温的预烧高温炉,恒温预烧 30 min。

(3) 将预烧完毕的试体随容器迅速转移至已于某温度(见上述 2. 实验温度)恒温的煅烧高温炉内,使容器位于热电偶测点正下方,容器底面与热电偶测点相距不大于 5 cm,恒温煅烧 30 min。

(4) 将煅烧完毕的试体随容器迅速从煅烧高温炉内取出,于空气中自然冷却至室温。

(5) 将冷却至室温的一组试体用研钵研磨成全部通过 80 μm 实验筛的分析样,混匀后装入磨口小瓶,置于干燥器内保存。

(6) 测定分析样的游离氧化钙含量(3 d 内完成)。

五、结果的表示

水泥生料的易烧性用对应各实验温度的熟料游离氧化钙含量表示。

第四部分　建筑石膏和石灰

实验 20　建筑石膏细度和堆积密度的测定

一、实验意义和目的

细度和堆积密度是建筑石膏重要的物理性能参数。现行国家标准《建筑石膏》(GB/T 9776)中规定建筑石膏的细度为 0.2 mm 方孔筛筛余小于等于 10%。本实验目的如下：

(1) 掌握测定建筑石膏粉料的细度和堆积密度的实验方法及实验原理。

(2) 测定建筑石膏粉料的细度和堆积密度。

二、实验原理

石膏细度测定是采用实验筛对试样进行筛析实验，用筛上筛余物的质量百分数来评定试样的细度。为保持筛孔的标准度，应用已知筛余的标准样品来标定。

堆积密度是把粉料自由填充于某一容器中，在刚填充完成后所测得的单位体积质量。利用测量容器和试样的总质量与测量容器的质量之差与测量容器的容积之比来计算堆积密度。

三、仪器设备

1. 实验筛：由圆形筛帮和方孔筛网组成，筛帮直径为 200 mm，实验筛其他技术指标应符合现行国家标准《试验筛　技术要求和检验　第 1 部分：金属丝编织网试验筛》(GB/T 6003.1)的要求。分别由网孔尺寸为 0.8 mm，0.4 mm，0.2 mm 和 0.1 mm 四种规格组成一套实验筛，并在筛顶用筛盖封闭，在筛底用接收盘封闭。

2. 衡器具：感量 0.1 g 的天平或电子秤。

3. 干燥器：应具备保持试样干燥的效能。

4. 木平勺。

5. 堆积密度测定仪：如图 20.1 所示，是由黄铜或不锈钢制成。其锥形容器支撑于三脚支架上，在其中安装有 2 mm 方孔筛网。

6. 测量容器：容积为 1 L，如图 20.1 所示，并装配有延伸套筒，如图 20.2 所示。

7. 直尺。

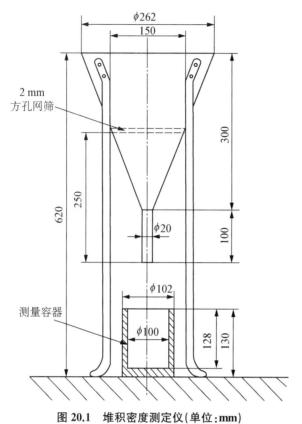

图 20.1 堆积密度测定仪(单位:mm)

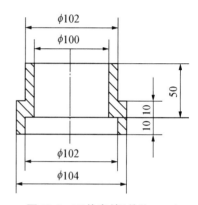

图 20.2 延伸套筒(单位:mm)

四、实验条件

成型实验室温度应保持在(20 ± 2)℃,相对湿度不低于 50%。

实验室温度和相对湿度在工作期间每天至少记录 1 次。

五、实验步骤

1. 试样制备

将粉料通过 2 mm 的实验筛。筛上物用木平勺压碎,将不易压碎的块团和筛上杂质全部剔除,确定并称量剔除物。

2. 细度测定

从制备好的试样中称取约 210 g,在(40 ± 4)℃下干燥至恒重(干燥时间相隔 1 h 的两次称量之差不超过 0.2 g 时,即为恒重),并在干燥器中冷却至室温。

将试样按以下步骤连续测定两次:

在 0.8 mm 实验筛下部安装上接收盘,称取试样 100.0 g 后,倒入其中,盖上筛盖。一只手拿住筛子,略微倾斜地摆动筛子,使其撞击另一只手。撞击的速度为 125 次/min。每撞击一次都应将筛子摆动一下,以便使试样始终均匀地撒开。每摆动 25 次后,把实验筛旋转 90°,并对着筛帮重重拍几下,继续进行筛分。当 1 min 的过筛试样质量不超过 0.4 g 时,则认为筛分完成。称量 0.8 mm 实验筛的筛上物,作为筛余量。细度以筛余量与试样原始质量

(100.0 g)之比的百分数形式表示,结果精确至 0.1%。

按照上述方法,用 0.4 mm 实验筛筛分已通过 0.8 mm 实验筛的试样,并应不时地拍打筛帮,必要时在背面用毛刷轻刷筛网,以免筛网堵塞。当 1 min 的过筛试样质量不超过 0.2 g 时,则认为筛分完成。称量 0.4 mm 实验筛的筛上物,作为筛余量。细度以筛余量与试样原始质量(100.0 g)之比的百分数形式表示,结果精确至 0.1%。

将通过 0.4 mm 实验筛的试样拌和均匀后,从中称取(50.0 g)①试样,按上述步骤用 0.2 mm 实验筛进行筛分。当 1 min 的过筛试样质量不超过 0.1 g 时,则认为筛分完成。称量 0.2 mm 实验筛的筛上物,作为筛余量。细度以筛余量与试样原始质量(100.0 g)②之比的百分数形式表示,结果精确至 0.1%。

按照上述方法,用 0.1 mm 实验筛筛分已通过 0.2 mm 实验筛的试样。当 1 min 的过筛试样质量不超过 0.1 g 时,则认为筛分完成。称量 0.1 mm 实验筛的筛上物,作为筛余量。细度以筛余量与试样原始质量(100.0 g)③之比的百分数形式表示,结果精确至 0.1%。

称量通过 0.1 mm 实验筛的筛下物质量,作为筛下量,并用与试样原始质量(100.0 g)④之比的百分数形式表示,结果精确至 0.1%。

注:① 此处假定通过 0.4 mm 实验筛的试样质量为 m_1,等于或超过 50.0 g。如果通过 0.4 mm 实验筛的试样不足 50.0 g,则用实际质量的试样继续筛分。m_1 表示从原始 100.0 g 试样中扣除 0.8 mm 和 0.4 mm 实验筛的筛上物所得试样的质量。

② 设 m_2^1 为筛余质量,则当 $m_1 > 50.0$ g 时,筛余量的试样原始质量百分数为 $\frac{m_1 m_2^1}{50 \times 100}$;若 $m_1 \leqslant 50.0$ g,该值为 m_2^1。

③ 设 m_3^1 为筛余质量,则当 $m_1 > 50.0$ g 时,筛余量的试样原始质量百分数为 $\frac{m_1 m_3^1}{50 \times 100}$;若 $m_1 \leqslant 50.0$ g,该值为 m_3^1。

④ 所得筛下量的百分数不应比所取试样原始质量减去筛余量之差少 1%。

3. 堆积密度的测定

将试样按下述步骤连续测定两次。

称量不带套筒的测量容器,精确至 1 g,然后装上套筒,放在堆积密度测定仪下方。

把试样倒入堆积密度测定仪中(每次倒入 100 g),转动平勺,使试样通过方孔筛网,自由掉落于测量容器中。当装配有延伸套筒的测量容器被试样填满时,停止加样。在避免振动的条件下,移去套筒,用直尺刮平表面,以去除多余试样,使试样表面与测量容器上缘齐平。称量测量容器和试样总质量,结果精确至 1 g。

六、结果计算及数据处理

1. 细度

采用每种实验筛(0.8 mm,0.4 mm,0.2 mm,0.1 mm)两次测定结果的算术平均值作为试样的各细度值。

对每种筛分析而言,两次测定值之差不应大于平均值的 5%,并且当筛余量小于 2 g 时,两次测定值之差不应大于 0.1 g。否则,应再次测定。

以下将通过具体例子讲解数据处理。

(1) 当 $m_1 > 50.0$ g 时。

① 试样 100.0 g,在进行 0.8 mm 实验筛筛分后,筛上物质量为 10.0 g,细度(0.8 mm)则为:

$$细度(0.8\ mm) = 10.0\ g/100.0\ g = 10.0\%$$

② 经①实验后的试样,在进行 0.4 mm 实验筛筛分后筛上物质量为 5.0 g,细度(0.4 mm)则为:

$$细度(0.4\ mm) = 5.0\ g/100.0\ g = 5.0\%$$

③ 经②实验后,筛下物质量,即试样质量为 100.0 g−10.0 g−5.0 g=85.0 g(假设实验过程中无试样损失),从中称取 50.0 g 试样,在进行 0.2 mm 实验筛筛分后,筛上物质量为 3.0 g,$m_1 = 85.0$ g> 50.0 g,$m_2^1 = 3.0$ g,细度(0.2 mm)则为:

$$细度(0.2\ mm) = (m_1 \times m_2^1)/(50 \times 100) = 85 \times 3.0/(50 \times 100) = 5.1\%$$

④ 经③实验后的试样,在进行 0.1 mm 实验筛筛分后,筛上物质量为 2.0 g,故 $m_1 = 85.0$ g> 50.0 g,$m_3^1 = 2.0$ g。细度(0.1 mm)则为:

$$细度(0.1\ mm) = (m_1 \times m_3^1)/(50 \times 100) = 85 \times 2.0/(50 \times 100) = 3.4\%$$

⑤ 称量筛下物质量为 44.8 g,则筛下量百分数为:

$$44.8 \times 85.0/(50 \times 100) = 76.2\%$$

而细度和值为:

$$10.0\% + 5.0\% + 5.1\% + 3.4\% = 23.5\%$$

由于(100.0%−23.5%)−76.2%=0.3%<1%,所以该实验符合要求。

(2) 当 $m_1 \leqslant 50.0$ g 时。

① 试样 100.0 g,在进行 0.8 mm 实验筛师分后,筛上物质量为 35.0 g,细度(0.8 mm)则为:

$$细度(0.8\ mm) = 35.0\ g/100.0\ g = 35.0\%$$

② 经①实验后的试样,在进行 0.4 mm 实验筛筛分后筛上物质量为 25.0 g,细度(0.4 mm)则为:

$$细度(0.4\ mm) = 25.0\ g/100.0\ g = 25.0\%$$

③ 经②实验后,筛下物质量,即试样质量为 100.0 g−35.0 g−25.0 g=40.0 g(假设实验过程中无试样损失),$m_1 = 40.0$ g< 50.0 g,因此用所有筛下物做下述实验。

在进行 0.2 mm 实验筛筛分后,筛上物质为 10 g,即 $m_2^1 = 10.0$ g,细度(0.2 mm)则为:

$$细度(0.2\ mm) = m_2^1/100.0 = 10.0/100.0 = 10.0\%$$

④ 经③实验后的试样,在进行 0.1 mm 实验筛筛分后,筛上物质量为 5.0 g,故 $m_1 = 40.0$ g< 50.0 g,$m_3^1 = 5.0$ g。细度(0.1 mm)则为:

$$细度(0.1 \text{ mm}) = m_3^1/100.0 = 5.0/100.0 = 5.0\%$$

⑤ 称量筛下物质量为 24.6 g，则筛下量百分数为 24.6%，而细度和值为 35.0% + 25.0% + 10% + 5% = 75.0%。

由于(100.0% - 75.0%) - 24.6% = 0.4% < 1%，所以该实验符合要求。

2. 堆积密度

堆积密度按式(20.1)计算：

$$\gamma = \frac{m_1 - m_0}{V} = m_1 - m_0 \tag{20.1}$$

式中 γ ——堆积密度，单位为克每升(g/L)；

m_1 ——测量容器和试样的总质量，单位为克(g)；

m_0 ——测量容器的质量，单位为克(g)；

V ——测量容器的容积，$V = 1$ L。

取两次测定结果的算术平均值作为该试样的堆积密度。两次测定结果之差应小于平均值的 5%，否则，应再次测定。

实验 21 建筑石膏标准稠度用水量和凝结时间的测定

一、实验意义和目的

建筑石膏标准稠度用水量是指使半水石膏粉获得标准流动性所需要的加水量，用加入水的质量与试样的质量之比的百分数表示。建筑石膏的凝结时间有初凝时间与终凝时间之分。自加水起至建筑石膏浆体开始失去塑性、流动性减小所需的时间，称为初凝时间。自加水时起至建筑石膏浆体完全失去塑性、开始有一定结构强度所需的时间，称为终凝时间。建筑石膏的标准稠度用水量和凝结时间与其工作性紧密相关。本实验目的如下：

(1) 掌握测定建筑石膏的标准稠度用水量、凝结时间的实验方法和实验原理。

(2) 测定建筑石膏的标准稠度用水量和凝结时间。

二、实验原理

建筑石膏标准稠度：能使半水石膏粉料浆扩展直径等于(180±15)mm 时达到标准流动性所需要的加水量。加入的水的质量与试样的质量之比，以百分数表示，即为建筑石膏的标准稠度用水量。

凝结时间：试针沉入建筑石膏标准稠度净浆至一定深度所需的时间。

三、仪器设备

1. 稠度仪

稠度仪由内径(50±0.1)mm，高(100±0.1)mm 的不锈钢质筒体(图 21.1)，240 mm×

240 mm 的玻璃板以及筒体提升机构所组成。筒体上升速度为 150 m/s 并能下降复位。

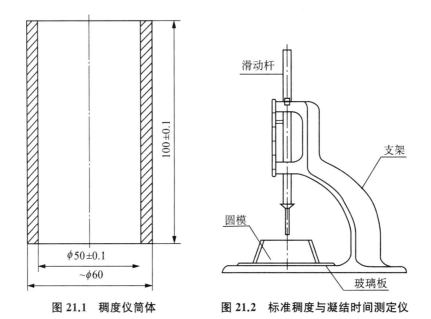

图 21.1 稠度仪筒体 图 21.2 标准稠度与凝结时间测定仪

2. 凝结时间测定仪

凝结时间测定仪应符合现行行业标准《水泥净浆标准稠度与凝结时间测定仪》(JC/T 727)的要求。

凝结时间测定仪也称维卡仪,是采用贯入深度来测定浆体的标准稠度和凝结时间,其结构由支架、滑动杆、测定标准稠度用试杆或试锥、锥模,测定凝结时间用试针和圆模组成,如图 21.2 所示。

(1) 滑动杆直径为 11.93～11.98 mm。

(2) 标准稠度测定用试杆:有效长度为 (50 ± 1) mm,直径为 (10.00 ± 0.05) mm。

(3) 标准稠度测定用试锥:锥角为 $43°36'\pm2'$;锥高为 (50.0 ± 1.0) mm;试锥由铜质材料制成。

(4) 标准稠度测定用锥模:锥模角度为 $43°36'\pm2'$;锥模工作高度为 (75.0 ± 1.0) mm,总高度为 (82.0 ± 1.0) mm。

(5) 滑动杆、试杆、试锥粗糙度 R_a 不大于 1.6。

(6) 凝结时间测定用试针。

初凝用试针:直径为 (1.13 ± 0.05) mm,长度为 (50.0 ± 1.0) mm,试针针头呈平头,其平面垂直轴心。

终凝用试针:针头直径为 (1.13 ± 0.05) mm,试针针头呈平头,其平面垂直轴心。针头带有环形附件,环形附件带有排气孔,总长度为 (30.0 ± 1.0) mm。环形附件平面与针头的距离为 0.50 mm,并且环形附件与试针应焊接牢固。试针材质由刚性材料制成,不得弯曲。

(7) 圆模:上口内径为 (65 ± 0.2) mm,下口内径为 (75 ± 0.5) mm,高度为 (40.0 ± 0.02) mm。圆模由耐腐蚀、有足够硬度的金属制成。

（8）试杆、试锥、试针的同轴度：在试杆、试锥、试针与底座平面接触情况下，试杆、试锥、试针的同轴度为小于 1.0 mm。

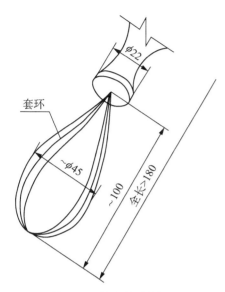

套环

$\phi22$

$\sim\phi45$

~100

全长≥180

图 21.3　拌和棒（单位：mm）

（9）滑动部分总质量：滑动杆与试杆、滑动杆与试锥、滑动杆与试针（包括固定螺钉、标尺指针）总质量均为（300±1）g。

（10）标尺的刻度范围：深度（S）的刻度范围为 0～70 mm，分度值为 1 mm；标准稠度用水量（P）的刻度范围为 21%～33.5%，分度值为 0.25%；S 与 P 应符合 $P=33.4-0.185S$；标尺刻度清晰，位置固定并平直。

（11）外观：试杆、试锥、试针的安装配合部位应能互换。滑动杆表面应光滑平整，能靠自重自由下落，无紧涩和晃动现象。

3. 搅拌器具

（1）搅拌碗：用不锈钢制成。碗口内径为 180 mm，碗深 60 mm。

（2）拌和棒（图 21.3）：由三个不锈钢丝弯成的椭圆形套环所组成，钢丝直径为 1～2 mm，环长约 100 mm。

4. 衡器具：感量 1 g 的天平或电子秤。

四、实验条件和材料

标准实验：实验室温度为（20±2）℃，实验仪器、设备及材料（试样、水）的温度应为室温；空气相对湿度为 65%±5%；大气压：860～1 060 MPa。

标准实验用水：全部实验用水（拌和、分析等）应用去离子水或蒸馏水。

常规实验：实验室温度为（20±2）℃，实验仪器、设备及材料（试样、水）的温度应为室湿；空气相对湿度为 65%±10%。

常规用水：分析实验用水应为去离子水或蒸馏水，物理力学性能实验用水应为洁净的城市生活用水。

仪器和设备：拌和用的容器和制备试件用的模具应能防漏。因此应使用不会与硫酸钙反应的防水材料（如玻璃、铜、不锈钢、硬质钢等，不包括塑料）制成。

由于二水硫酸钙颗粒的存在能形成晶核，对建筑石膏性能有极大影响，所以全部实验用容器、设备都应保持十分清洁，尤其应清除已凝固石膏。

样品：实验室样品应保存在密闭的容器中。

五、实验步骤

1. 标准稠度用水量的测定

将试样按下述步骤连续测定两次。

先将稠度仪的筒体内部及玻璃板擦净，并保持湿润，将筒体复位，垂直放置于玻璃板上。将估计的标准稠度用水量的水倒入搅拌碗中。称取试样 300 g，在 5 s 内倒入水中。用拌和棒搅拌 30 s,得到均匀的石膏浆,然后边搅拌边将石膏浆迅速注入稠度仪筒体内,并用刮刀刮去溢浆,使浆面与筒体上端面齐平。从试样与水接触开始至 50 s 时,开动仪器提升按钮。待筒体提去后,测定料浆扩展成的试饼两垂直方向上的直径,计算其算术平均值。

记录料浆扩展直径等于(180±15)mm 时的加水量。加入的水的质量与试样的质量之比,以百分数表示。

2. 凝结时间的测定

将试样按下述步骤连续测定两次。

按标准稠度用水量称量水,并把水倒入搅拌碗中。称取试样 200 g,在 5 s 内将试样倒入水中。用拌和棒搅拌 30 s,得到均匀的料浆,倒入环模中,然后将玻璃底板抬高约 10 mm,上下震动 5 次。用刮刀刮去溢浆,并使料浆与环模上端齐平。将装满料浆的环模连同玻璃底板放在仪器的钢针下,使针尖与料浆的表面相接触,且离开环模边缘大于 10 mm。迅速放松杆上的固定螺钉,针即自由地插入料浆中。每隔 30 s 重复一次,每次都应改变插点,并将针擦净、校直。

记录从试样与水接触开始,至钢针第一次碰不到玻璃底板所经历的时间,此即试样的初凝时间。记录从试样与水接触开始,至钢针第一次插入料浆的深度不大于 1 mm 所经历的时间,此即试样的终凝时间。

六、结果评定

1. 标准稠度用水量

取两次测定结果的平均值作为该试样的标准稠度用水量,结果精确至 1%。

2. 凝结时间

取两次测定结果的平均值作为该试样的初凝时间和终凝时间,结果精确至 1 min。

实验 22　建筑石膏强度的测定

一、实验意义和目的

建筑石膏在加水拌合后,浆体将失去可塑性并产生强度,其硬化试体所能承受外力破坏的能力,即为建筑石膏强度。强度是建筑石膏重要的物理力学性能之一。本实验目的如下:

(1)掌握测定建筑石膏抗折强度、抗压强度及硬度的实验方法和实验原理。

(2)测定建筑石膏的抗折强度、抗压强度及硬度。

二、实验原理

抗压强度:以采用压力机对棱柱体侧面均匀加荷直至破坏时,单位面积上所受到的最大荷载来评价样品的抗压强度。

抗折强度:以中心加荷法来测定建筑石膏样品的抗折强度。

硬度:将钢球置于试件上,测量在固定荷载作用下球痕的深度,经计算得出石膏硬度。

三、仪器设备

1. 天平:感量 1 g 的电子秤。

2. 成型试模:应符合现行行业标准《水泥胶砂试模》(JC/T 726)的要求。试模由隔板、端板、底板、紧固装置及定位销组成,能同时成型三条 40 mm×40 mm×160 mm 棱柱体且可拆卸,基本结构如图 22.1 所示。

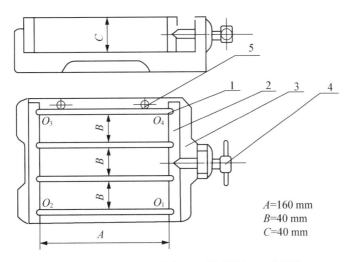

A=160 mm
B=40 mm
C=40 mm

1—隔板;2—端板;3—底座;4—紧固装置;5—定位销

图 22.1　试模基本结构

3. 搅拌容器

拌和用的容器和制备试件用的模具应能防漏。因此,应使用不会与硫酸钙反应的防水材料(如玻璃、铜、不锈钢、硬质钢等,不包括塑料)制成。

4. 拌和棒:由三个不锈钢丝弯成的椭圆形套环所组成,钢丝直径为 1～2 mm,环长约100 mm。

5. 电动抗折试验机

抗折强度试验机应符合现行行业标准《水泥胶砂电动抗折试验机》(JC/T 724)的要求。试件在夹具中受力状态如图 14.7 所示。

通过三根圆柱轴的三个竖向平面应该平行,并在实验时继续保持平行和等距离垂直于试体的方向,其中一根支撑圆柱和加荷圆柱能轻微地倾斜使圆柱与试体完全接触,以便荷载沿试体宽度方向均匀分布,同时不产生任何扭转应力。

抗折强度也可用抗压强度试验机来测定,此时应使用符合上述规定的夹具。

抗折强度试验机的加荷速度应满足(50±10)N/s。

6. 抗压夹具

抗压夹具应符合现行行业标准《40 mm×40 mm×40 mm 水泥抗压夹具》(JC/T 683)的要求。实验期间,上、下夹板应能无摩擦地相对滑动。

7. 压力试验机:示值相对误差不大于 1%。

8. 石膏硬度计

石膏硬度计具有一直径为 10 mm 的硬质钢球,当把钢球置于试件表面的一个固定点上时,能将一固定荷载垂直加到该钢球上,使钢球压入被测试件,然后静停,保持荷载,最终卸载。荷载精度为 2%,感量为 0.001 mm。

四、实验条件

标准实验:实验室温度为 $(20\pm2)℃$,实验仪器、设备及材料(试样、水)的温度应为室温;空气相对湿度为 65%±5%;大气压:860~1 060 MPa。

标准实验用水:全部实验用水(拌和、分析等)应用去离子水或蒸馏水。

仪器和设备:拌和用的容器和制备试件用的模具应能防漏。因此应使用不与硫酸钙反应的防水材料(如玻璃、铜、不锈钢、硬质钢等,不包括塑料)制成。

由于二水硫酸钙颗粒的存在能形成晶核,对建筑石膏性能有极大影响,所以全部实验用容器、设备都应保持十分清洁,尤其应清除已凝固石膏。

样品:实验室样品应保存在密闭的容器中。

五、实验步骤

1. 试件的制备

一次调和制备的建筑石膏量,应能填满制作三个试件的试模,并将损耗计算在内,所需料浆的体积为 950 mL,采用标准稠度用水量,用式(22.1)、式(22.2)计算出建筑石膏用量和加水量。

$$m_{\mathrm{g}} = \frac{950}{0.4 + (W/P)} \tag{22.1}$$

式中　m_{g}——建筑石膏质量,单位为克(g);

　　(W/P)——标准稠度用水量,用百分数表示。

$$m_{\mathrm{w}} = m_{\mathrm{g}} \times (W/P) \tag{22.2}$$

式中　m_{w}——加水量,单位为克(g)。

在试模内侧薄薄地涂上一层矿物油,并使连接缝封闭,以防料浆流失。

先把所需加水量的水倒入搅拌容器中,再把已称量的建筑石膏倒入其中,静置 1 min,然后用拌和棒在 30 s 内搅拌 30 圈。接着,以 3r/min 的速度搅拌,使料浆保持悬浮状态,然后用勺子搅拌至料浆开始稠化(即当料浆从勺子上慢慢落到浆体表面刚能形成一个圆锥为止)。

一边慢慢搅拌,一边把料浆舀入试模中。将试模的前端抬起约 10 mm,再使之落下,如此重复 5 次以排除气泡。

当从溢出的料浆判断已经初凝时,用刮平刀刮去溢浆,但不必反复刮抹表面。终凝后,在试件表面做上标记,并拆模。

2. 试件的存放

(1) 遇水后 2 h 就将做力学性能实验的试件,脱模后存放在实验室环境中。

（2）需要在其他水化龄期后作强度实验的试件，脱模后立即存放于封闭处。在整个水化期间，封闭处空气的温度为（20±2）℃、相对湿度为90%±5%。每一类建筑石膏试件都应规定试件龄期。

（3）到达规定龄期后，用于测定湿强度的试件应立即进行强度测定。用于测定干强度的试件先在（40±4）℃的烘箱中干燥至恒重，然后迅速进行强度测定。

3. 试件的数量

每一类存放龄期的试件至少应保存三条，用于抗折强度的测定。做完抗折强度测定后得到的不同试件上的三块半截试件用作抗压强度测定，另外三块半截试件用于石膏硬度测定。

4. 抗折强度的测定

实验用试件三条。

将试件置于抗折试验机的两根支撑辊上，试件的成型面应侧立。试件各棱边与各辊保持垂直，并使加荷辊与两根支撑辊保持等距。开动抗折试验机后逐渐增加荷载，最终使试件断裂。记录试件的断裂荷载值或抗折强度值。

5. 抗压强度的测定

对已做完抗折实验的不同试件上的三块半截试件进行实验。

将试件成型面侧立，置于抗压夹具内，并使抗压夹具的中心处于上、下夹板的轴心上，保证上夹板球轴通过试件受压面中心。开动抗压试验机，使试件在开始加荷后20～40 s内破坏。

6. 石膏硬度的测定

对已做完抗折实验的不同试件上的三块半截试件进行实验。在试件成型的两个纵向面（即与模具接触的侧面）上测定石膏硬度。

将试件置于硬度计上，并使钢球加载方向与待测面垂直。每个试件的侧面布置三点，各点之间的距离为试件长度的四分之一，但最外点应至少距试件边缘20 mm。先施加10 N荷载，然后在2 s内把荷载加到200 N，静置15 s，移去荷载15 s后，测量球痕深度。

六、结果计算与数据处理

1. 抗折强度

抗折强度 R_f 按式（22.3）计算：

$$R_f = \frac{6M}{b^3} = 0.00234P \qquad (22.3)$$

式中　R_f——抗折强度，单位为兆帕（MPa）；

　　　P——断裂荷载，单位为牛顿（N）；

　　　M——弯矩，单位为牛顿·毫米（N·mm）；

　　　b——试件方形截面边长，$b=40$ mm。

R_f 值也可从抗折试验机的标尺中直接读取。

计算三个试件抗折强度平均值，精确至0.05 MPa。如果所测得的三个 R_f 值与其平均值之差不大于平均值15%,则用该平均值作为抗折强度值;如果有一个值与平均值之差大于平均值的15%,应将此值舍去,以其余两个值计算平均值;如果有一个以上的值与平均值之差大于平均值的15%,则用三个新试件重做实验。

2. 抗压强度

抗压强度 R_C 按式(22.4)计算:

$$R_C = \frac{P}{S} = \frac{P}{2\,500} \tag{22.4}$$

式中　R_C——抗压强度,单位为兆帕(MPa);

　　　P——破坏荷载,单位为牛顿(N);

　　　S——试件受压面积,2 500 mm²。

计算三个试件抗压强度平均值,精确至 0.05 MPa。如果所测得的三个 R_C 值与其平均值之差不大于平均值15%,则用该平均值作为抗压强度值;如果有一个值与平均值之差大于平均值的15%,应将此值舍去,以其余两个值计算平均值;如果有一个以上的值与平均值之差大于平均值的15%,则用三个新试件重做实验。

3. 石膏硬度

石膏硬度 H 按式(22.5)计算:

$$H = \frac{F}{\pi D t} = \frac{200}{\pi \times 10 \times t} = \frac{6.37}{t} \tag{22.5}$$

式中　H——石膏硬度,单位为牛顿每平方毫米(N/mm²);

　　　t——球痕的平均深度,单位为毫米(mm);

　　　F——荷载,200 N;

　　　D——钢球直径,10 mm。

取所测的 18 个深度值的算术平均值 t 作为球痕的平均深度,再按上式计算石膏硬度,精确至 0.1 N/mm²。球痕显现出明显孔洞的测定值不应计算在内。球痕深度小于 0.159 mm 或大于 1.000 mm 的单个测定值应予剔除,并且,球痕深度超出 $t(1-10\%)$ 与 $t(1+10\%)$ 范围的单个测定值也应予剔除。

实验 23　建筑石灰物理性能实验

一、实验目的

建筑石灰的松散密度、细度、消石灰安定性、生石灰产浆量、未消化残渣和消石灰游离水等都是建筑石灰重要的物理性能指标。本实验目的如下:

(1)掌握测定建筑石灰重要物理性能指标的实验方法和实验原理。

(2)测定建筑石灰的重要物理性能指标并进行评定。

二、实验原理

消石灰、粉状生石灰的松散密度:单位体积、自然堆积状态下的物料质量。

细度:通过测定生石灰粉(或消石灰)的筛余量,评定生石灰粉(或消石灰)的细度。

消石灰安定性:消石灰存在未完全消化的氧化物,使用时可能会产生体积变化。用干燥箱处理样品,以是否产生溃散、暴突和裂缝等现象,来评定消石灰的安定性。

生石灰产浆量、未消化残渣:生石灰产浆量是生石灰与足够量的水作用,在规定时间内产生的石灰浆的体积,以升每10千克(L/10 kg)表示。

消石灰游离水:消石灰样品加热到105 ℃,游离水逃逸,此温度下损失的质量百分数为消石灰游离水。

三、试剂及仪器

1. 容量筒:体积不小于1 L。

2. 天平:精度为1.0 g且量程为1 000 g以上的天平一只;精度为0.1 g且量程为200 g的天平一只;精度为0.1 mg且量程为200 g的电子分析天平一只。

3. 刮刀。

4. 筛子:筛孔为0.2 mm和90 μm套筛,符合现行国家标准《试验筛　技术要求和检验 第1部分:金属丝编织网试验筛》(GB/T 6003.1)的规格要求。

5. 羊毛刷:4号。

6. 量筒:200 mL、500 mL。

7. 牛角勺。

8. 蒸发皿:300 mL。

9. 耐热板:外径不小于125 mm,耐热温度大于150 ℃。

10. 烘箱:最高温度为200 ℃。

11. 实验用水:常温清水。

12. 生石灰消化器:如图23.1所示,生石灰消化器是由耐石灰腐蚀的金属制成的带盖双层容器,两层容器壁之间的空隙由保温材料矿渣棉填充。生石灰消化器每2 mm高度产浆量为1 L/10 kg。

13. 搪瓷盘:200 mm×300 mm。

14. 钢板尺:量程为300 mm。

15. 称量瓶:30 mm×60 mm。

四、实验步骤

1. 测定消石灰、粉状生石灰的松散密度

(1) 称量容量筒(M_0),精确到1.0 g,置于工作台上,用样品装满容量筒直至溢出。

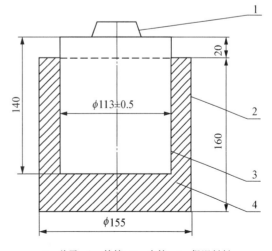

1—盖子;2—外筒;3—内筒;4—保温材料

图23.1　带盖消化器(单位:mm)

（2）用刮刀刮平，除去多余样品，刮平过程应避免容量筒震动和样品逸出。刮平后，擦净容量筒外壁，避免样品溢出，用天平称重容量筒(M_1)，精确到 1.0 g。

2. 细度的测定

称 100 g 样品(M)放在顶筛上。手持筛子往复摇动，不时轻轻拍打，摇动和拍打过程应保持近于水平，保持样品在整个筛子表面连续运动，用羊毛刷在筛面上轻刷，连续筛选直到 1 min 通过的试样量不大于 0.1 g，称量套装筛子每层筛子的筛余物(M_2、M_3)，精确到 0.1 g。

3. 消石灰安定性

称取试样 100 g，倒入 300 mL 蒸发皿内，加入常温清水约 120 mL，在 3 min 内拌合成稠浆。一次性浇注于两块耐热板上，其饼块直径为 50～70 mm，中心高为 8～10 mm。成饼后在室温下放置 5 min，然后放入温度为 100～105 ℃烘箱中，烘干 4 h 取出。

4. 生石灰产浆量、未消化残渣

在消化器中加入(320 ± 1)mL 温度为(20 ± 2)℃的水，然后加入(200 ± 1)g 生石灰(块状石灰则碾碎成小于 5 mm 的粒子)(M_4)。慢慢搅拌混合物，然后根据生石灰的消化需要立刻加入适量的水。继续搅拌片刻后，盖上生石灰消化器的盖子。静置 24 h 后，取下盖子，若此时消化器内石灰膏顶面之上有不超过 40 mL 的水，说明消化过程中加入的水量是合适的，否则应调整加水量。测定石灰膏的高度，结果取 4 次测定的平均值(H)计算产浆量(X_3)。

提起消化器内筒用清水冲洗筒内残渣，至水流不浑浊(冲洗用清水仍倒入筛筒内，水总体积控制在 3 000 mL)，将渣移入搪瓷盘内，在 100～105 ℃烘箱中，烘干至恒重，冷却至室温后用 5 mm 圆孔筛筛分，称量筛余物(M_5)，计算未消化残渣含量(X_4)。

5. 消石灰游离水

称 5 g 消石灰样品(M_6)，精确到 0.0001 g 放入称量瓶中，在(105 ± 5)℃烘箱内烘干到恒重后，立即放入干燥器中，冷却到室温(约需 20 min)，称量(M_7)。

五、结果计算及评定

1. 消石灰、粉状生石灰的松散密度的测定
按式(23.1)计算松散密度：

$$D_1 = \frac{M_1 - M_0}{V_1} \tag{23.1}$$

式中　D_1——松散密度，单位为克每立方厘米(g/cm³)；
　　　M_0——空容量筒质量，单位为克(g)；
　　　M_1——容量筒与样品质量之和，单位为克(g)；
　　　V_1——容量筒的容积，单位为立方厘米(cm³)。

2. 细度的测定
按式(23.2)、式(23.3)计算细度：

$$X_1 = \frac{M_2}{M} \times 100 \tag{23.2}$$

$$X_2 = \frac{M_2 + M_3}{M} \times 100 \qquad (23.3)$$

式中　X_1——0.2 mm 方孔筛筛余百分含量,%;

　　　X_2——90 μm 方孔筛、0.2 mm 方孔筛,两筛上的总筛余百分含量,用百分数表示;

　　　M_2——0.2 mm 方孔筛筛余物质量,单位为克(g);

　　　M_3——90 μm 方孔筛筛余物质量,单位为克(g);

　　　M ——样品质量,单位为克(g)。

3. 消石灰安定性评定

烘干后肉眼观察饼块无溃散、暴突、裂缝等现象,评定为体积安定性合格;若出现三种现象中之一者,评定为体积安定性不合格。

4. 生石灰产浆量、未消化残渣的测定

(1) 以 2 mm 的浆体高度标识产浆量,按式(23.4)计算产浆量:

$$X_3 = \frac{H}{2} \qquad (23.4)$$

式中　X_3——产浆量,单位为升每 10 千克(L/10 kg);

　　　H ——四次测定的浆体高度平均值,单位为毫米(mm)。

(2) 按式(23.5)计算未消化残渣百分含量:

$$X_4 = \frac{M_5}{M_4} \times 100\% \qquad (23.5)$$

式中　X_4——未消化残渣含量,用百分数表示;

　　　M_5——未消化残渣质量,单位为克(g);

　　　M_4——样品质量,单位为克(g)。

5. 消石灰游离水

按式(23.6)计算消石灰游离水(W_F):

$$W_F = \frac{M_6 - M_7}{M_6} \times 100\% \qquad (23.6)$$

式中　W_F ——消石灰游离水,用百分数表示;

　　　M_6——干燥前样品质量,单位为克(g);

　　　M_7——干燥后样品质重,单位为克(g)。

下 篇
建筑结构与功能材料实验

第一部分　钢筋和砂石

实验 24　钢筋拉伸、弯曲实验

一、实验意义和目的

钢筋是建筑工程中必不可少的原材料,而钢筋的力学性能是建筑结构设计中主要考虑的因素之一。其中,钢筋在拉伸和弯曲过程中体现出的力学性能是评定钢筋质量和钢筋等级的关键条件。本实验目的如下:

(1)掌握测定钢筋拉伸和弯曲性能的实验原理和实验方法。

(2)测定钢筋拉伸和弯曲性能。

二、实验条件

实验一般在室温 10~35 ℃范围内进行。对温度要求严格的实验,实验温度应为(23±5)℃。

三、试样的一般规定

1. 制取

除非另有协议,试样应从符合交货状态的钢筋产品上制取。在距离钢筋端部 50 cm 处截取一定长度的钢筋作为试样,拉伸和弯曲实验需各取 2 个试样。

2. 矫直

对于从盘卷上制取的试样,在任何试验前应进行简单的弯曲矫直,并确保最小的塑性变形。

注:对于拉伸试验和弯曲试验,试样必须是平直的,为了获得满意的平直度,建议对试样进行手工矫直或机械矫直。

3. 人工时效

测定拉伸试验的性能指标时,可根据需要对试样进行人工时效(对于需要矫直的试样应在矫直后进行人工时效)。

当产品标准没有规定人工时效工艺时,可采用下列工艺条件:加热试样到 100 ℃,在(100±10)℃下保温 60~75 min,然后在静止的空气中自然冷却至室温。

四、拉伸实验

(一) 实验原理

拉伸实验是用拉力拉伸试样,一般拉至断裂,测定钢筋在拉伸过程中应力和应变的关系曲线以及下屈服强度、抗拉强度、断后伸长率三个重要指标来评定钢筋的质量。

1. 下屈服强度 R_{eL}:在屈服期间,不计初始瞬时效应时的最小应力。下屈服强度可以从应力-应变曲线上测得,如图 24.1 所示。图 24.1 中同时标注了上屈服强度 R_{eH}。

2. 抗拉强度 R_m:相应最大力 F_m 对应的应力。

3. 断后伸长率 A:断后标距的残余伸长($L_u - L_o$)与原始标距(L_o)之比的百分率。

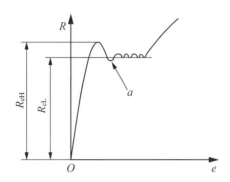

R— 应力; e— 延伸率; R_{eH}— 上屈服强度; R_{eL}— 下屈服强度; a— 初试瞬时效应

图 24.1　钢筋拉伸曲线的上屈服强度和下屈服强度

(二) 仪器设备

1. 万能材料试验机:示值误差不大于 1‰。为保证机器安全和实验准确,所有测值应在试验机最大荷载的 20%～80%。

2. 量具:精确度为 0.1 mm。

(三) 试样制备

1. 钢筋试样长度 L:$L \geqslant L_0 + 3a + 2h$,其中 a 为钢筋直径,原始标距 $L_0 = 5a$,h 为夹持长度。

2. 原始标距的标记:在钢筋的自由长度(夹具间非夹持部分的长度)范围内用小标记、细划线或细墨线均匀划分 10 mm 或 5 mm 的等间距标记,相当于一系列套叠的原始标记,便于在拉伸实验后根据钢筋断裂位置选择合适的原始标记。如果原始标距的计算值与其标记值之差小于 $10\%L_0$,可将原始标距的计算值修约至接近 5 mm 的倍数。

(四) 实验步骤

(1) 在试验加载链装配完成后,试样两端被夹持之前,应设定力测量系统的零点。一旦设定了力值零点,在试验期间力测量系统不能再发生变化。

(2) 将试样固定在试验机夹具内,应确保试样受轴向拉力的作用。夹持长度应不小于试验机夹具可夹持长度的 3/4。开动试验机进行拉伸实验,应力速度应保持并恒定在表24.1规定的范围内,一般拉至钢筋断裂。实验时,记录力-位移曲线。

(3) 将试样断裂的部分仔细地配接在一起使其轴线处于同一直线上,并采取特别措施确保试样断裂部分适当接触后测量试样断后标距(L_u)。

表 24.1　应力速率要求

钢筋弹性模量 E/MPa	应力速率 R/(MPa·s^{-1})	
	最小	最大
$<1.5\times10^5$	2	20
$\geqslant1.5\times10^5$	6	60

注：热轧带肋钢筋的弹性模量约为 2×10^5 MPa。

（五）结果计算及数据处理

1. 下屈服强度和抗拉强度

（1）下屈服强度（R_{eL}）和抗拉强度（R_m）可按式（24.1）、式（24.2）计算。

$$R_{eL}=\frac{F_{eL}}{S_0} \tag{24.1}$$

$$R_m=\frac{F_m}{S_0} \tag{24.2}$$

式中　R_{eL}——下屈服强度，单位为兆帕（MPa）；

　　　F_{eL}——屈服阶段的最小力，单位为牛顿（N）；

　　　S_0——钢筋的公称横截面积，单位为平方毫米（mm^2），不同公称直径钢筋的公称横截面积见表 24.2；

　　　R_m——抗拉强度，单位为兆帕（MPa）；

　　　F_m——实验过程中的最大力，单位为牛顿（N）。

强度性能值修约至 1 MPa。

表 24.2　不同公称直径钢筋的公称横截面积

公称直径/mm	公称横截面积/mm^2	公称直径/mm	公称横截面积/mm^2
8	50.27	22	380.1
10	78.54	25	490.9
12	113.1	28	615.8
14	153.9	32	804.2
16	201.1	36	1 018
18	254.5	40	1 257
20	314.2	50	1 964

（2）上、下屈服强度位置判定的基本原则

① 屈服前的第 1 个峰值应力（第 1 个极大值应力）判为上屈服强度，不管其后的峰值应力比它大或比它小。

② 屈服阶段中如呈现两个或两个以上的谷值应力,舍去第1个谷值应力(第1个极小值应力)不计,取其余谷值应力中之最小者判为下屈服强度。如只呈现1个下降谷,此谷值应力判为下屈服强度。

③ 屈服阶段中呈现屈服平台,平台应力判为下屈服强度;如呈现多个而且后者高于前者的屈服平台,判第1个平台应力为下屈服强度。

④ 正确的判定结果应是下屈服强度一定低于上屈服强度。

注:此规定仅仅适用于呈现明显屈服的材料。

2. 断后伸长率

计算断后伸长量(L_u-L_0),并准确到±0.25 mm。原则上只有断裂处与最接近的标距标记的距离不小于原始标距的三分之一情况方为有效。但断后伸长率大于或等于规定值,不管断裂位置处于何处测量均为有效。

按式(24.3)计算断后伸长率A。

$$A=\frac{L_u-L_0}{L_0}\times100\% \tag{24.3}$$

式中 A ——断后伸长率,用百分数表示;

  L_0 ——原始标距,单位为毫米(mm);

  L_u ——断后标距,单位为毫米(mm)。

五、冷弯实验

(一)实验原理

弯曲实验是以钢筋试样在弯曲装置上经受弯曲塑性变形,不改变加力方向,直至达到规定的弯曲角度。

弯曲实验时,试样两臂的轴线保持在垂直于弯曲轴的平面内。如为弯曲180°的弯曲实验,按照相关产品标准的要求,可以将试样弯曲至两臂直接接触或两臂相互平行且相距规定距离,可使用垫块控制规定距离。

(二)仪器设备

试验机或压力机:配有两个支辊和一个弯曲压头的支辊式弯曲装置(图24.2)。

支辊式弯曲装置:支辊长度和弯曲压头的宽度应大于钢筋直径。弯曲压头的直径D由产品标准规定。支辊和弯曲压头应具有足够的硬度。

除非另有规定,支辊间距离l应按照式(24.4)确定:

$$l=(D+3a)\pm\frac{a}{2} \tag{24.4}$$

式中 l ——支辊间距离,单位为毫米(mm);

  D ——弯曲压头直径,单位为毫米(mm);

  a ——钢筋直径,单位为毫米(mm)。

注:支辊间距离l在实验前期保持不变,对于180°弯曲试样此距离会发生改变。

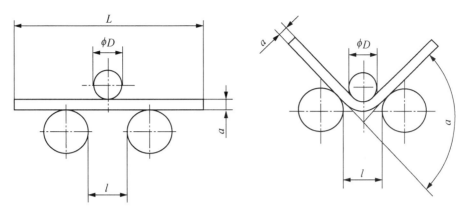

图 24.2　支辊式弯曲装置

符合弯曲实验原理的其他弯曲装置亦可使用。

(三) 实验步骤

本实验按如下步骤进行。

特别提示：实验过程中应采取足够的安全措施和配备防护装置。

(1) 试样的长度应根据试样的直径和所使用的实验设备确定。

(2) 按表 24.3 确定弯曲压头直径，弯曲角度 α 均为 $180°$。

表 24.3　钢筋冷弯的弯曲压头直径

钢筋牌号	公称直径 d	弯曲压头直径
HRB400 HRBF400 HRB400E、HRBF400E	$6\sim25$	$4d$
	$28\sim40$	$5d$
	$>40\sim50$	$6d$
HRB500 HRBF500 HRB500E、HRBF500E	$6\sim25$	$6d$
	$28\sim40$	$7d$
	$>40\sim50$	$8d$
HRB600	$6\sim25$	$6d$
	$28\sim40$	$7d$
	$>40\sim50$	$8d$

(3) 调节支辊间距为 $l=(D+3a)\pm\dfrac{a}{2}$，此间距在实验期间应保持不变。

(4) 将钢筋试样放于两支辊上，如图 24.2 所示，试样轴线应与弯曲压头轴线垂直，弯曲压头在两支座之间的中点处对试样连续缓慢地施加力使其弯曲到 $180°$。

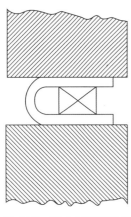

图 24.3　弯曲至两臂平行

注意:

① 弯曲实验时,应当缓慢地施加弯曲力,以使材料能够自由地进行塑性变形,当出现争议时,实验速率应为(1±0.2)mm/s。

② 如不能直接达到 180°,应将试样置于两平行压板之间,连续施加力,压其两端使其进一步弯曲,直至达到 180°,如图 24.3 所示,实验时可以加或不加垫块。

(四) 结果评定

应按照相关产品标准的要求评定弯曲实验结果。如未规定具体要求,弯曲实验后不使用放大仪器观察,试样弯曲外表面无可见裂纹应评定为合格。

实验 25　普通混凝土用砂、石实验

一、实验意义和目的

为保证普通混凝土所用砂、石的质量,须在配制混凝土时合理选用天然砂、人工砂和碎石、卵石。普通混凝土的用砂、用石有很多技术指标。本实验介绍了混凝土用砂石技术指标测定的系列实验方法,可以根据具体情况选定其中一项或几项开展实验。具体实验目的如下:

(1)掌握测定普通混凝土用砂、石相关技术指标的实验原理和实验方法。

(2)测定普通混凝土用砂、石相关技术指标。

二、实验原理

通过测定普通混凝土用砂的颗粒级配、细度模数、表观密度、吸水率、堆积密度、含泥量等重要技术指标来反映砂的质量;通过测定混凝土用石的颗粒级配、表观密度、含水率、吸水率、堆积密度、紧密密度、含泥量、压碎指标等重要技术指标来反映碎石或卵石的质量。

三、取样与缩分

(一) 取样方法

从料堆上取样时,取样部位应均匀分布。取样前应先将取样部位表层铲除,然后由各部位抽取大致相等的砂 8 份,石子为 16 份,组成各自一组样品。

对于每一单项检验项目,砂、石的每组样品取样数量应分别满足表 25.1 和表 25.2 的规定。当需要做多项检验时,可在确保样品经一项实验后不致影响其他实验结果的前提下,用同组样品进行多项不同的实验。

除筛分析外,当其余检验项目存在不合格项时,应加倍取样进行复验。当复验仍有一项不满足标准要求时,应按不合格品处理。

表 25.1　每一单项检验项目所需砂的最少取样质量

检验项目	最少取样质量/g
筛分析	4 400
表观密度	2 600
吸水率	4 000
紧密密度和堆积密度	5 000
含水率	1 000
含泥量	4 400
泥块含量	20 000

表 25.2　每一单项检验项目所需碎石或卵石的最小取样质量　　　　（单位:kg）

实验项目	最大公称粒径							
	10.0 mm	16.0 mm	20.0 mm	25.0 mm	31.5 mm	40.0 mm	63.0 mm	80.0 mm
筛分析	8	15	16	20	25	32	50	64
表观密度	8	8	8	8	12	16	24	24
含水率	2	2	2	2	3	3	4	6
吸水率	8	8	16	16	16	24	24	32
堆积密度、紧密密度	40	40	40	40	80	80	120	120
含泥量	8	8	24	24	40	40	80	80
泥块含量	8	8	24	24	40	40	80	80
针、片状含量	1.2	4	8	12	20	40	—	—

（二）缩分方法

1. 砂的缩分方法

（1）用分料器缩分(图 25.1):将样品在潮湿状态下拌和均匀,然后将其通过分料器,留下两个接料斗中的一份,并将另一份再次通过分料器。重复上述过程,直至把样品缩分到实验所需量为止。

（2）人工四分法缩分:将样品置于平板上,在潮湿状态下拌合均匀,并堆成厚度约为 20 mm 的"圆饼"状,然后沿互相垂直的两条直径把"圆饼"分成大致相等的四份,取其对角的两份重新拌匀,再堆成"圆饼"状。重复上述过程,直至把样品缩分后的材料量略多于进行实验所需量为止。

2. 碎石或卵石缩分方法

将样品置于平板上,在自然状态下拌均匀,并

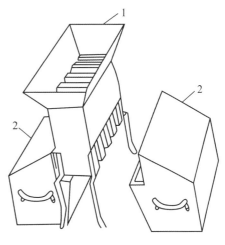

1—分料漏斗；2—接料斗

图 25.1　分料器

堆成锥体,然后沿互相垂直的两条直径把锥体分成大致相等的四份,取其对角的两份重新拌匀,再堆成锥体。重复上述过程,直至把样品缩分至实验所需量为止。

注:砂、碎石或卵石的含水率、堆积密度、紧密密度检验所用的试样,可不经缩分,拌匀后直接进行实验。

四、普通混凝土用砂实验

(一) 砂的筛分析

1. 仪器设备

(1) 实验筛:公称直径分别为 10.0 mm、5.00 mm、2.50 mm、1.25 mm、630 μm、315 μm、160 μm(对应边长分别为 9.5 mm、4.75 mm、2.36 mm、1.18 mm、600 μm、300 μm、150 μm)的方孔筛各一只,筛的底盘和盖各一只;筛框直径为 300 mm 或 200 mm。其产品质量要求应符合现行国家标准《金属丝编织网实验筛》(GB/T 6003.1)和《金属穿孔板实验筛》(GB/T 6003.2)的要求。

(2) 天平:称量 1 000 g,感量 1 g。

(3) 摇筛机。

(4) 烘箱:温度控制范围为(105±5)℃。

(5) 浅盘、硬、软毛刷等。

2. 样品制备

用于筛分析的试样,其颗粒的公称粒径不应大于 10.0 mm。实验前应先将来样通过公称直径 10.0 mm 的方孔筛,并计算筛余。称取经缩分后样品不少于 550 g 两份,分别装入两个浅盘,在(105±5)℃的温度下烘干到恒重。冷却至室温备用。

注:恒重是指在相邻两次称量间隔时间不小于 3 h 的情况下,前后两次称量之差小于该项实验所要求的称量精度(下同)。

3. 实验步骤

本实验按如下步骤进行。

(1) 准确称取烘干试样 500 g(特细砂可称 250 g),置于按筛孔大小顺序排列(大孔在上、小孔在下)的套筛的最上一只筛(公称直径为 5.00 mm 的方孔筛)上;将套筛装入摇筛机内固紧,筛分 10 min;然后取出套筛,再按筛孔由大到小的顺序,在清洁的浅盘上逐一进行手筛,直至每分钟的筛出量不超过试样总量的 0.1% 时为止;通过的颗粒并入下一只筛子,并和下一只筛子中的试样一起进行手筛。按这样顺序依次进行,直至所有的筛子全部筛完为止。

注:当试样含泥量超过 5% 时,应先将试样水洗,然后烘干至恒重,再进行筛分;无摇筛机时,可改用手筛。

(2) 试样在各只筛子上的筛余量均不得超过按式(25.1)计算得出的剩留量,否则应将该筛的筛余试样分成两份或数份,再次进行筛分,并以其筛余量之和作为该筛的筛余量。

$$m_r = \frac{A\sqrt{d}}{300} \tag{25.1}$$

式中 m_r——某一筛上的剩余量,单位为克(g);

d ——筛孔边长,单位为毫米(mm);

A ——筛的面积,单位为平方毫米(mm^2)。

(3) 称取各筛筛余试样的质量(精确至 1 g),所有各筛的分计筛余量和底盘中的剩余量之和与筛分的试样总量相比,相差不得超过 1%。

4. 结果计算及数据处理

(1) 计算分计筛余(各筛上的筛余量除以试样总量的百分率),结果精确至 0.1%。

(2) 计算累计筛余(该筛的分计筛余与筛孔大于该筛的各筛的分计筛余之和),结果精确至 0.1%。

(3) 根据各筛两次实验累计筛余的平均值,评定该试样的颗粒级配分布情况,结果精确至 1%;砂的颗粒级配应符合表 25.3 的规定。

(4) 砂的细度模数应按式(25.2)计算,结果精确至 0.01:

$$\mu_f = \frac{(\beta_2 + \beta_3 + \beta_4 + \beta_5 + \beta_6) - 5\beta_1}{100 - \beta_1} \tag{25.2}$$

式中 μ_f ——砂的细度模数;

β_1、β_2、β_3、β_4、β_5、β_6 ——分别为公称直径 5.00 mm、2.50 mm、1.25 mm、630 μm、315 μm、160 μm 方孔筛上的累计筛余。

(5) 以两次实验结果的算术平均值作为测定值,精确至 0.1。当两次实验所得的细度模数之差大于 0.20 时,应重新取试样进行实验。

表 25.3 砂的颗粒级配

砂的分类	天然砂			机制砂		
级配区	1 区	2 区	3 区	1 区	2 区	3 区
方孔筛	累计筛余量					
4.75 mm	0～10%	0～10%	0～10%	0～10%	0～10%	0～10%
2.36 mm	5%～35%	0～25%	0～15%	5%～35%	0～25%	0～15%
1.18 mm	35%～65%	10%～50%	0～25%	35%～65%	10%～50%	0～25%
600 μm	71%～85%	41%～70%	16%～40%	71%～85%	41%～70%	16%～40%
300 μm	80%～95%	70%～92%	55%～85%	80%～95%	70%～92%	55%～85%
150 μm	90%～100%	90%～100%	90%～100%	85%～97%	80%～94%	75%～94%

(二) 砂的表观密度实验(标准法)

1. 仪器设备

(1) 天平:称量为 1 000 g,感量为 1 g。

(2) 容量瓶:容量为 500 mL。

(3) 烘箱:温度控制范围为(105±5)℃。

(4) 干燥器、浅盘、铝制料勺、温度计等。

2. 样品制备

经缩分后不少于 650 g 的样品装入浅盘,在温度为(105±5)℃的烘箱中烘干至恒重,并在干燥器内冷却至室温。

3. 实验步骤

本实验按如下步骤进行。

(1) 称取烘干的试样 300 g(m_0),装入盛有半瓶冷开水的容量瓶中。

(2) 摇转容量瓶,使试样在水中充分搅动以排除气泡,塞紧瓶塞,静置 24 h;然后用滴管加水至与瓶颈刻度线平齐,再塞紧瓶塞,擦干容量瓶外壁的水分,称其质量(m_1)。

(3) 倒出容量瓶中的水和试样,将瓶的内外壁洗净,再向瓶内加入与(2)中相差不超过 2 ℃的冷开水至瓶颈刻度线。塞紧瓶塞,擦干容量瓶外壁水分,称质量(m_2)。

注:在砂的表观密度实验过程中应测量并控制水的温度,实验的各项称量可在 15～25 ℃的温度范围内进行。从试样加水静置的最后 2 h 起直至实验结束,其温度相差不应超过 2 ℃。

4. 结果计算及数据处理

表观密度应按式(25.3)计算:

$$\rho = \left(\frac{m_0}{m_0 + m_2 - m_1} - \alpha_t\right) \times 1\,000 \tag{25.3}$$

式中　ρ——表观密度,单位为千克每立方米(kg/m³),结果精确至 10 kg/m³;

m_0——试样的烘干质量,单位为克(g);

m_1——试样、水及容量瓶总质量,单位为克(g);

m_2——水及容量瓶总质量,单位为克(g);

α_t——水温对砂的表观密度影响的修正系数,见表 25.4。

表 25.4　不同水温对砂的表观密度影响的修正系数

水温/℃	15	16	17	18	19	20
α_t	0.002	0.003	0.003	0.004	0.004	0.005
水温/℃	21	22	23	24	25	—
α_t	0.005	0.006	0.006	0.007	0.008	—

以两次实验结果的算术平均值作为测定值。当两次结果之差大于 20 kg/m³ 时,应重新取样进行实验。

(三) 砂的表观密度(简易法)

1. 仪器设备

(1) 天平:称量为 1 000 g,感量为 1 g。

(2) 李氏瓶:容量 250 mL。

(3) 烘箱:温度控制范围为(105±5)℃。

(4) 其他仪器设备应符合标准法中仪器设备的规定。

2. 样品制备

将样品缩分至不少于 120 g,在(105±5)℃的烘箱中烘干至恒重,并在干燥器中冷却至室温,分成大致相等的两份备用。

3. 实验步骤

本实验按如下步骤进行。

(1)向李氏瓶中注入冷开水至一定刻度处,擦干瓶颈内部附着水,记录水的体积(V_1)。

(2)称取烘干试样 50 g(m_0),徐徐加入盛水的李氏瓶中。

(3)试样全部倒入瓶中后,用瓶内的水将黏附在瓶颈和瓶壁的试样洗入水中,摇转李氏瓶以排除气泡,静置约 24 h 后,记录瓶中水面升高后的体积(V_2)。

注:在砂的表观密度实验过程中应测量并控制水的温度,允许在 15~25 ℃ 的温度范围内进行体积测定,但两次体积测定(指 V_1 和 V_2)的温差不得大于 2 ℃。从试样加水静置的最后 2 h 起,直至记录完瓶中水面高度时止,其相差温度不应超过 2 ℃。

4. 结果计算及数据处理

表观密度应按式(25.4)计算:

$$\rho = \left(\frac{m_0}{V_2 - V_1} - \alpha_t \right) \times 1\,000 \tag{25.4}$$

式中　ρ——表观密度,单位为千克每立方米(kg/m³),结果精确至 10 kg/m³;

　　　m_0——试样的烘干质量,单位为克(g);

　　　V_1——水的原有体积,单位为毫升(mL);

　　　V_2——倒入试样后的水和试样的体积,单位为毫升(mL);

　　　α_t——水温对砂的表观密度影响的修正系数,见表 25.3。

以两次实验结果的算术平均值作为测定值,两次结果之差大于 20 kg/m³ 时,应重新取样进行实验。

(四) 砂的吸水率

1. 仪器设备

(1)天平:称量为 1 000 g,感量为 1 g。

(2)饱和面干试模及质量为(340±15)g 的钢制捣棒,如图 25.2 所示。

(3)干燥器、吹风机(手提式)、浅盘、铝制料勺、玻璃棒、温度计等。

(4)烧杯:容量 500 mL。

(5)烘箱:温度控制范围为(105±5)℃。

2. 实验步骤

本实验按如下步骤进行。

(1)制备饱和面干试样。

将样品在潮湿状态下用四分法缩分至 1 000 g,拌匀后分成两份,分别装入浅盘或其他合适的容器中,注入清水,使水面高出试样表面 20 mm 左右[水温控制在(20±5)℃]。用玻璃棒

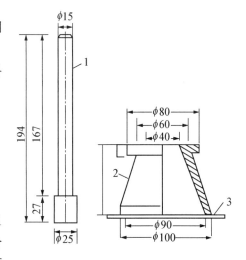

1—捣棒;2—试模;3—玻璃板

图 25.2 饱和面干试模及其捣棒(单位:mm)

连续搅拌 5 min,以排除气泡。静置 24 h 以后,细心地倒去试样上的水,并用吸管吸去余水。再将试样在盘中摊开,用手提吹风机缓缓吹入暖风,并不断翻拌试样,使砂表面的水分在各部位均匀蒸发。然后将试样松散地一次装满饱和面干试模中,捣 25 次(捣棒端面距试样表面不超过 10 mm,任其自由落下),捣完后,留下的空隙不用再装满,从垂直方向徐徐提起试模。当试样呈图 25.3(a)形状时,则说明砂中尚含有表面水,应继续按上述方法用暖风干燥,并按上述方法进行实验,直至试模提起后试样呈图 25.3(b)的形状为止。试模提起后,试样呈图 25.3(c)的形状时,则说明试样已干燥过分,此时应将试样洒水 5 mL,充分拌匀,并静置于加盖容器中 30 min 后,再按上述方法进行实验,直至试样达到图 25.3(b)的形状为止。

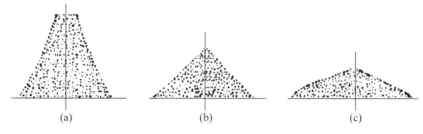

图 25.3 试样的塌陷情况

(2)测试吸水率。

立即称取饱和面干试样 500 g,放入已知质量(m_1)烧杯中,于温度为(105 ± 5)℃的烘箱中烘干至恒重,并在干燥器内冷却至室温后,称取干样与烧杯的总质量(m_2)。

3. 结果计算及数据处理

吸水率 ω_{wa} 应按式(25.5)计算:

$$\omega_{wa}=\frac{500-(m_2-m_1)}{m_2-m_1}\times100\%\tag{25.5}$$

式中　ω_{wa}——吸水率,用百分数表示,结果精确至 0.1%;

　　　m_1——烧杯质量,单位为克(g);

　　　m_2——烘干的试样与烧杯的总质量,单位为克(g)。

以两次实验结果的算术平均值作为测定值,当两次结果之差大于 0.2% 时,应重新取样进行实验。

(五)砂的堆积密度和紧密密度

1. 仪器设备

(1)秤:称量为 5 kg,感量为 5 g。

(2)容量筒:金属制,圆柱形,内径 108 mm,净高 109 mm,筒壁厚 2 mm,容积 1 L,筒底厚度为 5 mm。

容量筒容积的校正方法如下:以温度为(20 ± 2)℃的饮用水装满容量筒,用玻璃板沿筒口滑移,使其紧贴水面。擦干筒外壁水分,然后称其质量。用式(25.6)计算筒的容积:

$$V=m_2'-m_1'\tag{25.6}$$

式中　V——容量筒容积,单位为升(L);

　　　m'_1——容量筒和玻璃板质量,单位为千克(kg);

　　　m'_2——容量筒、玻璃板和水总质量,单位为千克(kg)。

（3）漏斗(图 25.4)或铝制料勺。

（4）烘箱:温度控制范围为(105±5)℃。

（5）直尺、浅盘等。

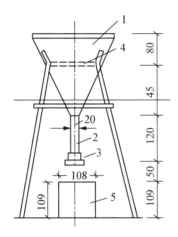

1—漏斗；2—ϕ20 mm 管子；3—活动门；4—筛；5—金属量筒

图 25.4　标准漏斗(单位:mm)

2. 样品制备

先用公称直径 5.00 mm 的筛子过筛,然后取经缩分后的样品不少于 3 L,装入浅盘,在温度为(105±5)℃烘箱中烘干至恒重,取出并冷却至室温,分成大致相等的两份备用。试样烘干后若有结块,应在实验前先予捏碎。

3. 实验步骤

本实验按如下步骤进行。

（1）堆积密度:取试样一份,用漏斗或铝制勺,将它徐徐装入容量筒(漏斗出料口或料勺距容量筒筒口不应超过 50 mm)直至试样装满并超出容量筒筒口。然后用直尺将多余的试样沿筒口中心线向相反方向刮平,称其质量(m_2)。

（2）紧密密度:取试样一份,分两层装入容量筒。装完一层后,在筒底垫放一根直径为 10 mm 的钢筋,将筒按住,左右交替颠击地面各 25 下,然后再装入第二层;第二层装满后用同样方法颠实(但筒底所垫钢筋的方向应与第一层放置方向垂直);两层装完并颠实后,加料直至试样超出容量筒筒口,然后用直尺将多余的试样沿筒口中心线向两个相反方向刮平,称其质量(m_2)。

4. 结果计算及数据处理

（1）堆积密度(ρ_L)及紧密密度(ρ_c)按式(25.7)计算:

$$\rho_L(\rho_c) = \frac{m_2 - m_1}{V} \times 1\,000 \tag{25.7}$$

式中 $\rho_L(\rho_c)$——堆积密度(紧密密度),单位为千克每立方米(kg/m^3),结果精确至 $10\ kg/m^3$;

m_1——容量筒的质量,单位为千克(kg);

m_2——容量筒和砂总质量,单位为千克(kg);

V——容量筒容积,单位为升(L)。

以两次实验结果的算术平均值作为测定值。

(2)空隙率按式(25.8)计算:

$$\nu_c = \left(1 - \frac{\rho_c}{\rho}\right) \times 100\%$$ (25.8)

式中 ν_L——堆积密度的空隙率,用百分数表示,结果精确至 1%;

ν_c——紧密密度的空隙率,用百分数表示,结果精确至 1%;

ρ_L——砂的堆积密度,单位为千克每立方米(kg/m^3);

ρ——砂的表观密度,单位为千克每立方米(kg/m^3);

ρ_c——砂的紧密密度,单位为千克每立方米(kg/m^3)。

(六)砂的含水率

1. 仪器设备

(1)烘箱:温度控制范围为(105 ± 5)℃。

(2)天平:称量为 1 000 g,感量为 1 g。

(3)容器:如浅盘等。

2. 实验步骤

由密封的样品中取各重 500 g 的试样两份,分别放入已知质量的干燥容器(m_1)中称重,记下每盘试样与容器的总重(m_2)。将容器连同试样放入温度为(105 ± 5)℃的烘箱中烘干至恒重,称量烘干后的试样与容器的总质量(m_3)。

3. 结果计算与数据处理

砂的含水率应按式(25.9)计算:

$$\omega_c = \frac{m_2 - m_3}{m_3 - m_1} \times 100\%$$ (25.9)

式中 ω_c——砂的含水率,用百分数表示,结果精确至 0.1%;

m_1——容器质量,单位为克(g);

m_2——未烘干的试样与容器的总质量,单位为克(g);

m_3——烘干后的试样与容器的总质量,单位为克(g)。

以两次试验结果的算术平均值作为测定值。

(七)砂中含泥量

1. 仪器设备

(1)天平:称量为 1 000 g,感量为 1 g。

(2)烘箱:温度控制范围为(105 ± 5)℃。

(3)实验筛:筛孔公称直径为 80 μm 及 1.25 mm 的方孔筛各一个。

（4）洗砂用的容器及烘干用的浅盘等。

2. 样品制备

样品缩分至 1 100 g，置于温度为(105±5)℃的烘箱中烘干至恒重，冷却至室温后，称取各为 400 g(m_0)的试样两份备用。

3. 实验步骤

本实验按如下步骤进行。

（1）取烘干的试样一份置于容器中，并注入饮用水，使水面高出砂面约 150 mm，充分拌匀后，浸泡 2 h，然后用手在水中淘洗试样，使尘屑、淤泥和黏土与砂粒分离，并使之悬浮或溶于水中。缓缓地将浑浊液倒入公称直径为 1.25 mm、80 μm 的方孔套筛(1.25 mm 筛放置于上面)上，滤去小于 80 μm 的颗粒。实验前筛子的两面应先用水润湿，在整个实验过程中应避免砂粒丢失。

（2）再次加水于容器中，重复上述过程，直到筒内洗出的水清澈为止。

（3）用水淋洗剩留在筛上的细粒，并将 80 μm 筛放在水中（使水面略高出筛中砂粒的上表面来回摇动，以充分洗除小于 80 μm 的颗粒。然后将两只筛上剩留的颗粒和容器中已经洗净的试样一并装入浅盘，置于温度为(105±5)℃的烘箱中烘干至恒重。取出来冷却至室温后，称试样的质量(m_1)。

4. 结果计算及数据处理

砂中含泥量应按式(25.10)计算：

$$\omega_c = \frac{m_0 - m_1}{m_0} \times 100\% \qquad (25.10)$$

式中 ω_c——砂中含泥量，用百分数表示，结果精确至 0.1%；

　　　　m_0——实验前的烘干试样质量，单位为克(g)；

　　　　m_1——实验后的烘干试样质量，单位为克(g)。

以两个试样实验结果的算术平均值作为测定值。两次结果之差大于 0.5% 时，应重新取样进行实验。

（八）砂中泥块含量

1. 仪器设备

（1）天平：称量为 1 000 g，感量为 1 g；称量为 5 000 g，感量为 5 g。

（2）烘箱：温度控制范围为(105±5)℃。

（3）实验筛：筛孔公称直径为 630 μm 及 1.25 mm 的方孔筛各一只。

（4）洗砂用的容器及烘干用的浅盘等。

2. 样品制备

将样品缩分至 5 000 g，置于温度为(105±5)℃的烘箱中烘干至恒重，冷却至室温后，用公称直径 1.25 mm 的方孔筛筛分，取筛上的砂不少于 400 g 分为两份备用。特细砂按实际筛分量。

3. 实验步骤

本实验按如下步骤进行。

（1）称取试样约 200 g(m_1)置于容器中,并注入饮用水,使水面高出砂面 150 mm。充分拌匀后,浸泡 24 h,然后用手在水中碾碎泥块,再把试样放在公称直径 630 μm 的方孔筛上,用水淘洗,直至水清澈为止。

（2）保留下来的试样应小心地从筛里取出,装入水平浅盘后,置于温度为(105±5)℃烘箱中烘干至恒重,冷却后称重(m_2)。

4. 结果计算及数据处理

砂中泥块含量应按式(25.11)计算。

$$\omega_{c,L} = \frac{m_1 - m_2}{m_1} \times 100\%$$ (25.11)

式中 $\omega_{c,L}$——泥块含量,用百分数表示,结果精确至 0.1%;

m_1——实验前的干燥试样质量,单位为克(g);

m_2——实验后的干燥试样质量,单位为克(g)。

以两次试样实验结果的算术平均值作为测定值。

五、普通混凝土用石实验

(一) 碎石或卵石的筛分析

1. 仪器设备

（1）实验筛:筛孔公称直径为 100.0 mm、80.0 mm、63.0 mm、50.0 mm、40.0 mm、31.5 mm、25.0 mm、20.0 mm、16.0 mm、10.0 mm、5.00 mm 和 2.50 mm(对应边长分别为90.0 mm、75.0 mm、63.0 mm、53.0 mm、37.5 mm、31.5 mm、26.5 mm、19.0 mm、16.0 mm、9.5 mm、4.75 mm 和 2.36 mm)的方孔筛以及筛的底盘和盖各一只,其规格和质量要求应符合现行国家标准《金属穿孔板实验筛》(GB/T 6003.2)的要求,筛框直径为300 mm。

（2）天平和秤:天平的称量为 5 kg,感量为 5 g;秤的称量为 20 kg,感量为 20 g。

（3）烘箱:温度控制范围为(105±5)℃。

（4）浅盘。

2. 样品制备

试样制备应符合下列规定:实验前,应将样品缩分至表 25.5 所规定的试样最少质量,并烘干或风干后备用。

表 25.5 筛分析所需试样的最少质量

公称粒径/mm	10.0	16.0	20.0	25.0	31.5	40.0	63.0	80.0
试样最少质量/kg	2.0	3.2	4.0	5.0	6.3	8.0	12.6	16.0

3. 实验步骤

本实验按如下步骤进行。

（1）按表 25.5 的规定称取试样。

（2）将试样按筛孔大小顺序过筛,当每只筛上的筛余层厚度大于试样的最大粒径值时,应将该筛上的筛余试样分成两份,再次进行筛分,直至各筛每分钟的通过量不超过试样总量的 0.1%。

注:当筛余试样的颗粒粒径比公称粒径大 20 mm 以上时,在筛分过程中,允许用手拨动颗粒。

(3) 称取各筛筛余的质量,精确至试样总质量的 0.1%。各筛的分计筛余量和筛底剩余量的总和与筛分前测定的试样总量相比,其相差不得超过 1%。

4. 结果计算及数据分析

(1) 计算分计筛余(各筛上筛余量除以试样的百分率),精确至 0.1%。

(2) 计算累计筛余(该筛的分计筛余与筛孔大于该筛的各筛的分计筛余百分率之总和),精确至 1%。

(3) 根据各筛的累计筛余,评定该试样的颗粒级配。卵石和碎石的颗粒级配应符合表 25.6 的规定。

表 25.6　卵石和碎石的颗粒级配

公称粒径 mm		累计筛余量/%											
		2.36 mm 方孔筛	4.75 mm 方孔筛	9.50 mm 方孔筛	16.0 mm 方孔筛	19.0 mm 方孔筛	26.5 mm 方孔筛	31.5 mm 方孔筛	37.5 mm 方孔筛	53.0 mm 方孔筛	63.0 mm 方孔筛	75.0 mm 方孔筛	90 mm 方孔筛
连续粒级	5～16	95～100	85～100	30～60	0～10	0							
	5～20	95～100	90～100	40～80	—	0～10	0						
	5～25	95～100	90～100	—	30～70	—	0～5	0					
	5～31.5	95～100	90～100	70～90	—	15～45	—	0～5	0				
	5～40	—	95～100	70～90	—	30～65	—	—	0～5	0			
单粒粒级	5～10	95～100	80～100	0～15	0								
	10～16		95～100	80～100	0～15								
	10～20		95～100	85～100	—	0～15	0						
	16～25			95～100	55～70	25～40	0～10						
	16～31.5		95～100		85～100			0～10	0				
	20～40			95～100		80～100			0～10	0			
	40～80					95～100			70～100		30～60	0～10	0

(二) 碎石或卵石的表观密度(标准法)

1. 仪器设备

(1) 液体天平:称量为 5 kg,感量为 5 g,其型号及尺寸应能允许在臂上悬挂盛试样的吊篮,并在水中称重(图 25.5)。

(2) 吊篮:直径和高度均为 150 mm,由孔径为 1～2 mm 的筛网或钻有孔径为 2～3 mm 孔洞的耐锈蚀金属板制成。

(3) 盛水容器:有溢流孔。

(4) 烘箱:温度控制范围为(105±5)℃。

（5）实验筛:筛孔公称直径为 5.00 mm 的方孔筛一只。

（6）温度计:0～100 ℃。

（7）带盖容器、浅盘、刷子和毛巾等。

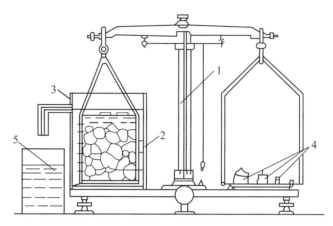

1—5 kg 天平；2—吊篮；3—带有溢流孔的金属容器；4—砝码；5—容器

图 25.5　液体天平

2. 样品制备

实验前,将样品筛除公称粒径 5.00 mm 以下的颗粒,并缩分至略大于两倍于表 25.7 所规定的最少质量,冲洗干净后分成两份备用。

表 25.7　表观密度实验所需的试样最少质量

最大公称粒径/mm	10.0	16.0	20.0	25.0	31.5	40.0	63.0	80.0
试样最少质量/kg	2.0	2.0	2.0	2.0	3.0	4.0	6.0	6.0

3. 实验步骤

本实验按如下步骤进行。

（1）按表 25.7 的规定称取试样。

（2）取试样一份装入吊篮,并浸入盛水的容器中,水面至少高出试样 50 mm。

（3）浸水 24 h 后,移放到称量用的盛水容器中,并用上下升降吊篮的方法排除气泡(试样不得露出水面)。吊篮每升降一次约为 1 s,升降高度为 30～50 mm。

（4）测定水温(此时吊篮应全浸在水中),用天平称取吊篮及试样在水中的质量(m_2)。称量时盛水容器中水面的高度由容器的溢流孔控制。

（5）提起吊篮,将试样置于浅盘中,放入(105±5)℃的烘箱中烘干至恒重;取出来放在带盖的容器中冷却至室温后,称重(m_0)。

注:恒重是指相邻两次称量间隔时间不小于 3 h 的情况下,其前后两次称量之差小于该项实验所要求的称量精度(下同)。

（6）称取吊篮在同样温度的水中质量(m_1),称量时盛水容器的水面高度仍应由溢流口控制。

注:实验的各项称重可以在 15～25 ℃ 的温度范围内进行,但从试样加水静置的最后 2 h 起直至实验结束,其温度相差不应超过 2 ℃。

4. 结果计算及数据处理

表观密度 ρ 应按式(25.12)计算:

$$\rho = \left(\frac{m_0}{m_0 + m_1 - m_2} - \alpha_t \right) \times 1\,000 \qquad (25.12)$$

式中　ρ——表观密度,单位为千克每立方米(kg/m^3),结果精确至 10 kg/m^3;

m_0——试样的烘干质量,单位为克(g);

m_1——吊篮在水中的质量,单位为克(g);

m_2——吊篮及试样在水中的质量,单位为克(g);

α_t——水温对表观密度影响的修正系数,见表 25.8。

表 25.8　不同水温下碎石或卵石的表观密度影响的修正系数

水温/℃	15	16	17	18	19	20
α_t	0.002	0.003	0.003	0.004	0.004	0.005
水温/℃	21	22	23	24	25	
α_t	0.005	0.006	0.006	0.007	0.008	

以两次实验结果的算术平均值作为测定值。当两次结果之差大于 20 kg/m^3 时,应重新取样进行实验。对颗粒材质不均匀的试样,两次实验结果之差大于 20 kg/m^3 时,可取 4 次测定结果的算术平均值作为测定值。

(三) 碎石或卵石的表观密度(简易法)

1. 仪器设备

(1) 烘箱:温度控制范围为(105±5)℃。

(2) 秤:称量为 20 kg,感量为 20 g。

(3) 广口瓶:容量 1 000 mL,磨口,并带玻璃片。

(4) 实验筛:筛孔公称直径为 5.00 mm 的方孔筛一只。

(5) 毛巾、刷子等。

2. 样品制备

实验前,筛除样品中公称粒径为 5.00 mm 以下的颗粒,缩分至略大于表 25.7 所规定的量的两倍。洗刷干净后,分成两份备用。

3. 实验步骤

本实验按如下步骤进行。

(1) 按表 25.5 规定的数量称取试样。

(2) 将试样浸水饱和,然后装入广口瓶中。装试样时,广口瓶应倾置,注入饮用水,用玻璃片覆盖瓶口,以上下左右摇晃的方法排除气泡。

(3) 气泡排尽后,向瓶中添加饮用水直至水面凸出瓶口边缘。然后用玻璃片沿瓶口迅速滑行,使其紧贴瓶口水面。擦干瓶外水分后,称取试样、水、瓶和玻璃片总质量(m_1)。

(4) 将瓶中的试样倒入浅盘中,放在(105±5)℃的烘箱中烘干至恒重取出,放在带盖的容器中冷却至室温后称取质量(m_0)。

(5) 将瓶洗净,重新注入饮用水,用玻璃片紧贴瓶口水面,擦干瓶外水分后称取质量(m_2)。

注:实验时各项称重可以在 15~25 ℃的温度范围内进行,但从试样加水静置的最后 2 h 起直至实验结束,其温度相差不应超过 2 ℃。

4. 结果计算及数据处理

表观密度 ρ 应按式(25.13)计算:

$$\rho = \left(\frac{m_0}{m_0 + m_1 - m_2} - \alpha_t\right) \times 1\ 000 \tag{25.13}$$

式中 ρ ——表观密度,单位为千克每立方米(kg/m³),结果精确至 10 kg/m³;

m_0 ——烘干后试样质量,单位为克(g);

m_1 ——试样、水、瓶和玻璃片的总质量,单位为克(g);

m_2 ——水、瓶和玻璃片总质量,单位为克(g);

α_t ——水温对表观密度影响的修正系数,见表 25.6。

以两次实验结果的算术平均值作为测定值。当两次结果之差大于 20 kg/m³ 时,应重新取样进行实验。对颗粒材质不均匀的试样,如两次实验结果之差大于 20 kg/m³ 时,可取 4 次测定结果的算术平均值作为测定值。

(四) 碎石或卵石的含水率

1. 仪器设备

(1) 烘箱:温度控制范围为(105±5)℃。

(2) 秤:称量为 20 kg,感量为 20 g。

(3) 容器:如浅盘等。

2. 实验步骤

本实验按如下步骤进行。

(1) 按表 25.2 的要求称取试样,分成两份备用。

(2) 将试样置于干净的容器中,称取试样和容器的总质量(m_1),并在(105±5)℃的烘箱中烘干至恒重。

(3) 取出试样,冷却后称取试样与容器的总质量(m_2),并称取容器的质量(m_3)。

3. 结果计算及结果处理

含水率 ω_{wc} 应按式(25.14)计算:

$$\omega_{wc} = \frac{m_1 - m_2}{m_2 - m_3} \times 100\% \tag{25.14}$$

式中 ω_{wc} ——含水率,用百分数表示,结果精确至 0.1%;

m_1 ——烘干前试样与容器总质量,单位为克(g);

m_2 ——烘干后试样与容器总质量,单位为克(g);

m_3 ——容器质量,单位为克(g)。

以两次实验结果的算术平均值作为测定值。

（五）碎石或卵石的吸水率

1. 仪器设备

（1）烘箱：温度控制范围为(105±5)℃。

（2）秤：称量为 20 kg；感量为 20 g。

（3）实验筛：筛孔公称直径为 5.00 mm 的方孔筛一只。

（4）容器、浅盘、金属丝刷和毛巾等。

2. 样品制备

实验前，筛除样品中公称粒径 5.00 mm 以下的颗粒，然后缩分至两倍于表 25.9 所规定的质量，分成两份，用金属丝刷刷净后备用。

表 25.9 吸水率实验所需的试样最少质量

最大公称粒径/mm	10.0	16.0	20.0	25.0	31.5	40.0	63.0	80.0
试样最少质量/kg	2	2	4	4	4	6	6	8

3. 实验步骤

本实验按如下步骤进行。

（1）取试样一份置于盛水的容器中，使水面高出试样表面 5 mm 左右，24 h 后从水中取出试样，并用拧干的湿毛巾将颗料表面的水分拭干，即成为饱和面干试样。然后，立即将试样放在浅盘中称取质量(m_2)，在整个实验过程中，水温必须保持在(20±5)℃。

（2）将饱和面干试样连同浅盘置于(105±5)℃的烘箱中烘干至恒重。然后取出，放入带盖的容器中冷却 0.5~1 h，称取烘干试样与浅盘的总质量(m_1)，称取浅盘的质量(m_3)。

4. 结果计算及数据处理

吸水率 ω_{wa} 应按式(25.15)计算：

$$\omega_{wa} = \frac{m_1 - m_2}{m_2 - m_3} \times 100\% \tag{25.15}$$

式中 ω_{wa}——吸水率，用百分数表示，结果精确至 0.01%；

m_1——烘干后试样与浅盘总质量，单位为克(g)；

m_2——烘干前饱和面干试样与浅盘总质量，单位为克(g)；

m_3——浅盘质量，单位为克(g)。

以两次实验结果的算术平均值作为测定值。

（六）碎石或卵石的堆积密度和紧密密度

1. 仪器设备

（1）秤：称量为 100 kg，感量为 100 g。

（2）容量筒：金属制，其规格见表 25.10。容量筒容积的校正方法如下：

以(20±5)℃的饮用水装满容量筒，用玻璃板沿筒口滑移，使其紧贴水面，擦干筒外壁水分后称取质量。按式(25.16)计算容量筒的容积：

$$V = m'_2 - m'_1 \tag{25.16}$$

125

式中　V——容量筒的体积,单位为升(L);

m_1'——容量筒和玻璃板质量,单位为千克(kg);

m_2'——容量筒、玻璃板和水总质量,单位为千克(kg)。

（3）平头铁锹。

（4）烘箱:温度控制范围为(105 ± 5)℃。

表 25.10　容量筒的规格要求

碎石或卵石的最大公称粒径/mm	容量筒容积/L	容量筒规格/mm		筒壁厚度/mm
		内径	净高	
10.0，16.0，20.0，25.0	10	208	294	2
31.5，40.0	20	294	294	3
63.0，80.0	30	360	294	4

注:测定紧密密度时,对最大公称粒径为 31.5 mm、40.0 mm 的骨料,可采用 10 L 的容量筒,对最大公称粒径为63.0 mm,80.0 mm 的骨料,可采用 20 L 容量筒。

2. 样品制备

按表 25.2 的规定称取试样,放入浅盘,在(105 ± 5)℃的烘箱中烘干,也可摊在清洁的地面上风干,拌匀后分成两份备用。

3. 实验步骤

本实验按如下步骤进行。

（1）堆积密度:取试样一份,置于平整干净的地板（或铁板）上,用平头铁锹铲起试样,使石子自由落入容量筒内。此时,从铁锹的齐口至容量筒上口的距离应保持为 50 mm 左右。装满容量筒除去凸出筒口表面的颗粒,并以合适的颗粒填入凹陷部分,使表面稍凸起部分和凹陷部分的体积大致相等,称取试样和容量筒总质量(m_2)。

（2）紧密密度:取试样一份,分三层装入容量筒。装完一层后,在筒底垫放一根直径为25 mm 的钢筋,将筒按住并左右交替颠击地面各 25 下,然后装入第二层。第二层装完后,用同样方法颠实（但筒底所垫钢筋的方向应与第一层放置方向垂直）,然后再装入第三层,如法颠实。待三层试样装填完毕后,加料直到试样超出容量筒筒口,用钢筋沿筒口边缘滚转,刮下高出筒口的颗粒,用合适的颗粒填平凹处,使表面稍凸起部分和凹陷部分的体积大致相等。称取试样和容量筒总质量(m_2)。

4. 结果计算及数据处理

（1）堆积密度(ρ_L)或紧密密度(ρ_c)按式(25.17)计算:

$$\rho_L(\rho_c)=\frac{m_2-m_1}{V}\times1\,000 \qquad (25.17)$$

式中　ρ_L——堆积密度,单位为千克每立方米(kg/m³),结果精确至 10 kg/m³;

ρ_c——紧密密度,单位为千克每立方米(kg/m³),结果精确至 10 kg/m³;

m_1——容量筒的质量,单位为千克(kg);

m_2——容量筒和试样总质量,单位为千克(kg);

V——容量筒的体积,单位为升(L)。

以两次实验结果的算术平均值作为测定值。

(2) 空隙率(ν_L、ν_c)按式(25.18)计算:

$$\nu_c = \left(1 - \frac{\rho_c}{\rho}\right) \times 100\% \tag{25.18}$$

式中　ν_L、ν_c——空隙率,用百分数表示,结果精确至1%;

ρ_L——碎石或卵石的堆积密度,单位为千克每立方米(kg/m³);

ρ_c——碎石或卵石的紧密密度,单位为千克每立方米(kg/m³);

ρ——碎石或卵石的表观密度,单位为千克每立方米(kg/m³)。

(七) 碎石或卵石中含泥量

1. 仪器设备

(1) 秤:称量为20 kg,感量为20 g。

(2) 烘箱:温度控制范围为(105±5)℃。

(3) 实验筛:筛孔公称直径为1.25 mm及80 μm的方孔筛各一只。

(4) 容器:容积约10 L的瓷盘或金属盒。

(5) 浅盘。

2. 样品制备

将样品缩分至表25.11所规定的量(注意防止细粉丢失),并置于温度为(105±5)℃的烘箱内烘干至恒重,冷却至室温后分成两份备用。

表 25.11　含泥量实验所需的试样最少质量

最大公称粒径/mm	10.0	16.0	20.0	25.0	31.5	40.0	63.0	80.0
试样量不少于/kg	2	2	6	6	10	10	20	20

3. 实验步骤

本实验按如下步骤进行。

(1) 称取试样一份(m_0)装入容器中摊平,并注入饮用水,使水面高出石子表面150 mm;浸泡2 h后,用手在水中淘洗颗粒,使尘屑、淤泥和黏土与较粗颗粒分离,并使之悬浮或溶解于水。缓缓地将浑浊液倒入公称直径为1.25 mm及80 μm的方孔套筛(1.25 mm筛放置上面)上,滤去小于80 μm的颗粒。实验前筛子的两面应先用水湿润。在整个实验过程中应注意避免大于80 μm的颗粒丢失。

(2) 再次加水于容器中,重复上述过程,直至洗出的水清澈为止。

(3) 用水冲洗剩留在筛上的细粒,并将公称直径为80 μm的方孔筛放在水中(使水面略高出筛内颗粒)来回摇动,以充分洗除小于80 μm的颗粒。然后将两只筛上剩留的颗粒和筒中已洗净的试样一并装入浅盘,置于温度为(105±5)℃的烘箱中烘干至恒重。取出冷却至室温后,称取试样的质量(m_1)。

127

4. 结果计算及数据处理

碎石或卵石中含泥量 ω_c 应按式(25.19)计算:

$$\omega_c = \frac{m_0 - m_1}{m_0} \times 100\% \tag{25.19}$$

式中　ω_c——含泥量,用百分数表示,结果精确至 0.1%;

　　m_0——实验前烘干试样的质量,单位为克(g);

　　m_1——实验后烘干试样的质量,单位为克(g)。

以两个试样实验结果的算术平均值作为测定值。两次结果之差大于 0.2% 时,应重新取样进行实验。

(八) 碎石或卵石中泥块含量

1. 仪器设备

(1) 秤:称量为 20 kg,感量为 20 g。

(2) 实验筛:筛孔公称直径为 2.50 mm 及 5.00 mm 的方孔筛各一只。

(3) 水筒及浅盘等。

(4) 烘箱:温度控制范围为(105 ± 5)℃。

2. 样品制备

将样品缩分至略大于表 25.9 所示的量,缩分时应防止所含黏土块被压碎。缩分后的试样在(105 ± 5)℃烘箱内烘至恒重,冷却至室温后分成两份备用。

3. 实验步骤

本实验按如下步骤进行。

(1) 筛去公称粒径 5.00 mm 以下颗粒,称取质量(m_1)。

(2) 将试样在容器中摊平,加入饮用水使水面高出试样表面,24 h 后把水放出,用手碾压泥块,然后把试样放在公称直径为 2.50 mm 的方孔筛上摇动淘洗,直至洗出的水清澈为止。

(3) 将筛上的试样小心地从筛里取出,置于温度为(105 ± 5)℃烘箱中烘干至恒重。取出冷却至室温后称取质量(m_2)。

4. 结果计算及数据处理

泥块含量 $\omega_{c,L}$ 应按式(25.20)计算:

$$\omega_{c,L} = \frac{m_1 - m_2}{m_1} \times 100\% \tag{25.20}$$

式中　$\omega_{c,L}$——泥块含量,用百分数表示,,结果精确至 0.1%;

　　m_1——公称直径 5 mm 筛上筛余量,单位为克(g);

　　m_2——实验后烘干试样的质量,单位为克(g)。

以两个试样实验结果的算术平均值作为测定值。

(九) 碎石或卵石中针状和片状颗粒含量

1. 仪器设备

(1) 针状规准仪(图 25.6)和片状规准仪(图 25.7)或游标卡尺。

（2）天平和秤：天平的称量为 2 kg，感量为 2 g；秤的称量为 20 kg，感量为 20 g。

（3）实验筛：筛孔公称直径分别为 5.00 mm、10.0 mm、20.0 mm、25.0 mm、31.5 mm、40.0 mm、63.0 mm 和 80.0 mm 的方孔筛各一只，根据需要选用。

（4）游标卡尺。

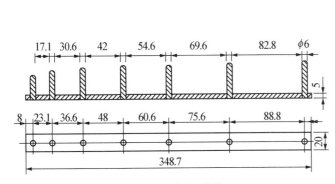

图 25.6 针状规准仪（单位：mm）

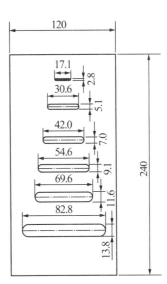

图 25.7 片状规准仪（单位：mm）

2. 样品制备

将样品在室内风干至表面干燥，并缩分至表 25.12 规定的量，称量（m_0），然后筛分成表 25.13 所规定的粒级备用。

表 25.12 针状和片状颗粒的总含量实验所需的试样最少质量

最大公称粒径/mm	10.0	16.0	20.0	25.0	31.5	≥40.0
试样最少质量/kg	0.3	1	2	3	5	10

表 25.13 针状和片状颗粒的总含量实验的粒级划分及其相应的规准仪孔宽或间距

公称粒径/mm	5.00～10.0	10.0～16.0	16.0～20.0	20.0～25.0	25.0～31.5	31.5～40.0
片状规准仪上相对应的孔宽/mm	2.8	5.1	7.0	9.1	11.6	13.8
针状规准仪上相对应的间距/mm	17.1	30.6	42.0	54.6	69.6	82.8

3. 实验步骤

本实验按如下步骤进行。

（1）按表 25.13 所规定的粒级用规准仪逐粒对试样进行鉴定，凡颗粒长度大于针状规准仪上相对应的间距的，为针状颗粒。厚度小于片状规准仪上相应孔宽的，为片状颗粒。

（2）公称粒径大于 40 mm 的可用卡尺鉴定其针片状颗粒，卡尺卡口的设定宽度应符合

表 25.14 的规定。

表 25.14 公称粒径大于 40 mm 用卡尺卡口的设定宽度

公称粒级/mm	40.0～63.0	63.0～80.0
片状颗粒的卡口宽度/mm	18.1	27.6
针状颗粒的卡口宽度/mm	108.6	165.6

（3）称取由各粒级挑出的针状和片状颗粒的总质量（m_1）。

4. 结果计算及数据处理

碎石或卵石中针状和片状颗粒的总含量 ω_p 应按式（25.21）计算：

$$\omega_p = \frac{m_1}{m_0} \times 100\% \tag{25.21}$$

式中　ω_p——针状和片状颗粒总含量，用百分数表示，结果精确至 1%；

　　　m_1——试样中所含针状和片状颗粒的总质量，单位为克（g）；

　　　m_0——试样总质量，单位为克（g）。

（十）岩石的抗压强度

1. 仪器设备

（1）压力试验机：荷载 1 000 kN。

（2）石材切割机或钻石机。

（3）岩石磨光机。

（4）游标卡尺，角尺等。

2. 样品制备

（1）实验时，取有代表性的岩石样品用石材切割机切割成边长为 50 mm 的立方体，或用钻石机钻取直径与高度均为 50 mm 的圆柱体。然后用磨光机把试件与压力机压板接触的两个面磨光并保持平行，试件形状须用角尺检查。

（2）至少应制作六个试块。对有显著层理的岩石，应取两组试件（12 块）分别测定其垂直和平行于层理的强度值。

3. 实验步骤

本实验按如下步骤进行。

（1）用游标卡尺量取试件的尺寸（精确至 0.1 mm），对于立方体试件，在顶面和底面上各量取其边长，以各个面上相互平行的两个边长的算术平均值作为宽或高，由此计算面积。对于圆柱体试件，在顶面和底面上各量取相互垂直的两个直径，以其算术平均值计算面积。取顶面和底面面积的算术平均值作为计算抗压强度所用的截面积。

（2）将试件置于水中浸泡 48 h，水面应至少高出试件顶面 20 mm。

（3）取出试件，擦干表面，放在有防护网的压力机上进行强度实验，防止岩石碎片伤人。实验时加压速度应为 0.5～1.0 MPa/s。

4. 结果计算及数据处理

岩石的抗压强度 f 按式（25.22）计算，结果精确至 1 MPa：

$$f = \frac{F}{A} \tag{25.22}$$

式中 f ——岩石的抗压强度,单位为兆帕(MPa);

      F ——破坏荷载,单位为牛顿(N);

      A ——试件的截面积,单位为平方毫米(mm^2)。

以六个试件实验结果的算术平均值作为抗压强度测定值;当其中两个试件的抗压强度与其他四个试件抗压强度的算术平均值相差三倍以上时,应以实验结果相接近的四个试件的抗压强度算术平均值作为抗压强度测定值。

对具有显著层理的岩石,应以垂直于层理及平行于层理的抗压强度的平均值作为其抗压强度。

(十一) 碎石或卵石的压碎指标值

1. 仪器设备

(1) 压力试验机:荷载 300 kN。

(2) 压碎值指标测定仪(图 25.8)。

(3) 秤:称量为 5 kg,感量为 5 g。

(4) 实验筛:筛孔公称直径为 10.0 mm 和 20.0 mm 的方孔筛各一只。

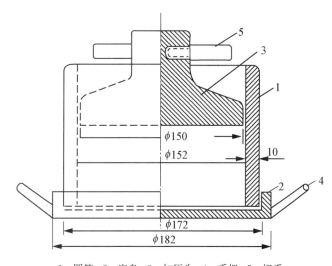

1—圆筒;2—底盘;3—加压头;4—手把;5—把手

图 25.8 压碎值指标测定仪(单位:mm)

2. 样品制备

(1) 标准试样一律采用公称粒级为 10.0～20.0 mm 的颗粒,并在风干状态下进行实验。

(2) 对多种岩石组成的卵石,当其公称粒径大于 20.0 mm 颗粒的岩石矿物成分与 10.0～20.0 mm 粒级有显著差异时,应将大于 20.0 mm 的颗粒经人工破碎后,筛取 10.0～20.0 mm 标准粒级另外进行压碎值指标实验。

(3) 将缩分后的样品先筛除试样中公称粒径 10.0 mm 以下及 20.0 mm 以上的颗粒,再用针状和片状规准仪剔除针状和片状颗粒,然后称取每份 3 kg 的试样 3 份备用。

3. 实验步骤

本实验按如下步骤进行。

(1) 置圆筒于底盘上,取试样一份,分两层装入圆筒。每装完一层试样后,在底盘下面垫放一直径为 10 mm 的圆钢筋,将筒按住,左右交替颠击地面各 25 下。第二层颠实后,试样表面距盘底的高度应控制为 100 mm 左右。

(2) 整平筒内试样表面,把加压头装好(注意应使加压头保持平正),放到试验机上在 160～300 s 内均匀地加荷到 200 kN,并稳定 5 s,然后卸荷,取出测定筒。倒出筒中的试样并称其质量(m_0),用公称直径为 2.50 mm 的方孔筛筛除被压碎的细粒,称量剩留在筛上的试样质量(m_1)。

4. 结果计算及数据处理

(1) 碎石或卵石的压碎值指标 δ_a,应按式(25.23)计算:

$$\delta_a = \frac{m_0 - m_1}{m_0} \times 100\% \tag{25.23}$$

式中　δ_a——压碎值指标,用百分数表示,结果精确至 0.1%;

　　　m_0——试样的质量,单位为克(g);

　　　m_1——压碎实验后筛余的试样质量,单位为克(g)。

(2) 多种岩石组成的卵石,应对公称粒径 20.0 mm 以下和 20.0 mm 以上的标准粒级(10.0～20.0 mm)分别进行检验,则其总的压碎值指标 δ_a 应按式(25.24)计算:

$$\delta_a = \frac{\alpha_1 \delta_{a1} + \alpha_2 \delta_{a2}}{\alpha_1 + \alpha_2} \times 100\% \tag{25.24}$$

式中　δ_a——总的压碎值指标,用百分数表示;

　　　α_1、α_2——公称粒径 20.0 mm 以下和 20.0 mm 以上两粒级的颗粒含量百分率;

　　　δ_{a1}、δ_{a2}——两粒级以标准粒级实验的分计压碎值指标,用百分数表示。

以三次实验结果的算术平均值作为压碎指标测定值。

第二部分　水泥砂浆和混凝土

实验 26　建筑砂浆基本性能实验

一、实验意义和目的

建筑砂浆是由无机胶凝材料、细集料、掺合料、水以及根据性能确定的各种组分按适当比例混合、拌制并经硬化而成的工程材料,建筑砂浆基本性能决定了其应用范围。本实验介绍了建筑砂浆基本性能测定系列实验方法,可以根据具体情况选定其中一种或几种性能开展实验。具体实验目的如下:

(1) 掌握测定建筑砂浆基本性能的实验方法。

(2) 测定建筑砂浆基本性能。

二、取样及试样制备

(一) 取样

建筑砂浆实验用料应从同一盘砂浆或同一车砂浆中取样。取样量应不少于实验所需量的 4 倍。

当施工过程中进行砂浆实验时,砂浆取样方法应按相应的施工验收规范执行,并宜在现场搅拌点或预拌砂浆卸料点的至少 3 个不同部位及时取样。对于现场取样的试样,实验前应人工搅拌均匀。

从取样完毕到开始进行各项性能实验不宜超过 15 min。

(二) 试样制备

1. 在实验室制备砂浆试样时,所用材料应提前 24 h 运入室内。拌合时实验室的温度应保持在(20±5)℃。当需要模拟施工条件下所用的砂浆时,所用原材料的温度宜与施工现场保持一致。

2. 实验所用原材料应与现场使用材料一致。砂应通过 4.75 mm 筛。

3. 实验室拌制砂浆时,材料用量应以质量计。水泥、外加剂、掺合料等的称量精度应为±0.5%,砂的称量精度应为±1%。

4. 在实验室搅拌砂浆时应采用机械搅拌,搅拌机应符合现行行业标准《实验用砂浆搅拌机》(JG/T 3033)的规定,搅拌的用量宜为搅拌机容量的 30%～70%,搅拌时间不应少于 120 s。掺有掺合料和外加剂的砂浆,其搅拌时间不应少于 180 s。

三、稠度实验

本实验确定砂浆的稠度,以为控制砂浆用水量提供依据。

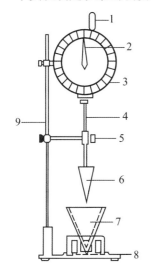

1—齿条测杆;2—指针;3—刻度盘;
4—滑杆;5—制动螺丝;6—试锥;
7—盛浆容器;8—底座;9—支架

图 26.1　砂浆稠度测定仪

（一）仪器设备

1. 砂浆稠度测定仪:如图 26.1 所示,由试锥、容器和支座三部分组成。试锥由钢材或铜材制成,试锥高度为 145 mm,锥底直径为 75 mm,试锥连同滑杆的重量应为(300±2)g;盛浆容器应由钢板制成,筒高应为 180 mm,锥底内径为150 mm;支座应包括底座、支架及刻度显示三个部分,应由铸铁、钢及其他金属制成(图 26.1)。

2. 钢制捣棒:直径为 10 mm、长度为 350 mm,端部磨圆。

3. 秒表。

（二）实验步骤

本实验按如下步骤进行。

（1）先用少量润滑油轻擦滑杆,再将滑杆上多余的油用吸油纸擦净,使滑杆能自由滑动。

（2）先用湿布擦净盛浆容器和试锥表面,再将砂浆拌合物一次装入容器;砂浆表面宜低于容器口 10 mm,用捣棒自容器中心向边缘均匀地插捣 25 次,然后轻轻地将容器摇动或敲击 5～6 下,使砂浆表面平整,随后将容器置于稠度测定仪的底座上。

（3）拧开制动螺丝,向下移动滑杆,当试锥尖端与砂浆表面刚接触时,应拧紧制动螺丝,使齿条侧杆下端刚接触滑杆上端,并将指针对准零点上。

（4）拧开制动螺丝,同时计时间,10 s 时立即拧紧螺丝,将齿条测杆下端接触滑杆上端,从刻度盘上读出下沉深度(精确至 1 mm),即为砂浆的稠度值。

（5）盛浆容器内的砂浆,只允许测定一次稠度,重复测定时,应重新取样测定。

（三）结果计算及数据处理

稠度实验结果应按下列要求确定:

（1）取两次实验结果的算术平均值作为测定值,精确至 1 mm。

（2）当两次实验值之差大于 10 mm 时,应重新取样测定。

四、分层度实验

本实验适用于测定砂浆拌合物的分层度,以确定在运输及停放时砂浆拌合物的稳定性。

（一）仪器设备

1. 砂浆分层度测定仪:如图 26.2 所示,应由钢板制成,内径应为 150 mm,上节高度应为 200 mm,下节带底净高应为 100 mm,两节的连接处应加宽 3～5 mm,并应设有橡胶热圈。

2. 振动台:振幅应为(0.5±0.05)mm,频率应为(50±3)Hz。

3. 砂浆稠度仪、木锤等。

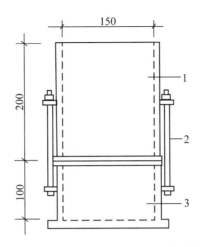

1—无底圆筒；2—连接螺栓；3—有底圆筒

图 26.2 砂浆分层度测定仪(单位:mm)

(二) 实验步骤

1. 标准法

（1）首先将砂浆拌合物按稠度实验方法测定稠度。

（2）将砂浆拌合物一次装入分层度筒内,待装满后,用木锤在容器周围距离大致相等的四个不同部位轻轻敲击 1～2 下;当砂浆沉落到低于筒口,应随时添加,然后刮去多余的砂浆并用抹刀抹平。

（3）静置 30 min 后,去掉上节 200 mm 砂浆,然后将剩余的 100 mm 砂浆倒在拌合锅内拌 2 min,再按稠度实验方法测其稠度。前后测得的稠度之差即为该砂浆的分层度值。

2. 快速法

（1）按稠度实验方法测定稠度。

（2）将分层度筒预先固定在振动台上,砂浆一次装入分层度筒内,振动 20 s。

（3）去掉上节 200 mm 砂浆,剩余 100 mm 砂浆倒在拌合锅内拌 2 min,再按稠度实验方法测其稠度,前后测得的稠度之差即为是该砂浆的分层度值。

(三) 结果计算及数据处理

（1）取两次实验结果的算术平均值作为该砂浆的分层度值,精确至 1 mm。

（2）当两次分层实验值之差大于 10 mm 时,应重新取样测定。

五、表观密度实验

本方法适用于测定砂浆拌合物捣实后的单位体积质量,以确定每立方米砂浆拌合物中各组成材料的实际用量。

(一) 仪器设备

1. 容量筒:应由金属制成,内径应为 108 mm,净高应为 109 mm,筒壁厚应为 2 mm,容积应为 1 L。

2. 天平:称量为 5 kg,感量为 5 g。

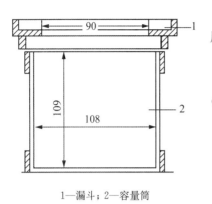

1—漏斗；2—容量筒

图 26.3　砂浆密度测定仪(单位:mm)

3. 钢制捣棒:直径为 10 mm,长度为 350 mm,端部磨圆。

4. 砂浆密度测定仪:如图 26.3 所示。

5. 振动台:振幅应为(0.5±0.05)mm,频率应为(50±3)Hz。

6. 秒表。

(二) 实验步骤

本实验按如下步骤进行。

(1) 按稠度实验方法测定砂浆拌合物的稠度。

(2) 先用湿布擦净容量筒的内表面,再称量容量筒质量 m_1,精确至 5 g。

(3) 捣实可采用手工或机械方法。当砂浆稠度大于 50 mm 时,宜采用人工插捣法,当砂浆稠度不大于 50 mm 时,宜采用机械振动法。

采用人工插捣时,将砂浆拌合物一次装满容量筒,使稍有富余,用捣棒由边缘向中心均匀地插捣 25 次。当插捣过程中如砂浆沉落到低于筒口时,应随时添加砂浆,再用木锤沿容器外壁敲击 5~6 下。

采用振动法时,将砂浆拌合物一次装满容量筒连同漏斗在振动台上振 10 s,当振动过程中砂浆沉入到低于筒口时,应随时添加砂浆。

(4) 捣实或振动后,应将筒口多余的砂浆拌合物刮去,使砂浆表面平整,然后将容量筒外壁擦净,称出砂浆与容量筒总质量 m_2,精确至 5 g。

(三) 结果计算及数据处理

砂浆拌合物的表观密度应按式(26.1)计算:

$$\rho = \frac{m_2 - m_1}{V} \times 1\,000 \tag{26.1}$$

式中　ρ——砂浆拌合物的表观密度,单位为千克每立方米(kg/m³);

　　　m_1——容量筒质量,单位为千克(kg);

　　　m_2——容量筒及试样质量,单位为千克(kg);

　　　V——容量筒容积,单位为升(L)。

取两次实验结果的算术平均值作为测定值,精确至 10 kg/m³。

注:容量筒的容积可按下列步骤进行校正:

(1) 选择一块能覆盖住容量筒顶面的玻璃板,称出玻璃板和容量筒质量。

(2) 向容量筒中灌入温度为(20±5)℃的饮用水,灌到接近上口时,一边不断加水,一边把玻璃板沿筒口徐徐推入盖严。玻璃板下不得有气泡。

(3) 擦净玻璃板面及筒壁外的水分,称量容量筒、水和玻璃板质量(精确至 5 g)。两次质量之差(kg)即为容量筒的容积(L)。

六、保水性实验

本实验测定砂浆保水性,以判定砂浆拌合物在运输及停放时内部组分的稳定性。

（一）仪器设备

1. 金属或硬塑料圆环试模：内径应为 100 mm、内部高度应为 25 mm。

2. 可密封的取样容器：应清洁、干燥。

3. 2 kg 的重物。

4. 金属滤网：网格尺寸 45 μm，圆形，直径为 (110 ± 1)mm。

5. 超白滤纸：应采用现行国家标准《化学分析滤纸》（GB/T 1914）规定的中速定性滤纸，直径应为 110 mm，单位面积质量应为 200 g/m²。

6. 2 片金属或玻璃的方形或圆形不透水片，边长或直径大于 110 mm。

7. 天平：称量为 200 g，感量应为 0.1 g；称量为 2 000 g，感量应为 1 g。

8. 烘箱。

（二）实验步骤

本实验按如下步骤进行。

（1）称量底部不透水片与干燥试模质量 m_1 和 15 片中速定性滤纸质量 m_2。

（2）将砂浆拌合物一次性装入试模，并用抹刀插捣数次，当装入的砂浆略高于试模边缘时，用抹刀以 45°角一次性将试模表面多余的砂浆刮去，然后再用抹刀以较平的角度在试模表面反方向将砂浆刮平。

（3）抹掉试模边的砂浆，称量试模、底部不透水片与砂浆总质量 m_3。

（4）用金属滤网覆盖在砂浆表面，再在滤网表面放上 15 片滤纸，用上部不透水片盖在滤纸表面，以 2 kg 的重物把上部不透水片压住。

（5）静置 2 min 后移走重物及上部不透水片，取出滤纸（不包括滤网），迅速称量滤纸质量 m_4。

（6）按照砂浆的配比及加水量计算砂浆的含水率。当无法计算时，可按结果计算及数据处理中的方法测定砂浆的含水率。

（三）结果计算及数据处理

1. 砂浆保水率应按式（26.2）计算：

$$W = \left[1 - \frac{m_4 - m_2}{\alpha \times (m_3 - m_1)}\right] \times 100\% \qquad (26.2)$$

式中　W——砂浆保水率，用百分数表示；

m_1——底部不透水片与干燥试模质量，单位为克（g），结果精确至 1 g；

m_2——15 片滤纸吸水前的质量，单位为克（g），结果精确至 0.1 g；

m_3——试模、底部不透水片与砂浆总质量，单位为克（g），结果精确至 1 g；

m_4——15 片滤纸吸水后的质量，单位为克（g），结果精确至 0.1 g；

α——砂浆含水率，用百分数表示。

取两次实验结果的算数平均值作为砂浆的保水率，结果精确至 0.1%，且第二次实验应重新取样测定。当两个测定值之差超过平均值的 2% 时，此组实验结果无效。

2. 砂浆含水率测试方法：

称取(100 ± 10)g 砂浆拌合物试样，置于一干燥并已称重的盘中，在 (105 ± 5)℃的烘箱中烘干至恒重，砂浆含水率应按式（26.3）计算：

$$\alpha = \frac{m_6 - m_5}{m_6} \times 100\%　\qquad (26.3)$$

式中 α ——砂浆含水率,用百分数表示;

m_5——烘干后砂浆样本的质量,单位为克(g),结果精确至 1 g;

m_6——砂浆样本的总质量,单位为克(g),结果精确至 1 g。

取两次实验结果的算术平均值作为砂浆的含水率,结果精确至 0.1%。当两个测定值之差超过平均值的 2% 时,此组实验结果无效。

七、含气量实验

(一) 仪器法

本实验采用砂浆含气量测定仪测定砂浆含气量。

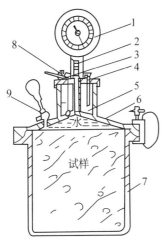

1—压力表;2—出气阀;3—阀门杆;
4—打气筒;5—气室;6—钵盖;
7—量钵;8—微调阀;9—小龙头

图 26.4　砂浆含气量测定仪

1. 仪器设备

(1) 砂浆含气量测定仪:如图 26.4 所示。

(2) 天平:最大称量为 15 kg,感量为 1 g。

(3) 钢制捣棒:直径为 10 mm、长度为 350 mm,端部磨圆。

(4) 木锤、抹刀。

2. 实验步骤

本实验按如下步骤进行。

(1) 量钵水平放置,并将搅拌好的砂浆分三次均匀地装入量钵内。每层由内向外插捣 25 次,并用木锤在周围敲几下。插捣上层时,捣棒应插入下层 10~20 mm。

(2) 捣实后,刮去多余砂浆,并用抹刀抹平表面,使表面平整无气泡。

(3) 盖上测定仪钵盖部分,卡紧卡扣,不得漏气。

(4) 打开两侧阀门,并松开上部微调阀,再用注水器通过注水阀门注水,直至水从排水阀流出。水从排水阀流出时,立即关紧两侧阀门。

(5) 关紧所有阀门,并用气筒打气加压,再用微调阀调整指针为零。

(6) 按下按钮,刻度盘读数稳定后读数。

(7) 开启通气阀,压力仪示值回零。

(8) 重复上述(5)~(7)的步骤,对容器内试样再测一次压力值。

3. 结果计算及数据处理

(1) 当两次测值的绝对误差不大于 0.2% 时,取两次实验结果的算术平均值作为砂浆的含气量;当两次测值的绝对误差大于 0.2% 时,实验结果无效。

(2) 当所测含气量数值小于 5% 时,测试结果应精确至 0.1%;当所测含气量数值大于或等于 5% 时,测试结果应精确至 0.5%。

（二）密度法

本方法是根据一定组成的砂浆的理论表观密度与实际表观密度的差值确定砂浆中的含气量。砂浆理论表观密度应通过砂浆中各组成材料的表观密度与配比计算得到,砂浆实际表观密度按本章前文表观密度实验方法测定。砂浆含气量按式(26.4)计算。

$$A_C = \left(1 - \frac{\rho}{\rho_t}\right) \times 100\% \tag{26.4}$$

其中:

$$\rho_t = \frac{1 + x + y + W_c}{\dfrac{1}{\rho_c} + \dfrac{x}{\rho_s} + \dfrac{y}{\rho_p} + W_c} \tag{26.5}$$

式中　A_C ——砂浆含气量,用体积百分数表示,结果精确至 0.1%;

ρ ——砂浆拌合物的实测表观密度,单位为千克每立方米(kg/m³);

ρ_t ——砂浆理论表观密度,单位为千克每立方米(kg/m³),结果精确至 10 kg/m³;

ρ_C ——水泥实测表观密度,单位为克每立方厘米(g/cm³);

ρ_S ——砂的实测表观密度,单位为克每立方厘米(g/cm³);

ρ_P ——外加剂的实测表观密度,单位为克每立方厘米(g/cm³);

W_C ——砂浆达到指定稠度时的水灰比;

x ——砂子与水泥的重量比;

y ——外加剂与水泥用量之比,当 y 小于 1%时,可忽略不计。

八、凝结时间实验

本实验用贯入阻力法确定砂浆拌合物的凝结时间。

（一）仪器设备

1. 砂浆凝结时间测定仪:如图 26.5 所示,应由试针、容器、压力表和支座四部分组成,并应符合以下规定:

（1）试针,应由不锈钢制成,截面积为 30 mm²;

（2）盛浆容器,应由钢制成,内径应为 140 mm,高度应为 75 mm;

（3）压力表,称量精度应为 0.5 N;

（4）支座,分底座、支架及操作杆三部分,由铸铁或钢制成。

2. 定时钟。

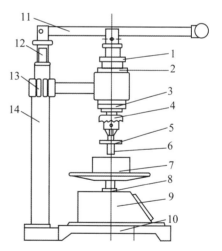

1—调节螺母;2—调节螺母;3—调节螺母;
4—夹头;5—垫片;6—试针;
7—盛浆容器;8—调节螺母;9—压力表座;
10—底座;11—操作杆;12—调节杆;
13—立架;14—立柱

图 26.5　砂浆凝结时间测定仪

（二）实验步骤

本实验按如下步骤进行。

1. 将制备好的砂浆拌合物装入盛浆容器内，砂浆应低于容器上口 10 mm，轻轻敲击容器，并予以抹平，盖上盖子，放在(20±2)℃的实验条件下保存。

2. 砂浆表面的泌水不得清除，将容器放到压力表座上，然后通过下列步骤来调节测定仪：

（1）调节螺母 3，使贯入试针与砂浆表面接触。

（2）松开调节螺母 2，再调节螺母 1，以确定压入砂浆内部的深度为 25 mm 后再拧紧调节螺母 2。

（3）旋动调节螺母 8，使压力表指针调到零位。

3. 测定贯入阻力值，用截面为 30 mm² 的贯入试针与砂浆表面接触，在 10 s 内缓慢而均匀地垂直压入砂浆内部 25 mm 深，每次贯入时记录仪表读数 N_p，贯入杆离开容器边缘或已贯入部位至少 12 mm。

4. 在(20±2)℃的实验条件下，实际贯入阻力值应在成型后 2 h 开始测定，并应每隔 30 min 测定一次，当贯入阻力值达到 0.3 MPa 时，改为每 15 min 测定一次，直至贯入阻力值达到 0.7 MPa 为止。

（三）结果计算及数据处理

1. 砂浆贯入阻力值按式(26.6)计算：

$$f_p = \frac{N_p}{A_p}$$ (26.6)

式中　f_p——贯入阻力值，单位为兆帕(MPa)，结果精确至 0.01 MPa；

　　　N_p——贯入深度至 25 mm 时的静压力，单位为牛顿(N)；

　　　A_p——贯入试针的截面积，即 30 mm²。

2. 砂浆的凝结时间可按下列方法确定。

（1）凝结时间的确定可采用图示法或内插法，有争议时应以图示法为准。从加水搅拌开始计时，分别记录时间和相应的贯入阻力值，根据实验所得各阶段的贯入阻力与时间的关系绘图，由图求出贯入阻力值达到 0.5 MPa 的所需时间 t_s(min)，此时的 t_s 值即为砂浆的凝结时间测定值。

（2）测定砂浆凝结时间时，应在同盘内取两个试样，以两个实验结果的算术平均值作为该砂浆的凝结时间值，两次实验结果的误差不应大于 30 min，否则应重新测定。

九、立方体抗压强度实验

（一）仪器设备

1. 试模：应为 70.7 mm×70.7 mm×70.7 mm 的带底试模，应符合现行行业标准《混凝土试模》(JG 237)的规定，应具有足够的刚度并拆装方便。试模的内表面应机械加工，其不平度应为每 100 mm 不超过 0.05 mm，组装后各相邻面的不垂直度不应超过±0.5°。

2. 钢制捣棒：直径为 10 mm，长度为 350 mm，端部磨圆。

3. 压力试验机:精度为1%,试件破坏荷载应不小于压力机量程的20%,且不大于全量程的80%。

4. 垫板:试验机上、下压板及试件之间可垫以钢垫板,垫板的尺寸应大于试件的承压面,其不平度应为每100 mm不超过0.02 mm。

5. 振动台:空载中台面的垂直振幅应为(0.5±0.05)mm,空载频率应为(50±3)Hz,空载台面振幅均匀度不应大于10%,一次实验至少能固定三个试模。

（二）实验步骤

1. 试样的制作与养护

（1）采用立方体试件,每组试件3个。

（2）采用黄油等密封材料涂抹试模的外接缝,试模内涂刷薄层机油或隔离剂。将拌制好的砂浆一次性装满砂浆试模,成型方法根据稠度而确定。当稠度大于50 mm时,宜采用人工插捣成型,当稠度不大于50 mm时,宜采用振动台振实成型。

① 人工插捣:用捣棒均匀地由边缘向中心按螺旋方式插捣25次,插捣过程中当砂浆沉落低于试模口时,应随时添加砂浆,可用油灰刀插捣数次,并用手将试模一边抬高5～10 mm各振动5次,使砂浆高出试模顶面6～8 mm。

② 机械振动:将砂浆一次装满试模,放置到振动台上,振动时试模不得跳动,振动5～10 s或持续到表面泛浆为止,不得过振。

（3）待表面水分稍干后,再将高出试模部分的砂浆沿试模顶面刮去并抹平。

（4）试件制作后应在室温为(20±5)℃的环境下静置(24±2)h,然后对试件进行编号、拆模。当气温较低时,可适当延长时间,但不应超过2 d。试件拆模后应立即放入温度为(20±2)℃,相对湿度为90%以上的标准养护室中养护。养护期间,试件彼此间隔不得小于10 mm,混合砂浆、湿拌砂浆试件上面应覆盖,防止有水滴在试件上。

2. 抗压强度测试

（1）试件从养护地点取出后应及时进行实验。实验前应将试件表面擦拭干净,测量尺寸,并检查其外观,并应计算试件的承压面积。当实测尺寸与公称尺寸之差不超过1 mm时,可按公称尺寸进行计算。

（2）将试件安放在试验机的下压板或下垫板上,试件的承压面应与成型时的顶面垂直,试件中心应与试验机下压板或下垫板中心对准。开动试验机,当上压板与试件或上垫板接近时,调整球座,使接触面均衡受压。承压实验应连续而均匀地加荷,加荷速度应为0.25～1.5 kN/s;砂浆强度不大于2.5 MPa时,宜取下限。当试件接近破坏而开始迅速变形时,停止调整试验机油门,直至试件破坏,然后记录破坏荷载。

（三）结果计算及数据处理

砂浆立方体抗压强度应按式(26.7)计算:

$$f_{m,cu} = K \frac{N_u}{A} \tag{26.7}$$

式中　$f_{m,cu}$——砂浆立方体试件抗压强度,单位为兆帕(MPa),结果精确至0.1 MPa;

　　　N_u——试件破坏荷载,单位为牛顿(N);

A ——试件承压面积,单位为平方毫米(mm^2);

K ——换算系数,取 1.35。

应以 3 个试件测值的算术平均值作为该组试件的砂浆立方体抗压强度值,结果精确至 0.1 MPa。

当 3 个测值的最大值或最小值中如有一个与中间值的差值超过中间值的 15% 时,应把最大值及最小值一并舍去,取中间值作为该组试件的抗压强度值;当两个测值与中间值的差值均超过中间值的 15% 时,则该组试件的实验结果无效。

十、拉伸黏结强度实验

(一) 仪器设备

1. 拉力试验机:破坏荷载应在其量程的 20%~80%,精度应为 1%,最小示值应为 1 N。

2. 拉伸专用夹具(图 26.6 和图 26.7):应符合现行行业标准《建筑室内用腻子》(JG/T 298)的规定。

3. 成型框:外框尺寸应为 70 mm×70 mm,内框尺寸应为 40 mm×40 mm,厚度应为 6 mm,材料应为硬聚氯乙烯或金属。

4. 钢制垫板:外框尺寸应为 70 mm×70 mm,内框尺寸应为 43 mm×43 mm,厚度应为 3 mm。

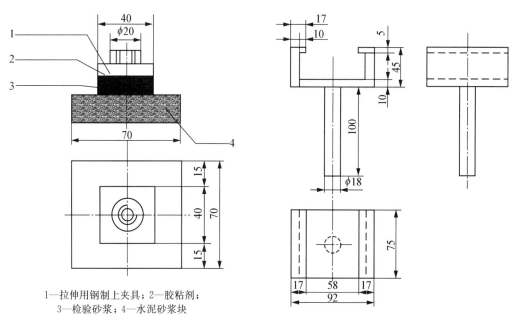

1—拉伸用钢制上夹具;2—胶粘剂;
3—检验砂浆;4—水泥砂浆块

图 26.6 拉伸黏结强度用钢制上夹具(单位:mm)　　图 26.7 拉伸黏结强度用钢制下夹具(单位:mm)

(二) 实验条件

标准实验条件为温度(20±5)℃,相对湿度应为 45%~75%。

(三) 实验步骤

1. 基底水泥砂浆块的制备

(1)原材料:水泥应采用符合现行国家标准《通用硅酸盐水泥》(GB 175)规定的 42.5 级

水泥;砂应采用符合现行行业标准《普通混凝土用砂、石质量及检验方法标准》(JGJ 52)规定的中砂;水应采用符合现行行业标准《混凝土用水标准》(JGJ 63)规定的用水。

(2) 配合比:水泥:砂:水=1:3:0.5(质量比)。

(3) 成型:将按上述配合比制成的水泥砂浆倒入 70 mm×70 mm×20 mm 的硬聚氯乙烯或金属模具中,振动成型或用抹刀均匀插捣 15 次,人工颠实 5 次,然后用刮刀以 45°方向抹平表面;试模内壁事先宜涂刷水性脱模剂,待干、备用。

(4) 应在成型 24 h 后脱模,并放入(20±2)℃水中养护 6 d,再在实验条件下放置 21 d 以上。实验前,用 200♯砂纸或磨石将水泥砂浆试件的成型面磨平,备用。

2. 砂浆料浆的制备

1) 干混砂浆料浆的制备

(1) 待检样品应在实验条件下放置 24 h 以上。

(2) 应称取不少于 10 kg 的待检样品,并按产品制造商提供比例进行水的称量;当产品制造商提供比例是一个值域范围时,则采用平均值。

(3) 将待检样品先放入砂浆搅拌机中,再启动机器,然后徐徐加入规定量的水,搅拌 3～5 min。搅拌好的料应在 2 h 内用完。

2) 现拌砂浆料浆的制备

(1) 待检样品应在实验条件下放置 24 h 以上。

(2) 应按设计要求的配合比进行物料的称量,且干物料总量不得少于 10 kg。

(3) 应先将称好的物料放入砂浆搅拌机中,再启动机器,然后徐徐加入规定量的水,搅拌 3～5 min。搅拌好的料应在 2 h 内用完。

3. 拉伸黏结强度试件的制备

(1) 将制备好的基底水泥砂浆块在水中浸泡 24 h,并提前 5～10 min 取出,用湿布擦拭其表面。

(2) 将成型框放在基底水泥砂浆块的成型面上,将按实验步骤 2 的规定制备好的砂浆浆料或直接从现场取来的砂浆试样倒入成型框中,用抹刀均匀插捣 15 次,人工颠实 5 次,转 90°,再颠实 5 次,然后用刮刀以 45°方向抹平砂浆表面,24 h 内脱模,在温度(20±2)℃、相对湿度 60%～80%的环境中养护至规定龄期。

(3) 每组砂浆试样应制备 10 个试件。

4. 拉伸黏结强度测试

(1) 先将试件在标准实验条件下养护 13 d,再在试件表面以及上夹具表面涂上环氧树脂等高强度胶粘剂,然后将上夹具对正位置放在胶粘剂上,并确保上夹具不歪斜,除去周围溢出的胶粘剂,继续养护 24 h。

(2) 测定拉伸黏结强度时,应先将钢制垫板套入基底砂浆块上,再将拉伸黏结强度夹具安装到试验机上,然后将试件置于拉伸夹具中,夹具与试验机的连接宜采用球铰活动连接,以(5±1)mm/min 速度加荷至试件破坏。

(3) 当破坏形式为拉伸夹具与胶粘剂破坏时,实验结果无效。

(四) 结果计算及数据处理

拉伸黏结强度应按式(26.8)计算:

$$f_{at} = \frac{F}{A_z} \qquad (26.8)$$

式中 f_{at} ——砂浆的拉伸黏结强度,单位为兆帕(MPa);

  F ——试件破坏时的荷载,单位为牛顿(N);

  A_z ——黏结面积,单位为平方毫米(mm²)。

应以 10 个试件测值的算术平均值作为拉伸黏结强度的实验结果。当单个试件的强度值与平均值之差大于 20%,应逐次舍弃偏差最大的实验值,直至各实验值与平均值之差不超过 20%,当 10 个试件中有效数据不少于 6 个时,取有效数据的平均值为实验结果,结果精确至 0.01 MPa;当 10 个试件中有效数据不足 6 个时,此组实验结果无效,应重新制备试件进行实验。

十一、收缩实验

本实验测定建筑砂浆的自然干燥收缩值。

(一) 仪器设备

1. 立式砂浆收缩仪:标准杆长度应为(176±1)mm,测量精度应为 0.01 mm(图 26.8 所示)。

2. 收缩头:应由黄铜或不锈钢加工而成(图 26.9)。

3. 试模:应采用尺寸为 40 mm×40 mm×160 mm 棱柱体,且在试模的两个端面中心各开一个 ϕ6.5 mm 的孔洞。

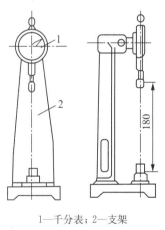

1—千分表;2—支架

图 26.8 立式收缩仪(单位:mm)

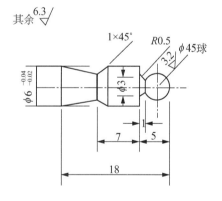

图 26.9 收缩头(单位:mm)

(二) 实验步骤

本实验按如下步骤进行。

(1) 将收缩头固定在试模两端面的孔洞中,收缩头应露出试件端面(8±1)mm。

(2) 将拌合好的砂浆装入试模中,再用水泥胶砂振动台振动密实,然后置于(20±5)℃的室内,4 h 之后将砂浆表面抹平。砂浆应带模在标准养护条件[温度为(20±2)℃,相对湿度为 90%以上]下养护 7 d 后,方可拆模,并编号、标明测试方向。

(3) 将试件移入温度(20±2)℃,相对湿度(60±5)%的测试室中预置 4 h,方可按标明的测试方向立即测定试件的初始长度。测定前,应先采用标准杆调整收缩仪的百分表的原点。

(4) 测定初始长度后,应将砂浆试件置于温度(20±2)℃,相对湿度为(60±5)%的室内,然后第 7 d、14 d、21 d、28 d、56 d、90 d 分别测定试件的长度,即为自然干燥后长度。

(三) 结果计算及数据处理

1. 砂浆自然干燥收缩值应按式(26.9)计算:

$$\varepsilon_{at} = \frac{L_0 - L_t}{L - L_d} \tag{26.9}$$

式中　ε_{at} —— 相应为 t 天(7、14、21、28、56、90 d)时的砂浆试件自然干燥收缩值;

　　L_0 —— 试件成型后 7 d 的长度即初始长度,单位为毫米(mm);

　　L —— 试件的长度 160 mm;

　　L_d —— 两个收缩头埋入砂浆中长度之和,即(20±2)mm;

　　L_t —— 相应为 t 天(7、14、21、28、56、90 d)时试件的实测长度,单位为毫米(mm)。

2. 结果评定

(1) 应取 3 个试件测值的算术平均值作为干燥收缩值。当一个值与平均值偏差大于20%时,应剔除;当有两个值超过 20%时,该组实验结果无效。

(2) 每块试件的干燥收缩值应取两位有效数字,并精确至 $10×10^{-6}$。

十二、吸水率实验

(一) 仪器设备

1. 天平:称量为 1 000 g,感量为 1 g。

2. 烘箱:0～150 ℃,精度±2 ℃。

3. 水槽:装入试件后,水温应能保持在(20±2)℃的范围内。

(二) 实验步骤

本实验按如下步骤进行。

(1) 按立方体抗压强度实验的规定成型及养护试件,在第 28 d 取出试件,然后在(105±5)℃温度下烘干(48±0.5)h,称其质量 m_0;

(2) 将试件成型面朝下放入水槽,下面用两根 ϕ10 mm 的钢筋垫起。试件应完全浸入水中,且上表面距离水面的高度应不小于 20 mm。浸水(48±0.5)h 取出,用拧干的湿布擦去表面水,称其质量 m_1。

(三) 结果计算及数据处理

砂浆吸水率应按式(26.10)计算:

$$W_X = (m_1 - m_0)/m_0 × 100\% \tag{26.10}$$

式中　W_X ——砂浆吸水率,用百分数表示;

　　m_1 ——吸水后试件质量,单位为克(g);

m_0——干燥试件质量,单位为克(g)。

取 3 个试件测值的算数平均值作为砂浆的吸水率,结果精确至 1%。

十三、抗渗性能实验

(一) 仪器设备

1. 金属试模:应采用截头圆锥形带底金属试模,上口直径应为 70 mm,下口直径应为 80 mm,高度应为 30 mm。

2. 砂浆渗透仪。

(二) 实验步骤

本实验按如下步骤进行。

(1) 将拌合好的砂浆一次装入试模中,并用抹刀均匀插捣 15 次,再颠实 5 次,当填充砂浆略高于试模边缘时,用抹刀以 45°角一次性将试模表面多余的砂浆刮去,然后再用抹刀以较平的角度在试模表面反方向将砂浆刮平。应成型 6 个试件。

(2) 试件成型后,应在室温(20±5)℃的环境下,静置(24±2)h 后再脱模。试件脱模后,放入温度(20±2)℃,湿度 90% 以上的养护室养护至规定龄期。试件取出待表面干燥后,采用密封材料密封装入砂浆渗透仪中进行抗渗实验。

(3) 抗渗实验时,应从 0.2 MPa 开始加压,恒压 2 h 后增至 0.3 MPa,以后每隔 1 h 增加 0.1 MPa。当 6 个试件中有 3 个试件表面出现渗水现象时,应停止实验,记下当时水压。在实验过程中,当发现水从试件周边渗出时,应停止实验,重新密封后再继续实验。

(三) 结果计算及数据处理

砂浆抗渗压力值应以每组 6 个试件中 4 个试件未出现渗水时的最大压力,并按式(26.11)计算:

$$P = H - 0.1 \tag{26.11}$$

式中　P ——砂浆抗渗压力值,单位为兆帕(MPa),结果精确至 0.1 MPa;

　　　H ——6 个试件中 3 个试件出现渗水时的水压力,单位为兆帕(MPa)。

十四、抗冻性能实验

本实验可用于检验强度等级大于 M2.5 的砂浆的抗冻性能。

(一) 仪器设备

1. 冷冻箱(室):装入试件后,箱(室)内的温度应能保持在 −20～−15 ℃。

2. 篮筐:应采用钢筋焊成,其尺寸应与所装试件的尺寸相适应。

3. 天平或案秤:称量为 2 kg,感量为 1 g。

4. 融解水槽:装入试件后,水温应能保持在 15～20 ℃。

5. 压力试验机:精度应为 1%,量程能使试件的预期破坏荷载值不小于全量程的 20%,也不大于全量程的 80%。

(二) 样品制备

1. 砂浆抗冻试件应采用 70.7 mm×70.7 mm×70.7 mm 的立方体试件,并应制备两组、每组三块,分别作为抗冻和与抗冻试件同龄期的对比抗压强度检验试件。

2. 砂浆试件的制作与养护方法同抗压强度实验的规定。

（三）实验步骤

本实验按如下步骤进行。

（1）当无特殊要求时,试件应在 28 d 龄期进行冻融实验。实验前两天,应把冻融试件和对比试件从养护室取出,进行外观检查并记录其原始状况,随后放入 15～20 ℃的水中浸泡,浸泡的水面应至少高出试件顶面 20 mm。冻融试件浸泡 2 d 后取出,并用拧干的湿毛巾轻轻擦去表面水分,然后对冻融试件进行编号,称其质量,然后置入篮筐进行冻融实验。对比试件则放回标准养护室中继续养护,直到完成冻融循环后,与冻融试件同时试压。

（2）冻或融时,篮筐与容器底面或地面应架高 20 mm,篮框内各试件之间应至少保持 50 mm 的间隙。

（3）冷冻箱（室）内的温度均应以其中心温度为准。试件冻结温度应控制在 −20～ −15 ℃。当冷冻箱（室）内温度低于 −15 ℃时,试件方可放入。当试件放入之后,温度高于 −15 ℃时,应以温度重新降至 −15 ℃时计算试件的冻结时间。从装完试件至温度重新降至 −15 ℃的时间不应超过 2 h。

（4）每次冻结时间应为 4 h,冻结完成后应立刻取出试件,并应立即放入能使水温保持在 15～20 ℃的水槽中进行融化。槽中水面应至少高出试件表面 20 mm,试件在水中融化的时间不应小于 4 h。融化完毕即为一次冻融循环。取出试件,并应用拧干的湿毛巾轻轻擦去表面水分,送入冷冻箱（室）进行下一次循环实验,依此连续进行直至设计规定次数或试件破坏为止。

（5）每 5 次循环,应进行一次外观检查,并记录试件的破坏情况;当该组试件中有两块出现明显分层、裂开、贯通缝等破坏时,该组试件的抗冻性能实验应终止。

（6）冻融实验结束后,将冻融试件从水槽取出,用拧干的湿布轻轻擦去试件表面水分,然后称其质量。对比试件应提前 2 d 浸水。再把冻融试件与对比试件同时进行抗压强度实验。

（四）结果计算及数据处理

1. 砂浆试件冻融后的强度损失率应按式（26.12）计算：

$$\Delta f_m = \frac{f_{m1} - f_{m2}}{f_{m1}} \times 100\% \tag{26.12}$$

式中　Δf_m——n 次冻融循环后砂浆试件的强度损失率,用百分数表示,结果精确至 1%;

　　f_{m1}——对比试件的抗压强度平均值,单位为兆帕（MPa）;

　　f_{m2}——经 n 次冻融循环后的 3 块试件抗压强度的算术平均值,单位为兆帕（MPa）。

2. 砂浆试件冻融后的质量损失率应按式（26.13）计算：

$$\Delta m_m = \frac{m_0 - m_n}{m_0} \times 100\% \tag{26.13}$$

式中　Δm_{m}——n 次冻融循环后砂浆试件的质量损失率,以 3 块试件的算术平均值计算,用

　　　　　　百分数表示,结果精确至 1%;

　　m_0——冻融循环实验前的试件质量,单位为克(g);

　　mn——n 次冻融循环后的试件质量,单位为克(g)。

当冻融试件的抗压强度损失率不大于 25%,且质量损失率不大于 5% 时,则该组砂浆试件在相应标准要求的冻融循环次数下,抗冻性能可判为合格,否则应判为不合格。

实验 27　普通混凝土拌合物性能实验

一、实验意义和目的

不同的工程环境对混凝土拌合物的性能提出不同的要求,混凝土拌合物性能显著地影响混凝土制品的质量。为了控制混凝土工程质量,应对混凝土拌合物的各项性能参数加以检测和控制。本实验介绍了普通混凝土拌合物性能测定系列实验方法,可以根据具体情况选定其中一种或几种性能开展实验。具体实验目的如下:

(1)掌握测定普通混凝土拌合物性能的实验原理和实验方法。

(2)测定普通混凝土拌合物性能。

二、基本规定

(一) 一般规定

1. 骨料最大公称粒径应符合现行行业标准《普通混凝土用砂、石质量及检验方法标准》(JGJ 52)的规定。

2. 实验环境相对湿度不宜小于 50%,温度应保持在(20±5)℃;所用材料、实验设备、容器及辅助设备的温度宜与实验室温度保持一致。

3. 现场实验时,应避免混凝土拌合物试样受到风、雨雪及阳光直射的影响。

4. 制作混凝土拌合物性能实验用试样时,所采用的搅拌机应符合现行行业标准《混凝土实验用搅拌机》(JG 244)的规定。

5. 实验设备试用前应经过校准。

(二) 取样与试样的制备

1. 同一组混凝土拌合物的取样,应在同一盘混凝土或同一车混凝土中取样。取样量应多于实验用量的 1.5 倍,且不宜小于 20 L。

2. 混凝土拌合物的取样应具有代表性,宜采用多次采样的方法,宜在同一盘混凝土中或同一车混凝土中的 1/4 处、1/2 处和 3/4 处分别取样,并搅拌均匀;第一次取样和最后一次取样的时间间隔不宜超过 15 min。

3. 宜在取样后 5 min 内开始各项性能实验。

4. 实验室制备混凝土拌合物的搅拌应符合下列规定:

(1)混凝土拌合物应采用搅拌机搅拌,搅拌前应将搅拌机冲洗干净,并预拌少量同种混

凝土拌合物或水胶比相同的砂浆,搅拌机内壁挂浆后将剩余料卸出。

（2）称好的粗骨料、胶凝材料、细骨料和水应依次加入搅拌机,难溶和不溶的粉状外加剂宜与胶凝材料同时加入搅拌机,液体和可溶外加剂宜与拌合水同时加入搅拌机。

（3）混凝土拌合物宜搅拌 2 min 以上,直至搅拌均匀。

（4）混凝土拌合物一次搅拌量不宜少于搅拌机公称容量的 1/4,不应大于搅拌机公称容量,且不应少于 20 L。

5. 实验室搅拌混凝土时,材料用量应以质量计。骨料的称量精度应为 $\pm0.5\%$;水泥、掺合料、水、外加剂的称量精度均应为 $\pm0.2\%$。

三、坍落度及坍落度经时损失实验

（一）坍落度

本实验方法宜用于骨料最大公称粒径不大于 40 mm、坍落度不小于 10 mm 的混凝土拌合物坍落度的测定。

1. 实验原理

在规定时间内,以密实混凝土拌合物从固定高度坍落的距离作为坍落度值。

2. 仪器设备

（1）坍落度仪:符合现行行业标准《混凝土坍落度仪》（JG/T 248）的规定,由坍落度筒、漏斗、测量标尺、平尺、捣棒和底板等组成,其构造如图 27.1 所示。

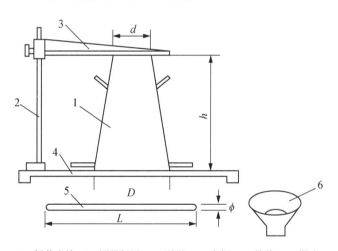

1—坍落度筒；2—测量标尺；3—平尺；4—底板；5—捣棒；6—漏斗

图 27.1 坍落度仪

坍落度筒的筒顶部内径 d 为（100 ± 1）mm,底部内径 D 为（200 ± 1）mm,高度 h 为（300 ± 1）mm。采用整体铸造加工时,筒壁厚度不应小于 4 mm;采用整体冲压加工时,筒壁厚度不应小于 1.5 mm。连接在坍落度筒上的脚踏板,长度和宽度均不宜小于 75 mm,厚度不宜小于 3 mm。

底板的平面尺寸应为 600 mm×600 mm 或 800 mm×800 mm 或 1 000 mm×1 000 mm,尺寸误差应不大于 2 mm,厚度不宜小于 6 mm 或能保证足够刚度。

测量标尺高度不应低于 350 mm,直径应不小于 15 mm。

平尺厚度应不小于 2 mm,长度应为(300±1)mm。

捣棒直径应为(16±0.2)mm,长度 L 应为(600±5)mm。

(2) 2 把钢尺:钢尺的量程不应小于 300 mm,分度值不应大于 1 mm。

(3) 底板:应采用平面尺寸不小于 1 500 mm×1 500 mm、厚度不小于 3 mm 的钢板,其最大挠度不应大于 3 mm。

3. 实验步骤

本实验按如下步骤进行。

(1) 坍落度筒内壁和底板应润湿无明水,底板应放置在坚实水平面上,并把坍落度筒放在底板中心,然后用脚踩住两边的脚踏板,坍落度筒在装料时应保持在固定的位置。

(2) 混凝土拌合物试样应分三层均匀地装入坍落度筒内,每装一层混凝土拌合物,应用捣棒由边缘到中心按螺旋形均匀插捣 25 次,捣实后每层混凝土拌合物试样高度约为筒高的 1/3。

(3) 插捣底层时,捣棒应贯穿整个深度,插捣第二层和顶层时,捣棒应插透本层至下一层的表面。

(4) 顶层混凝土拌合物装料应高出筒口,插捣过程中,混凝土拌合物低于筒口时,应随时添加。

(5) 顶层插捣完后,取下装料漏斗,应将多余混凝土拌合物刮去,并沿筒口抹平。

(6) 清除筒边底板上的混凝土后,应垂直平稳地提起坍落度筒,并轻放于试样旁边;当试样不再继续坍落或坍落时间达 30 s 时,用钢尺测量出筒高与坍落后混凝土试体最高点之间的高度差,作为该混凝土拌合物的坍落度值。

注:坍落度筒的提离过程宜控制在 3~7 s;从开始装料到提坍落度筒的整个过程应连续进行,并应在 150 s 内完成。将坍落度筒提起后混凝土发生一边崩坍或剪坏现象时,应重新取样另行测定;第二次实验仍出现一边崩坍或剪坏现象,应记录说明。

4. 结果处理

混凝土拌合物坍落度值应精确至 1 mm,结果应修约至 5 mm。

(二) 坍落度经时损失

本实验方法适用于混凝土拌合物的坍落度随静置时间变化的测定。

1. 实验原理

以初始坍落度与自加水起确定时间后坍落度的差值表示该时间下混凝土坍落度的经时损失。

2. 仪器设备

同坍落度实验仪器设备。

3. 实验步骤

本实验按如下步骤进行。

(1) 测量混凝土拌合物的初始坍落度值 H_0。

(2) 将全部混凝土拌合物试样装入塑料桶或不被水泥浆腐蚀的金属桶内,应用桶盖或塑料薄膜密封静置。

（3）自搅拌加水开始计时,静置 60 min 后应将桶内混凝土拌合物试样全部倒入搅拌机内,搅拌 20 s,进行坍落度实验,得出 60 min 坍落度值 H_{60}。

注: 当工程要求调整静置时间时,则应按实际静置时间测定,并计算混凝土坍落度经时损失。

4. 结果处理

计算初始坍落度值与 60 min 坍落度值的差值,可得到 60 min 混凝土坍落度经时损失实验结果。

四、扩展度及扩展度经时损失实验

(一) 扩展度

本实验方法适用于骨料最大公称粒径不大于 40 mm、坍落度不小于 160 mm 混凝土扩展度的测定。

1. 实验原理

混凝土拌合物在自重作用下会发生坍落与流动,通过实验测量锥体坍落扩展后试样两个垂直方向上水平尺寸的平均值,作为扩展度值,以此评价流态混凝土的流动性。

2. 仪器设备

（1）坍落度仪:同坍落度实验。

（2）钢尺:量程不应小于 1 000 mm,分度值不应大于 1 mm。

（3）底板:平面尺寸不小于 1 500 mm×1 500 mm、厚度不小于 3 mm 的钢板,其最大挠度不应大于 3 mm。

3. 实验步骤

本实验按如下步骤进行。

（1）实验设备准备、混凝土拌合物装料和插捣应符合坍落度实验中的相关规定。

（2）清除筒边底板上的混凝土后,应垂直平稳地提起坍落度筒,坍落度筒的提离过程宜控制在 3~7 s;当混凝土拌合物不再扩散或扩散持续时间已达 50 s 时,应使用钢尺测量混凝土拌合物展开扩展面的最大直径以及与最大直径呈垂直方向的直径。

（3）当两直径之差小于 50 mm 时,应取其算术平均值作为扩展度实验结果;当两直径之差不小于 50 mm 时,应重新取样另行测定。

注: 扩展度实验从开始装料到测得混凝土扩展度值的整个过程应连续进行,并应在 4 min 内完成。发现粗骨料在中央堆集或边缘有浆体析出时,应记录说明。

4. 结果处理

混凝土拌合物扩展度值测量应精确至 1 mm,结果修约至 5 mm。

(二) 扩展度经时损失

本实验方法适用于混凝土拌合物的扩展度随静置时间变化的测定。

1. 实验原理

通过测定拌合物扩展度随时间变化的损失程度来反映扩展度经时损失。

2. 仪器设备

同扩展度实验仪器设备。

3. 实验步骤

本实验按如下步骤进行。

(1) 测量混凝土拌合物的初始扩展度值 L_0。

(2) 将全部混凝土拌合物试样装入塑料桶或不被水泥浆腐蚀的金属桶内,应用桶盖或塑料薄膜密封静置。

(3) 自搅拌加水开始计时,静置 60 min 后应将桶内混凝土拌合物试样全部倒入搅拌机内,搅拌 20 s,即进行扩展度实验,得出 60 min 扩展度值 L_{60}。

注:当工程要求调整静置时间时,则应按实际静置时间测定,并计算混凝土扩展度经时损失。

4. 结果处理

计算初始扩展度值与 60 min 扩展度值的差值,可得到 60 min 混凝土扩展度经时损失实验结果。

五、维勃稠度实验

本实验方法适用于骨料最大公称粒径不大于 40 m,维勃稠度在 5~30 s 的混凝土拌合物维勃稠度的测定。

(一) 实验原理

在规定振动条件下,以混凝土坍落至固定高度的时间作为维勃稠度。

(二) 仪器设备

1. 维勃稠度仪:符合现行行业标准《维勃稠度仪》(JG/T 250)的规定,由容器、滑杆、圆盘、旋转架、振动台和控制系统组成,其构造如图 27.2 和图 27.3 所示。

钢制容器的内径应为(240±2)mm,高应为(200±2)mm,壁厚应不小于 3 mm,底厚应不小于 7.5 mm,容器的内壁与底面应垂直,其垂直度误差应不大于 1.0 mm。

圆盘直径应为(230±2)mm,厚度应为(10±2)mm。圆盘应透明、平整,其平面度误差应不大于 0.3 mm。

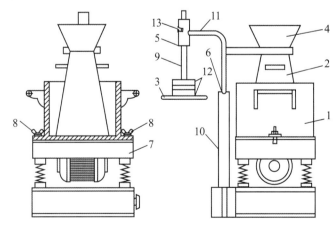

1—容器;2—坍落度筒;3—圆盘;4—漏斗;5—套筒;6—定位器;7—振动台;
8—固定螺丝;9—滑杆;10—支柱;11—旋转架;12—砝码;13—测杆螺丝

图 27.2 A 型维勃稠度仪构造示意图

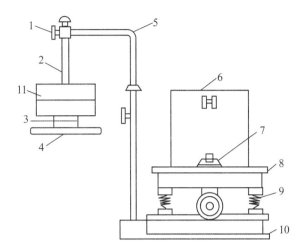

1—螺栓；2—滑杆；3—砝码；4—圆盘；5—旋转架；6—容器；
7—固定螺栓；8—振动台面；9—弹簧；10—底座；11—配重砝码

图 27.3　B 型维勃稠度仪构造示意图

砝码的直径应为(90±2)mm。

当旋转架转动到漏斗就位后,漏斗的轴线与容器的轴线应重合,其同轴度误差应不大于 2.0 mm;当转动到圆盘就位后,测杆的轴线与容器的轴线应重合,其同轴度误差应不大于 1.0 mm。测杆与圆盘工作面应垂直,其垂直度误差应不大于 1.0 mm。

振动台台面长度应为(380±3)mm,宽应为(260±2)mm。振动台台面与底座的底面应平行,其平行度误差应不大于 1.0 mm。

滑动部分质量:①A 型维勃稠度仪的滑动部分由测杆、圆盘及砝码组成,其总质量应为 (2 750±20)g;B 型度仪的滑动部分由测杆、圆盘、砝码和配重砝码组成[测定 VC 值时,配重砝码为两块,每块质(7 500±50)g;测定改进 VC 值时,配重砝码为两块,每块质量应为 (8 700±50)g]。②振动台振动部分(含振动台面、电机和容器)总质量应为(33±2)kg。

频率与振幅:①振动台应为定向垂直振动,频率应为(50±2)Hz;②在装有空容器时,台面各点的振幅应为(0.5±0.02)mm,水平振幅应不大于 0.10 mm。

安全性:①维勃稠度仪电气控制系统应安全可靠,振动器电机绝缘电阻值应不小于 2 MΩ;②振动台启动运转应平稳,无异常声响,且连续运转 15 min 后,振动器电机温升应不超过 20 ℃。

2. 秒表:精度不应低于 0.1 s。

(三) 实验步骤

本实验按如下步骤进行。

(1) 维勃稠度仪应放置在坚实水平面上,容器、坍落度筒内壁及其他用具应润湿无明水。

(2) 喂料斗应提到坍落度筒上方扣紧,校正容器位置,应使其中心与喂料中心重合,然后拧紧固定螺钉。

(3) 混凝土拌合物试样应分三层均匀地装入坍落度筒内,捣实后每层高度应约为筒高

153

的三分之一。每装一层,应用捣棒在筒内由边缘到中心按螺旋形均匀插捣 25 次;插捣底层时,捣棒应贯穿整个深度,插捣第二层和顶层时,捣棒应插透本层至下一层的表面;顶层混凝土装料应高出筒口,插捣过程中,若混凝土低于筒口,应随时添加。

(4) 顶层插捣完应将喂料斗转离,沿坍落度筒口刮平顶面,垂直地提起坍落度筒,不应使混凝土拌合物试样产生横向的扭动。

(5) 将透明圆盘转到混凝土圆台体顶面,放松测杆螺钉,应使透明圆盘转至混凝土锥体上部,并下降至与混凝土顶面接触。

(6) 拧紧定位螺钉,开启振动台,同时用秒表计时,当振动到透明圆盘的整个底面与水泥浆接触时应停止计时,并关闭振动台。

(7) 秒表记录的时间应作为混凝土拌合物的维勃稠度值,精确至 1 s。

六、泌水实验

本实验方法适用于骨料最大公称粒径不大于 40 mm 的混凝土拌合物泌水的测定。

(一) 实验原理

以泌水量与外露面积的比值作为单位面积泌水量,以泌水量与拌合用水总质量的比值作为泌水率,以此反映混凝土拌合物的泌水情况。

(二) 仪器设备

1. 容量筒:容积应为 5 L,并配有盖子。

2. 量筒:容量应为 100 mL、分度值 1 mL,并应带塞。

3. 振动台:应符合现行行业标准《混凝土实验用振动台》(JG/T 245)的规定,主要由悬挂式单轴激振器、弹簧、台面、支架和控制系统组成,如图 27.4 所示。

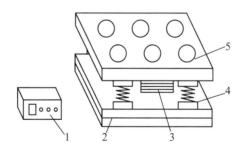

1—控制系统;2—支架;3—悬架式单轴激振器;4—弹簧;5—台面

图 27.4　振动台结构示意图

台面尺寸为 600 mm×300 mm 振动台的满载负荷(额定组数)为装满混凝土拌合物的 150 mm 立方体试模一组(3 块);台面尺寸为 800 mm×600 mm 振动台的满载负荷(额定组数)为装满混凝土拌合物的 150 mm 立方体试模两组(6 块);台面尺寸为 1 000 mm×1 000 mm 振动台的满载负荷(额定组数)为装满混凝土拌合物的 150 mm 立方体试模三组(9 块)。

振动台采用电磁铁固定混凝土试模,应保证混凝土试模在振动成型过程中无松动、滑移和损伤。电磁铁的吸力不应小于 150 mm 立方体单联试模质量的 8 倍。

4. 捣棒：直径应为(16±0.2)mm，长度应为(600±5)mm。

5. 电子天平：最大量程 20 kg，感量不应大于 1 g。

(三) 实验步骤

本实验按如下步骤进行。

(1) 用湿布润湿容量筒内壁后应立即称量，并记录容量筒的质量 m_1。

(2) 混凝土拌合物试样应按下列要求装入容量筒，并进行振实或插捣密实，振实或捣实的混凝土拌合物表面应低于容量筒筒口(30±3)mm，并用抹刀抹平。

① 混凝土拌合物坍落度不大于 90 mm 时，宜用振动台振实，应将混凝土拌合物一次性装入容量筒内，振动持续到表面出浆为止，并应避免过振。

② 混凝土拌合物坍落度大于 90 mm 时，宜用人工插捣，应将混凝土拌合物分两层装入，每层的插捣次数为 25 次；捣棒由边缘向中心均匀地插捣，插捣底层时捣棒应贯穿整个深度，插捣第二层时，捣棒应插透本层至下一层的表面；每一层捣完后应使用橡皮锤沿容量筒外壁敲击 5～10 次，进行振实，直至混凝土拌合物表面插捣孔消失并不见大气泡为止。

③ 自密实混凝土应一次性填满，且不应进行振动和插捣。

(3) 应将筒口及外表面擦净，称量并记录容量筒与试样的总质量 m_2，盖好筒盖并开始计时。

(4) 在吸取混凝土拌合物表面泌水的整个过程中，应使容量筒保持水平、不受振动；除了吸水操作外，应始终盖好盖子；室温应保持在(20±2)℃。

(5) 计时开始后 60 min 内，应每隔 10 min 吸取 1 次试样表面泌水；60 min 后，每隔 30 min 吸取 1 次试样表面泌水，直至不再泌水为止。每次吸水前 2 min，应将一片(35±5)mm 厚的垫块垫入筒底一侧使其倾斜，吸水后应平稳地复原盖好。吸出的水应盛放于量筒中，并盖好塞子；记录每次的吸水量，并应计算累计吸水量，结果精确至 1 mL。

(四) 结果计算及数据处理

1. 泌水量

混凝土拌合物的泌水量应按式(27.1)计算：

$$B_a = \frac{V}{A} \tag{27.1}$$

式中　B_a——单位面积混凝土拌合物的泌水量，单位为毫升每平方毫米(mL/mm^2)，结果精确至 0.01 mL/mm^2；

　　　V——累计的泌水量，单位为毫升(mL)；

　　　A——混凝土拌合物试样外露的表面面积，单位为平方毫米(mm^2)。

泌水量应取三个试样测值的平均值。三个测值中的最大值或最小值，有一个与中间值之差超过中间值的 15% 时，应以中间值作为实验结果；最大值和最小值与中间值之差均超过中间值的 15% 时，应重新实验。

2. 泌水率

混凝土拌合物的泌水率应按式(27.2)、式(27.3)计算。

$$B = \frac{V_{\mathrm{w}}}{\left(\dfrac{W}{m_{\mathrm{T}}}\right) \times m} \times 100\%$$ (27.2)

$$m = m_2 - m_1$$ (27.3)

式中 B ——泌水率,用百分数表示,结果精确至 1%;

V_{w} ——泌水总量,单位为毫升(mL);

m ——混凝土拌合物试样质量,单位为克(g);

m_{T} ——实验拌制混凝土拌合物的总质量,单位为克(g);

W ——实验拌制混凝土拌合物拌合用水量,单位为毫升(mL);

m_2 ——容量筒及试样总质量,单位为克(g);

m_1 ——容量筒质量,单位为克(g)。

泌水率应取三个试样测值的平均值。三个测值中的最大值或最小值,有一个与中间值之差超过中间值的 15% 时,应以中间值为实验结果;最大值和最小值与中间值之差均超过中间值的 15% 时,应重新实验。

七、压力泌水实验

本实验方法适用于骨料最大公称粒径不大于 40 mm 的混凝土拌合物压力泌水的测定。

(一) 实验原理

在恒压作用下,以不同时间的泌水量的比值表示压力泌水率,反映压力对混凝土拌合物泌水情况的影响。

(二) 仪器设备

1. 压力泌水仪:如图 27.5 所示,缸体内径应为 (125±0.02) mm,内高应为 (200±0.2) mm;工作活塞公称直径应为 125 mm;筛网孔径应为 0.315 mm。

2. 捣棒:直径应为 (16±0.2) mm,长度应为 (600±5) mm。

3. 烧杯:容量为 150 mL。

4. 量筒:容量为 200 mL。

(三) 实验步骤

本实验按如下步骤进行。

(1) 混凝土试样应按下列要求装入压力泌水仪缸体,并插捣密实,捣实的混凝土拌合物表面应低于压力泌水仪缸体筒口 (30±2) mm。

① 混凝土拌合物应分两层装入,每层的插捣次数应为 25 次;用捣棒由边缘向中心均匀地插捣,插捣底层时捣棒应贯穿整个深度,插捣第二层时,捣棒应插透本层至下一层的表面;每一层捣完后应使用橡皮锤沿

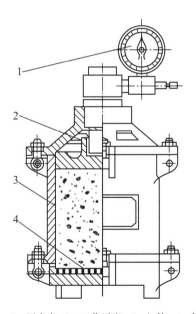

1—压力表;2—工作活塞;3—缸体;4—筛网

图 27.5 压力泌水仪

缸体外壁敲击 5～10 次,进行振实,直至混凝土拌合物表面插捣孔消失并不见大气泡为止。

② 自密实混凝土应一次性填满,且不应进行振动和插捣。

(2) 将缸体外表擦干净,压力泌水仪安装完毕后应在 15 s 以内给混凝土拌合物试样加压至 3.2 MPa;并应在 2 s 内打开泌水阀门,同时开始计时,并保持恒压,泌出的水接入 150 mL 烧杯里,并应移至量筒中读取泌水量,精确至 1 mL。

(3) 加压至 10 s 时读取泌水量 V_{10},加压至 140 s 时读取泌水量 V_{140}。

(四) 结果计算及数据处理

压力泌水率应按式(27.4)计算:

$$B_V = \frac{V_{10}}{V_{140}} \times 100\%$$
(27.4)

式中　B_V ——压力泌水率,用百分数表示,结果精确至 1%;

$\quad\ \ V_{10}$ ——加压至 10 s 时的泌水量,单位为毫升(mL);

$\quad\ \ V_{140}$ ——加压至 140 s 时的泌水量,单位为毫升(mL)。

八、表观密度实验

(一) 实验原理

测定混凝土拌合物捣实后的单位体积质量即为表观密度。

(二) 仪器设备

1. 容量筒:金属制成的圆筒,筒外壁应有提手。骨料最大公称粒径不大于 40 mm 的混凝土拌合物宜采用容积不小于 5 L 的容量筒,筒壁厚不应小于 3 mm;骨料最大公称粒径大于 40 mm 的混凝土拌合物应采用内径与内高均大于骨料最大公称粒径 4 倍的容量筒。容量筒上沿及内壁应光滑平整,顶面与底面应平行并应与圆柱体的轴垂直。

2. 电子天平:最大量程为 50 kg;感量不应大于 10 g。

3. 振动台:同泌水实验用振动台。

4. 捣棒:直径应为(16±0.2)mm,长度应为(600±5)mm。

(三) 实验步骤

本实验按如下步骤进行。

(1) 按下列步骤测定容量筒的容积:

① 应将干净容量筒与玻璃板一起称重。

② 将容量筒装满水,缓慢将玻璃板从筒口一侧推到另一侧,容量筒内应满水并且不应存在气泡,擦干容量筒外壁,再次称重。

③ 两次称重结果之差除以该温度下水的密度应为容量筒容积 V,常温下水的密度可取 1 kg/L。

(2) 容量筒内外壁应擦干净,称出容量筒质量 m_1,结果精确至 10 g。

(3) 混凝土拌合物试样应按下列要求进行装料,并插捣密实。

① 坍落度不大于 90 mm 时,混凝土拌合物宜用振动台振实;振动台振实时,应一次性将混凝土拌合物装填至高出容量筒筒口;装料时可用捣棒稍加插捣,振动过程中混凝土低于筒口,应随时添加混凝土,振动直至表面出浆为止。

② 坍落度大于 90 mm 时,混凝土拌合物宜用捣棒插捣密实。插捣时,应根据容量筒的大小决定分层与插捣次数:用 5 L 容量筒时,混凝土拌合物应分两层装入,每层的插捣次数应为 25 次;用大于 5 L 的容量筒时,每层混凝土的高度不应大于 100 mm,每层插捣次数应按每 10 000 mm² 截面不小于 12 次计算。各次插捣应由边缘向中心均匀地插捣,插捣底层时捣棒应贯穿整个深度,插捣第二层时,捣棒应插透本层至下一层的表面;每一层捣完后用橡皮锤沿容量筒外壁敲击 5~10 次,进行振实,直至混凝土拌合物表面插捣孔消失并不见大气泡为止。

③ 自密实混凝土应一次性填满,且不应进行振动和插捣。

(4)将筒口多余的混凝土拌合物刮去,表面有凹陷应填平;应将容量筒外壁擦净,称出混凝土拌合物试样与容量筒总质量 m_2,结果精确至 10 g。

(四)数据计算及结果处理

混凝土拌合物的表观密度应按式(27.5)计算:

$$\rho = \frac{m_2 - m_1}{V} \times 1\ 000 \tag{27.5}$$

式中 ρ——混凝土拌合物表观密度,单位为千克每立方米(kg/m³),结果精确至 10 kg/m³;

m_1——容量筒质量,单位为千克(kg);

m_2——量筒和试样总质量,单位为千克(kg);

V——容量筒容积,单位为升(L)。

九、含气量

本实验方法适用于骨料最大公称粒径不大于 40 mm 的混凝土拌合物含气量的测定。

(一)实验原理

本实验是采用气压法测定混凝土拌合物的含气量,根据波义尔定律,在相同温度下,气体的体积与压力成反比。当气室和装满试样的容器之间压力达到平衡,气室压力减少的量即是砂浆中空气含量所占的百分比。

(二)仪器设备

1. 含气量测定仪:应符合现行行业标准《混凝土含气量测定仪》(JG/T 246)的规定,主要由容器和盖体两部分组成,如图 27.6 所示。

采用打气筒加压的含气量仪,盖体部分主要由进水阀、进气阀、气室、操作阀、排气阀及含气量压力表或数码显示系统等组成。采用手泵加压的含气量仪,盖体部分主要由进水阀、手泵、气室、气室排气阀、操作阀、排气阀及含气量-压力表或数码显示系统等组成。取水管和标定管在仪器率定时使用。

含气量仪应在温度为(20±10)℃的环境下使用和校验。当使用环境温度超出此范围时,指针式含气量仪应重新率定后方可使用。数显式含气量仪应配有温度自动校正系统。新购置的含气量仪,应先进行仪器的校验率定,其含气量压力表或数码显示的含气量值应与容器中所含的空气量百分数相当,否则应进行调整。对于使用中的含气量仪,根据使用情况进行率定,最长一年率定一次,与原率定值之差应小于等于 0.2%,当误差超过此值时,应进行调整或维修。

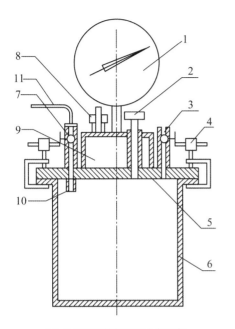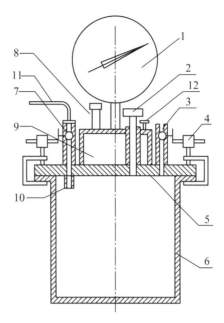

（a）采用打气筒加压的含气量仪

1—含气量-压力表；2—操作阀；3—排气阀；
4—固定卡子；5—盖体；6—容器；
7—进水阀；8—进气阀；9—气室；
10—取水管；11—标定管

（b）采用手泵加压的含气量仪

1—含气量-压力表；2—操作阀；3—排气阀；
4—固定卡子；5—盖体；6—容器；
7—进水阀；8—手泵；9—气室；
10—取水管；11—标定管；12—气室排气阀

图 27.6　含气量仪结构示意图

容器和盖体应由耐水泥浆腐蚀的硬质金属制成，盖体与容器的材质应相同。容器内直径与深度应相等，容积应为（7 000±25）mL。容器口及盖体与容器连接的部分应加工为法兰盘状。容器内表面、容器与盖体连接的表面及盖体内表面应经机械加工为光滑面，表面粗糙度不应低于 $R_a 1.6$。

容器与盖体之间可用螺栓、卡扣或其他方式连接，且应装有密封圈，保证组装后在 0.1～0.2 MPa 的压力下具有良好的水密性和气密性，且在该压力下容积变化率不应超过 0.1%。含气量-压力表或数码显示应能直接读出或显示含气量值，压力测量范围应为 0～0.25 MPa，含气量应小于 8%。含气量小于 3% 时，分度值应小于等于 0.1%；含气量范围为 3%～6% 时，分度值应小于等于 0.2%；含气量范围为 6%～8% 时，分度值应小于等于 0.5%。含气量压力表精度还应满足现行国家标准《精密压力表》（GB/T 1227）所规定的。

2. 捣棒：直径应为（16±0.2）mm，长度应为（600±5）mm。

3. 振动台：同泌水实验用振动台。

4. 电子天平：量程为 50 kg，感量不应大于 10 g。

（三）实验步骤

1. 含气量测定仪的标定和率定

（1）擦净容器，并将含气量测定仪全部安装好，测定含气量测定仪的总质量 m_{A1}，精确至 10 g。

（2）向容器内注水至上沿，然后加盖并拧紧螺栓，保持密封不透气；关闭操作阀和排气

159

阀,打开排水阀和加水阀,应通过加水阀向容器内注入水;当排水阀流出的水流中不出现气泡时,应在注水的状态下,关闭加水阀和排水阀;应将含气量测定仪外表面擦净,再次测定总质量 m_{A2},精确至 10 g。

(3)含气量测定仪的容积应按式(27.6)计算:

$$V = \frac{m_{A2} - m_{A1}}{\rho_w} \tag{27.6}$$

式中 V ——含气量仪的容积,单位为升(L),结果精确至 0.01 L;

m_{A1} ——含气量测定仪的总质量,单位为千克(kg);

m_{A2} ——水、含气量测定仪的总质量,单位为(kg);

ρ_w ——容器内水的密度,单位为(kg/m³),可取 1 kg/L。

(4)关闭排气阀,向气室内打气,应加压至大于 0.1 MPa,且压力表显示值稳定;应打开排气阀调压至 0.1 MPa,同时关闭排气阀。

(5)开启操作阀,使气室里的压缩空气进入容器,压力表显示值稳定后测得压力值应为含气量为 0 时对应的压力值。

(6)开启排气阀,压力表显示值应回零;关闭操作阀、排水阀和排气阀,开启加水阀,宜借助标定管在注水阀口用量筒接水;用气泵缓缓地向气室内打气,当排出的水是含气量测定仪容积的 1% 时,应根据第(4)和第(5)条的操作步骤测得含气量为 1% 时的压力值。

(7)应继续测取含气量分别为 2%、3%、4%、5%、6%、7%、8%、9%、10% 时的压力值。

(8)含气量分别为 0、1%、2%、3%、4%、5%、6%、7%、8%、9%、10% 的实验均应进行两次,以两次压力值的平均值作为测量结果。

(9)根据含气量 0、1%、2%、3%、4%、5%、6%、7%、8%、9%、10% 的测量结果,绘制含气量与压力值之间的关系曲线。

注:混凝土含气量测定仪的标定和率定应保证测试结果准确。

2. 骨料含气量的测定

在进行混凝土拌合物含气量测定之前,应先按下列步骤测定所用骨料的含气量:

(1)应按式(27.7)、式(27.8)计算试样中粗、细骨料的质量:

$$m_g = \frac{V}{1\,000} \times m_g' \tag{27.7}$$

$$m_s = \frac{V}{1\,000} \times m_s' \tag{27.8}$$

式中 m_g ——拌合物试样中粗骨料质量,单位为千克(kg);

m_s ——拌合物试样中细骨料质量,单位为千克(kg);

m_g' ——混凝土配合比中每立方米混凝土的粗骨料质量,单位为千克(kg);

m_g' ——混凝土配合比中每立方米混凝土的细骨料质量,单位为千克(kg);

V ——含气量测定仪容器容积,单位为升(L)。

(2)应先向含气量测定仪的容器中注入 1/3 高度的水,然后把质量为 m_g、m_s 的粗、细骨料称好,搅拌均匀,倒入容器,加料同时应进行搅拌;水面每升高 25 mm 左右,应轻捣10 次,加料过程中应始终保持水面高出骨料的顶面;骨料全部加入后,应浸泡约 5 min,再用橡皮锤轻敲容器外壁,排净气泡,除去水面泡沫,加水至满,擦净容器口及边缘,加盖拧紧螺栓,保持密封不透气。

(3) 关闭操作阀和排气阀,打开排水阀和加水阀,应通过加水阀向容器内注入水;当排水阀流出的水流中不出现气泡时,应在注水的状态下,关闭加水阀和排水阀。

(4) 关闭排气阀,向气室内打气,应加压至大于 0.1 MPa,且压力表显示值稳定;应打开排气阀调压至 0.1 MPa,同时关闭排气阀。

(5) 开启操作阀,使气室里的压缩空气进入容器,待压力表显示值稳定后记录压力值,然后开启排气阀,压力表显示值应回零;应根据含气量与压力值之间的关系曲线确定压力值对应的骨料的含气量,精确至 0.1%。

(6) 混凝土所用骨料的含气量 A_g 应以两次测量结果的平均值作为试验结果;两次测量结果的含气量相差大于 0.5% 时,应重新实验。

3. 混凝土拌合物含气量的测定

(1) 应用湿布擦净混凝土含气量测定仪容器内壁和盖的内表面,装入混凝土拌合物试样。混凝土拌合物的装料及密实方法根据拌合物的坍落度而定,并应符合下列规定:

① 坍落度不大于 90 mm 时,混凝土拌合物宜用振动台振实;振动台振实时,应一次性将混凝土拌合物装填至高出含气量测定仪容器口;振实过程中混凝土拌合物低于容器口时,应随时添加;振动直至表面出浆为止,并应避免过振。

② 坍落度大于 90 mm 时,混凝土拌合物宜用捣棒插捣密实。插捣时,混凝土拌合物应分 3 层装入,每层捣实后高度约为 1/3 容器高度;每层装料后由边缘向中心均匀地插捣25 次,捣棒应插透本层至下一层的表面;每一层捣完后用橡皮锤沿容器外壁敲击 5~10 次,进行振实,直至拌合物表面插捣孔消失。

③ 自密实混凝土应一次性填满,且不应进行振动和插捣。

(2) 刮去表面多余的混凝土拌合物,用抹刀刮平,表面有凹陷应填平抹光。

(3) 擦净容器口及边缘,加盖并拧紧螺栓,应保持密封不透气。

(4) 应按测定骨料含气量的实验中第(3)~(5)的操作步骤测得混凝土拌合物的未校正含气量 A_0,精确至 0.1%。

(5) 混凝土拌合物未校正的含气量 A_0 应以两次测量结果的平均值作为实验结果;两次测量结果的含气量相差大于 0.5% 时,应重新实验。

(四) 数据计算及结果处理

混凝土拌合物含气量应按式(27.9)计算:

$$A = A_0 - A_g \tag{27.9}$$

式中　A ——混凝土拌合物含气量,用百分数表示,结果精确至 0.1%;

A_0——混凝土拌合物的未校正含气量,用百分数表示;

A_g——骨料的含气量,用百分数表示。

十、均匀性实验

(一) 砂浆密度法

1. 实验原理

以不同取样部位混凝土拌合物密度之比作为密度偏差率反映混凝土拌合物均匀性。

2. 仪器设备

(1) 砂浆容量筒:由金属制成,筒壁厚不应小于 2 mm,容积应为 1 L。

(2) 电子天平:最大量程应为 5 kg,感量不应大于 1 g。

(3) 捣棒:直径应为(16±0.2)mm,长度应为(600±5)mm。

(4) 振动台:同泌水实验用振动台。

(5) 实验筛:筛孔公称直径为 5.00 mm 金属方孔筛,并应符合现行国家标准《实验筛技术要求和检验第 2 部分:金属穿孔板实验筛》(GB/T 6003.2)的规定。

筛孔尺寸偏差为±0.14 mm;孔距 P 优选尺寸 6.9 mm,允许选择范围为 5.9～7.9 mm;优选板厚 1 mm,允许选择的范围是 0.8～1.5 mm。

金属穿孔筛板上的方孔应按直线和交错线布置(图 27.7)。筛孔 4 mm 及以上的筛板应留有未穿孔边缘,各孔必须完整(图 27.8)。这个边缘受筛孔的尺寸、孔距和制造商生产的不同宽度的未穿孔边的影响。

方孔的角可以倒圆,允许最大倒圆圆弧半径可按式(27.10)计算:

$$r_{max} = 0.15\omega \qquad (27.10)$$

式中　r_{max} ——最大倒角圆弧半径,单位为毫米(mm);

　　　ω ——筛孔的公称尺寸,单位为毫米(mm)。

筛板的材料采用钢板时,边缘处有时会使用黄铜,用户要求其他材料时需做特殊的说明,如:不锈钢。

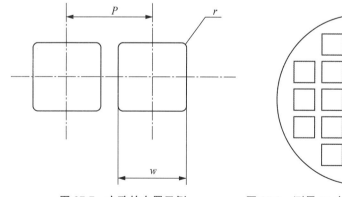

图 27.7　方孔的布置示例　　图 27.8　测量 21 个孔的筛板上孔的布置示例

3. 实验步骤

本实验按如下步骤进行。

（1）应按下列步骤测定容量筒容积：应将干净容量筒与玻璃板一起称重；将容量筒装满水，缓慢将玻璃板从筒口一侧推到另一侧，容量筒内应满水并且不应存在气泡，擦干筒外壁，再次称重；两次称重结果之差除以该温度下水的密度应为容量筒容积 V；常温下水的密度可取 1 kg/L。

（2）采用湿布擦净容量筒的内表面，再称量容量筒质量 m_1，精确至 1 g。

（3）从搅拌机口分别取最先出机和最后出机的混凝土试样各一份，每份混凝土试样量不应少于 5 L。

（4）方孔筛应固定在托盘上，分别将所取的混凝土试样倒入方孔筛，筛得两份砂浆；并测定砂浆拌合物的稠度。

（5）砂浆试样的装料及密实方法根据砂浆拌合物的稠度而定，并应符合下列规定：

① 当砂浆稠度不大于 50 mm 时，宜采用振动台振实，振动台振实时，砂浆拌合物应一次性装填至高出容量筒，并在振动台上振动 10 s，振动过程中砂浆试样低于容量筒筒口时，应随时添加；

② 砂浆稠度大于 50 mm 时，宜采用人工插捣；人工插捣时，应一次性将砂浆拌合物装填至高出容量筒，用捣棒由边缘向中心均匀地插捣 25 次，插捣过程中砂浆试样低于容量筒筒口时，应随时添加，并用橡皮锤沿容量筒外壁敲击 5~6 次。

（6）砂浆拌合物振实或插捣密实后，应将筒口多余的砂浆拌合物刮去，使砂浆表面平整，然后将容量筒外壁擦净，称出砂浆与容量筒总质量 m_2，精确至 1 g。

4. 数据计算及结果处理

砂浆的表观密度应按式（27.11）计算：

$$\rho_m = \frac{(m_2 - m_1) \times 1\,000}{V} \tag{27.11}$$

式中　ρ_m——砂浆拌合物的表观密度，单位为千克每立方米（kg/m^3），结果精确至 10 kg/m^3；

m_1——容量筒质量，单位为千克（kg）；

m_2——容量筒及砂浆试样总质量，单位为千克（kg）；

V——容量筒容积，单位为升（L）；精确至 0.01 L。

混凝土拌合物的搅拌均匀性可用先后出机取样的混凝土砂浆密度偏差率作为评定的依据。

混凝土砂浆密度偏差率应按式（27.12）计算：

$$DR_\rho = \left| \frac{\Delta \rho_m}{\rho_{max}} \right| \times 100\% \tag{27.12}$$

式中　DR_ρ——混凝土砂浆密度偏差率，用百分数表示，结果精确至 0.1%；

$\Delta \rho_m$——先后出机取样混凝土砂浆拌合物表观密度的差值，单位为千克每立方米（kg/m^3）；

ρ_{max}——先后出机取样混凝土砂浆拌合物表观密度的最大值（kg/m^3）。

(二)混凝土稠度法

1. 实验原理

以不同取样部位混凝土拌合物稠度(扩展度、坍落度)之差反映混凝土拌合物均匀性。

2. 仪器设备

同坍落度实验、维勃稠度实验、扩展度实验仪器设备要求。

3. 实验步骤

应从搅拌机口分别取最先出机和最后出机的混凝土拌合物试样各一份,每份混凝土拌合物试样量不应少于 10 L。

混凝土拌合物的搅拌均匀性可用先后出机取样的混凝土拌合物的稠度差值(坍落度差值、扩展度差值、维勃稠度差值)作为评定的依据。混凝土坍落度实验应按本章坍落度实验中的规定分别测试两份混凝土拌合物试样的坍落度值;混凝土扩展度实验应按本章扩展度实验中的规定分别测试两份混凝土拌合物试样的扩展度值;混凝土维勃稠度实验应按本章维勃稠度实验中的规定分别测试两份混凝土拌合物试样的维勃稠度值。

4. 数据计算及结果处理

(1) 混凝土拌合物坍落度差值应按式(27.13)计算:

$$\Delta H = | H_1 - H_2 | \qquad (27.13)$$

式中　ΔH ——混凝土拌合物的坍落度差值,单位为毫米(mm),结果精确至 1 mm;
　　　H_1 ——先出机取样混凝土拌合物坍落度值,单位为毫米(mm);
　　　H_2 ——后出机取样混凝土拌合物坍落度值,单位为毫米(mm)。

(2) 混凝土拌合物扩展度差值应按式(27.14)计算:

$$\Delta L = | L_1 - L_2 | \qquad (27.14)$$

式中　ΔL ——混凝土拌合物的扩展度差值,单位为毫米(mm),结果精确至 1 mm;
　　　L_1 ——先出机取样混凝土拌合物扩展度值,单位为毫米(mm);
　　　L_2 ——后出机取样混凝土拌合物扩展度值,单位为毫米(mm)。

(3) 混凝土拌合物维勃稠度差值应按式(27.15)计算:

$$\Delta t_V = | t_{V1} - t_{V2} | \qquad (27.15)$$

式中　Δt_V ——混凝土拌合物的维勃稠度差值,单位为秒(s),结果精确至 1 s;
　　　t_{V1} ——先出机取样混凝土拌合物维勃稠度差值,单位为秒(s);
　　　t_{V2} ——后出机取样混凝土拌合物维勃稠度差值,单位为秒(s)。

十一、抗离析性能实验

(一)实验原理

以透过标准筛的混凝土质量与倒入标准筛混凝土总质量的比值作为混凝土离析率,反映混凝土离析性能。

(二)仪器设备

1. 电子天平:量程应为 20 kg,感量不应大于 1 g。

2. 实验筛:筛孔公称直径为 5.00 mm 金属方孔筛,筛框直径应为 300 mm,具体要求同均匀性实验仪器设备。

3. 盛料器:由钢或不锈钢制成,内径应为 208 mm,上节高度应为 60 mm,下节带底净高为 234 mm,在上、下层连接处应加宽 3～5 mm,并设有橡胶垫圈(图 27.9)。

（三）实验步骤

本实验按如下步骤进行。

（1）应先取(10±0.5)L 混凝土拌合物盛满于盛料器中,放置在水平位置上,加盖静置(15±0.5)min。

（2）方孔筛应固定在托盘上,然后将盛料器上节混凝土拌合物完全移出,应用小铲辅助将混凝土拌合物及其表层泌浆倒入方孔筛;移出上节混凝土后应使下节混凝土的上表面与下节筒的上沿齐平;称量倒入实验筛中的混凝土的质量 m_c,结果精确至 1 g。

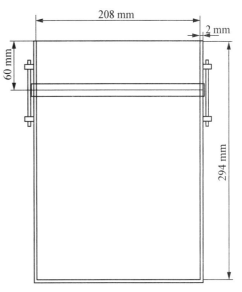

图 27.9 盛料器形状和尺寸

（3）将上节混凝土拌合物倒入方孔筛后,应静置(120±5)s。

（4）将筛及筛上的混凝土拌合物移走,应称量通过筛孔流到托盘上的浆体质量 m_m,精确至 1 g。

（四）结果计算及数据处理

混凝土拌合物离析率应按式(27.16)计算:

$$SR = \frac{m_m}{m_c} \times 100\% \tag{27.16}$$

式中 SR ——混凝土拌合物离析率,用百分数表示,结果精确至 0.1%;

m_m ——通过标准筛的砂浆质量,单位为克(g);

m_c ——倒入标准筛混凝土的质量,单位为克(g)。

实验 28　普通混凝土力学性能实验

一、实验意义和目的

强度等力学性能是硬化混凝土重要的技术性质。例如,抗压强度是混凝土结构设计、施工质量控制和工程验收的重要依据,其不仅与水泥浆体的结构直接相关,并且与其他性能关系密切,通常可以大体反映混凝土的质量。本实验介绍了测定混凝土系列力学性能的方法,可以根据具体情况选择其中某些性能开展实验。具体实验目的如下:

（1）掌握测定混凝土力学性能的实验原理和实验方法。

（2）测定混凝土抗压强度、静力受压弹性模量、劈裂抗拉强度和抗折强度。

二、实验原理

抗压强度：指立方体试件单位面积上所能承受的最大压力。本实验测试原理在于用仪器测试在外力作用下混凝土试件能承受的最大压力，用最大压力除以受力面积得到抗压强度。

静力受压弹性模量：指棱柱体试件或圆柱体试件轴向承受一定压力时，产生单位变形所需要的应力。本实验测试原理在于测定混凝土试件在弹性极限限度内，应力与应变的比值。

劈裂抗拉强度：指立方体试件或圆柱体试件上、下表面中间承受均布压力劈裂破坏时，压力作用的竖向平面内产生近似均布的极限拉应力。本实验测试原理在于用试件受到拉力后断裂时其所承受的最大负荷除以截面积所得到的应力值表示劈裂抗拉强度。

抗折强度：指混凝土试件小梁承受弯矩作用折断破坏时，混凝土试件表面所承受的极限拉应力。本实验测试原理在于通过仪器测得混凝土试件在承受弯曲达到破裂时的最大应力值，并将其除以截面积，即可得到抗折强度。

三、基本规定

（一）一般规定

1. 实验环境相对湿度不宜小于 50％，温度应保持在(20±5)℃。

2. 实验仪器设备应具有有效期内的计量检定或校准证书。

（二）试件的横截面尺寸

1. 试件的最小横截面尺寸应根据混凝土中骨料的最大粒径按表 28.1 选定。

表 28.1　试件的最小横截面尺寸

骨料最大粒径/mm		试件最小横截面尺寸 /mm×mm
劈裂抗拉强度实验	其他实验	
19.0	31.5	100×100
37.5	37.5	150×150
—	63.0	200×200

2. 制作试件应采用符合本实验仪器设备规定的试模，并应保证试件的尺寸满足要求。

（三）试件的尺寸测量与公差

1. 试件尺寸测量应符合下列规定：

（1）试件的边长和高度宜采用游标卡尺进行测量，结果精确至 0.1 mm。

（2）圆柱形试件的直径应采用游标卡尺分别在试件的上部、中部和下部相互垂直的两个位置上共测量 6 次，取测量的算术平均值作为直径值，应精确至 0.1 mm。

（3）试件承压面的平面度可采用钢板尺和塞尺进行测量。测量时，应将钢板尺立起横放在试件承压面上，慢慢旋转 360°，用塞尺测量其最大间隙作为平面度值，也可采用其他专用设备测量,结果应精确至 0.01 mm。

(4) 试件相邻面间的夹角应采用游标量角器进行测量,结果精确至 0.1°。

2. 试件各边长、直径和高的尺寸公差不得超过 1 mm。

3. 试件承压面的平面度公差不得超过 0.0005d, d 为试件的边长。

4. 试件相邻面间的夹角应为 90°,其公差不得超过 0.5°。

5. 试件制作时应采用符合标准要求的试模并精确安装,应保证试件的尺寸公差满足要求。

四、试件的制作与养护

(一) 仪器设备

1. 试模应符合现行行业标准《混凝土试模》(JG 237)的有关规定,当混凝土强度等级不低于 C60 时,宜采用铸铁或铸钢试模成型。应定期对试模进行核查,核查周期不宜超过三个月。

2. 振动台应符合现行行业标准《混凝土试验用振动台》(JG/T 245)的有关规定,振动频率应为(50±2)Hz,空载时振动台面中心点的垂直振幅应为(0.5±0.02)mm。

3. 捣棒应符合现行行业标准《混凝土坍落度仪》(JG/T 248)的有关规定,直径应为(16±0.2)mm,长度应为(600±5)mm,端部呈半球形。

4. 橡皮锤或木槌的锤头质量宜为 0.25～0.50 kg。

5. 对于干硬性混凝土应备制成型模套、压重钢板、压重块或其他加压装置。套膜的内轮廓尺寸应与试模内轮廓尺寸相同,高度宜为 50 mm,不易变形并可固定于试模上;压重钢板边长尺寸或直径应小于试模内轮廓尺寸,二者尺寸之差宜为 5 mm。

(二) 取样与试样制备

1. 混凝土取样与试样的制备应符合现行国家标准《普通混凝土拌合物性能试验方法标准》(GB/T 50080)的有关规定。

2. 每组试件所用的拌合物应从同一盘混凝土或同一车混凝土中取样。

3. 取样和实验室拌制的混凝土应尽快成型。

4. 制备混凝土试样时,应采用劳动防护措施。

(三) 试件的制作

1. 试件成型前,应检查试模尺寸并应符合仪器设备的规定;应将试模擦拭干净,在其内壁上均匀地涂刷一薄层矿物油或其他不与混凝土发生反应的隔离剂,试模内壁隔离剂应均匀分布,不应有明显沉积。

2. 混凝土拌合物在入模前应保证其均匀性。

3. 宜根据混凝土拌合物的稠度或实验目的确定适宜的成型方法,混凝土应充分密实,避免分层离析。

(1) 用振动台振实制作试件应按下述方法进行:

① 将混凝土拌合物一次装入试模,装料时应用抹刀沿各试模内壁插捣,并使混凝土拌合物高出试模口。

② 试模应附着或固定在振动台上,振动时应防止试模在振动台上自由跳动,振动应持

续到表面出浆且无明显大气泡逸出为止,不得过振。

(2) 用人工插捣制作试件应按下述方法进行:

① 混凝土拌合物应分两层装入模内,每层的装料厚度应大致相等。

② 插捣应按螺旋方向从边缘向中心均匀进行。在插捣底层混凝土时,捣棒应达到试模底部;插捣上层时,捣棒应贯穿上层后插入下层20~30 mm;插捣时捣棒应保持垂直,不得倾斜,插捣后应用抹刀沿试模内壁插拔数次。

③ 每层插捣次数按在10 000 mm² 截面积内不得少于12次。

④ 插捣后应用橡皮锤或木槌轻轻敲击试模四周,直至插捣棒留下的空洞消失为止。

(3) 用插入式振捣棒振实制作试件应按下述方法进行:

① 将混凝土拌合物一次装入试模,装料时应用抹刀沿试模内壁插捣,并使混凝土拌合物高出试模上口。

② 宜用直径为25 mm 的插入式振捣棒。插入试模振捣时,振捣棒距试模底板宜为10~20 mm 且不得触及试模底板,振动应持续到表面出浆且无明显大气泡逸出为止,不得过振。振捣时间宜为20 s,振捣棒拔出时应缓慢,拔出后不得留有孔洞。

(4) 自密实混凝土应分两次将混凝土拌合物装入试模。每层的装料厚度宜相等,中间间隔10 s,混凝土应高出试模口,不应使用振动台、人工插捣或振捣棒方法成型。

(5) 对于干硬性混凝土可按下述方法成型试件:

① 混凝土拌合完成后,应倒在不吸水的底板上,采用四分法取样装入铸铁或铸钢的试模。

② 通过四分法将混合均匀的干硬性混凝土料装入试模约1/2 高度,用捣棒进行均匀插捣。插捣密实后,继续装料之前,试模上方应加上套模,第二次装料应略高于试模顶面,然后进行均匀插捣,混凝土顶面应略高出试模顶面。

③ 插捣应按螺旋方向从边缘向中心均匀进行。在插捣底层混凝土时,捣棒应达到试模底部。插捣上层时,捣棒应贯穿上层后插入下层10~20 mm。插捣时捣棒应保持垂直,不得倾斜。每层插捣完毕后,用平刀沿试模内壁插一遍。

④ 每层插捣次数按在10 000 mm² 截面积内不得少于12次。

⑤ 装料插捣完毕后,将试模附着或固定在振动台上,并放置压重钢板和压重块或其他加压装置,应根据混凝土拌合物的稠度调整压重块的质量或加压装置的施加压力。开始振动,振动时间不宜少于混凝土的维勃稠度,且应表面泛浆为止。

4. 试件成型后刮除试模上口多余的混凝土,待混凝土临近初凝时,用抹刀沿着试模口抹平。试件表面与试模边缘的高度差不得超过0.5 mm。

5. 制作的试件应有明显和持久的标记,且不破坏试件。

(四)试样养护

1. 试件成型抹面后应立即用塑料薄膜覆盖表面,或采用其他保持试件表面湿度的方法。

2. 试件成型后应在温度为(20±5)℃、相对湿度大于50%的室内静止1~2 d,试件静置期间应避免受到振动和冲击,静置后编号标记、拆模,当试件有严重缺陷时,应按废弃处理。

3. 试件拆模后应立即放入温度为(20±2)℃,相对湿度为95%以上的标准养护室中养护,或在温度为(20±2)℃的不流动的 Ca(OH)₂ 饱和溶液中养护。标准养护室内的试件应放在支架上,彼此间隔 10~20 mm,试件表面应保持潮湿,并不得被水直接冲淋试件。

4. 试件的养护龄期可分为 1 d、3 d、7 d、28 d、56 d 或 60 d、84 d 或 90 d、180 d 等,也可根据设计龄期或需要进行确定,龄期应从搅拌加水开始计时,养护龄期的允许偏差应符合表 28.2 的规定。

表 28.2　养护龄期允许偏差

养护龄期	1 d	3 d	7 d	28 d	56 d 或 60 d	≥84 d
允许偏差	±30 min	±2 h	±6 h	±20 h	±24 h	±48 h

五、抗压强度的测定

(一) 试件尺寸和数量

1. 标准试件是边长为 150 mm 的立方体试件。

2. 边长为 100 mm 和 200 mm 的立方体试件是非标准试件。

3. 每组试件应为 3 块。

(二) 仪器设备

1. 压力试验机应符合下列规定:

(1) 试件破坏荷载宜大于压力机全量程的 20% 且小于压力机全量程的 80%。

(2) 示值相对误差应为 ±1%。

(3) 应具有加荷速度指示装置或加荷速度控制装置,并应能均匀、连续地加荷。

(4) 试验机上、下承压板的平面度公差不应大于 0.04 mm;平行度公差不应大于 0.05 mm;表面硬度不应小于 55HRC;板面应光滑、平整,表面粗糙度 R_a 不应大于 0.80 μm。

(5) 球座应转动灵活;球座宜置于试件顶面,并凸面朝上。

(6) 其他要求应符合现行国家标准《液压式万能试验机》(GB/T 3159)和《试验机　通用技术要求》(GB/T 2611)的有关规定。

2. 当压力试验机的上、下承压面的平面度、表面硬度和粗糙度不符合上述(4)的要求时,上、下承压板与试件之间应各垫以钢垫板。钢垫板应符合下列规定:

(1) 钢垫板的平面尺寸不应小于试件的承压面积,厚度不应小于 25 mm。

(2) 钢垫板应机械加工,承压面的平面度、平行度、表面硬度和粗糙度应符合上述(4)的要求。

3. 混凝土强度不小于 60 MPa 时,试件周围应设防护网罩。

4. 游标卡尺的量程不应小于 200 mm,分度值宜为 0.02 mm。

5. 塞尺最小叶片厚度不应大于 0.02 mm,同时应配置直板尺。

6. 游标量角器的分度值应为 0.1°。

(三) 实验步骤

本实验按如下步骤进行。

(1) 试件到达试验龄期时,从养护地点取出后,应检查其尺寸及形状,尺寸公差应满足规定,试件取出后应尽快进行实验。

（2）试件放置试验机前,应将试件表面与上、下承压板面擦拭干净。

（3）以试件成型时的侧面为承压面,将试件安放在试验机的下压板或垫板上,试件的中心应与试验机下压板中心对准。

（4）启动试验机,试件表面与上、下承压板或钢垫板应均匀接触。

（5）实验过程中应连续均匀地加荷,加荷速度应取 0.3～1.0 MPa/s。当立方体抗压强度小于 30 MPa 时,加荷速度宜取 0.3～0.5 MPa/s;立方体抗压强度为 30～60 MPa 时,加荷速度宜取 0.5～0.8 MPa/s;立方体抗压强度不小于 60 MPa 时,加荷速度宜取 0.8～1.0 MPa/s。

（6）手动控制压力机加荷速度时,当试件接近破坏开始急剧变形时,应停止调整试验机油门,直至破坏,并记录破坏荷载。

（四）结果计算及数据处理

1. 混凝土立方体抗压强度应按式(28.1)计算：

$$f_{cc} = \frac{F}{A} \tag{28.1}$$

式中　f_{cc}——混凝土立方体试件抗压强度,单位为兆帕(MPa),结果精确至 0.1 MPa;

　　　F——试件破坏荷载,单位为牛顿(N);

　　　A——试件承压面积,单位为平方毫米(mm^2)。

2. 立方体试件抗压强度值的确定应符合下列规定：

（1）取 3 个试件测值的算术平均值作为该组试件的强度值,结果精确至 0.1 MPa。

（2）当 3 个测值中的最大值或最小值中有一个与中间值的差值超过中间值的 15% 时,则应把最大及最小值剔除,取中间值作为该组试件的抗压强度值。

（3）当最大值和最小值与中间值的差值均超过中间值的 15% 时,该组试件的实验结果无效。

3. 混凝土强度等级小于 C60 时,用非标准试件测得的强度值均应乘以尺寸换算系数,对 200 mm×200 mm×200 mm 试件可取为 1.05;对 100 mm×100 mm×100 mm 试件可取为 0.95。

4. 当混凝土强度等级不小于 C60 时,宜采用标准试件;当使用非标准试件时,混凝土强度等级不大于 C100 时,尺寸换算系数宜由实验确定,在未进行实验确定的情况下,对 100 mm×100 mm×100 mm 的试件可取为 0.95;混凝土强度等级大于 C100 时,尺寸换算系数应经实验确定。

六、轴心抗压强度的测定

（一）试件尺寸和数量

1. 标准试件是边长为 150 mm×150 mm×300 mm 的棱柱体试件。

2. 边长为 100 mm×100 mm×300 mm 和 200 mm×200 mm×400 mm 的棱柱体试件是非标准试件。

3. 每组试件应为 3 块。

（二）仪器设备

仪器设备同立方体抗压强度实验。

（三）实验步骤

本实验按如下步骤进行。

（1）试件到达试验龄期时，从养护地点取出后，应检查其尺寸及形状，尺寸公差应满足规定，试件取出后应尽快进行实验。

（2）试件放置试验机前，应将试件表面与上、下承压板面擦拭干净。

（3）将试件直立放置在试验机的下压板或钢垫板上，并使试件轴心与下压板中心对准。

（4）开启试验机，试件表面与上下承压板或钢垫板应均匀接触。

（5）实验过程中应连续均匀地加荷，加荷速度应取 0.3～1.0 MPa/s。当棱柱体混凝土试件轴心抗压强度小于 30 MPa 时，加荷速度宜取 0.3～0.5 MPa/s；棱柱体混凝土试件轴心抗压强度为 30～60 MPa 时，加荷速度宜取 0.5～0.8 MPa/s；棱柱体混凝土试件轴心抗压强度不小于 60 MPa 时，加荷速度宜取 0.8～1.0 MPa/s。

（6）手动控制压力机加荷速度时，当试件接近破坏开始急剧变形时，应停止调整试验机油门，直至破坏，并记录破坏荷载。

（四）结果计算及数据处理

1. 混凝土试件轴心抗压强度应按式(28.2)计算：

$$f_{cp} = \frac{F}{A} \tag{28.2}$$

式中　f_{cp}——混凝土轴心抗压强度，单位为兆帕(MPa)，结果精确至 0.1 MPa；

F——试件破坏荷载，单位为牛顿(N)；

A——试件承压面积，单位为平方毫米(mm^2)。

2. 强度值的确定应符合下列规定：

（1）取 3 个试件测值的算术平均值作为该组试件的强度值，结果精确至 0.1 MPa。

（2）当 3 个测值中的最大值或最小值中有一个与中间值的差值超过中间值的 15％时，则应把最大及最小值剔除，取中间值作为该组试件的抗压强度值。

（3）当最大值和最小值与中间值的差值均超过中间值的 15％时，该组试件的实验结果无效。

3. 混凝土强度等级小于 C60 时，用非标准试件测得的强度值均应乘以尺寸换算系数，对 200 mm×200 mm×400 mm 试件可取为 1.05；对 100 mm×100 mm×300 mm 试件可取为 0.95。当混凝土强度等级大于或等于 C60 时，宜采用标准试件；使用非标准试件时，尺寸换算系数应由实验确定。

七、棱柱体试件静力受压弹性模量的测定

（一）试件尺寸和数量

1. 标准试件是边长为 150 mm×150 mm×300 mm 的棱柱体试件。

2. 边长为 100 mm×100 mm×300 mm 和 200 mm×200 mm×400 mm 的棱柱体试件是非标准试件。

3. 每次实验应制备 6 个试件,其中 3 个用于测定轴心抗压强度,另外 3 个用于测定静力受压弹性模量。

(二) 仪器设备

1. 压力试验机:同立方体抗压强度实验仪器设备。

2. 微变形测量仪

(1) 微变形测量仪器可采用千分表、电阻应变片、激光测长仪、引伸仪或位移传感器等。采用千分表或位移传感器时应备有微变形测量固定架,试件的变形通过微变形测量固定架传递到千分表或位移传感器。采用电阻应变片或位移传感器测量试件变形时,应备有数据自动采集系统,条件许可时,可采用荷载和位移数据同步采集系统。

(2) 当采用千分表和位移传感器时,其测量精度应为 ±0.001 mm;当采用电阻应变片、激光测长仪或引伸仪时,其测量精度应为 ±0.001%。

(3) 标距应为 150 mm。

(三) 实验步骤

本实验按如下步骤进行。

(1) 试件到达试验龄期时,从养护地点取出后,应检查其尺寸及形状,尺寸公差应满足规定,试件取出后应尽快进行实验。

(2) 取一组试件按本章轴心抗压强度的测定实验步骤,测定混凝土的轴心抗压强度(f_{cp}),另一组试件用于测定混凝土的弹性模量。

(3) 在测定混凝土弹性模量时,微变形测量仪应安装在试件两侧的中线上并对称于试件的两端。当采用千分表或位移传感器时,应将千分表或位移传感器固定在变形测量架上,试件的测量标距应为 150 mm,由标距定位杆定位,将变形测量架通过紧固螺钉固定。当采用电阻应变仪测量变形时,应变片的标距应为 150 mm,试件从养护室取出后,应对贴应变片区域的试件表面缺陷进行处理,可采用电吹风吹干试件表面后,并在试件的两侧中部用 502 胶水粘贴应变片。

(4) 试件放置试验机前,应将试件表面与上下承压板面擦拭干净。

(5) 将试件直立放置在试验机的下压板或钢垫板上,并应使试件轴心与下压板中心对准。

(6) 开启试验机,试件表面与上下承压板或钢垫板应均匀接触。

(7) 加荷至基准应力为 0.5 MPa 的初始荷载值 F_0,保持恒载 60 s 并在以后的 30 s 内记录每测点的变形读数 ε_0。应立即连续均匀地加荷至应力为轴心抗压强度 f_{cp} 的 1/3 的荷载值 F_a,保持恒载 60 s 并在以后的 30 s 内记录每一测点的变形读数 ε_a。所用加荷速度应符合抗压强度实验中的规定。

(8) 左右两侧的变形值之差与它们平均值之比大于 20% 时,应重新对准试件后重复第(7)步的试验。当无法使其减少到小于 20% 时,则此次实验无效。

(9) 在确认试件符合第(8)步规定后,以与加荷速度相同的速度卸荷至基准应力 0.5 MPa(F_0),恒载 60 s;应用同样的加荷和卸荷速度以及 60 s 的保持恒载(F_0 及 F_a)至少进行两次反复预压。在最后一次预压完成后,应在基准应力 0.5 MPa(F_0)持荷 60 s 并在以后的 30 s 内记录每一测点的变形读数 ε_0;再用同样的加荷速度加荷至 F_a,持荷 60 s 并在以后的 30 s 内记录每一测点的变形读数 ε_a(图 28.1)。

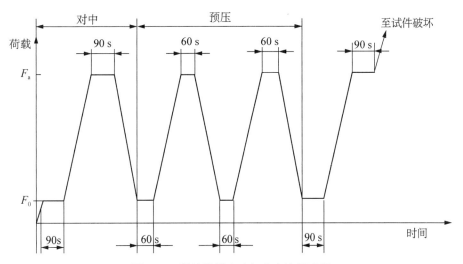

图 28.1　弹性模量实验加荷方法示意图

注：(1) 90 s 包括 60 s 持荷 30 s 读数；(2) 60 s 为持荷。

（10）卸除变形测量仪，应以同样的速度加荷至破坏，记录破坏荷载；当测量弹性模量之后的试件抗压强度与 f_{cp} 之差超过 f_{cp} 的 20% 时，应在报告中注明。

（四）结果计算及数据处理

1. 混凝土静压受力弹性模量值应按式（28.3）计算：

$$E_c = \frac{F_a - F_0}{A} \times \frac{L}{\Delta n} \tag{28.3}$$

式中　E_c——混凝土静压受力弹性模量，单位为兆帕（MPa），结果精确至 100 MPa；

　　　F_a——应力为 1/3 轴心抗压强度时的荷载，单位为牛顿（N）；

　　　F_0——应力为 0.5 MPa 时的初始荷载，单位为牛顿（N）；

　　　A ——试件承压面积，单位为平方毫米（mm²）；

　　　L ——测量标距，单位为毫米（mm）；

　　　Δn ——最后一次从 F_0 加荷至 F_a 时试件两侧变形的平均值，单位为毫米（mm）。

$$\Delta n = \varepsilon_a - \varepsilon_0 \tag{28.4}$$

式中　ε_a——F_a 时试件两侧变形的平均值，单位为毫米（mm）；

　　　ε_0——F_0 时试件两侧变形的平均值，单位为毫米（mm）。

2. 应将 3 个试件测值的算术平均值作为该组试件的弹性模量值，结果应精确至 100 MPa。当其中有一个试件在测定弹性模量后的轴心抗压强度值与用以确定检验控制荷载的轴心抗压强度值相差超过后者的 20% 时，弹性模量值应按另两个试件测值的算术平均值计算；当有两个试件在测定弹性模量后的轴心抗压强度值与用以确定检验控制荷载的轴心抗压强度值相差超过后者的 20% 时，此次试验无效。

八、立方体试件劈裂抗拉强度的测定

(一) 试件尺寸和数量

1. 标准试件是边长为 150 mm 的立方体试件。

2. 边长为 100 mm 和 200 mm 的立方体试件是非标准试件。

3. 每组试件应为 3 块。

(二) 仪器设备

1. 压力试验机:同立方体抗压强度实验仪器设备。

2. 垫块、垫条和支架。

劈裂抗拉强度试验用垫块、垫条和支架,具体装置如图 28.2 所示。

垫块应采用横截面半径为 75 mm 的钢制弧形垫块,其长度应与试件相同。

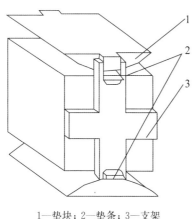

1—垫块;2—垫条;3—支架

图 28.2 劈裂抗拉实验装置示意图

定位支架应为钢支架。

垫条应由普通胶合板或硬质纤维板制成,宽度应为 20 mm,厚度应为 3~4 mm,长度不应小于试件长度,垫条不得重复使用。普通胶合板应满足现行国家标准《普通胶合板》(GB/T 9846)中一等品及以上有关要求,硬质纤维板密度不应小于 900 kg/m³,表面应砂光,其他性能应满足现行国家标准《湿法硬质纤维板》(GB/T 12626)的有关要求。

(三) 实验步骤

本实验按如下步骤进行。

(1) 试件到达试验龄期时,从养护地点取出后,应检查其尺寸及形状,尺寸公差应满足规定,试件取出后应尽快进行实验。

(2) 试件放置试验机前,应将试件表面与上、下承压板面擦拭干净。在试件成型时的顶面和底面中部画出相互平行的直线,确定出劈裂面的位置。

(3) 将试件放在试验机下承压板的中心位置,劈裂承压面和劈裂面应与试件成型时的顶面垂直;在上、下压板与试件之间垫以圆弧形垫块及垫条各一条,垫块与垫条应与试件上、下面的中心线对准并与成型时的顶面垂直。宜把垫条及试件安装在定位架上使用(图 28.2)。

(4) 启动试验机,试件表面与上、下承压板或钢垫板应均匀接触。

(5) 在实验过程中应连续均匀地加荷,当对应的立方体抗压强度小于 30 MPa 时,加荷速度宜取 0.02~0.05 MPa/s;对应立方体抗压强度为 30~60 MPa 时,加荷速度宜取 0.05~0.08 MPa/s;对应的立方体抗压强度不小于 60 MPa 时,加荷速度宜取 0.08~0.10 MPa/s。

(6) 手动控制压力机加荷速度时,当试件接近破坏时,应停止调整试验机油门,直至破坏,然后记录破坏荷载。

(7) 试件断裂面应垂直于承压面,当断裂面不垂直于承压面时,应做好记录。

（四）结果计算及数据处理

1. 混凝土劈裂抗拉强度应按式(28.5)计算：

$$f_{ts} = \frac{2F}{\pi A} = 0.637\frac{F}{A} \tag{28.5}$$

式中 f_{ts}——混凝土劈裂抗拉强度,单位为兆帕(MPa),结果精确至 0.01 MPa;

F——试件破坏荷载,单位为牛顿(N);

A——试件劈裂面面积,单位为平方毫米(mm²)。

2. 劈裂抗拉强度值的确定应符合下列规定：

（1）应以 3 个试件测值的算术平均值作为该组试件的劈裂抗拉强度值,结果精确至 0.01 MPa。

（2）3 个测值中的最大值或最小值中如有一个与中间值的差值超过中间值的 15％时,则把最大及最小值一并舍除,取中间值作为该组试件的劈裂抗拉强度值。

（3）如最大值与最小值与中间值的差均超过中间值的 15％,则该组试件的试验结果无效。

3. 采用 100 mm×100 mm×100 mm 非标准试件测得的劈裂抗拉强度值,应乘以尺寸换算系数 0.85;当混凝土强度等级不小于 C60 时,宜采用标准试件。

九、抗折强度的测定

（一）试件尺寸和数量

1. 标准试件是边长为 150 mm×150 mm×600 mm 或 150 mm×150 mm×550 mm 的棱柱体试件。

2. 边长为 100 mm×100 mm×400 mm 的棱柱体试件是非标准试件。

3. 在试件长向中部 1/3 区段内表面不得有直径超过 5 mm、深度超过 2 mm 的孔洞。

4. 每组试件应为 3 块。

（二）仪器设备

1. 压力试验机:同立方体抗压强度实验仪器设备。

2. 抗折实验装置如图 28.3 所示。

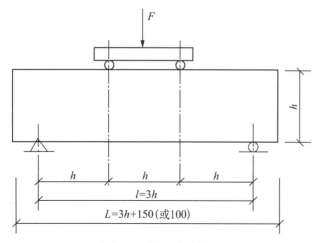

图 28.3 抗折实验装置

（1）双点加荷的钢制加荷头应使两个相等的荷载同时垂直作用在试件跨度的两个三分点处。

（2）与试件接触的两个支座头和两个加荷头应采用直径为 20～40 mm,长度不小于 $b+$ 10 mm 的硬钢圆柱,支座立脚点应为固定铰支,其他 3 个应为滚动支点。

（三）实验步骤

本实验按如下步骤进行。

（1）试件到达试验龄期时,从养护地点取出后,应检查其尺寸及形状,尺寸公差应满足规定,试件取出后应尽快进行实验。

（2）试件放置试验机前,应将试件表面擦拭干净,并在试件侧面画出加荷线位置。

（3）试件安装时可调整支座和加荷头位置,安装尺寸偏差不得大于 1 mm(图 28.3)。试件的承压面应为试件成型时的侧面。支座及承压面与圆柱的接触面应平稳、均匀,否则应垫平。

（4）在实验过程中应连续均匀地加荷,当对应的立方体抗压强度小于 30 MPa 时,加荷速度宜取 0.02～0.05 MPa/s;对应立方体抗压强度为 30～60 MPa 时,加荷速度宜取 0.05～0.08 MPa/s;对应的立方体抗压强度不小于 60 MPa 时,加荷速度宜取 0.08～0.10 MPa/s。

（5）手动控制压力机加荷速度时,当试件接近破坏时,应停止调整试验机油门,直至破坏,并记录破坏荷载及试件下边缘断裂位置。

（四）结果计算及数据处理

1. 若试件下边缘断裂位置处于两个集中荷载作用线之间,则试件的抗折强度 f_f(MPa)按式(28.6)计算:

$$f_f = \frac{Fl}{bh^2} \qquad (28.6)$$

式中　f_f——混凝土抗折强度,单位为兆帕(MPa),结果精确至 0.1 MPa;

　　　F——试件破坏荷载,单位为牛顿(N);

　　　l——支座间跨度,单位为毫米(mm);

　　　h——试件截面高度,单位为毫米(mm);

　　　b——试件截面宽度,单位为毫米(mm)。

2. 抗折强度值的确定应符合下列规定:

（1）应以 3 个试件测值的算术平均值作为该组试件的抗折强度值,结果精确至 0.1 MPa。

（2）当 3 个测值中的最大值或最小值中如有一个与中间值的差值超过中间值的 15% 时,则把最大及最小值一并舍除,取中间值作为该组试件的抗折强度值。

（3）当最大值和最小值与中间值的差值均超过中间值的 15% 时,则该组试件的实验结果无效。

3. 当 3 个试件中有一个折断面位于两个集中荷载之外时,抗折强度值按另两个试件的实验结果计算。当这两个测值的差值不大于这两个测值的较小值的 15% 时,该组试件的抗折强度值按这两个测值的平均值计算,否则该组试件的试验无效。当有两个试件的下边缘断裂位置位于两个集中荷载作用线之外时,该组试件试验无效。

4. 当试件尺寸为 100 mm×100 mm×400 mm 非标准试件时,应乘以尺寸换算系数 0.85。当混凝土强度等级不小于 C60 时,宜采用标准试件;当时用非标准试件时,尺寸换算系数应由试验确定。

实验 29　普通混凝土长期性能和耐久性能实验

一、实验意义和目的

混凝土长期性能和耐久性能是评定混凝土质量的重要指标。本实验介绍了测定混凝土系列长期性能和耐久性能的方法,可以根据具体情况选择其中某一性能开展实验。具体实验目的如下:

(1) 掌握测试混凝土抗冻性、动弹模量、抗渗性和碳化程度的实验原理和实验方法。

(2) 测试混凝土抗冻性、动弹模量、抗渗性或碳化程度。

二、试件制作与养护

试件的制作和养护应符合本书实验 28 中的规定。在制作混凝土长期性能和耐久性能实验用试件时,不应采用憎水性脱模剂,宜同时制作与相应耐久性能实验龄期对应的混凝土立方体抗压强度用试件。

三、抗冻性实验

(一) 实验原理

混凝土的抗冻性是指其在饱和水状态下遭受冰冻时,抵抗冰冻破坏的能力,它是评定混凝土耐久性的重要指标。冻融循环破坏是混凝土恶劣气候破坏的众多原因之一,因此确定混凝土的抗冻性对其使用及应用于工程十分必要。抗冻性实验的原理即混凝土的冻融破坏机理,混凝土达到饱水状态遭水结冰后体积膨胀,在混凝土内部产生压力,由于反复冻融作用或内应力超过混凝土抵抗强度致使混凝土破坏,性能下降。抗冻性以通过标准方法进行冻融循环后强度降低不超过 25% 或质量损失不大于 5% 所能承受的最多冻融循环次数来表示。本实验包括测试抗冻性的慢冻法与快冻法,慢冻法适用于测定混凝土试件在气冻水融条件下的抗冻性能,快冻法适用于测试混凝土试件在水冻水融条件下的抗冻性能。

(二) 慢冻法

1. 混凝土试件尺寸

(1) 实验应采用尺寸为 100 mm×100 mm×100 mm 的立方体试件。

(2) 实验所需要的试件组数应符合表 29.1 的规定,每组试件应为 3 块。

表 29.1　慢冻法实验所需要的试件组数

设计抗冻标号	D25	D50	D100	D150	D200	D250	D300	D300 以上
检查强度所需冻融次数	25 次	50 次	50 次及100 次	100 次及150 次	150 次及200 次	200 次及250 次	250 次及300 次	300 次及设计次数
鉴定 28 d 强度所需试件组数	1	1	1	1	1	1	1	1
冻融试件组数	1	1	2	2	2	2	2	2
对比试件组数	1	1	2	2	2	2	2	2
总计试件组数	3	3	5	5	5	5	5	5

2. 仪器设备

(1) 冻融试验箱:设备应能使试件静止不动,并应通过气冻水融进行冻融循环。在满载运转的条件下,冷冻期间冻融试验箱内空气的温度应能保持在 $-20 \sim -18$ ℃范围内;融化期间冻融试验箱内浸泡混凝土试件的水温应能保持在 $18 \sim 20$ ℃范围内;满载时冻融试验箱内各点温度极差不应超过 2 ℃。

采用自动冻融设备时,控制系统还应具有自动控制、数据曲线实时动态显示、断电记忆和实验数据动存储等功能。

(2) 试件架:应采用不锈钢或者其他耐腐蚀的材料制作,其尺寸应与冻融实验箱和所装的试件相适应。

(3) 称量设备:量程应为 20 kg,感量不应超过 5 g。

(4) 压力试验机:应满足本书实验 29 仪器设备中所述规定。

(5) 温度传感器:温度检测范围允许偏差应为 ± 20 ℃,测量精度应为 ± 0.5 ℃。

3. 实验步骤

本实验按如下步骤进行。

(1) 在标准养护室内或同条件养护的冻融实验的试件应在养护龄期为 24 d 时提前将试件从养护地点取出,随后应将试件放在 (20 ± 2) ℃水中浸泡,浸泡时水面应高出试件顶面 $20 \sim 30$ mm,在水中浸泡的时间应为 4 d,试件应在 28 d 龄期时开始进行冻融实验。始终在水中养护的冻融实验的试件,当试件养护龄期达到 28 d 时,可直接进行后续实验,对此种情况,应在实验报告中予以说明。

(2) 当试件养护龄期达到 28 d 时应及时取出冻融实验的试件,用湿布擦除表面水分后应对外观尺寸进行测量(所有试件的承压面的平面度公差不得超过试件的边长或直径的 0.0005。除抗水渗透试件外,其他所有试件的相邻面间的夹角应为 $90°$,公差不得超过 $0.5°$。除特别指明试件的尺寸公差以外,所有试件各边长、直径或高度的公差不得超过 1 mm),并应分别编号、称重,然后按编号置入试件架内,且试件架与试件的接触面积不宜超过试件底面的 1/5。试件与箱体内壁之间应至少留有 20 mm 的空隙。试件架中各试件之间应至少保持 30 mm 的空隙。

(3) 冷冻时间应在冻融箱内温度降至 -18 ℃时开始计算。每次从装完试件到温度降至 -18 ℃所需的时间应在 $1.5 \sim 2.0$ h 内。冻融箱内温度在冷冻时应保持在 $-20 \sim -18$ ℃。

（4）每次冻融循环中试件的冷冻时间不应小于 4 h。

（5）冷冻结束后,应立即加入温度为 18～20 ℃的水,使试件转入融化状态,加水时间不应超过 10 min。控制系统应确保在 30 min 内,水温不低于 10 ℃,且在 30 min 后水温能保持在 18～20 ℃。冻融箱内的水面应至少高出试件表面 20 mm。融化时间不应小于 4 h。融化完毕视为该次冻融循环结束,可进入下一次冻融循环。

（6）每 25 次循环宜对冻融试件进行一次外观检查。当出现严重破坏时,应立即进行称重。当一组试件的平均质量损失率超过 5%,可停止其冻融循环实验。

（7）试件在达到表 29.1 规定的冻融循环次数后,试件应称重并进行外观检查,应详细记录试件表面破损、裂缝及边角缺损情况。当试件表面破损严重时,应先用高强石膏找平,然后应进行抗压强度实验。抗压强度实验应按照本书实验 29 普通混凝土力学性能实验中的相关规定进行。

（8）当冻融循环因故中断且试件处于冷冻状态时,试件应继续保持冷冻状态,直至恢复冻融实验为止,并应将故障原因及暂停时间在实验结果中注明。当试件处在融化状态下因故中断时,中断时间不应超过两个冻融循环的时间。在整个实验过程中,超过两个冻融循环时间的中断故障次数不得超过两次。

（9）当部分试件由于失效破坏或者停止实验被取出时,应用空白试件填充空位。

（10）对比试件应继续保持原有的养护条件,直到完成冻融循环后,与冻融实验的试件同时进行抗压强度实验。

（11）当冻融循环出现下列三种情况之一时,可停止实验:①已达到规定的循环次数;②抗压强度损失率已达到 25%;③ 质量损失率已达到 5%。

4. 结果计算及数据处理

（1）强度损失率应按式（29.1）进行计算:

$$\Delta f_c = \frac{f_{c0} - f_{cn}}{f_{c0}} \times 100\% \tag{29.1}$$

式中 Δf_c—— n 次冻融循环后的混凝土抗压强度损失率,用百分数表示,结果精确至 0.1%;

f_{c0}——对比用的一组混凝土试件的抗压强度测定值,单位为兆帕(MPa),结果精确至 0.1 MPa;

f_{cn}—— 经 n 次冻融循环后的一组混凝土试件的抗压强度测定值,单位为兆帕(MPa),结果精确至 0.1 MPa。

f_{c0} 和 f_{cn} 应以 3 个试件抗压强度实验结果的算数平均值作为测定值。当 3 个试件抗压强度最大值或最小值与中间值之差超过中间值的 15% 时,应剔除此值,再取其余两值的算术平均值作为测定值;当最大值和最小值均超过中间值的 15% 时,应取中间值作为测定值。

（2）单个试件的质量损失率应按式（29.2）计算:

$$\Delta W_{ni} = \frac{W_{0i} - W_{ni}}{W_{0i}} \times 100\% \tag{29.2}$$

式中 ΔW_{ni}——n 次冻融循环后第 i 个混凝土试件的质量损失率,用百分数表示,结果精确至 0.01%;

W_{0i}——冻融循环实验前第 i 个混凝土试件的质量,单位为克(g);

W_{ni}——n 次冻融循环后第 i 个混凝土试件的质量。

(3) 一组试件的平均质量损失率应按式(29.3)计算:

$$\Delta W_n = \frac{\sum_{i=1}^{3} \Delta W_{ni}}{3} \times 100\% \tag{29.3}$$

式中,ΔW_n 为 n 次冻融循环后一组混凝土试件的平均质量损失率,用百分数表示,结果精确至 0.1%。

每组试件的平均质量损失率应以 3 个试件的质量损失率实验结果的算术平均值作为测定值。当某个实验结果出现负值,应取 0,再取 3 个试件的算术平均值。当三个值中的最大值或最小值与中间值之差超过 1% 时,应剔除此值,再取其余两值的算术平均值作为测定值;当最大值和最小值与中间值之差均超过 1% 时,应取中间值作为测定值。

抗冻标号应以抗压强度损失率不超过 25% 或者质量损失率不超过 5% 时的最大冻融循环次数按表 29.1 确定。

(三) 快冻法

1. 混凝土试件

(1) 快冻法抗冻实验应采用尺寸为 100 mm×100 mm×400 mm 的棱柱体试件,每组试件应为 3 块。

(2) 成型试件时,不得采用憎水性脱模剂。

(3) 除制作冻融实验的试件外,尚应制作同样形状、尺寸,且中心埋有温度传感器的测温试件,测温试件应采用防冻液作为冻融介质。测温试件所用混凝土的抗冻性能应高于冻融试件。测温试件的温度传感器应埋设在试件中心。温度传感器不应采用钻孔后插入的方式埋设。

2. 仪器设备

(1) 试件盒:宜采用具有弹性的橡胶材料制作,其内表面底部应有半径为 3 mm 橡胶突起部分。盒内加水后水面应高出试件顶面 5 mm。试件盒横截面尺寸宜为 115 mm× 115 mm,试件盒长度宜为 500 mm,如图 29.1 所示。

(2) 快速冻融装置:该装置除应在测温试件中埋设温度传感器外,尚应在冻融箱内防冻液中心、中心与任何一个对角线的两端分别设有温度传感器。运转时冻融箱内防冻液各点

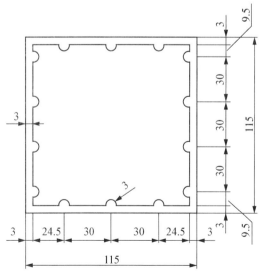

图 29.1 橡胶试件盒横截面示意图(单位:mm)

温度的极差不得超过 2 ℃。

（3）称量设备：最大量程应为 20 kg，感量不应超过 5 g。

（4）混凝土动弹性模量测定仪：应符合本章"动弹性模量实验"中仪器设备的相关要求。

（5）温度传感器：应在 −20～20 ℃ 范围内测定试件中心温度，且测量精度应为 ±0.5 ℃。

3. 实验步骤

本实验按如下步骤进行。

（1）在标准养护室内或同条件养护的试件应在养护龄期为 24 d 时提前将冻融实验的试件从养护地点取出，随后应将冻融试件放在(20±2)℃水中浸泡，浸泡时水面应高出试件顶面 20～30 mm。在水中浸泡时间应为 4 d，试件应在 28 d 龄期时开始进行冻融实验。始终在水中养护的试件，当试件养护龄期达到 28 d 时，可直接进行后续实验。对此种情况，应在实验报告中予以说明。

（2）当试件养护龄期达到 28 d 时应及时取出试件，用湿布擦除表面水分后应对外观尺寸进行测量（试件的外观尺寸应满足表 29.2 要求），并应编号、称量试件初始质量 W_{0i}，然后应按本章"动弹性模量实验"规定测定其横向基频的初始值 f_{0i}。

（3）将试件放入试件盒内，试件应位于试件盒中心，然后将试件盒放入冻融箱内的试件架中，并向试件盒中注入清水。在整个实验过程中，盒内水位高度应始终保持至少高出试件顶面 5 mm。

（4）测温试件盒应放在冻融箱的中心位置。

（5）冻融循环过程应符合下列规定：

① 每次冻融循环应在 2～4 h 内完成，且用于融化的时间不得少于整个冻融循环时间的 1/4。

② 在冷冻和融化过程中，试件中心最低和最高温度应分别控制在(−18±2)℃和(5±2)℃内。在任意时刻，试件中心温度不得高于 7 ℃。且不得低于 −20 ℃。

③ 每块试件从 3 ℃降至 −16 ℃所用的时间不得少于冷冻时间的 1/2；每块试件从 −16 ℃升至 3 ℃所用时间不得少于整个融化时间的 1/2，试件内外的温差不宜超过 28 ℃。

④ 冷冻和融化之间的转换时间不宜超过 10 min。

（6）每隔 25 次冻融循环宜测量试件的横向基频 f_{ni}。测量前应先将试件表面浮渣清洗干净并擦干表面水分，然后应检查其外部损伤并称量试件的质量 W_{ni}。随后应按本章"动弹性模量实验"规定的方法测量横向基频。测完后，应迅速将试件调头重新装入试件盒内并加入清水，继续实验。试件的测量、称量及外观检查应迅速，待测试件应用湿布覆盖。

（7）当有试件停止实验被取出时，应另用其他试件填充空位。当试件在冷冻状态下因故中断时，试件应保持在冷冻状态，直至恢复冻融实验为止，并应将故障原因及暂停时间在实验结果中注明。试件在非冷冻状态下发生故障的时间不宜超过两个冻融循环的时间。在整个实验过程中，超过两个冻融循环时间的中断故障次数不得超过两次。

（8）当冻融循环出现下列情况之一时，可停止实验：①达到规定的冻融循环次数；②试件的相对动弹性模量下降到 60%；③试件的质量损失率达 5%。

◎ 材料专业实验(土木工程材料分册)

表 29.2　抗冻试验试件外观尺寸要求

抗冻试验试件	所有试件的承压面的平面度公差不得超过试件的边长或直径的 0.0005
	除抗水渗透试件外,其他所有试件的相邻面间的夹角应为 90°,公差不得超过 0.5°
	除特别指明试件的尺寸公差以外,所有试件各边长、直径或高度的公差不得超过 1 mm

4. 结果计算及数据处理

(1) 相对动弹性模量应按式(29.3)、式(29.4)计算:

$$P_i = \frac{f_{ni}^2}{f_{0i}^2} \times 100\% \tag{29.3}$$

式中　P_i——经 n 次冻融循环后第 i 个混凝土试件的相对动弹性模量,用百分数表示,结果精确至 0.1%;

　　f_{ni}——经 n 次冻融循环后第 i 个混凝土试件的横向基频,单位为赫兹(Hz);

　　f_{0i}——冻融循环前第 i 个混凝土试件横向基频初始值,单位为赫兹(Hz)。

$$P = \frac{1}{3}\sum_1^3 P_i \tag{29.4}$$

式中,P 为经 n 次冻融循环后一组混凝土试件的相对动弹性模量,用百分数表示,结果精确至 0.1%。

相对动弹性模量 P 应以三个试件实验结果的算术平均值作为测定值。当最大值或最小值与中间值之差超过中间值的 15% 时,应剔除此值,并应取其余两值的算术平均值作为测定值;当最大值和最小值与中间值之差均超过中间值的 15% 时,应取中间值作为测定值。

(2) 单个试件的质量损失率应按式(29.5)计算:

$$\Delta W_{ni} = \frac{W_{0i} - W_{ni}}{W_{0i}} \times 100\% \tag{29.5}$$

式中　ΔW_{ni}——n 次冻融循环后第 i 个混凝土试件的质量损失率,用百分数表示,结果精确至 0.01%;

　　W_{0i}——冻融循环实验前第 i 个混凝土试件的质量,单位为克(g);

　　W_{ni}——n 次冻融循环后第 i 个混凝土试件的质量,单位为克(g)。

(3) 一组试件的平均质量损失率应按式(29.6)计算:

$$\Delta W_n = \frac{\sum_{i=1}^3 \Delta W_{ni}}{3} \times 100\% \tag{29.6}$$

式中,ΔW_n 为 n 次冻融循环后一组混凝土试件的平均质量损失率,用百分数表示,结果精确至 0.1%。

每组试件的平均质量损失率应以 3 个试件的质量损失率实验结果的算术平均值作为测定值。当某个实验结果出现负值,应取 0,再取 3 个试件的平均值。当三个值中的最大值或最小值与中间值之差超过 1% 时,应剔除此值,并应取其余两值的算术平均值作为测定值;当

182

最大值和最小值与中间值之差均超过 1% 时,应取中间值作为测定值。

　　混凝土抗冻等级应以相对动弹性模量下降至不低于 60% 或者质量损失率不超过 5% 时的最大冻融循环次数来确定,并用符号 F 表示。

四、动弹性模量实验

（一）实验原理

　　本实验采用共振法测定混凝土的动弹性模量,通过合适的外力给定试样脉冲激振信号,当激振信号中某一频率与试样的固有频率相一致时,产生共振,此时振幅大,延时长,这个波通过仪器组件传递成电讯号送入仪器,可测试出试样的固有频率,通过试件振动频率、质量和尺寸即可计算得出动弹性模量[式(29.7)]。

（二）混凝土试件尺寸

　　动弹性模量实验应采用尺寸为 100 mm×100 mm×400 mm 的棱柱体试件。

（三）仪器设备

　　1. 共振法混凝土动弹性模量测定仪（又称共振仪）:输出频率可调范围应为 100～20 000 Hz,输出功率应能使试件产生受迫振动。

　　2. 试件支承体:应采用厚度约为 20 mm 的泡沫塑料垫,宜采用表观密度为 16～18 kg/m³ 的聚苯板。

　　3. 称量设备:最大量程应为 20 kg,感量不应超过 5 g。

（四）实验步骤

　　本实验按如下步骤进行。

　　（1）首先应测定试件的质量和尺寸。试件质量应精确至 0.01 kg,尺寸的测量应精确至 1 mm。

　　（2）测定完试件的质量和尺寸后,应将试件放置在支撑体中心位置,成型面应向上,并应将激振换能器的测杆较轻地压在试件长边侧中线的 1/2 处,接收换能器的测杆轻轻地压在试件长边侧面中线距端面 5 mm 处。在测杆接触试件前,宜在测杆与试件接触面涂一薄层黄油或凡士林作为耦合介质,测杆压力的大小应以不出现噪声为准。采用的动弹性模量测定仪各部件连接和相对位置应符合图 29.2 的规定。

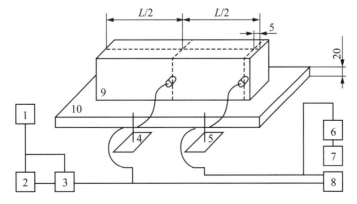

1—振荡器；2—频率计；3—放大器；4—激振换能器；5—接收换能器；
6—放大器；7—电表；8—示波器；9—试件；10—试件支承体

图 29.2　各部件连接和相对位置示意图

（3）放置好测杆后应先调整共振仪的激振功率和接收增益旋钮至适当位置,然后变换激振频率,并应注意观察指示电表的指针偏转。当指针偏转为最大时,表示试件达到共振状态,应以这时所显示的共振频率作为试件的基频振动频率。每一测量应重复测读两次以上,当两次连续测值之差不超过两个测值的算术平均值的 0.5% 时,应取这两个测值的算术平均值作为该试件的基频振动频率。

（4）当用示波器作显示的仪器时,示波器的图形调成一个正圆时的频率应为共振频率。在测试过程中,当发现两个以上峰值时,应将接收换能器移至距试件端部 0.224 倍试件长处,当指示电表示值为零时,应将其作为真实的共振峰值。

（五）结果计算及数据处理

1. 动弹性模量应按式(29.7)计算:

$$E_d = 13.244 \times 10^{-4} \times \frac{WL^3 f^2}{a^4} \tag{29.7}$$

式中　E_d——混凝土动弹性模量,单位为兆帕(MPa);

　　　W——试件的质量,单位为千克(kg),结果精确至 0.01 kg;

　　　L——试件的长度,单位为毫米(mm);

　　　f——试件横向振动时的基频振动频率,单位为赫兹(Hz);

　　　a——正方形截面试件的边长,单位为毫米(mm)。

每组应以 3 个试件动弹性模量的实验结果的算术平均值作为测定值,计算应精确至100 MPa。

五、抗水渗透实验

（一）实验原理

抗渗性是混凝土耐久性的一个重要指标,混凝土渗透能力的形成,是由于混凝土中多余水分蒸发后留下了孔洞或孔道,同时新拌混凝土因泌水在粗骨料颗粒与钢筋下缘形成的水膜,或泌水留下的孔道和水囊,在压力水的作用下会形成内部渗水的管道。再加之施工缝处理不好、捣固不密实等,都能引起混凝土渗水,甚至引起钢筋的锈蚀和保护层的开裂、剥落等破坏现象。本实验介绍渗水高度法和逐级加压法两种测定混凝土抗水渗透性能的方法。渗水高度法适用于以测定硬化混凝土在恒定水压力下的平均渗水高度来表示的混凝土抗水渗透性能,在给定的时间和压力下比较渗水深度,即可相对比较混凝土的密实性。逐级加压法适用于通过逐级施加水压力来测定以抗渗等级来表示的混凝土的抗水渗透性能,按标准方法进行抗渗实验,以不出现渗水现象的最大水压(单位为 MPa),来确定抗渗等级。

（二）渗水高度法

1. 仪器设备

（1）混凝土抗渗仪:应能使水压按规定的制度稳定地作用在试件上。抗渗仪施加水压力范围应为 0.1~2.0 MPa。

（2）试模:应采用上口内部直径为 175 mm、下口内部直径为 185 mm 和高度为 150 mm 的圆台体。

（3）密封材料：宜用石蜡加松香或水泥加黄油等材料，也可采用橡胶套等其他有效密封材料。

（4）梯形板：应采用尺寸为 200 mm×200 mm 透明材料制成，并应画有十条等间距、垂直于梯形底线的直线，如图 29.3 所示。

（5）钢尺、钟表：钢尺分度值应为 1 mm；钟表分度值应为 1 min。

（6）辅助设备：应包括螺旋加压器、烘箱、电炉、浅盘、铁锅和钢丝刷等。

（7）安装试件的加压设备：可为螺旋加压或其他加压形式，其压力应能保证将试件压入试件套内。

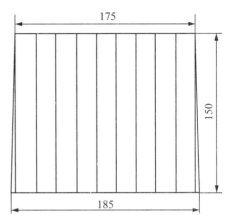

图 29.3 梯形板示意图（单位：mm）

2. 实验步骤

本实验按如下步骤进行。

（1）应先按本书实验 29 规定的方法进行试件的制作和养护，并在制作试件时，不得采用憎水性脱模剂，抗水渗透实验应以 6 个试件为一组。

（2）试件拆模后，应用钢丝刷刷去两端面的水泥浆膜，并应立即将试件送入标准养护室进行养护。

（3）抗水渗透实验的龄期宜为 28 d。应在到达实验龄期的前一天，从养护室取出试件，并擦拭干净。待试件表面晾干后，应按下列方法进行试件密封：

① 当用石蜡密封时，应在试件侧面裹涂一层熔化的内加少量松香的石蜡。然后应用螺旋加压器将试件压入经过烘箱或电炉预热过的试模中，使试件与试模底平齐，并应在试模变冷后解除压力。试模的预热温度，应以石蜡接触试模，即缓慢熔化，但不流淌为准。

② 用水泥加黄油密封时，其质量比应为（2.5～3）∶1。应用三角刀将密封材料均匀地刮涂在试件侧面上，厚度应为 1～2 mm。应套上试模并将试件压入，应使试件与试模底齐平。

③ 试件密封也可以采用其他更可靠的密封方式。

（4）试件准备好之后，启动抗渗仪，并开通 6 个试位下的阀门，使水从 6 个孔中渗出，水应充满试位坑，在关闭 6 个试位下的阀门后应将密封好的试件安装在抗渗仪上。

（5）试件安装好以后，应立即开通 6 个试位下的阀门，使水压在 24 h 内恒定控制在（1.2±0.05）MPa，且加压过程不应大于 5 min，应以达到稳定压力的时间作为实验记录起始时间（精确至 1 min）。在稳压过程中随时观察试件端面的渗水情况，当有某一个试件端面出现渗水时，应停止该试件的实验并记录时间，并以试件的高度作为该试件的渗水高度。对于试件端面未出现渗水的情况，应在实验 24 h 后停止实验，并及时取出试件。在实验过程中，当发现水从试件周边渗出时，应重新按上述规定进行密封。

（6）将从抗渗仪上取出来的试件放在压力机上，并应在试件上下两端面中心处沿直径方向各放一根直径为 6 mm 的钢垫条，并应确保它们在同一竖直平面内。然后开动压力机，将试件沿纵断面劈裂为两半。试件劈开后，应用防水笔描出水痕。

（7）应将梯形板放在试件劈裂面上，并用钢尺沿水痕等间距量测 10 个测点的渗水高度值,读数应精确至 1 mm。读数时若遇到某测点被骨料阻挡,可以靠近骨料两端的渗水高度算术平均值来作为该测点的渗水高度。

3. 结果计算及数据处理

(1) 试件渗水高度应按式(29.8)计算:

$$\bar{h}_i = \frac{1}{10}\sum_{j=1}^{10} h_j \tag{29.8}$$

式中 h_j——第 i 个试件第 j 个测点处的渗水高度,单位为毫米(mm);

$\bar{h}_i$——第 i 个试件的平均渗水高度,单位为毫米(mm)。应以 10 个测点渗水高度的平均值作为该试件渗水高度的测定值。

(2) 一组试件的平均渗水高度应按式(29.9)进行计算:

$$\bar{h} = \frac{1}{6}\sum_{i=1}^{6} \bar{h}_i \tag{29.9}$$

式中,$\bar{h}$ 为一组 6 个试件的平均渗水高度,单位为毫米(mm)。应以一组 6 个试件渗水高度的算术平均值作为该组试件渗水高度的测定值。

(三) 逐级加压法

1. 仪器设备

实验所用仪器设备应符合渗水高度法中仪器设备的规定。

2. 实验步骤

本实验按如下步骤进行。

(1) 首先应按渗水高度法中的规定进行试件的密封和安装。

(2) 实验时,水压应从 0.1 MPa 开始,以后应每隔 8 h 增加 0.1 MPa 水压,并应随时观察试件端面渗水情况。当 6 个试件中有 3 个试件表面出现渗水时,或加至规定压力(设计抗渗等级)在 8 h 内 6 个试件中表面渗水试件少于 3 个时,可停止实验,并记下此时的水压力。在实验过程中,当发现水从试件周边渗出时,应按渗水高度法中的规定重新进行密封。

3. 结果计算及数据处理

混凝土的抗渗等级应以每组 6 个试件中有 4 个试件未出现渗水时的最大水压力乘以 10 来确定。混凝土的抗渗等级应按式(29.10)计算:

$$P = 10H - 1 \tag{29.10}$$

式中 P——混凝土抗渗等级;

H——6 个试件中有 3 个试件渗水时的水压力,单位为兆帕(MPa)。

六、碳化实验

(一) 实验原理

碳化是碳酸化的简称,是 CO_2 参与反应,产生碳酸盐的过程。粉煤灰等硅酸盐水泥中水化硅酸钙,受大气中 CO_2 的作用而分解,将发生碳化收缩,出现裂缝并降低强度。与此同时,其中游离 $Ca(OH)_2$ 受碳化作用将发生膨胀,并提高强度。一般来说,硅酸盐水泥混凝土中水化硅酸钙的碱度大、结晶度好,有适量的游离 $Ca(OH)_2$,混凝土的密实度大,耐碳化性能就高。本实验将制作的混凝土试件放在标准实验条件下,充入 CO_2,达到标准龄期后,将试件破型,用酸碱指示剂研究碳化深度,适用于测定在一定浓度的二氧化碳气体介质中混凝土试件的碳化程度。

（二）混凝土试件及其处理

1. 本方法宜采用棱柱体混凝土试件,应以 3 块为一组。棱柱体的长宽比不宜小于 3。

2. 无棱柱体试件时,也可用立方体试件,其数量应相应增加。

3. 试件宜在 28 d 龄期进行碳化实验,掺有掺合料的混凝土可以根据其特性决定碳化前的养护龄期。碳化实验的试件宜采用标准养护,试件应在实验前 2 d 从标准养护室取出,然后应在 60 ℃下烘 48 h。

4. 经烘干处理后的试件,除应留下一个或相对的两个侧面外,其余表面应采用加热的石蜡予以密封。然后应在暴露侧面上沿长度方向用铅笔以 10 mm 间距画出平行线,作为预定碳化深度的测量点。

（三）仪器设备

1. 碳化箱:应采用带有密封盖的密闭容器,容器的容积应至少为预定进行实验的试件体积的两倍。碳化箱内应有架空试件的支架、二氧化碳引入口、分析取样用的气体导出口、箱内气体对流循环装置、为保持箱内恒温恒湿所需的设施以及温湿度监测装置。宜在碳化箱上设玻璃观察口对箱内的温度进行读数。

2. 气体分析仪:应能分析箱内二氧化碳浓度,结果应精确至±1%。

3. 二氧化碳供气装置:应包括气瓶、压力表和流量计。

（四）实验步骤

本实验按如下步骤进行。

（1）首先应将经过处理的试件放入碳化箱内的支架上。各试件之间的间距不应小于 50 mm。

（2）试件放入碳化箱后,应将碳化箱密封。密封可采用机械办法或油封,但不得采用水封。应开动箱内气体对流装置,徐徐充入二氧化碳,并测定箱内的二氧化碳浓度。应逐步调节二氧化碳的流量,使箱内的二氧化碳浓度保持在(20±3)%。在整个实验期间应采取去湿措施,使箱内的相对湿度控制在(70±5)%,温度应控制在(20±2)℃的范围内。

（3）碳化实验开始后应每隔一定时期对箱内的二氧化碳浓度、温度及湿度做一次测定。宜在前 2 d 每隔 2 h 测定一次,以后每隔 4 h 测定一次。实验中应根据所测得的二氧化碳浓度、温度及湿度随时调节这些参数,去湿用的硅胶应经常更换。也可采用其他更有效的去湿方法。

（4）应在碳化到了 3 d、7 d、14 d 和 28 d 时,分别取出试件,破型测定碳化深度。棱柱体试件应通过在压力试验机上的劈裂法或者用干锯法从一端开始破型。每次切除的厚度应为试件宽度的一半,切后应用石蜡将破型后试件的切断面封好,再放入箱内继续碳化,直到下一个实验期。当采用立方体试件时,应在试件中部劈开,立方体试件应只作一次检验,劈开测试碳化深度后不得再重复使用。

（5）随后应将切除所得的试件部分刷去断面上残存的粉末,然后应喷上(或滴上)浓度为 1% 的酚酞酒精溶液(酒精溶液含 20% 的蒸馏水)。约经 30 s 后,应按原先标划的每 10 mm 一个测量点用钢板尺测出各点碳化深度。与测点处的碳化分界线上刚好嵌有粗骨料颗粒,可取该颗粒两侧处碳化深度的算术平均值作为该点的深度值。碳化深度测量应精确至 0.5 mm。

（五）结果计算与数据处理

1. 混凝土在各实验龄期时的平均碳化深度应按式(29.11)计算。

$$\bar{d}_t = \frac{1}{n}\sum_{i=1}^{n} d_i \qquad (29.11)$$

式中　$\bar{d}_t$——试件碳化 t 天后的平均碳化深度,单位为毫米(mm),结果精确至 0.1 mm;

　　　d_i——各测点的碳化深度,单位为毫米(mm);

　　　n——测点总数。

2. 每组应以在二氧化碳浓度为 20%±3%,温度为 (20±2)℃,湿度为 70%±5% 的条件下 3 个试件碳化 28 d 的碳化深度算术平均值作为该组混凝土试件碳化测定值。

3. 碳化结果处理时宜绘制碳化时间与碳化深度的关系曲线。

实验 30　普通混凝土配合比设计实验

一、实验意义和目的

普通混凝土配合比设计,实质上就是确定混凝土中各组成材料数量之间的比例关系,即确定 1 m³ 混凝土中各组成材料的用量,使得按此用量拌制的混凝土能够满足工程所需的各项性能要求。本实验目的如下:

（1）掌握混凝土配合比设计的基本规定、混凝土配制强度的确定方法、混凝土配合比计算以及混凝土配合比的试配、调整与确定方法。

（2）熟练进行混凝土配合比设计。

二、基本规定

1. 混凝土配合比设计应满足混凝土配制强度及其他力学性能、拌合物性能、长期性能和耐久性能的设计要求。

2. 混凝土配合比设计应采用工程实际使用的原材料;配合比设计所采用的细骨料含水率应小于 0.5%,粗骨料含水率应小于 0.2%。

3. 混凝土的最大水胶比应符合现行国家标准《混凝土结构设计规范》(GB 50010)的规定。

4. 除配制 C15 及其以下强度等级的混凝土外,混凝土的最小胶凝材料用量应符合表 30.1 的规定。

表 30.1　混凝土的最小胶凝材料用量

最大水胶比	最小胶凝材料用量/(kg·m^{-3})		
	素混凝土	钢筋混凝土	预应力混凝土
0.60	250	280	300
0.55	280	300	300
0.50	320		
≤0.45	330		

5. 矿物掺合料在混凝土中的掺量应通过实验确定。采用硅酸盐水泥或普通硅酸盐水泥时,钢筋混凝土中矿物掺合料最大掺量宜符合表 30.2 的规定,预应力混凝土中矿物掺合料最大掺量宜符合表 30.3 的规定。对基础大体积混凝土,粉煤灰、粒化高炉矿渣粉和复合掺合料的最大掺量可增加 5%。采用掺量大于 30% 的 C 类粉煤灰的混凝土应以实际使用的水泥和粉煤灰掺量进行安定性检验。

表 30.2　钢筋混凝土中矿物掺合料最大掺量

矿物掺合料种类	水胶比	最大掺量/%	
		采用硅酸盐水泥时	采用普通硅酸盐水泥时
粉煤灰	≤0.40	45	35
	>0.40	40	30
粒化高炉矿渣粉	≤0.40	65	55
	>0.40	55	45
钢渣粉	—	30	20
磷渣粉	—	30	20
硅灰	—	10	10
复合掺合料	≤0.40	65	55
	>0.40	55	45

注:(1) 采用其他通用硅酸盐水泥时,宜将水泥混合材掺量 20% 以上的混合材量计入矿物掺合料;
　　(2) 复合掺合料各组分的掺量不宜超过单掺时最大掺量;
　　(3) 在混合使用两种或两种以上矿物掺合料时,矿物掺合料总掺量应符合表中复合掺合料的规定。

表 30.3　预应力混凝土中矿物掺合料最大掺量

矿物掺合料种类	水胶比	最大掺量/%	
		采用硅酸盐水泥时	采用普通硅酸盐水泥时
粉煤灰	≤0.40	35	30
	>0.40	25	20
粒化高炉矿渣粉	≤0.40	55	45
	>0.40	45	35

（续表）

矿物掺合料种类	水胶比	最大掺量/%	
		采用硅酸盐水泥时	采用普通硅酸盐水泥时
钢渣粉	—	20	10
磷渣粉	—	20	10
硅灰	—	10	10
复合掺合料	≤0.40	55	45
	>0.40	45	35

注:(1) 采用其他通用硅酸盐水泥时,宜将水泥混合材掺量20%以上的混合材量计入矿物掺合料;
(2) 复合掺合料各组分的掺量不宜超过单掺时最大掺量;
(3) 在混合使用两种或两种以上矿物掺合料时,矿物掺合料总掺量应符合表中复合掺合料的规定。

6. 混凝土拌合物中水溶性氯离子最大含量应符合表 30.4 的规定。

表 30.4　混凝土拌合物中水溶性氯离子最大含量

环境条件	水溶性氯离子最大含量(水泥用量的质量百分比)		
	钢筋混凝土	预应力混凝土	素混凝土
干燥环境	0.30%		
潮湿但不含氯离子的环境	0.20%	0.06%	1.00%
潮湿且含有氯离子的环境、盐渍土环境	0.10%		
除冰盐等侵蚀性物质的腐蚀环境	0.06%		

7. 长期处于潮湿或水位变动的寒冷和严寒环境以及盐冻环境的混凝土应掺用引气剂。引气剂掺量应根据混凝土含气量要求经实验确定,混凝土最小含气量应符合表 30.5 的规定,最大不宜超过 7.0%。

表 30.5　混凝土最小含气量

粗骨料最大公称粒径/mm	混凝土最小含气量/%	
	潮湿或水位变动的寒冷和严寒环境	盐冻环境
40.0	4.5	5.0
25.0	5.0	5.5
20.0	5.5	6.0

注:含气量为气体占混凝土体积的百分比。

8. 对于有预防混凝土碱骨料反应设计要求的工程,宜掺用适量粉煤灰或其他矿物掺合料,混凝土中最大碱含量不应大于 3.0 kg/m³;对于矿物掺合料碱含量,粉煤灰碱含量可取实测值的 1/6,粒化高炉矿渣粉碱含量可取实测值的 1/2。

三、混凝土配制强度的确定

1. 混凝土配制强度应按下列规定确定:

（1）当混凝土的设计强度等级小于 C60 时,配制强度应按式(30.1)确定:

$$f_{cu,0} \geqslant f_{cu,k} + 1.645\sigma \tag{30.1}$$

式中　$f_{cu,0}$——混凝土配制强度,单位为兆帕(MPa);

　　　$f_{cu,k}$——混凝土立方体抗压强度标准值,这里取混凝土的设计强度等级值,单位为兆帕(MPa);

　　　σ——混凝土强度标准差,单位为兆帕(MPa)。

(2) 当设计强度等级不小于 C60 时,配制强度应按式(30.2)确定:

$$f_{cu,0} \geqslant 1.15 f_{cu,k} \tag{30.2}$$

2. 混凝土强度标准差应按下列规定确定:

(1) 当具有近 1~3 个月的同一品种、同一强度等级混凝土的强度资料,且试件组数不小于 30 时,其混凝土强度标准差 σ 应按式(30.3)计算:

$$\sigma = \sqrt{\frac{\sum_{i=1}^{n} f_{cu,i}^2 - n m_{fcu}^2}{n-1}} \tag{30.3}$$

式中　σ——混凝土强度标准差;

　　　$f_{cu,i}$——第 i 组的试件强度,单位为兆帕(MPa);

　　　m_{fcu}——n 组试件的平均强度,单位为兆帕(MPa);

　　　n——试件组数。

对于强度等级不大于 C30 的混凝土,当混凝土强度标准差计算值不小于 3.0 MPa 时,应按式(30.3)计算结果取值;当混凝土强度标准差计算值小于 3.0 MPa 时,应取 3.0 MPa。

对于强度等级大于 C30 且小于 C60 的混凝土,当混凝土强度标准差计算值不小于 4.0 MPa 时,应按式(30.3)计算结果取值;当混凝土强度标准差计算值小于 4.0 MPa 时,应取 4.0 MPa。

(2) 当没有近期的同一品种、同一强度等级混凝土强度资料时,其强度标准差 σ 可按表 30.6取值。

表 30.6　标准差 σ 值

混凝土强度标准值	≤C20	C25~C45	C50~C55
σ/MPa	4.0	5.0	6.0

四、混凝土配合比计算

1. 水胶比

(1) 当混凝土强度等级小于 C60 时,混凝土水胶比宜按式(30.4)计算:

$$\frac{W}{B} = \frac{\alpha_a f_b}{f_{cu,0} + \alpha_a \alpha_b f_b} \tag{30.4}$$

式中　W/B——混凝土水胶比;

α_a、α_b——回归系数,按下文(2)所述规定取值;

f_b——胶凝材料 28 d 胶砂抗压强度(MPa),可实测,也可按下文(3)所述规定确定。

(2) 回归系数(α_a、α_b)宜按下列规定确定:

① 根据工程所使用的原材料,通过实验建立的水胶比与混凝土强度关系式来确定;

② 当不具备上述实验统计资料时,可按表 30.7 选用。

表 30.7   回归系数(α_a、α_b)取值

系数	碎石	卵石
α_a	0.53	0.49
α_b	0.20	0.13

(3) 当胶凝材料 28 d 胶砂抗压强度值(f_b)无实测值时,可按式(30.5)计算:

$$f_b = \gamma_f \gamma_s f_{ce} \tag{30.5}$$

式中 γ_f、γ_s——粉煤灰影响系数和粒化高炉矿渣粉影响系数,可按表 30.8 选用;

f_{ce}——水泥 28 d 胶砂抗压强度(MPa),可实测,也可按下文(4)所述规定确定。

(4) 当水泥 28 d 胶砂抗压强度(f_{ce})无实测值时,可按式(30.6)计算:

$$f_{ce} = \gamma_c f_{ce, g} \tag{30.6}$$

式中 γ_c——水泥强度等级值的富余系数,可按实际统计资料确定;当缺乏实际统计资料时,也可按表 30.9 选用。

$f_{ce, g}$——水泥强度等级值,单位为兆帕(MPa)。

表 30.8   粉煤灰影响系数(γ_f)和粒化高炉矿渣粉影响系数(γ_s)

掺量	种类	
	粉煤灰影响系数 γ_f	粒化高炉矿渣影响系数 γ_s
0%	1.00	1.00
10%	0.85~0.95	1.00
20%	0.75~0.85	0.95~1.00
30%	0.65~0.75	0.90~1.00
40%	0.55~0.65	0.80~0.90
50%	—	0.70~0.85

注:采用Ⅰ级、Ⅱ级粉煤灰宜取上限值;采用 S75 级粒化高炉矿渣粉宜取下限值,采用 S95 级粒化高炉矿渣粉宜取上限值,采用 S105 级粒化高炉矿渣粉可取上限值加 0.05;当超出表中的掺量时,粉煤灰和粒化高炉矿渣粉影响系数应经实验确定。

表 30.9   水泥强度等级值的富余系数 γ_c

水泥强度等级值	32.5	42.5	52.5
富余系数	1.12	1.16	1.10

2. 用水量和外加剂用量

（1）每立方米干硬性或塑性混凝土的用水量（m_{w0}）应符合以下规定：混凝土水胶比在 0.40～0.80 时，可按表 30.10 和表 30.11 选取；混凝土水胶比小于 0.40 时，可通过实验确定。

（2）掺外加剂时，每立方米流动性或大流动性混凝土的用水量可按式（30.7）计算：

$$m_{w0} = m'_{w0}(1-\beta) \tag{30.7}$$

式中 m_{w0}——计算配合比每立方米混凝土的用水量，单位为千克每立方米（kg/m^3）；

m'_{w0}——未掺外加剂时推定的满足实际坍落度要求的每立方米混凝土用水量，单位为千克每立方米（kg/m^3），以表 30.11 中 90 mm 坍落度的用水量为基础，按每增大 20 mm 坍落度相应增加 5 kg/m^3 用水量来计算，当坍落度增大到 180 mm 以上时，随坍落度相应增加的用水量可减少；

β——外加剂的减水率，用百分数表示，应经混凝土实验确定。

（3）每立方米混凝土中外加剂用量（m_{a0}）应按式（30.8）计算：

$$m_{a0} = m_{b0}\beta_a \tag{30.8}$$

式中 m_{a0}——计算配合比每立方米混凝土中外加剂用量，单位为千克每立方米（kg/m^3）；

m_{b0}——计算配合比每立方米混凝土中胶凝材料用量，单位为千克每立方米（kg/m^3），计算应符合本实验下文"胶凝材料、矿物掺合料和水泥用量"中（1）的规定；

β_a——外加剂掺量，用百分数表示，应经混凝土实验确定。

表 30.10 干硬性混凝土的用水量（单位：kg/m^3）

拌合物稠度		卵石最大公称粒径			碎石最大公称粒径		
项目	指标	10.0 mm	20.0 mm	40.0 mm	16.0 mm	20.0 mm	40.0 mm
维勃稠度	16～20 s	175	160	145	180	170	155
	11～15 s	180	165	150	185	175	160
	5～10 s	185	170	155	190	180	165

表 30.11 塑性混凝土的用水量（单位：kg/m^3）

拌合物稠度		卵石最大公称粒径				碎石最大公称粒径			
项目	指标	10.0 mm	20.0 mm	31.5 mm	40.0 mm	16.0 mm	20.0 mm	31.5 mm	40.0 mm
坍落度	10～30 mm	190	170	160	150	200	185	175	165
	35～50 mm	200	180	170	160	210	195	185	175
	55～70 mm	210	190	180	170	220	205	195	185
	75～90 mm	215	195	185	175	230	215	205	195

注：（1）本表用水量系采用中砂时的取值。采用细砂时，每立方米混凝土用水量可增加 5～10 kg；采用粗砂时，可减少 5～10 kg。

（2）掺用矿物掺合料和外加剂时，用水量应相应调整。

3. 胶凝材料、矿物掺合料和水泥用量

（1）每立方米混凝土的胶凝材料用量（m_{b0}）应按式（30.9）计算，并应进行试拌调整，在拌合物性能满足的情况下，取经济合理的胶凝材料用量：

$$m_{b0} = \frac{m_{w0}}{W/B} \tag{30.9}$$

式中　m_{b0}——计算配合比每立方米混凝土中胶凝材料用量，单位为千克每立方米（kg/m³）；

m_{w0}——计算配合比每立方米混凝土的用水量，单位为千克每立方米（kg/m³）；

W/B——混凝土水胶比。

（2）每立方米混凝土的矿物掺合料用量（m_{f0}）应按式（30.10）计算：

$$m_{f0} = m_{b0}\beta_f \tag{30.10}$$

式中　m_{f0}——计算配合比每立方米混凝土中矿物掺合料用量，单位为千克每立方米（kg/m³）；

β_f——矿物掺合料掺量，用百分数表示，可结合本实验基本规定中第5条和本实验配合比计算中第1(1)条的规定确定。

（3）每立方米混凝土的水泥用量（m_{c0}）应按式（30.11）计算：

$$m_{c0} = m_{b0} - m_{f0} \tag{30.11}$$

式中，m_{c0}为计算配合比每立方米混凝土中水泥用量，单位为千克每立方米（kg/m³）。

4. 砂率

（1）砂率（β_s）应根据骨料的技术指标、混凝土拌合物性能和施工要求，参考既有历史资料确定。

（2）当缺乏砂率的历史资料时，混凝土砂率的确定应符合下列规定：

① 坍落度小于10 mm的混凝土，其砂率应经实验确定；

② 坍落度为10～60 mm的混凝土，其砂率可根据粗骨料品种、最大公称粒径及水胶比按表30.12选取；

③ 坍落度大于60 mm的混凝土，其砂率可经实验确定，也可在表30.12的基础上，按坍落度每增大20 mm、砂率增大1%的幅度予以调整。

表30.12　混凝土的砂率(%)

水胶比	卵石最大公称粒径/mm			碎石最大公称粒径/mm		
	10.0	20.0	40.0	16.0	20.0	40.0
0.40	26～32	25～31	24～30	30～35	29～34	27～32
0.50	30～35	29～34	28～33	33～38	32～37	30～35
0.60	33～38	32～37	31～36	36～41	35～40	33～38
0.70	36～41	35～40	34～39	39～44	38～43	36～41

注：(1)本表数值系中砂的选用砂率，对细砂或粗砂，可相应地减少或增大砂率；
(2)采用人工砂配制混凝土时，砂率可适当增大；
(3)只用一个单粒级粗骨料配制混凝土时，砂率应适当增大。

5. 粗、细骨料用量

（1）当采用质量法计算混凝土配合比时，粗、细骨料用量应按式（30.12）计算；砂率应按式（30.13）计算。

$$m_{f0} + m_{c0} + m_{g0} + m_{s0} + m_{w0} = m_{cp} \qquad (30.12)$$

$$\beta_s = \frac{m_{s0}}{m_{g0} + m_{s0}} \times 100\% \qquad (30.13)$$

式中　m_{g0}——计算配合比每立方米混凝土的粗骨料用量，单位为千克每立方米（kg/m³）；

m_{s0}——计算配合比每立方米混凝土的细骨料用量，单位为千克每立方米（kg/m³）；

β_s——砂率，用百分数表示；

m_{cp}——每立方米混凝土拌合物的假定质量，单位为千克（kg），可取 2 350~2 450 kg/m³。

（2）当采用体积法计算混凝土配合比时，砂率应按公式（30.13）计算，粗、细骨料用量应按式（31.14）计算。

$$\frac{m_{c0}}{\rho_c} + \frac{m_{f0}}{\rho_f} + \frac{m_{g0}}{\rho_g} + \frac{m_{s0}}{\rho_s} + \frac{m_{w0}}{\rho_w} + 0.01\alpha = 1 \qquad (30.14)$$

式中　ρ_c——水泥密度，单位为千克每立方米（kg/m³），可测定，也可取 2 900~3 100 kg/m³；

ρ_f——矿物掺合料密度，单位为千克每立方米（kg/m³），可按水泥密度测定方法测定；

ρ_g——粗骨料的表观密度，单位为千克每立方米（kg/m³），应测定；

ρ_s——细骨料的表观密度，单位为千克每立方米（kg/m³），应测定；

ρ_w——水的密度，单位为千克每立方米（kg/m³），可取 1 000 kg/m³；

α——混凝土的含气量百分数，在不使用引气剂或引气型外加剂时，α 可取 1。

五、混凝土配合比的试配、调整与确定

1. 试配

（1）混凝土试配应采用强制式搅拌机进行搅拌，并应符合现行行业标准《混凝土实验用搅拌机》（JG 244）的规定，搅拌方法宜与施工采用的方法相同。

（2）实验室成型条件相对湿度不小于 50%，温度保持在（20±5）℃。

（3）每盘混凝土试配的最小搅拌量应符合表 30.13 的规定，并不应小于搅拌机公称容量的 1/4 且不应大于搅拌机公称容量。

表 30.13　混凝土试配的最小搅拌量

粗骨料最大公称粒径/mm	搅拌物数量/L
≤31.5	20
40.0	25

（4）在计算配合比的基础上应进行试拌。计算水胶比宜保持不变，并应通过调整配合比其他参数使混凝土拌合物性能符合设计和施工要求，然后修正计算配合比，提出试拌配合比。

(5) 在试拌配合比的基础上应进行混凝土强度实验,并应符合下列规定:

① 应采用三个不同的配合比,其中一个应为(4)确定的试拌配合比,另外两个配合比的水胶比宜较试拌配合比分别增加和减少 0.05,用水量应与试拌配合比相同,砂率可分别增加和减少 1%;

② 进行混凝土强度实验时,拌合物性能应符合设计和施工要求;

③ 进行混凝土强度实验时,每个配合比应至少制作一组试件,并应标准养护到 28 d 或设计规定龄期时试压。

2. 配合比的调整与确定

(1) 配合比调整应符合下列规定:

① 根据第"1. 条试配"中第(5)条混凝土强度实验结果,宜绘制强度和水胶比的线性关系图或插值法确定略大于配制强度对应的水胶比;

② 在试拌配合比的基础上,用水量(m_w)和外加剂用量(m_a)应根据确定的水胶比做调整;

③ 胶凝材料用量(m_b)应以用水量乘以确定的水胶比计算得出;

④ 粗骨料和细骨料用量(m_g 和 m_s)应根据用水量和胶凝材料用量进行调整。

(2) 混凝土拌合物表观密度和配合比校正系数的计算应符合下列规定:

① 配合比调整后的混凝土拌合物的表观密度应按式(30.15)计算:

$$\rho_{c,c} = m_c + m_f + m_g + m_s + m_w \tag{30.15}$$

式中　$\rho_{c,c}$——混凝土拌合物的表观密度计算值,单位为千克每立方米(kg/m^3);

m_c——每立方米混凝土的水泥用量,单位为千克每立方米(kg/m^3);

m_f——每立方米混凝土的矿物掺合料用量,单位为千克每立方米(kg/m^3);

m_g——每立方米混凝土的粗骨料用量,单位为千克每立方米(kg/m^3);

m_s——每立方米混凝土的细骨料用量,单位为千克每立方米(kg/m^3);

m_w——每立方米混凝土的用水量,单位为千克每立方米(kg/m^3)。

② 混凝土配合比校正系数应按式(30.16)计算:

$$\delta = \frac{\rho_{c,t}}{\rho_{c,c}} \tag{30.16}$$

式中　δ——混凝土配合比校正系数;

$\rho_{c,t}$——混凝土拌合物的表观密度实测值,单位为千克每立方米(kg/m^3)。

(3) 当混凝土拌合物表观密度实测值与计算值之差的绝对值不超过计算值的 2% 时,配合比可维持不变;当二者之差超过 2% 时,应将配合比中每项材料用量均乘以校正系数(δ)。

(4) 配合比调整后,应测定拌合物水溶性氯离子含量,实验结果应符合表 30.4 的规定。

(5) 对耐久性有设计要求的混凝土应进行相关耐久性实验验证。

(6) 生产单位可根据常用材料设计出常用的混凝土配合比备用,并应在启用过程中予以验证或调整。遇有下列情况之一时,应重新进行配合比设计:

① 对混凝土性能有特殊要求时;

② 水泥、外加剂或矿物掺合料等原材料品种、质量有显著变化时。

实验 31　混凝土外加剂相容性快速实验

一、实验意义和目的

外加剂和水泥的相容性问题出现在外加剂和水泥分别按各自的标准检验时,都达到和超过优等品水平,但一起使用达不到预期效果,主要表现在减水效果低下或增加流动性的效果不好、凝结异常、缓凝过长、坍落度损失快等问题。测量水泥和外加剂的相容性可为外加剂的使用提供实验基础。本实验目的如下:

(1) 掌握测量混凝土外加剂相容性的实验原理和实验方法。

(2) 测定混凝土外加剂相容性。

二、实验原理

测量砂浆初始扩展度达到要求所需要的外加剂的量,以及砂浆在相应时间的扩展度经时损失,从而衡量混凝土与外加剂的相容性。

三、仪器设备

1. 水泥胶砂搅拌机

搅拌机的工作程序应能满足手动和自动两种操作方式,其中自动控制程序为:低速 (30 ± 1) s,再低速 (30 ± 1) s,同时自动加砂开始 $[(30\pm1)$ s 全部加完],高速 (30 ± 1) s,停 (90 ± 1) s,高速 (60 ± 1) s。手动控制具有高、停、低三挡速度及加砂功能控制钮,并与自动互锁。

2. 砂浆扩展度筒

应采用内壁光滑无接缝的筒状金属制品,如图 31.1 所示,尺寸应符合下列要求:

(1) 筒壁厚度不应小于 2 mm;

(2) 上口内径 d 尺寸为 (50 ± 0.5) mm;

(3) 下口内径 D 尺寸为 (100 ± 0.5) mm;

(4) 高度 h 尺寸为 (150 ± 0.5) mm。

3. 捣棒、玻璃板、直尺、秒表、时钟、天平、台秤

捣棒应采用直径为 (8 ± 0.2) mm、长为 (300 ± 3) mm 的钢棒,端部应磨圆;玻璃板的尺寸应为 500 mm × 500 mm × 5 mm;应采用量程为 500 mm、分度值为 1 mm 的钢直尺;应采用分度值为 0.1 s 的秒表;应采用分度值为 1 s 的时钟;应采用量程为 100 g、分度值为 0.01 g 的天平;应采用量程为 5 kg、分度值为 1 g 的台秤。

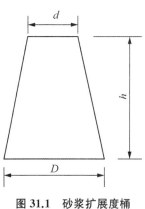

图 31.1　砂浆扩展度桶示意图

四、原材料、配合比及环境条件

1. 应采用工程实际使用的外加剂、水泥和矿物掺合料。

2. 工程实际使用的砂,应筛除粒径大于 5 mm 以上的部分,并应自然风干至气干状态。

3. 砂浆配合比应采用与工程实际使用的混凝土配合比中去除粗骨料后的砂浆配合比,水胶比应降低 0.02,砂浆总量不应小于 1.0 L。

4. 砂浆初始扩展度应符合下列要求:

(1) 普通减水剂的砂浆初始扩展度应为(260±20)mm。

(2) 高效减水剂、聚羧酸系高性能减水剂和泵送剂的砂浆初始扩展度应为(350±20)mm。

5. 实验应在砂浆成型室标准实验条件下进行,实验室温度应保持在(20±2)℃,相对湿度不低于 50%。

五、实验步骤

本实验按如下步骤进行。

(1) 将玻璃板水平放置,用湿布将玻璃板、砂浆扩展度筒、搅拌叶片及搅拌锅内壁均匀擦拭,使其表面润湿。

(2) 将砂浆扩展度筒置于玻璃板中央,并用湿布覆盖待用。

(3) 按砂浆配合比的比例分别称取水泥、矿物掺合料、砂、水及外加剂待用。

(4) 外加剂为液体时,先将胶凝材料、砂加入搅拌锅内预搅拌 10 s,再将外加剂与水混合均匀加入;外加剂为粉状时,先将胶凝材料、砂及外加剂加入搅拌锅内预搅拌 10 s,再加入水。

(5) 加水后立即启动胶砂搅拌机,并按胶砂搅拌机程序进行搅拌,从加水时刻开始计时。

(6) 搅拌完毕,将砂浆分两次倒入砂浆扩展度筒,每次倒入约筒高的 1/2,并用捣棒自边缘向中心按顺时针方向均匀插捣 15 下,各次插捣应在截面上均匀分布。插捣筒边砂浆时,捣棒可稍微沿筒壁方向倾斜。插捣底层时,捣棒应贯穿筒内砂浆深度,插捣第二层时,捣棒应插透本层至下一层的表面。插捣完毕后,砂浆表面应用刮刀刮平,将筒缓慢匀速垂直提起,10 s 后用钢直尺量取相互垂直的两个方向的最大直径,并取其平均值为砂浆扩展度。

(7) 砂浆初始扩展度未达到要求时,应调整外加剂的掺量,并重复(1)~(6)的实验步骤,直至砂浆初始扩展度达到要求。

(8) 将实验砂浆重新倒入搅拌锅内,并用湿布覆盖搅拌锅,从计时开始后 10 min(聚羧酸酸系高性能减水剂应做)、30 min、60 min,开启搅拌机,快速搅拌 1 min,按第(6)步测定砂浆扩展度。

六、结果评定

1. 应根据外加剂掺量和砂浆扩展度经时损失判断外加剂的相容性。

2. 实验结果有异议时,可按实际混凝土配合比进行实验验证。

3. 应注明所用外加剂、水泥、矿物掺合料和砂的品种、等级、生产厂及实验室温度、湿度等。

第三部分　其他建筑材料

实验 32　天然石材吸水率、体积密度、真密度、真气孔率的测定

一、实验意义和目的

天然石材的吸水率、体积密度、真密度、真气孔率可以反映石材的性能,也可以为建筑工程中使用石材提供一定的技术指标。本实验目的如下:

(1) 掌握测定石材吸水率、体积密度、真密度、真气孔率的实验原理和实验方法。

(2) 测定石材的吸水率、体积密度、真密度、真气孔率。

二、实验原理

吸水率:测量开口孔吸收水的质量与材料的干重之比。

体积密度:测量不含游离水材料的质量与材料总体积(包括材料实际体积和全部开口、闭口气孔所占的体积)之比。

真密度:测量不含游离水材料的质量,即干重与材料实际体积(不包含内部开放与闭合气孔的体积)的比值。

真气孔率:石材中包含闭合孔所占的体积百分比。

三、仪器设备

1. 鼓风干燥箱:温度可控制在$(65\pm5)℃$范围内。

2. 天平:最大称量为 1 000 g,感量为 10 mg;最大称量为 200 g,感量为 1 mg。

3. 水箱:底面平整,且带有玻璃棒作为试样支撑。

4. 金属网篮:可满足各种规格试样要求,具足够的刚性。

5. 比重瓶:容积 25～30 mL。

6. 标准筛:63 μm。

7. 干燥器。

四、试样制备

1. 吸水率和体积密度

试样为边长 50 mm 的正方体或直径、高度均为 50 mm 的圆柱体,尺寸偏差±0.5 mm,

每组五块。特殊要求时可选用其他规则形状的试样,外形几何体积应不小于 60 cm³,其表面积与体积之比应在 0.08～0.20 mm⁻¹。

试样应从具有代表性部位截取,不应带有裂纹等缺陷。

试样表面应平滑,粗糙面应打磨平整。

2. 真密度和真气孔率

取洁净样品 1 000 g 左右并将其破碎成小于 5 mm 的颗粒;以四分法缩分,取一份研磨至可通过 63 μm 标准筛的粉状样品,取 150 g 作为试样。

五、实验步骤

1. 吸水率和体积密度

(1) 将试样置于(65±5)℃的干燥箱内干燥 48 h 至恒重,即在干燥 46 h、47 h、48 h 时分别称量试样的质量,质量保持恒定时表明达到恒重,否则继续干燥,直至出现 3 次恒定的质量。放入干燥器中冷却至室温,然后称其质量(m_0),结果精确至 0.01 g。

(2) 将试样置于水箱中的玻璃棒支撑上,试样间隔应不小于 15 mm。加入去离子水或蒸馏水(20±2)℃到试样高度的一半,静置 1 h;然后继续加水到试样高度的 3/4,再静置 1 h;继续加满水,水面应超过试样高度(25±5)mm。试样在水中浸泡(48±2)h 后同时取出,包裹于湿毛巾内,用拧干的湿毛巾擦去试样表面水分,立即称其质量(m_1),结果精确至 0.01 g。

(3) 立即将水饱和的试样置于金属网篮中并将网篮与试样一起浸入(20±2)℃的去离子水或蒸馏水中,小心除去附着在网篮和试样上的气泡,称其网篮和试样在水中总质量,精确至 0.01 g。单独称量网篮在相同深度的水中质量,精确至 0.01 g。当天平允许时可直接测量出这两次测量的差值(m_2),结果精确至 0.01 克。称量装置见如图 32.1 和图 32.2 所示。

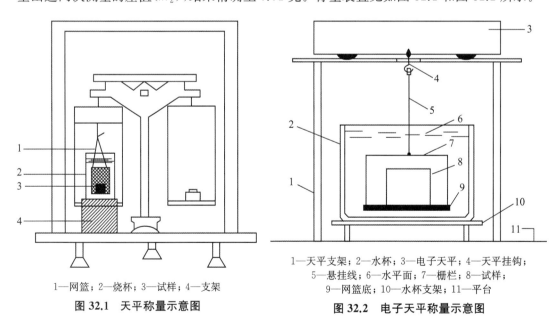

1—网篮;2—烧杯;3—试样;4—支架

图 32.1　天平称量示意图

1—天平支架;2—水杯;3—电子天平;4—天平挂钩;
5—悬挂线;6—水平面;7—栅栏;8—试样;
9—网篮底;10—水杯支架;11—平台

图 32.2　电子天平称量示意图

注:称量采用电子天平时,如图 32.2 所示,在网篮处于相同深度的水中时将天平至零,可直接测量试样在水中质量(m_2)。

2. 真密度、真气孔率

（1）将 150 g 粉状试样装入称量瓶中，放入（65±5）℃的鼓风干燥箱内干燥 48 h 至恒重，即在干燥 46 h、47 h、48 h 时分别称量试样的质量，质量保持恒定时表明达到恒重，否则继续干燥，直至出现 3 次恒定的质量。取出放入干燥器中冷却至室温。

（2）称取干燥粉状试样三份，每份 10 g（m_0'），结果精确至 0.001 g。每份粉状试样分别装入洁净的比重瓶中。

（3）向比重瓶内注入蒸馏水或去离子水，其体积不超过比重瓶容积的一半。将比重瓶放入水浴中煮沸 10～15 min 或将比重瓶放入真空干燥器内 30 min。

（4）擦干比重瓶并使其冷却至室温后，向其中再次注入蒸馏水或去离子水至比重瓶口下 2～3 mm，在液面做标记。称其质量（m_1'），结果精确至 0.001 g。

（5）清空比重瓶并将其冲洗干净，重新用蒸馏水或去离子水装满至标记处并称量质量（m_2'），结果精确至 0.001 g。

六、结果计算及数据处理

1. 吸水率按式（32.1）计算。

$$\omega_a = \frac{(m_1 - m_0)}{m_0} \times 100\% \tag{32.1}$$

式中　ω_a——吸水率，以百分数表示；
　　　m_1——水饱和试样在空气中的质量，单位为克（g）；
　　　m_0——干燥试样在空气中的质量，单位为克（g）。

2. 体积密度按式（32.2）计算。

$$\rho_b = \frac{m_0 \rho_w}{m_1 - m_2} \tag{32.2}$$

式中　ρ_b——体积密度，单位为克每立方厘米（g/cm³）；
　　　m_2——水饱和试样在水中的质量，单位为克（g）；
　　　ρ_w——室温下去离子水或蒸馏水的密度，单位为克每立方厘米（g/cm³）。

3. 真密度按式（32.3）计算。

$$\rho_t = \frac{m_0' \rho_w}{m_2' + m_0' - m_1'} \tag{32.3}$$

式中　ρ_t——真密度，单位为克每立方厘米（g/cm³）；
　　　m_0'——干燥粉状试样在空气中的质量，单位为克（g）；
　　　m_2'——盛有相同体积的蒸馏水或去离子水的比重瓶在空气中的质量，单位为克（g）；
　　　m_1'——盛有粉状试样和蒸馏水或去离子水的比重瓶在空气中的质量，单位为克（g）。

4. 真气孔率按式（32.4）计算。

$$P = \left(1 - \frac{\rho_b}{\rho_t}\right) \times 100\% \tag{32.4}$$

式中,P 为真气孔率,以百分数表示。

计算每组试样吸水率、体积密度、真密度的算术平均值,然后再根据式(32.4)计算真气孔率,作为实验结果。体积密度、真密度取三位有效数字;真气孔率、吸水率取两位有效数字。

实验 33　砌墙砖力学性能实验

一、实验意义和目的

在建筑物中砌墙砖质量会影响到工程质量,而抗折强度和抗压强度是砌墙砖在使用过程中主要考虑的力学性能,并且抗压强度作为衡量产品质量性能的指标以及工程验收主控参数,直接反映了产品承载性能。本实验目的如下:

(1)掌握测定砌墙砖力学性能的实验原理和实验方法。

(2)测定砌墙砖的抗折强度与抗压强度。

二、抗折强度实验

(一)实验原理

抗折强度实验原理在于通过仪器测得砌墙砖试件在承受弯曲达到破裂时的最大应力值,并将其比上受力面积,即可得到抗折强度。

(二)仪器设备

1. 材料试验机:试验机的示值相对误差不大于±1％,其下加压板应为球铰支座,预期最大破坏荷载应在量程的 20％～80％。

2. 抗折夹具:抗折实验的加荷形式为三点加荷,其上压辊和下支辊的曲率半径为 15 mm,下支辊应有一个为铰接固定。

3. 钢直尺:分度值不应大于 1 mm。

4. 砖用卡尺:如图 33.1 所示,分度值为 0.5 mm。

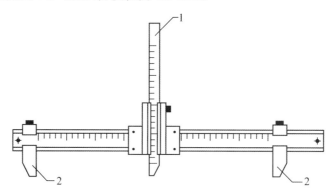

1—垂直尺;2—支脚

图 33.1　砖用卡尺

（三）试样数量及其处理

试样数量为 10 块。

试样应放在温度为(20±5)℃的水中浸泡 24 h 后取出,用湿布拭去其表面水分进行抗折强度实验。

（四）实验步骤

本实验按如下步骤进行。

(1) 测量试件尺寸,具体操作如下:长度应在砖的两个大面的中间处分别测量两个尺寸;宽度应在砖的两个大面的中间处分别测量两个尺寸;高度应在两个条面的中间处分别测量两个尺寸,如图 33.2 所示。当被测处有缺损或凸出时,可在其旁边测量,但应选择不利的一侧。精确至 0.5 mm。每一方向尺寸以两个测量值的算术平均值表示,精确至 1 mm。

(2) 调整抗折夹具下支辊的跨距为砖规格长度减去 40 mm。但规格长度为 190 mm 的砖,其跨距为 160 mm。

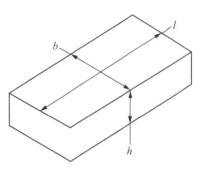

l—长度；b—宽度；h—高度

图 33.2　尺寸量法

(3) 将试样大面平放在下支辊上,试样两端面与下支辊的距离应相同,当试样有裂缝或凹陷时,应使有裂缝或凹陷的大面朝下,以 50～150 N/s 的速度均匀加荷,直至试样断裂,记录最大破坏荷载 P。

（五）结果计算及表示

1. 每块试样的抗折强度(R_c)按式(33.1)计算:

$$R_c = \frac{3PL}{2BH^2}$$

(33.1)

式中　R_c——抗折强度,单位为兆帕(MPa);

　　　P——最大破坏荷载,单位为牛顿(N);

　　　L——跨距,单位为毫米(mm);

　　　B——试样宽度,单位为毫米(mm);

　　　H——试样高度,单位为毫米(mm)。

2. 实验结果以试样抗折强度的算术平均值和单块最小值表示。

三、抗压强度实验

（一）实验原理

砌墙砖的抗压强度指的是抵抗压力破坏的能力,其测试原理在于在外力作用下,计算出单位面积上所能承受的压力。

（二）仪器设备

1. 材料试验机:试验机的示值相对误差不超过±1%,其上、下加压板至少应有一个球铰支座,预期最大破坏荷载应在量程的 20%～80%。

2. 钢直尺:分度值不应大于 1 mm。

3. 振动台:振动台的振幅:0.3~0.6 mm;振动台的频率:2 600~3 000 r/min;振动台吸盘吸引力:(750±10)N;振动台台面尺寸为:1 000 mm×1 000 mm;振动台吸盘形式、尺寸和数量:圆周形均匀排列,ϕ100(mm)×12;吸盘的工作面为圆形平面,与振动台台面在同一水平面上。

4. 制样模具:一次成型试模组装后型腔尺寸为:长(120±15)mm(可调节),宽(120±10)mm(可调节),高(115±5)mm;二次成型试模组装后型腔尺寸为:长(240±15)mm(可调节),宽(120±10)mm(可调节),高(65±5)mm(注:对于不同规格的砌墙砖可根据规格尺寸进行设计);试模模腔应具有很好的密封性,四周观察无水滴。

5. 搅拌机:整机运转灵活、无碰擦、无异常声响和振动,紧固件无松动;搅拌系统相对运动速度小于 75r/min。

6. 切割设备。

7. 抗压强度实验用净浆材料:应符合表 33.1 的要求。

表 33.1 抗压强度用净浆材料物理指标

项目	指标
抗压强度(4 h)/MPa	19.0~21.0
流动度(提桶法)/mm	饼径 160~1642
初凝时间/min	15~19
终凝时间/min	<30

（三）试样数量

试样数量为 10 块。

（四）试样制备及养护

1. 一次成型制样

（1）一次成型制样适用于采用样品中间部位切割,交错叠加灌浆制成强度实验试样的方式。

（2）将试样锯成两个半截砖,两个半截砖用于叠合部分的长度不得小于 100 mm,如图 33.3 所示。如果不足 100 mm,应另取备用试样补足。

（3）将已切割开的半截砖放入室温的净水中浸 20~30 min 后取出,在铁丝网架上滴水 20~30 min,以断口相反方向装入制样模具中。用插板控制两个半砖间距不应大于 5 mm,砖大面与模具间距不应大于 3 mm,砖断面、顶面与模具间垫以橡胶垫或其他密封材料,模具内表面涂油或脱膜剂。制样模具及插板如图 33.4 所示。

（4）将净浆材料按照配制要求,置于搅拌机中搅拌均匀。

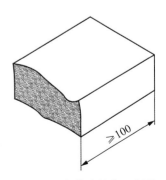

图 33.3 半截砖长度示意图
（单位:mm）

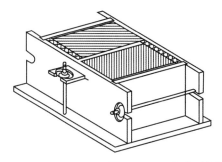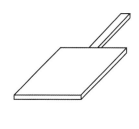

图 33.4 一次成型制样模具及插板

（5）将装好试样的模具置于振动台上，加入适量搅拌均匀的净浆材料，振动时间为 0.5～1 min，停止振动，静置至净浆材料达到初凝时间（约 15～19 min）后拆模。

2. 二次成型制样

（1）二次成型制样适用于采用整块样品上下表面灌浆制成强度实验试样的方式。

（2）将整块试样放入室温的净水中浸 20～30 min 后取出，在铁丝网架上滴水 20～30 min。

（3）按照净浆材料配制要求，置于搅拌机中搅拌均匀。

（4）模具内表面涂油或脱膜剂，加入适量搅拌均匀的净浆材料，将整块试样一个承压面与净浆接触，装入制样模具中，承压面找平层厚度不应大于 3 mm。接通振动台电源，振动 0.5～1 min，停止振动，静置至净浆材料初凝（约 15～19 min）后拆模。按同样方法完成整块试样另一承压面的找平。二次成型制样模具如图 33.5 所示。

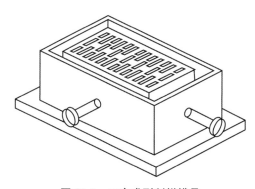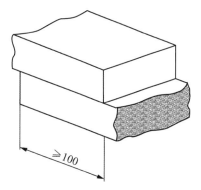

图 33.5 二次成型制样模具　　图 33.6 半砖叠合示意图（单位：mm）

3. 非成型试样

（1）非成型制样适用于试样无须进行表面找平处理制样的方式。

（2）将试样锯成两个半截砖，两个半截砖用于叠合部分的长度不得小于 100 mm。如果不足 100 mm，应另取备用试样补足。

（3）两半截砖切断口相反叠放，叠合部分不得小于 100 mm，如图 33.6 所示，即为抗压强度试样。

4. 试样养护

（1）一次成型制样、二次成型制样在不低于 10 ℃的不通风室内养护 4 h。

（2）非成型制样不需养护，试样气干状态直接进行实验。

（五）实验步骤

本实验按如下步骤进行。

（1）测量每个试样连接面或受压面的长、宽尺寸各两个，分别取其平均值，结果精确至 1 mm。

（2）将试样平放在加压板的中央，垂直于受压面加荷，应均匀平稳，不得发生冲击或振动。加荷速度以 2~6 kN/s 为宜，直至试样破坏为止，记录最大破坏荷载 P。

（六）结果计算及表示

1. 每块试样的抗压强度（R_p）按式（33.2）计算。

$$R_p = \frac{P}{L \times B} \tag{33.2}$$

式中 R_p——抗压强度，单位为兆帕（MPa）；

      P——最大破坏荷载，单位为牛顿（N）；

      L——受压面（连接面）的长度，单位为毫米（mm）；

      B——受压面（连接面）的宽度，单位为毫米（mm）。

2. 实验结果以试样抗压强度的算数平均值或标准值或单块最小值表示。

实验 34   陶瓷砖表面质量和力学性能实验

一、实验意义和目的

陶瓷砖是由黏土和其他无机非金属原料制造的用于覆盖墙面和地面的薄板制品，陶瓷砖是在室温下通过挤压或干压或其他方法成型、干燥后，在满足性能要求的温度下烧制而成。陶瓷砖作为饰面材料使用时对其尺寸和表面质量有一定的要求，其力学性能也是评价其质量的重要因素。本实验目的如下：

（1）掌握测定陶瓷砖的尺寸和表面质量、断裂模数和破坏强度以及抗冲击性的实验原理和实验方法。

（2）测定陶瓷砖的尺寸（长度、宽度、厚度、边直度、直角度、表面平整度）和表面质量、断裂模数和破坏强度以及抗冲击性。

二、尺寸和表面质量的检验

（一）术语和定义

1. 边直度

边直度即为在砖的平面内，边的中央偏离直线的偏差。

这种测量只适用于砖的直边，如图 34.1 所示，结果用百分数表示，按式（34.1）计算：

$$边直度 = \frac{C}{L} \times 100\% \tag{34.1}$$

式中　C ——测量边的中央偏离直线的偏差,单位为毫米(mm);

　　　L ——测量边长度,单位为毫米(mm)。

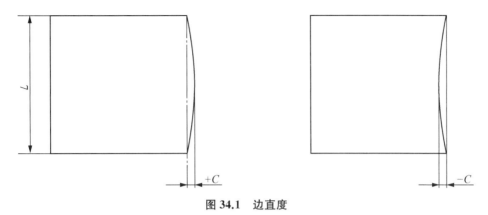

图 34.1　边直度

2. 直角度

直角度即将砖的一个角紧靠着放在用标准板校正过的直角上,如图 34.2 所示,该角与标准直角的偏差。

直角度用百分数表示,按式(34.2)计算:

$$直角度 = \frac{\delta}{L} \times 100\% \tag{34.2}$$

式中　δ ——在距角点 5 mm 处测得的砖的测量边与标准板相应边的偏差值,单位为毫米(mm);

　　　L ——砖对应边的长度,单位为毫米(mm)。

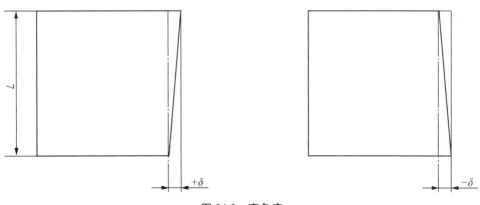

图 34.2　直角度

3. 表面平整度

表面平整度即由砖的表面上 3 点的测量值来定义。有凸纹浮雕的砖,如果表面无法测量,可能时应在其背面测量。

4. 中心弯曲度

中心弯曲度即砖面的中心点偏离由 4 个角点中的 3 点所确定的平面的距离(图 34.3)。

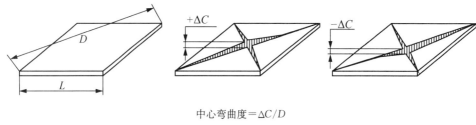

中心弯曲度＝$\Delta C/D$

图 34.3 中心弯曲度

5. 边弯曲度

边弯曲度即砖的一条边的中点偏离由 4 个角点中的 3 点所确定的平面的距离(图 34.4)。

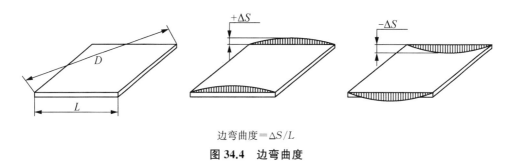

边弯曲度＝$\Delta S/L$

图 34.4 边弯曲度

6. 翘曲度

翘曲度即由砖的 3 个角点确定一个平面,第四角点偏离该平面的距离(图 34.5)。

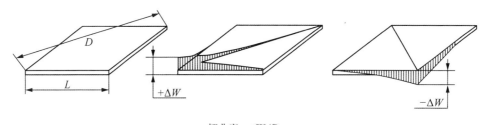

翘曲度＝$\Delta W/D$

图 34.5 翘曲度

(二) 长度和宽度的测量

1. 仪器

游标卡尺或其他适合测量长度的仪器。

2. 试样

每种类型取 10 块整砖进行测量。

3. 实验步骤

在离砖角点 5 mm 处测量砖的每条边,测量值精确到 0.1 mm。

4. 结果表示

（1）正方形砖的平均尺寸是 4 条边测量值的平均值。试样的平均尺寸是 40 次测量值的平均值。

（2）长方形砖尺寸以对边两次测量值的平均值作为相应的平均尺寸，试样长度和宽度的平均尺寸分别为 20 次测量值的平均值。

（三）厚度的测量

1. 仪器

测头直径为 5～10 mm 的螺旋测微器或其他合适的仪器。

2. 试样

每种类型取 10 块整砖进行测量

3. 实验步骤

对表面平整的砖，在砖面上画两条对角线，测量 4 条线段每段上最厚的点，每块试样测量 4 点，测量值精确到 0.1 mm。

对表面不平整的砖，垂直于一边在砖面上画 4 条直线，4 条直线距砖边的距离分别为边长的 0.125 倍、0.375 倍、0.625 倍和 0.875 倍，在每条直线上的最厚处测量厚度。

4. 结果表示

对每块砖以 4 次测量值的平均值作为单块砖的平均厚度。试样的平均厚度是 40 次测量值的平均值。

（四）边直度和直角度的测量

1. 仪器设备

（1）测量仪器：如图 34.6 所示，其中分度表（D_F）用于测量边直度、分度表（D_A）用于测量直角度。

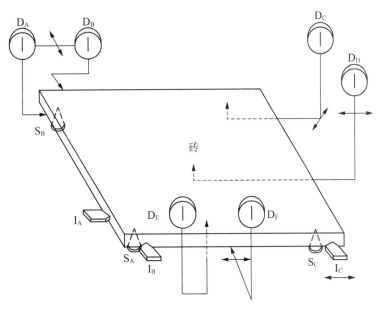

图 34.6　测量边直度、直角度和平整度的仪器

(2) 标准板:有精确的尺寸和平直的边。

2. 试样

每种类型取 10 块整砖进行测量。

3. 实验步骤

本实验按如下步骤进行。

(1) 选择尺寸合适的仪器,当砖放在仪器的支承销(S_A,S_B,S_C)上时,使定位销(I_A,I_B,I_C)离被测边每一角点的距离为 5 mm,如图 34.6 所示。分度表(D_A)的测杆也应在离被测边的一个角点 5 mm 处,如图 34.6 所示。

(2) 将合适的标准板准确地置于仪器的测量位置上,调整分度表的读数至合适的初始值。

(3) 取出标准板,将砖的正面恰当地放在仪器的定位销上,记录边中央和离角点 5 mm 处分度表读数。如果是正方形砖,转动砖的位置得到 4 次测量值。每块砖都重复上述步骤。如果是长方形砖,分别使用合适尺寸的仪器来测量其长边和宽边。测量值精确到 0.1 mm。

4. 结果表示

(1) 边直度

① 所有边直度的测量值。

② 对于相应工作尺寸的最大直线偏差,以百分数或毫米表示。

(2) 直角度

① 所有直角度的测量值。

② 对于相应工作尺寸偏离直角的最大偏差,以百分数或毫米表示。

(五) 平整度的测量

1. 仪器设备

(1) 测量仪器:使用图 34.6 所示的仪器或其他合适的仪器。测量表面平滑的砖,采用直径为 5 mm 的支撑销(S_A,S_B,S_C)。对其他表面的砖,为得到有意义的结果,应采用其他合适的支撑销。

(2) 标准板:使用一块理想平整的金属或玻璃标准板,其厚度至少为 10 mm。

2. 试样

每种类型取 10 块整砖进行测量。

3. 实验步骤

本实验按如下步骤进行。

(1) 选择尺寸合适的仪器,将相应的标准板准确地放在 3 个定位支承销(S_A,S_B,S_C)上,每个支撑销的中心到砖边的距离为 10 mm,外部的两个分度表(D_E,D_C)到砖边的距离也为 10 mm。

(2) 调节 3 个分度表(D_D,D_E,D_C)的读数至合适的初始值,如图 34.6 所示。

(3) 取出标准板,将砖的釉面或合适的正面朝下置于仪器上,记录 3 个分度表的读数。如果是正方形砖,转动试样,每块试样得到 4 个测量值,每块砖重复上述步骤。如果是长方形砖,分别使用合适尺寸的仪器来测量。记录每块砖最大的中心弯曲度(D_D)、边弯曲度(D_E)和翘曲度(D_C),测量值精确到 0.1 mm。

4. 结果表示

（1）中心弯曲度的全部测量值,用百分数表示。

（2）边弯曲度的全部测量值,用百分数表示。

（3）翘曲度的全部测量值,用百分数表示。

（4）相应于由工作尺寸算出的对角线长的最大中心弯曲度,用百分数或毫米表示。

（5）相应于由工作尺寸最大边弯曲度,用百分数或毫米表示。

（6）相应于由工作尺寸算出的对角线长的最大翘曲度,用百分数或毫米表示。

三、破坏强度和断裂模数的测定

（一）实验原理

以适当的速率向砖的表面正中心部位施加压力,测定砖的破坏荷载、破坏强度和断裂模数。

破坏荷载 F:从压力表上读取的使试样破坏的力,单位为牛顿(N)。

破坏强度 S:破坏荷载乘以两根支撑棒之间的跨距与试样宽度的比值而得出的力,单位为牛顿(N)。

断裂模数 R:破坏强度除以沿破坏断裂面的最小厚度的平方得出的量值,单位为牛顿每平方毫米(N/mm^2)。

（二）仪器设备

1. 干燥箱:能在(110±5)℃温度下工作,也可使用能获得相同检测结果的微波、红外或其他干燥系统。

2. 压力表:精确到 2.0%。

3. 两根圆柱形支撑棒:用金属制成,与试样接触部分用硬度为(50±5)IRHD 橡胶包裹,橡胶的硬度按 ISO 48 测定,一根棒能稍微摆动(图 34.7),另一根棒能绕其轴稍做旋转,相应尺寸见表 34.1。

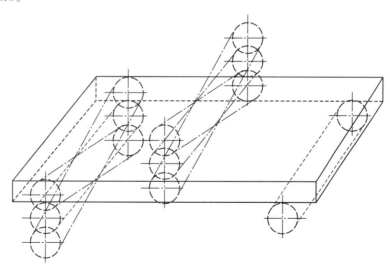

图 34.7 可摆动的棒

4. 圆柱形中心棒:一根与支撑棒直径相同且用以上橡胶包裹的圆柱形中心棒,此棒也可稍做摆动,用来传递荷载,如图 34.7 所示,相应尺寸见表 34.1。测试示意如图 34.8 所示。

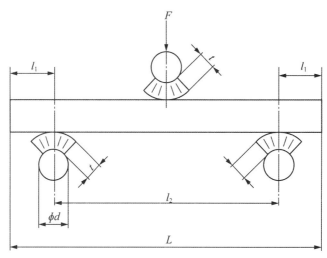

图 34.8　测试示意图

表 34.1　棒的直径、橡胶厚度和长度

砖的尺寸 L/mm	棒的直径 d/mm	橡胶厚度 T/mm	砖伸出支撑棒外的长度 l_1/mm
$18{\leqslant}L{<}48$	$5{\pm}1$	$1{\pm}0.2$	2
$48{\leqslant}L{<}95$	$10{\pm}1$	$2.5{\pm}0.5$	5
$L{\geqslant}95$	$20{\pm}1$	$5{\pm}1$	10

(三) 试样

1. 应用整砖检验,但是对超大的砖(即边长大于 600 mm 的砖)和一些非矩形的砖,有必要时可进行切割,切割成可能最大尺寸的矩形试样,以便安装在仪器上检验。其中心应与切割前砖的中心一致。在有疑问时,用整砖比用切割过的砖测得的结果准确。试样经切割时,需在报告中予以说明。

注:边长大于 600 mm 的砖需要切割时,应按比例进行切割。

2. 每种样品的最小试样数量见表 34.2。

表 34.2　最小试样量

砖的尺寸 L/mm	最小试样数量
$18{<}L{\leqslant}48$	10
$48{<}L{\leqslant}1\,000$	7
$L{>}1\,000$	5

(四) 实验步骤

本实验按如下步骤进行。

（1）用硬刷刷去试样背面松散的黏结颗粒。将试样放入干燥箱中，温度高于 105 ℃，至少 24 h，然后冷却至室温。应在试样达到室温后 3 h 内进行实验。

（2）将试样置于支撑棒上，使釉面或正面朝上，试样伸出每根支撑棒的长度为 l_1，如表 34.1 和图 34.8 所示。

（3）对于两面相同的砖，例如无釉马赛克，哪面向上都可以。对于挤压成型的砖，应将其背肋垂直于支撑棒放置，对于所有其他矩形砖，应以其长边 L 垂直于支撑棒放置。

（4）对凸纹浮雕的砖，在与浮雕面接触的中心棒上再垫一层厚度与表 34.1 相对应的橡胶层。

（5）中心棒应与两支撑棒等距，以 $(1\pm0.2)\text{N}/(\text{mm}^2 \cdot \text{s})$ 的速率均匀地增加荷载，每秒的实际增加率可按式（34.4）计算，记录断裂荷载 F。

（五）结果计算及数据处理

只有在宽度与中心棒直径相等的中间部位断裂试样，其结果才能用来计算平均破坏强度和平均断裂模数，计算平均值至少需要 5 个有效的结果。

如果有效结果少于 5 个，应取加倍数量的砖再做第二组实验，此时至少需要 10 个有效结果来计算平均值。

破坏强度 S 以牛顿（N）表示，按式（34.3）计算：

$$S=\frac{Fl_2}{b} \tag{34.3}$$

式中　F ——破坏荷载，单位为牛顿（N）；
　　　l_2——两根支撑棒之间的跨距，单位为毫米（mm），如图 34.8 所示；
　　　b ——试样的宽度，单位为毫米（mm）。

断裂模数 R 以牛顿每平方毫米（N/mm²）表示，按式（34.4）计算：

$$R=\frac{3Fl_2}{2hb^2}=\frac{3S}{2h^2} \tag{34.4}$$

式中　F ——破坏荷载，单位为牛顿（N）；
　　　l_2——两根支撑棒之间的跨距，单位为毫米（mm），如图 34.8 所示；
　　　b ——试样的宽度，单位为毫米（mm）；
　　　h ——实验后沿断裂边测得的试样断裂面的最小厚度，单位为毫米（mm）。

断裂模数的计算是根据矩形的横断面，如断面的厚度有变化，只能得到近似的结果，浮雕凸起越浅，近似值越准确。

记录所有结果，以有效结果计算试样的平均破坏强度和平均断裂模数。

四、用恢复系数确定砖的抗冲击性

（一）实验原理

两个碰撞物体间的恢复系数指碰撞后的相对速度除以碰撞前的相对速度。本实验把一个钢球由一个固定高度落到试样上并测定其回跳高度，以此测定恢复系数。

（二）仪器设备

1. 铬钢球：直径为(19±0.05)mm。

2. 落球设备(图 34.9)：由装有水平调节旋钮的钢座和一个悬挂着电磁铁、导管和实验部件支架的竖直钢架组成。实验部件被紧固在能使落下的钢球正好碰撞在水平瓷砖表面中心的位置。固定装置如图 34.9 所示，其他合适的系统也可以使用。

3. 电子计时器(可选择的)：用麦克风测定钢球落到试样上的第一次碰撞和第二次碰撞之间的时间间隔。

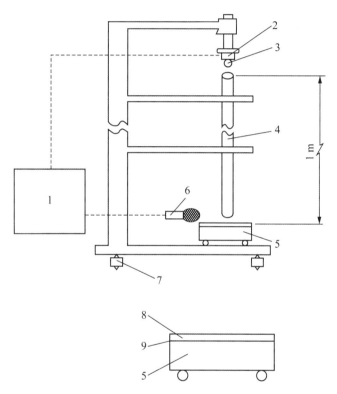

1—电子计时器；2—电磁铁；3—钢球；4—导管；5—混凝土块；6—麦克风；7—水平旋钮；8—砖；9—环氧树脂

图 34.9　落球设备

（三）试样

1. 试样的数量

分别从 5 块砖上至少切下 5 片 75 mm×75 mm 的试样。实际尺寸小于 75 mm 的砖也可以使用。

2. 试件部件的简要说明

实验部件是用环氧树脂粘合剂将试样粘在制好的混凝土块上制成。

3. 混凝土块

混凝土块的体积约为 75 mm×75 mm×50 mm，用这个尺寸的模具制备混凝土块或从一个大的混凝土板上切取。

下面的方法描述了用砂/石配成混凝土块的制备过程。

混凝土块或混凝土板是由 1 份(按质量计)硅酸盐水泥加入 4.5～5.5 份(以质量计)骨料组成。骨料粒度为 0～8 mm,砂石尺寸的变化在图 34.10 的曲线 A 和曲线 B 之间。该混凝土的混合物中粒度小于 0.125 mm 的全部细料,包括硅酸盐水泥的密度约为 500 kg/m³。水与水泥的比为 0.5,混凝土混合物在机械搅拌机中充分混合后用瓦刀拌和到所需尺寸的模具中。在震动台上以 50 Hz 的频率振实 90 s。

混凝土块从模具中取出前应在温度为(23±2)℃和相对湿度为(50±5)％的条件下养护 48 h。脱模后应彻底洗净模具中所有脱模剂。将脱模后的混凝土块垂直且相互保持间隔浸入(20±2)℃的水中保留 6 d,然后放在温度为(23±2)℃和相对湿度为(50±5)％的空气中保留 21 d。此混凝土安装面在 4 h 后有 0.5～1.5 cm³ 的表面吸水率。

在实验部件安装之前用湿法从混凝土板上切下的混凝土试块,应在温度为(23±2)℃和相对湿度为(50±5)％的条件下至少干燥 24 h 方能使用。

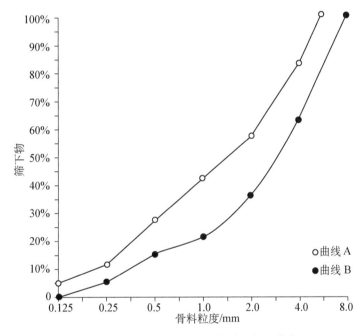

图 34.10　最大颗粒为 8 mm 的砂石级配曲线

4. 环氧树脂黏合剂

实验使用的环氧树脂黏合剂应不含增韧成分。

5. 实验部件的安装

在制成的混凝土块表面上均匀地涂上一层 2 mm 厚的环氧树脂黏合剂。在 3 个侧面的中间分别放 3 个直径为 1.5 mm 钢质或塑料制成的间隔标记,以便于以后将每个标记移走。将规定的试样正面朝上压紧到黏合剂上,同时在轻轻移动 3 个间隔标记之前将多余的黏合剂刮掉。实验前使其在温度为(23±2)℃和相对湿度为(50±5)％的条件下放 3 d。如果瓷砖的面积小于 75 mm×75 mm 也可以用来测试。放一块瓷砖使它的中心与混凝土的表面相一致,然后用瓷砖将其补成 75 mm×75 mm 的面积。

（四）实验步骤

用水平旋钮调节落球设备以使钢架垂直。将实验部件放到电磁铁的下面,使从电磁铁中落下的钢球落到被紧固定位的实验部件的中心。

将实验部件放到支架上,将试样的正面向上水平放置。使钢球从 1 m 高处落下并回跳。通过合适的探测装置测出回跳高度(精确至±1 mm)进而计算出恢复系数 e。

另一种方法是让钢球回跳两次,记下两次回跳之间的时间间隔(精确到毫秒)。算出回跳高度,从而计算出恢复系数。

任何测试回跳高度的方法或两次碰撞的时间间隔的合适的方法都可应用。

检查砖的表面是否有缺陷或裂纹,所有在距 1 m 远处未能用肉眼或平时戴眼镜的眼睛观察到的轻微的裂纹都可以忽略。记下边缘的磕碰,但在瓷砖分类时可予忽略。

其余的实验部件则应重复上述实验步骤。

注: 实验前需要仪器校准。用厚度为(8±0.5)mm 未上釉且表面光滑的 B Ⅰa 类砖(吸水率<0.5%),安装成 5 个实验部件,按照以上实验步骤进行实验。回跳平均高度(h_2)应是(72.5±1.5)cm,因此恢复系数为 0.85±0.01。

（五）结果计算与数据处理

1. 当一个球碰撞到一个静止的水平面上时,它的恢复系数用式(34.5)、式(34.6)、式(34.7)、式(34.8)计算:

$$e = \frac{v}{u} \tag{34.5}$$

$$\frac{mv^2}{2} = mgh_2 \tag{34.6}$$

$$\frac{mu^2}{2} = mgh_1 \tag{34.7}$$

$$e = \sqrt{\frac{h_2}{h_1}} \tag{34.8}$$

式中 e ——恢复系数;

     v ——离开(回跳)时刻的速度,单位为厘米每秒(cm/s);

     u ——接触时刻的速度,单位为厘米每秒(cm/s);

     m ——钢球的质量,单位为克(g);

     g ——重力加速度,单位为厘米每二次方秒(cm/s²), $g = 981$ cm/s²;

     h_2——回跳的高度,单位为厘米(cm);

     h_1——落球的高度,单位为厘米(cm)。

2. 如果回跳高度确定,则允许回跳两次从而测定这回跳两次之间的时间间隔,那么运动公式为:

$$h_2 = u_0 t + \frac{gt^2}{2} \tag{34.9}$$

$$t = \frac{T}{2} \tag{34.10}$$

$$h_2 = 122.6 T^2 \tag{34.11}$$

式中　u_0——回跳到最高点时的速度,单位为厘米每秒(cm/s),$u_0 = 0$;

　　　t——回跳到最高点所用时间,单位为秒(s);

　　　T——两次的时间间隔,单位为秒(s)。

3. 实验结果的表示

记录 5 次实验中每次实验的恢复系数,计算平均恢复系数,并记录试样破裂的缺陷。

实验 35　木材强度、含水率的测定

一、实验意义和目的

由于木材构造各向不同,所以木材在力学性质上具有明显的各向异性特点。木材的强度与外力性质、受力方向及纤维排列的方向有关。当受力方向与纤维方向一致时,为顺纹受力,当受力方向垂直于纤维方向时,为横纹受力。顺纹强度与横纹强度具有很大差别,故在工程运用中应格外注意。并且,木材的性质随含水率的变化会具有较大的差异,通过实验测定木材的强度和含水率可为木材的应用提供理论基础。本实验介绍了测定木材系列强度和含水率的方法,可以根据具体情况选择其中某些项目开展实验。具体实验目的如下:

(1) 掌握测定木材强度和含水率的实验原理和实验方法。

(2) 测定木材强度和含水率。

二、强度试样基本要求

1. 试样制作

试样各面均应平整,端部上其中两个相对的边棱应与试样端面的生长轮大致平行,并与其他两个边棱垂直,试样上不允许有明显的可见缺陷,每个试样应清楚地写上编号。试样制作精度,除在各项实验方法中有具体的要求外,试样各相邻面均应成准确的直角。试样长度、宽度和厚度的允许误差为 ±0.5 mm。在整个试样上各尺寸的相对偏差,应不大于0.1 mm。试样相邻面直角的准确性,用钢直角尺检验。

2. 试样含水率的调整

经气干和干燥室(低于 60 ℃的温度条件下)处理后的试条或试样毛坯所制成的试样,应置于相当于木材平衡含水率为 12% 的环境条件中,调整试样含水率到平衡,为满足木材平衡含水率 12% 环境条件的要求,当室温为 (20 ± 2) ℃时,相对湿度应保持在 (65 ± 3)%;当室温低于或高于 (20 ± 2) ℃时,需相应降低或升高相对湿度。以保证达到木材平衡含水率 12% 的环境条件。

三、木材含水率实验

（一）实验原理

采用木材试样中所包含水分的质量与全干试样的质量之比来表示试样中水分的含量。

（二）仪器设备

1. 天平:精度应达到 0.001 g。

2. 烘箱:应能保持在(103±2)℃。

3. 玻璃干燥器和称量瓶。

4. 真空干燥箱:真空度范围 0～101.325 kPa,漏气量≤1.333 kPa/h,升温范围为室温至 200 ℃,恒温误差≤2 ℃。

（三）试样

试样通常在需要测定含水率的试材、试条上,或在物理力学实验后试样上,按所对应实验方法的规定部位截取。试样尺寸约为 20 mm×20 mm×20 mm。附在试样上的木屑、碎片等必须清除干净。

（四）实验步骤

1. 烘干法测量木材含水率试验步骤

（1）取到的试样应立即编号、称量,记录结果,准确至 0.001 g。

（2）将同批实验取得的含水率试样,一并放入烘箱内,在(103±2)℃的温度下烘 8 h 后,从中选定 2～3 个试样进行第一次试称,以后每隔 2 h 称量所选试样一次,至最后两次称量之差不超过试样质量的 0.5%时,即认为试样达到全干。

（3）用干燥的镊子将试样从烘箱中取出,放入装有干燥剂的玻璃干燥器内的称量瓶中,盖好称量瓶和干燥器盖。

（4）试样冷却至室温后,用干燥的镊子自称量瓶中取出称量。

（5）如试样为含有较多挥发物质(树脂、树胶等)的木材,用烘干法测定含水率会产生过大的误差时,宜改用真空干燥法测定木材的含水率。

2. 真空干燥法测定木材含水率试验步骤

（1）将取自同一个试样的薄片,全部放入同一个称量瓶中称量,记录结果,准确至 0.001 g。

（2）称量后,将放试样的称量瓶置于真空干燥箱内,在加温低于 50 ℃和抽真空的条件下,使试样达全干后称量,准确至 0.001 g。检查试样是否达到全干,按烘干法测定木材含水率测试方法试验步骤 2. 中的方法确定。

（五）结果计算及数据处理

1. 烘干法测定试样含水率为按式(35.1)计算:

$$W = \frac{m_1 - m_0}{m_0} \times 100\% \tag{35.1}$$

式中 W ——试样含水率,用百分数表示,结果精确至 0.1%;

m_1 ——试样实验时的质量,单位为克(g);

m_0——试样全干时的质量,单位为克(g)。

2. 真空干燥法试样含水率为按式(35.2)计算:

$$W = \frac{m_2 - m_3}{m_3 - m} \times 100\%$$ (35.2)

式中 W ——试样含水率,用百分数表示,结果精确至0.1%;

m_2 ——试样和称量瓶实验时的质量,单位为克(g);

m_3 ——试样全干时和称量瓶的质量,单位为克(g);

m ——称量瓶的质量,单位为克(g)。

四、木材顺纹抗压强度实验

（一）实验原理

沿木材顺纹方向以均匀速度施加压力至破坏,以确定木材的顺纹抗压强度。

（二）仪器设备

1. 试验机:能测定荷载的精度到1%,实验装置的支座及压头端部的曲率半径为30 mm,两支座间距离应为240 mm。

2. 测试量具:应能精确至0.1 mm。

3. 天平、烘箱、玻璃干燥器和称量瓶:天平精度应达到0.001 g,烘箱应能保持在(103±2)℃。

（三）试样

所用试样木材的尺寸为30 mm×20 mm×20 mm,长度为顺纹方向。

（四）实验步骤

本实验按如下步骤进行。

（1）在试样长度中央,测量宽度及厚度,精确至0.1 mm。

（2）将试样放在试验机球面活动支座的中心位置,以均匀速度加荷,在1.5~2.0 min内使试样破坏,即试验机的指针明显退回或数字显示的荷载有明显减少。将破坏荷载记录,荷载允许测得的精度为100 N。

（3）试样破坏后,对整个试样立即参照"木材含水率实验"测定含水率。

（五）结果计算及数据处理

1. 试样含水率为W时的顺纹抗压强度按式(35.3)计算:

$$\sigma_W = \frac{P_{max}}{bt}$$ (35.3)

式中 σ_W ——试样含水率为W时的顺纹抗压强度,单位为兆帕(MPa),结果精确至0.1 MPa;

P_{max} ——破坏荷载,单位为牛顿(N);

b ——试样宽度,单位为毫米(mm);

t ——试样厚度,单位为毫米(mm);

W ——试样含水率,用百分数表示。

2. 试样含水率为 12% 时的顺纹抗压强度按式(35.4)计算：

$$\sigma_{12} = \sigma_W[1 + 0.05(W - 12)] \tag{35.4}$$

式中　σ_{12} ——试样含水率为 12% 时的顺纹抗压强度,单位为兆帕(MPa),结果精确
　　　　　　至 0.1 MPa;

　　　　W ——试样含水率,用百分数表示。

试样含水率在 9%~15% 时按式(35.4)计算有效。

五、木材抗弯强度实验

(一) 实验原理

在试样长度中央以均匀速度加荷至破坏,以求出木材的抗弯强度。

(二) 仪器设备

仪器设备及要求同木材顺纹抗压强度实验仪器设备所述。

(三) 试样

所用木材试样尺寸为 300 mm×20 mm×20 mm,长度为顺纹方向。

(四) 实验步骤

本实验按如下步骤进行。

(1) 抗弯强度只做弦向实验,在试样长度中央测量径向尺寸为宽度,弦向为高度,结果精确至 0.1 mm。

(2) 采用中央加荷,将试样放在实验装置的两支座上,在支座间试样中部的径面以均匀速度加荷,在 1~2 min 内使试样破坏(或将加荷速度设定为 5~10 mm/min),记录破坏荷载,精确至 10 N。

(3) 实验后立即在试样靠近破坏处截取约 20 mm 长的木块一个,立即参照"木材含水率实验"测定含水率。

(五) 结果计算及数据处理

1. 试样含水率为 W 时的抗弯强度按式(35.5)计算：

$$\sigma_{bW} = \frac{3P_{\max}l}{2bh^2} \tag{35.5}$$

式中　σ_{bW} ——试样含水率为 W 时的抗弯强度,单位为兆帕(MPa),结果精确至 0.1 MPa;

　　　　$P_{\max}$ ——破坏荷载,单位为牛顿(N);

　　　　l ——两支座间跨距,单位为毫米(mm);

　　　　b ——试样宽度,单位为毫米(mm);

　　　　h ——试样高度,单位为毫米(mm)。

2. 试样含水率为 12% 时的抗弯强度按式(35.6)计算：

$$\sigma_{b12} = \sigma_{bW}[1 + 0.04(W - 12)] \tag{35.6}$$

式中　σ_{b12} ——试样含水率为 12% 时的抗弯强度,单位为兆帕(MPa),结果精确至 0.1 MPa;

　　　　W ——试样含水率,用百分数表法;

试样含水率在 9%～15% 时按式(35.6)计算有效。

六、木材顺纹抗剪强度实验

(一) 实验原理
由加压方式形成的剪切力,使试样一表面对另一表面顺纹滑移,以测定木材顺纹抗剪强度。

(二) 仪器设备
1. 木材顺纹抗剪实验装置如图 35.1 所示。

2. 其他仪器设备及要求同木材顺纹抗压强度实验仪器设备所述。

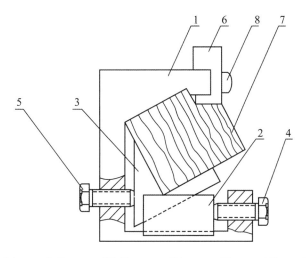

1—附件主杆;2—楔块;3—L形楔块;4、5—螺杆;6—压块;7—试样;8—圆头螺钉

图 35.1 顺纹抗剪实验装置

(三) 试样
本实验方法适用于木材无疵小试样的顺纹抗剪强度实验。实验所用木块试件应符合下列规定:

(1)试样形状、尺寸如图 35.2 所示,试样受剪面应为径面或弦面,长度为顺纹方向。

(2)试样缺角部分的角度应为 106°40′,应采用角规检查,允许误差为±20′。

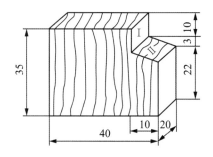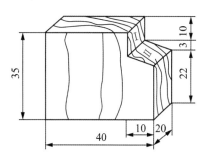

图 35.2 顺纹抗剪试样(单位:mm)

(四) 实验步骤

本实验按如下步骤进行。

(1) 测量试样受剪面的宽度和长度,结果精确至 0.1 mm。

(2) 将试样装于实验装置的垫块 3 上(图 35.1),调整螺杆 4 和 5,使试样的顶端和 I 面(图 35.2)上部贴紧实验装置上部凹角的相邻两侧面,至试样不动为止。再将压块 6 置于试样斜面 II 上,并使其侧面紧靠实验装置的主体。

(3) 将装好试样的实验装置放在试验机上,使压块 6 的中心对准试验机上压头的中心位置。

(4) 实验以均匀速度加荷,在 1.5~2.0 min 内使试样破坏,荷载读数精确至 10 N。

(5) 试样破坏后的小块部分,立即参照"木材含水率实验"测定含水率。

(五) 结果计算及数据处理

1. 测试样含水率为 W 时的弦面或径面顺纹抗剪强度按式(35.7)计算:

$$\tau_W = \frac{0.96 P_{max}}{bl} \tag{35.7}$$

式中　τ_W ——试样含水率为 W 时的弦面或径面顺纹抗剪强度,单位为兆帕(MPa),结果精确至 0.1 MPa;

　　　P_{max} ——破坏荷载,单位为牛顿(N);

　　　b ——试样受剪面宽度,单位为毫米(mm);

　　　l ——试样受剪面长度,单位为毫米(mm)。

2. 试样含水率为 12% 时的弦面或径面顺纹抗剪强度按式(35.8)计算:

$$\tau_{12} = \tau_W [1 + 0.03(W - 12)] \tag{35.8}$$

式中　τ_{12} ——试样含水率为 12% 时的弦面或径面顺纹抗剪强度(MPa),结果精确至 0.1 MPa;

　　　W ——试样含水率,用百分数表示。

试样含水率在 9%~15% 时按式(35.8)计算有效。

七、木材顺纹抗拉强度实验

(一) 实验原理

沿试样顺纹方向,以均匀速度施加拉力至破坏,以求出木材的顺纹抗拉强度。

(二) 仪器设备

仪器设备及要求同木材顺纹抗压强度实验仪器设备所述。

(三) 试样

本实验方法适用于木材无疵小试样的顺纹抗拉强度实验。实验所用试件木材应满足下列规定:

(1) 试样的形状和尺寸,如图 35.3 所示。

(2) 试样纹理应通直,生长轮的切线方向应垂直于试样有效部分(指中部 60 mm 一段)的宽面。试样有效部分与两端夹持部分之间的过渡弧表面应平滑,并与试样中心线相对称。

（3）软质木材试样,应在夹持部分的窄面,附以 90 mm×14 mm×8 mm 的硬木夹垫,用胶粘剂固定在试样上。硬质木材试样可不用木夹垫。

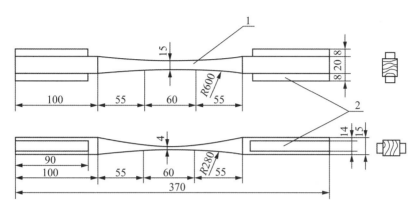

1—试样；2—木夹垫

图 35.3　顺纹抗拉试样(单位:mm)

（四）实验步骤

本实验按如下步骤进行。

（1）在试样有效部分中央,测量厚度和宽度,结果精确至 0.1 mm。

（2）将试样两端夹紧在试验机的钳口中,使试样宽面与钳口相接触,两端靠近弧形部分露出 20～25 mm,竖直地安装在试验机上。

（3）实验以均匀速度加荷,在 1.5～2.0 min 内使试样破坏,破坏荷载精确至 100 N。

（4）如拉断处不在试样有效部分,实验结果应予舍弃。

（5）试样实验后,立即在有效部分选取一段,立即参照"木材含水率实验"测定含水率。

（五）结果计算及数据处理

1. 试样含水率为 W 时的顺纹抗拉强度按式(35.9)计算:

$$\sigma_W = \frac{P_{\max}}{bt} \tag{35.9}$$

式中　σ_W ——试样含水率为 W 时的顺纹抗拉强度,单位为兆帕(MPa),结果精确至 0.1 MPa；

　　　$P_{\max}$ ——破坏荷载,单位为牛顿(N)；

　　　b ——试样宽度,单位为毫米(mm)；

　　　t ——试样厚度,单位为毫米(mm)。

2. 试样含水率为 12% 时的阔叶树材的顺纹抗拉强度按式(35.10)计算:

$$\sigma_{12} = \sigma_W [1 + 0.015(W - 12)] \tag{35.10}$$

式中　σ_{12} ——试样含水率为 12% 时的顺纹抗拉强度,单位为兆帕(MPa),结果精确至

0.1 MPa;

W ——试样含水率,用百分数表示。

试样含水率在9%~15%时按式(35.10)计算有效。

当试样含水率在9%~15%时,对针叶树材可取 $\sigma_{12}=\sigma_W$。

八、横纹抗压实验

(一) 实验原理

从横纹抗压实验的荷载-变形图上,确定比例极限荷载,计算出木材横纹抗压比例极限应力。

(二) 仪器设备

1. 试验机:应具有球面滑动支座。并具有记录装置,记录荷载的荷载步距,应不大于 50 N/mm;记录试样变形的刻度间隔,应不大于 0.01 mm/mm。试验机的记录装置不能利用时,应用精确至 0.01 mm 的实验装置测量试样变形,如图 35.4 所示。试验机应按照国家计量部门的检定规程定期鉴定,试验机的载荷示值精度为±1.0%。

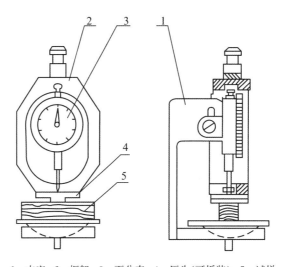

1—支座;2—框架;3—百分表;4—压头(可拆装);5—试样

图 35.4 横纹抗压实验装置

2. 测量工具:实验应使用游标卡尺或其他测量工具,测量尺寸应精确至 0.1 mm。

3. 木材含水率测定设备:同含水率实验方法中仪器设备所述。

(三) 试样

本实验方法适用于木材无疵小试样的横纹全部抗压实验及横纹局部抗压实验。木材试样应满足下列要求:

(1) 木材横纹全部抗压实验所用试样尺寸为 30 mm×20 mm×20 mm,长度为顺纹方向。

(2) 局部抗压实验所用试样尺寸为 60 mm×20 mm×20 mm,长度为顺纹方向。

(3) 供制作试样的试条,从试材外部向内部均匀截取,并按试样尺寸留足干缩和加工余量。

（四）实验步骤

1. 木材横纹全部抗压实验

（1）分别用径向和弦向试样进行实验。测量试样的长度和长度中央的宽度，结果精确至 0.1 mm。弦向实验时，试样的宽度为径向；径向实验时，试样的宽度为弦向。

（2）将试样放在试验机的球面滑动支座中心处。弦向实验时，在试样径面加荷；径向实验时，在试样弦面加荷。

（3）实验以均匀速度加荷，在 1～2 min 内达到比例极限荷载。

（4）使用本章实验"木材含水率实验"中规定的实验装置时，应在正式实验之前，用 3～5 个试样进行观察实验，使在比例极限内能取得不少于 8 个点的荷载间隔。在不停止加荷情况下，每间隔相等的规定荷载，记录一次变形，读至 0.005 mm，直至变形明显地超出比例极限荷载时为止。根据实验取得的每组荷载和变形值，以纵坐标表示荷载（坐标比例每毫米应不大于 50 N）、以横坐标表示变形（坐标比例每毫米应不大于 0.01 mm），绘制荷载-变形曲线，取荷载-变形图上开始偏离直线的一点确定为比例极限荷载。

（5）对具有自动记录荷载变形且具有自动计算比例极限荷载的装置，可直接使用其比例极限荷载数值，该数值精确至 50 N。

（6）实验后，用整个试样参照"木材含水率实验"测定试样含水率。

2. 木材横纹局部抗压实验

（1）分别用弦向、径向试样进行实验。在试样长度中央测量宽度，精确至 0.1 mm；弦向实验时，试样的宽度为径向；径向实验时，试样的宽度为弦向。

（2）在 60 mm×20 mm×20 mm 试样的受压面上，距两端 20 mm 处划两条垂直于长轴的平行线；对 150 mm×50 mm×50 mm 的试样，在受压面上距两端 50 mm 处划线。

（3）将试样放在试验机的球面滑动支座上，使试样中心位于支座中心。加压钢块的长、宽、厚尺寸，对 60 mm×20 mm×20 mm 试样用 30 mm×20 mm×10 mm；对 150 mm×50 mm×50 mm 试样用 70 mm×50 mm×10 mm。弦向实验时，在试样径面上加荷；径向实验时，在试样弦面上加荷。然后按木材横纹全部抗压试验实验步骤(3)～(6)进行实验。

（五）结果计算及数据处理

1. 木材横纹全部抗压实验

（1）试样含水率为 W 时的弦向或径向的横纹全部抗压比例极限应力按式(35.11)计算：

$$\sigma_{yW} = \frac{P}{bl} \tag{35.11}$$

式中　σ_{yW}——试样含水率为 W 时的径向或弦向的横纹全部抗压比例极限应力，单位为兆帕(MPa)，结果精确至 0.1 MPa；

　　　P——比例极限荷载，单位为牛顿(N)；

　　　b——试样宽度，单位为毫米(mm)；

　　　l——试样长度，单位为毫米(mm)。

（2）试样含水率为 12% 时，径向或弦向的横纹全部抗压比例极限应力按式(35.12)计算：

$$\sigma_{y12} = \sigma_{yW}[1 + 0.045(W - 12)] \tag{35.12}$$

式中　σ_{y12}——试样含水率为 12% 时的径向或弦向的横纹全部抗压比例极限应力,单位为兆帕(MPa),结果精确至 0.1 MPa;

　　　W——试样含水率,用百分数表示。

试样含水率在 9%～15% 时按式(35.11)计算有效。

2. 木材横纹局部抗压实验

(1) 试样含水率为 W 时的径向或弦向的横纹局部抗压比例极限应力按式(35.13)计算:

$$\sigma_{yW} = \frac{P}{ab} \tag{35.13}$$

式中　σ_{yW}——试样含水率为 W 时的径向或弦向的横纹全部抗压比例极限应力,单位为兆帕(MPa),结果精确至 0.1 MPa;

　　　P——比例极限荷载,单位为牛顿(N);

　　　a——加压钢块宽度,单位为毫米(mm);

　　　b——试样宽度,单位为毫米(mm)。

(2) 试样含水率为 12% 时,弦向或径向的横纹局部抗压比例极限应力按式(35.14)计算:

$$\sigma_{y12} = \sigma_{yW}[1 + 0.045(W - 12)] \tag{35.14}$$

式中　σ_{y12}——试样含水率为 12% 时的径向或弦向的横纹局部抗压比例极限应力,单位为兆帕(MPa),结果精确至 0.1 MPa;

　　　W——试样含水率,用百分数表示。

试样含水率在 9%～15% 时按式(35.13)计算有效。

九、横纹抗拉强度实验

(一) 实验原理

沿试样横纹方向,以均匀速度施加拉力至破坏,求出木材横纹抗拉强度。

(二) 仪器设备

仪器设备及要求同横纹抗压实验中仪器设备所述。

(三) 试样

本实验方法适用于木材无疵小试样的横纹抗拉强度测定。木材试样应满足下列要求:

(1) 试样的形状和尺寸如图 35.5 所示。

(2) 试样有效部分(指试样中部 30 mm 一段)的纹理应与试样长轴相垂直。试样的过渡弧部分应光滑,并与试样中心线相对称。弦向试样有效部分的厚度应具有完整生长轮。

(3) 小径级试材,试样两端 30 mm 的夹持部分,允许用同种木材按相同纹理方向胶接。

(四) 实验步骤

本实验按如下步骤进行。

(1) 在试样有效部分中部,测量宽度和厚度,精确至 0.1 mm。

(2) 将试样竖直地放在试验机夹持装置内,用螺旋夹夹紧部分的窄面。

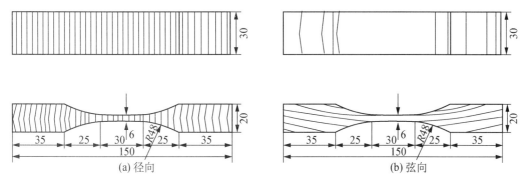

图35.5 横纹抗拉试样(单位:mm)

（3）实验以均匀速度加荷,在1.5～2.0 min内使试样破坏。破坏荷载精确至10 N。

（4）如拉断处不在试样有效部分,实验结果应予舍弃。

（5）试样实验后,立即在有效部分截取一段,参照"木材含水率实验"测定试样含水率。

（五）结果计算及数据处理

1. 试样含水率为W时的横纹抗拉强度按式(35.15)计算:

$$\sigma_W = \frac{P_{max}}{bt} \tag{35.15}$$

式中 σ_W ——实验时试样含水率为W时横纹抗拉强度,单位为兆帕(MPa),结果精确至 0.1 MP;

P_{max} ——破坏荷载,单位为牛顿(N);

b ——试样有效部分宽度,单位为毫米(mm);

t ——试样有效部分厚度,单位为毫米(mm)。

2. 试样含水率为12%时,横纹抗拉强度按式(35.16)和式(35.17)计算:

（1）径向试样为:

$$\sigma_{12} = \sigma_W[1 + 0.01(W - 12)] \tag{35.16}$$

（2）弦向试样为:

$$\sigma_{12} = \sigma_W[1 + 0.025(W - 12)] \tag{35.17}$$

式中 σ_{12} ——实验时试样含水率为12%时的横纹抗拉强度,单位为兆帕(MPa),结果精确 至0.1 MPa;

W ——试样含水率用百分数表示。

试样含水率在9%～15%时按式(35.15)和式(35.16)计算有效。

实验36 建筑石油沥青针入度、延度和软化点的测定

一、实验意义和目的

石油沥青的三个主要性质为:黏滞性、塑性和温度稳定性。针入度反映了石油沥青的黏

滞性,是划分沥青牌号的主要性能指标;延度和软化点反映了石油沥青的塑性和温度稳定性,是评定石油沥青性能的重要依据。本实验目的如下:

(1)掌握测定石油沥青三个主要性质的实验原理和实验方法。

(2)测定石油沥青的针入度、延度和软化点。

二、针入度的测定

本方法适用于测定针入度范围为(0~500)1/10 mm 的固体和半固体沥青材料的针入度。

(一)实验原理

沥青针入度以标准针在一定的载荷、时间及温度条件下垂直穿入沥青试样中的深度表示,单位为 1/10 mm。除非另行规定,标准针、针连杆与附加砝码的总质量为(100±0.05)g,温度为(25±0.1)℃,时间为 5 s。特定实验可采用的其他条件见表 36.1。

表 36.1　特定实验条件

温度/℃	载荷/g	时间/s
0	200	60
4	200	60
46	50	5

(二)仪器设备

1. 针入度仪

能使针连杆在无明显摩擦下垂直运动,并能指示传入深度精确至 0.1 mm 的仪器均可使用。针连杆的质量为(47.5±0.05)g。针和针连杆的总质量为(50±0.05)g,另外仪器附有(50±0.05)g 和(100±0.05)g 的砝码各一个,可以组成(100±0.05)g 和(200±0.05)g 的载荷以满足实验所需的载荷条件。仪器设有放置平底玻璃皿的平台,并有可调水平的机构,针连杆应与平台垂直。仪器设有针连杆制动按钮,紧压按钮针连杆可以自由下落。针连杆要易于拆卸,以便定期检查其质量。

2. 标准针

标准针应由硬化回火的不锈钢制造,钢号为 440-C 或等同的材料,洛氏硬度为 54~60(图 36.1),针长约 50 mm,长针长约 60 mm,所有针的直径为 1.00~1.02 mm。针的一端应磨成 8.7°~9.7°的锥形。锥形应与针体同轴,圆锥表面和针体表面交界线的轴向最大偏差不大于 0.2 mm,切平的圆锥端直径应在 0.14~0.16 mm,与针轴所成角度不超过 2°。切平的圆锥面的周边应锋利没有毛刺。圆锥表面粗糙度的算术平均值应为 0.2~0.3 μm,针应装在一个黄铜或不锈钢的金属箍中。金属箍的直径为(3.20±0.05)mm,长度为(38±1)mm,针应牢固地装在箍里。针尖及针的任何其余部分均不得偏离箍轴 1 mm 以上。针箍及其附件总质量为(2.50±0.05)g。可以在针箍的一端打孔或将其边缘磨平,以控制质量。每个针箍上打印单独的标志号码。

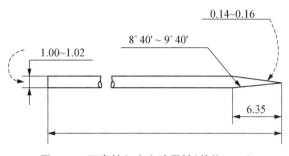

图 36.1　沥青针入度实验用针(单位:mm)

3. 试样皿

应使用最小尺寸符合表 36.2 要求的金属或玻璃的圆柱形平底容器。

表 36.2　容器尺寸

针入度范围/(1/10mm)	直径/mm	深度/mm
<40	33~55	8~16
<200	55	35
200~350	55~75	45~70
350~500	55	70

4. 恒温水浴

容量不少于 10 L,能保持温度在实验温度下控制在±0.1 ℃范围内的水浴。水浴中距水底部 50 mm 处有一个带孔的支架,这一支架离水面至少有 100 mm。如果针入度测定时在水浴中进行,支架应足够支撑针入度仪。在低温下测定针入度时,水浴中装入盐水。

注:水浴中建议使用蒸馏水,小心不要让表面活性剂、隔离剂或其他化学试剂污染水,这些物质的存在会影响针入度的测定值。建议测量针入度温度小于或等于 0 ℃时,用盐调整水的凝固点,以满足水浴恒温的要求。

5. 平底玻璃皿

平底玻璃皿的容量不小于 350 mL,深度要没过最大的样品皿,内设一个不锈钢三角支架,以保证试样皿稳定。

6. 计时器

刻度为 0.1 s 或小于 0.1 s,60 s 内的准确度达到±0.1 s 的任何计时装置均可。直接连到针入度仪上的任何计时设备应进行精确校正以提供±0.1 s 的时间间隔。

7. 温度计

液体玻璃温度计,符合以下标准:刻度范围:−8~55 ℃,分度值为 0.1 ℃。或满足此准确度、精度和灵敏度的测温装置均可用。温度计或测温装置应定期按检验方法进行校正。

(三) 样品制备

按以下方式制备样品。

(1) 小心加热样品,不断搅拌以防局部过热,加热到使样品能够易于流动。加热时焦油沥青的加热温度不超过软化点的 60 ℃,石油沥青不超过软化点的 90 ℃。加热时间在保证样品充分流动的基础上尽量少。加热、搅拌过程中避免试样中进入气泡。

(2) 将试样倒入预先选好的试样皿中,试样深度应至少是预计锥入深度的120%。如果试样皿的直径小于65 mm,而预期针入度高于200,每个实验条件都要倒三个样品。如果样品足够,浇注的样品要达到试样皿边缘。

(3) 将试样皿松松地盖住以防灰尘落入。在 15～30 ℃ 的室温下,小的试样皿(ϕ33 mm×16 mm)中的样品冷却45 min～1.5 h,中等试样皿(ϕ55 mm×35 mm)中的样品冷却1～1.5 h;较大的试样皿中的样品冷却1.5～2.0 h,冷却结束后将试样皿和平底玻璃皿一起放入测试温度下的水浴中,水面应没过试样表面10 mm以上。在规定的实验温度下恒温,小试样皿恒温45 min～1.5 h,中等试样皿恒温1～1.5 h,更大试样皿恒温1.5～2.0 h。

(四) 实验步骤

本实验按如下步骤进行。

(1) 调节针入度仪的水平,检查针连杆和导轨,确保上面没有水和其他物质。如果预测针入度超过350 1/10 mm应选择长针,否则用标准针。先用合适的溶剂将针擦干净,再用干净的布擦干,然后将针插入针连杆中固定。按实验条件选择合适的砝码并放好砝码。

(2) 如果测试时针入度仪是在水浴中,则直接将试样皿放在浸在水中的支架上,使试样完全浸在水中。如果实验时针入度仪不在水浴中,将已恒温到实验温度的试样皿放在平底玻璃皿中的三角支架上,用与水浴相同温度的水完全覆盖样品,将平底玻璃皿放置在针入度仪的平台上。慢慢放下针连杆,使针尖刚刚接触到试样的表面,必要时用放置在合适位置的光源观察针头位置使针尖与水中针头的投影刚刚接触为止。轻轻拉下活杆,使其与针连杆顶端相接触,调节针入度仪上的表盘读数指零或归零。

(3) 在规定时间内快速释放针连杆,同时启动秒表或计时装置,使标准针自由下落穿入沥青试样中,到规定时间使标准针停止移动。

(4) 拉下活杆,再使其与针连杆顶端相接触,此时表盘指针的读数即为试样的针入度,或自动方式停止锥入,通过数据显示设备直接读出锥入深度数值,得到针入度,用1/10 mm表示。

(5) 同一试样至少重复测定三次。每一实验点的距离和实验点与试样皿边缘的距离都不得小于10 mm。每次实验前都应将试样和平底玻璃皿放入恒温水浴中,每次测定都要用干净的针。当针入度小于200时可将针取下用合适的溶剂擦净后继续使用。当针入度超过200时,每个试样皿中扎一针,三个试样皿得到三个数据。或者每个试样至少用三根针,每次实验用的针留在试样中,直到三根针扎完时再将针从试样中取出。但是这样测得的针入度的最高值和最低值之差,不得超过表36.3中规定的最大差值。

(五) 结果评定

1. 报告三次测定针入度的平均值,取至整数,作为实验结果。三次测定的针入度值相差不应大于表36.3中的数值。

表36.3　最大差值要求

针入度/(1/10mm)	0～49	50～149	150～249	250～350	350～500
最大差值	2	4	6	8	20

2. 如果误差超过了这一范围,利用样品制备第(2)条中的第二个样品重复实验。

3. 如果结果再次超过允许值,则取消所有的实验结果,重新进行实验。

4. 精密度和偏差要求:

(1) 重复性:同一操作者在同一实验室用同一台仪器对同一样品测得的两次结果不超过平均值的 4%。

(2) 再现性:不同操作者在不同实验室用同一类型的不同仪器对同一样品测得的两次结果不超过平均值的 11%。

三、延度的测定

本方法适用于沥青材料延度的测定。

(一) 实验原理

将熔化的试样注入专用模具中,先在室温冷却,然后放入保持在实验温度下的水浴中冷却,用热刀削去高出模具的试样,把模具重新放回水浴,再经一定时间,然后移到延度仪中进行实验。记录沥青试件在一定温度下以一定速度拉伸至断裂时的长度。非经特殊说明,实验温度为(25±0.5)℃,拉伸速度为(5±0.25)cm/min。

(二) 仪器设备及材料

1. 模具:应按图 36.2 中所给样式进行设计。试件模具由黄铜制造,由两个弧形端模和两个侧模组成,组装模具的尺寸变化范围如图 36.2 所示。

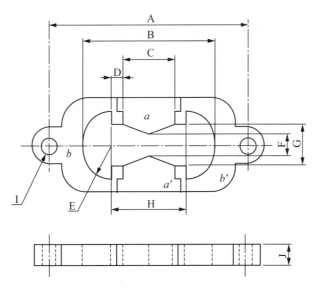

A—两端模环中心点距离 111.5～113.5 mm;B—试件总长 74.54～75.5 mm;C—端模间距 29.7～30.3 mm;D—肩长 6.8～7.2 mm;E—半径 15.75～16.25 mm;F—最小横断面宽 9.9～10.1 mm;G—端模口宽 19.8～20.2 mm;H—两半圆心间距离 42.9～43.1 mm;I—端模孔直径 6.54～6.7 mm;J—厚度 9.9～10.1 mm

图 36.2 延度仪模具

2. 水浴:能保持实验温度变化不大于 0.1 ℃,容量至少为 10 L,试件浸入水中深度不得小于 10 cm,水浴中设置带孔搁架以支撑试件,搁架距水浴底部不得小于 5 cm。

3. 延度仪:对于测量沥青的延度来说,凡是能够满足本实验实验步骤(2)拉伸中规定的将试件持续浸没于水中,能按照一定的速度拉伸试件的仪器均可使用。该仪器在启动时应无明显的振动。

4. 温度计:0~50 ℃,分度为 0.1 ℃和 0.5 ℃各一支。

5. 隔离剂:以质量计,由两份甘油和一份滑石粉调制而成。

6. 支撑板:黄铜板,一面应磨光至表面粗糙度为 $R_a0.63$。

(三) 实验步骤

1. 准备工作

(1) 将模具组装在支撑板上,将隔离剂涂于支撑板表面及图 36.2 中的侧模的内表面,以防沥青沾在模具上。板上的模具要水平放好,以便模具的底部能够充分与板接触。

(2) 小心加热样品,充分搅拌以防局部过热,直到样品容易倾倒。石油沥青加热温度不超过预计石油沥青软化点 90 ℃;煤焦油沥青样品加热温度不超过煤焦油沥青预计软化点 60 ℃。样品的加热时间在不影响样品性质和在保证样品充分流动的基础上尽量短。将熔化后的样品充分搅拌之后倒入模具中,在组装模具时要小心,不要弄乱配件。在倒样时使试样呈细流状,自模的一端至另一端往返倒入,使试样略高出模具,将试件在空气中冷却 30~40 min,然后放在规定温度的水浴中保持 30 min 取出,用热的直刀或铲将高出模具的沥青刮出,使试样与模具齐平。

(3) 恒温:将支撑板、模具和试件一起放入水浴中,并在实验温度下保持 85~95 min,然后从板上取下试件,拆掉侧模,立即进行拉伸实验。

2. 拉伸

(1) 将模具两端的孔分别套在实验仪器的柱上,然后以一定的速度拉伸,直到试件拉伸断裂。拉伸速度允许误差在±5%以内,测量试件从拉伸到断裂所经过的距离,以 cm 表示。实验时,试件距水面和水底的距离不小于 2.5 cm,并且要使温度保持在规定温度的±0.5 ℃范围内。

(2) 如果沥青浮于水面或沉入槽底时,则实验不正常。应使用乙醇或氯化钠调整水的密度,使沥青材料既不浮于水面,又不沉入槽底。

(3) 正常的实验应将试样拉成锥形或线形或柱形,直至在断裂时实际横断面面积接近于零或一均匀断面。如果三次实验得不到正常结果,则报告在该条件下延度无法测定。

(四) 结果评定

1. 若 3 个试件测定值在其平均值的 5%内,取平行测定三个结果的平均值作为测定结果。若 3 个试件测定值不在其平均值的 5%以内,但其中两个较高值在平均值的 5%之内,则弃去最低测定值,取两个较高值的平均值作为测定结果,否则重新测定。

2. 精密度要求

(1) 重复性:同一操作者在同一实验室使用同一实验仪器对在不同时间同一样品进行实验得到的结果不超过平均值的 10%(置信度 95%)。

(2) 再现性:不同操作者在不同实验室用相同类型的仪器对同一样品进行实验得到的结果不超过平均值的 20%(置信度 95%)。

四、软化点的测定

本实验用环球法测定沥青材料软化点(测定的软化点范围为30～157 ℃)。

(一) 实验原理

置于肩或锥状黄铜环中两块水平沥青圆片,在加热介质中以一定速度加热,每块沥青片上置有一只钢球。所报告的软化点为当试样软化到使两个放在沥青上的钢球下落25 mm距离时温度的平均值。

(二) 仪器设备和材料

1. 环:两只铜环或锥环,其尺寸规格如图36.3、图36.4所示。

2. 支撑板:应为扁平光滑的黄铜板或瓷砖,其尺寸约为50 mm×75 mm。

3. 球:两只直径为9.5 mm的钢球,每只质量为(3.50±0.05)g。

4. 钢球定位器:两只钢球定位器用于使钢球定位于试样中央,其一般形状和尺寸如图36.5所示。

5. 浴槽:可以加热的玻璃容器,其内径不小于85 mm,离加热底部的深度不小于120 mm。

6. 环支撑架和组装:一只铜支撑架用于支撑两个水平位置的环,环支撑架和组装装置如图36.6和图36.7所示,支撑架上的肩环的底部距离下支撑板的上表面为25 mm,下支撑板的下表面距离浴槽底部为(16±3)mm。

7. 刀:切沥青用。

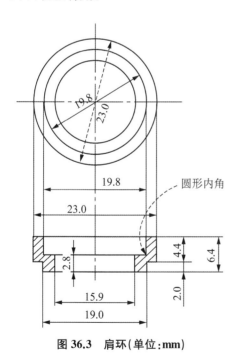

图36.3 肩环(单位:mm)

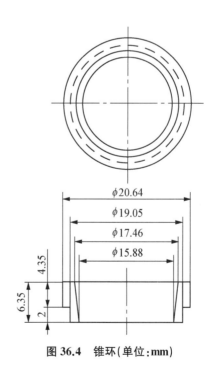

图36.4 锥环(单位:mm)

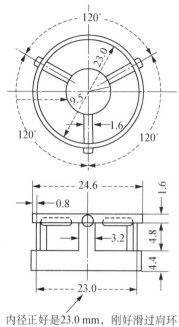

内径正好是23.0 mm，刚好滑过肩环

图 36.5　钢球定位器

注意:该直接比钢球的　径(9.5 mm)大 0.05 mm 左右,刚好能够将钢球固定在中心处。

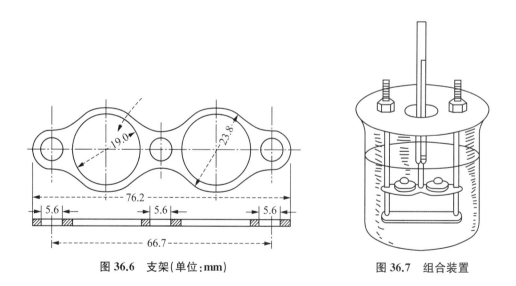

图 36.6　支架(单位:mm)　　　　　**图 36.7　组合装置**

8. 温度计:测温范围在 30~180 ℃、最小分度值为 0.5 ℃的全浸式温度计,应按图 36.7 悬于支架上,使得水银球底部或测温点与环底部水平,其距离在 13 mm 以内,但不要接触环或支撑架。

9. 加热介质:加热介质为新煮沸过的蒸馏水和甘油。

10. 隔离剂:以重量计,两份甘油和一份滑石粉调制而成,此隔离剂适合 30~157 ℃的沥青材料。

（三）实验步骤

1. 准备工作

（1）样品的加热时间在不影响样品性质和在保证样品充分流动的基础上尽量短。石油沥青、改性沥青、天然沥青以及乳化沥青残留物加热温度不应超过预计沥青软化点110 ℃。煤焦油沥青样品加热温度不应超过煤焦油沥青预计软化点55 ℃。

（2）如果样品为按照SH/T 0099.4［乳化沥青蒸发残留物测定法：通过在（163±3.0）℃的烘箱中蒸发乳化沥青中的水分，得到乳化沥青残留物，从而测定乳化沥青残留物含量和性质］、SH/T 0099.16（乳化沥青残留物含量测定法-低温减压蒸馏法：以减压蒸馏设备在规定的加热升温时间内定量测定乳化沥青135 ℃下蒸馏残留物的含量）、NB/SH/T 0890（低温蒸发回收乳化沥青残留物试验法：本方法适用于从乳化沥青中获取可用于进一步试验的残留物，即将一定量的乳化沥青试样在用与沥青不粘结材料制成的容器中于25 ℃的强制鼓风烘箱中蒸发24 h后转移到60 ℃的强制鼓风烘箱中继续蒸发24 h）方法得到的乳化沥青残留物或高聚物改性乳化沥青残留物时，可将其热残留物搅拌均匀后直接注入试模中。如果重复实验，不能重新加热样品，应在干净的容器中用新鲜样品制备试样。

（3）若估计软化点在120～157 ℃之间，应将黄铜环与支撑板预热至80～100 ℃，然后将铜环放到涂有隔离剂的支撑板上。否则会出现沥青试样从铜环中完全脱落的现象。

（4）向每个环中倒入略过量的沥青试样，让试件在室温下至少冷却30 min。对于在室温下较软的样品，应将试件在低于预计软化点10 ℃以上的环境中冷却30 min。从开始倒试样时起至完成实验的时间不得超过240 min。

（5）当试样冷却后，用稍加热的小刀或刮刀干净地刮去多余的沥青，使得每一个圆片饱满且和环的顶部齐平。

2. 测定软化点

（1）选择下列一种加热介质和适合预计软化点的温度计或测温设备：

① 新煮沸过的蒸馏水适于软化点为30～80 ℃的沥青，起始加热介质温度应为（5±1）℃；

② 甘油适于软化点为80～157 ℃的沥青，起始加热介质的温度应为（30±1）℃；

③ 为了进行仲裁，所有软化点低于80 ℃的沥青应在水浴中测定，而软化点在80～157 ℃的沥青材料在甘油浴中测定。仲裁时采用规定的相应的温度计。

（2）把仪器放在通风橱内并配置两个样品环、钢球定位器，并将温度计插入合适的位置，浴槽装满加热介质，并使各仪器处于适当位置。用镊子将钢球置于浴槽底部，使其同支架的其他部位达到相同的起始温度。

（3）如果有必要，将浴槽置于冰水中，或小心加热并维持适当的起始浴温达15 min，并使仪器处于适当位置，注意不要玷污浴液。

（4）再次用镊子从浴槽底部将钢球夹住并置于定位器中。

（5）从浴槽底部加热使温度以恒定的速率5 ℃/min上升。为防止通风的影响有必要时可用保护装置，实验期间不能取加热速率的平均值，但在3 min后，升温速度应达到（5±0.5）℃/min，若温度上升速率超过此限定范围，则此次实验失败。

（6）当包着沥青的钢球触及下支撑板时，分别记录温度计所显示的温度。无需对温度计的浸没部分进行校正。取两个温度的平均值作为沥青材料的软化点。当软化点在

30～157 ℃时,如果两个温度的差值超过 1 ℃,则重新实验。

（四）结果评定

1. 注意事项

（1）因为软化点的测定是条件性的实验方法,对于给定的沥青试样,当软化点略高于 80 ℃时,水浴中测定的软化点低于甘油浴中测定的软化点。

（2）软化点高于 80 ℃时,从水浴变成甘油浴时的变化是不连续的。在甘油浴中所报告的沥青软化点最低可能为 84.5 ℃,而煤焦油沥青的软化点最低可能为 82 ℃。当甘油浴中软化点低于这些值时,应转变为水浴中的软化点为 80 ℃或更低,并在报告中注明。

① 将甘油浴软化点转化为水浴软化点时,石油沥青的校正值为－4.5 ℃,对煤焦油沥青的为－2.0 ℃。采用此校正值只能粗略地表示出软化点的高低,欲得到准确的软化点应在水浴中重复实验。

② 无论在任何情况下,如果甘油浴中所测得的石油沥青软化点的平均值为 80.0 ℃或更低,煤焦油沥青软化点的平均值为 77.5 ℃或更低,则应在水浴中重复实验。

（3）将水浴中略高于 80 ℃的软化点转化成甘油浴中的软化点时,石油沥青的校正值为＋4.5 ℃,煤焦油沥青的校正值为＋2.0 ℃。采用此校正值只能粗略地表示出软化点的高低,欲得到准确的软化点应在甘油浴中重复实验。

在任何情况下,如果水浴中两次测定温度的平均值为 85.0 ℃或更高,则应在甘油浴中重复实验。

2. 数据处理及报告

（1）取两个结果的平均值作为实验结果。

（2）报告实验结果时同时报告浴槽中所使用加热介质的种类。

3. 精密度(95%置信区间)

（1）重复性:在同一实验室,由同一操作者使用相同的设备,按照相同的测试方法,并在短时间内对同一被测对象相互进行独立测试获得的两个实验结果的绝对差值不超过表 36.4 中的值。

（2）再现性:在不同实验室,由不同的操作者使用不同的设备,按照相同的测试方法,对同一被测对象相互进行独立测试获得的两个实验结果的绝对差值不超过表 36.4 中的值。

表 36.4　精密度要求数据表

加热介质	沥青材料类型	软化点范围/℃	重复性(最大绝对误差)/℃	再现性(最大绝对误差)/℃
水	石油沥青、乳化沥青残留物、焦油沥青	30～80	1.2	2.0
	聚合物改性沥青、乳化改性沥青残留物	30～80	1.5	3.5
甘油	建筑石油沥青、特种沥青等石油沥青	80～157	1.5	5.5
	聚合物改性沥青、乳化改性沥青残留物等改性沥青产品	80～157	1.5	5.5

实验 37　建筑密封材料性能实验

一、实验意义和目的

建筑密封材料是嵌入建筑物缝隙、门窗四周、玻璃镶嵌部位以及由于开裂产生的裂缝，能承受位移且能达到气密、水密的目的的材料，又称嵌缝材料。建筑密封材料性能的测试对其施工和使用十分重要，密封材料的力学性能又是评价其质量好坏的重要指标，也为了解材料的密封性能提供了数据理论基础。本实验介绍了测定建筑密封材料系列性能的方法，可以根据具体情况选择其中某些性能开展实验。具体实验目的如下：

（1）掌握测试建筑密封材料性能的实验原理和实验方法。

（2）测试建筑密封材料的性能。

二、表干时间的测定

本实验方法适用于测定用挤枪或刮刀施工的嵌缝密封材料的表面干燥性能。

（一）实验原理

在规定条件下［实验室标准实验条件：温度(23±2)℃、相对湿度50％±5％］将密封材料试样填充到规定形状的模框中，用在试样表面放置薄膜或指触的方法测量其干燥程度。报告薄膜或手指上无黏附试样所需的时间。

（二）实验器具

1. 黄铜板：尺寸 19 mm×38 mm，厚度约 6.4 mm。

2. 模框：矩形，用钢或铜制成，内部尺寸 25 mm×95 mm，外形尺寸 50 mm×120 mm，厚度 3 mm。

3. 玻璃板：尺寸 80 mm×130 mm，厚度 5 mm。

4. 聚乙烯薄膜：2 张，尺寸 25 mm×130 mm，厚度约 0.1 mm。

5. 刮刀。

6. 无水乙醇。

（三）实验步骤

本实验按如下步骤进行。

（1）试件制备：用丙酮等溶剂清洗模框和玻璃板。将模框居中放置在玻璃板上，用在(23±2)℃下至少放置过 24 h 的试样小心填满模框，勿混入空气。多组分试样在填充前应按生产厂的要求将各组分混合均匀。用刮刀刮平试样，使之厚度均匀。同时制备两个试件。

（2）测试实验分为 A 法和 B 法，分别如下。

A 法：将制备好的试件在标准条件下静置一定的时间，然后在试样表面纵向 1/2 处放置聚乙烯薄膜，薄膜上中心位置加放黄铜板。30 s 后移去黄铜板，将薄膜以 90°角从试样表面在 15 s 内匀速揭下。相隔适当时间在另外部位重复上述操作，直至无试样黏附在聚乙烯薄膜上为止。记录试件成型后至试样不再黏附在聚乙烯薄膜上所经历的时间。

B法:将制备好的试件在标准条件下静置一定的时间,然后用无水乙醇擦净手指端部,轻轻接触试件上三个不同部位的试样。相隔适当时间重复上述操作,直至无试样黏附在手指上为止。记录试件成型后至试样不黏附在手指上所经历的时间。

（四）表干时间的数值修约方法

1. 表干时间少于 30 min 时,精确至 5 min。

2. 表干时间在 30 min 至 1 h 时,精确至 10 min。

3. 表干时间在 1 h 至 3 h 时,精确至 30 min。

4. 表干时间超过 3 h 时,精确至 1 h。

三、流动性的测定

本实验方法适用于测定非下垂型密封材料的下垂度和自流平型密封材料的流平性。

（一）实验原理

在规定条件下,将非下垂型密封材料填充到规定尺寸的模具中,在不同温度下以垂直或水平位置保持规定时间,报告试样流出模具端部的长度。

在规定条件下,将自流平型密封材料注入规定尺寸的模具中,以水平位置保持规定时间,报告试样表面流平情况。

（二）实验器具

1. 下垂度模具:无气孔且光滑的槽形模具,宜用阳极氧化或非阳极氧化铝合金制成,如图 37.1 所示。长度(150±0.2)mm,两端开口,其中一端底面延伸(50±0.5)mm,槽的横截面内部尺寸为:宽(20±0.2)mm,深(10±0.2)mm。其他尺寸的模具也可使用,例如宽(10±0.2)mm,深(10±0.2)mm。

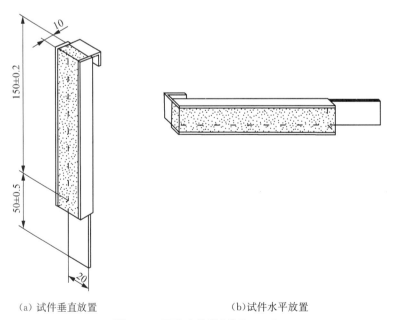

(a) 试件垂直放置　　　　　　　　(b)试件水平放置

图 37.1　下垂度模具(单位:mm)

2. 流平性模具:两端封闭的槽形模具,用 1 mm 厚耐蚀金属制成,如图 37.2 所示。槽的内部尺寸为 150 mm×20 mm×15 mm。

3. 鼓风干燥箱:温度能控制在(50±2)℃、(70±2)℃。

4. 低温恒温箱:温度能控制在(5±2)℃。

5. 钢板尺:刻度单位为 0.5 mm。

6. 聚乙烯条:厚度不大于 0.5 mm,宽度能遮盖下垂度模具槽内侧底面的边缘。在实验条件下,长度变化不大于 1 mm。

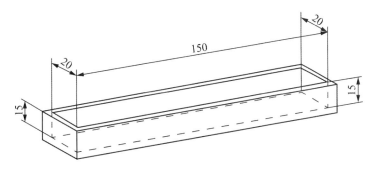

图 37.2　流平性模具(单位:mm)

(三) 实验步骤

1. 下垂度的测定

1) 试件制备

(1) 按下文测定确定所用模具的数量。

(2) 将下垂度模具用丙酮等溶剂清洗干净并干燥。把聚乙烯条衬在模具底部,使其盖住模具上部边缘,并固定在外侧,然后把已在(23±2)℃下放置 24 h 的密封材料用刮刀填入模具内,制备试件时应注意:①避免形成气泡;②在模具内表面上将密封材料压实;③修整密封材料的表面,使其与模具的表面和末端齐平;④放松模具背面的聚乙烯条。

2) 测定

对每一实验温度 70 ℃和/或 50 ℃和/或 5 ℃及下述实验步骤 A 或实验步骤 B 各测试一个试件。

实验步骤 A:将制备好的试件立即垂直放置在已调节至(70±2)℃和/或(50±2)℃的干燥箱和/或(5±2)℃的低温箱内,模具的延伸端向下,如图 37.1(a)示意图所示,放置 24 h。然后从干燥箱或低温箱中取出试件。用钢板尺在垂直方向上测量每一试件中试样从底面往延伸端向下移动的距离(mm)。

实验步骤 B:将制备好的试件立即水平放置在已调节至(70±2)℃和/或(50±2)℃的干燥箱和/或(5±2)℃的低温箱内,使试样的外露面与水平面垂直,如图 37.1(b)图所示,放置 24 h。然后从干燥箱或低温箱中取出试件。用钢板尺在水平方向上测量每一试件中试样超出槽形模具前端的最大距离(mm)。

(3) 如果实验失败,允许重复一次实验,但只能重复一次。当试样从槽形模具中滑脱时,模具内表面可按生产方的建议进行处理,然后重复进行实验。

2. 流平性的测定

(1) 将流平性模具用丙酮溶剂清洗干净并干燥,然后将试样和模具在(23±2)℃下放置至少 24 h,每组制备一个试件。

(2) 将试样和模具在(5±2)℃的低温箱中处理 16~24 h,然后沿水平放置的模具的一端到另一端注入约 100 g 试样,在此温度下放置 4 h。观察试样表面是否光滑平整。

多组分试样在低温处理后取出,按规定配比将各组分混合 5 min,然后放入低温箱内静置 30 min,再按上述方法实验。

(四) 结果评定

实验报告应写明下述内容:

(1) 样品的名称、类别和批号。

(2) 下垂度模具的类型(阳极氧化或非阳极氧化铝合金或其他材料)、内部尺寸、内表面处理情况。

(3) 采用的下垂度实验温度和实验方法(方法 A 或方法 B)。

(4) 下垂度实验每一试件的下垂值,结果精确至 1 mm。

(5) 流平性实验试样自流平情况。

(6) 与本部分规定实验条件的不同点。

四、低温柔性的测定

本实验方法适用于测定单组分弹性溶剂型密封材料经高温和低温循环处理后的低温柔性。其他类型的密封材料也可参照采用。

(一) 实验原理

在规定条件下[实验室标准实验条件:温度(23±2)℃、相对湿度 50%±5%],用模框将密封材料试样黏附在基板上,经高温和低温循环处理后,在规定的低温条件下弯曲试样。报告密封材料开裂或粘结破坏情况。

(二) 实验器具

1. 铝片:尺寸 130 mm×76 mm,厚度 0.3 mm。

2. 刮刀:钢制、具薄刃。

3. 模框:矩形,用钢或铜制成,内部尺寸 25 mm×95 mm,外形尺寸 50 mm×120 mm,厚度 3 mm。

4. 鼓风式干燥箱:温度可调至(70±2)℃。

5. 低温箱:温度可调至(−10±3)℃、(−20±3)℃、(−30±3)℃。

6. 圆棒:直径 6 mm 或 25 mm,配有合适支架。

(三) 实验步骤

1. 试件制备

(1) 将试样在未开口的包装容器中于标准条件下至少放置 5 h。

(2) 用丙酮等溶剂彻底清洗模框和铝片。将模框置于铝片中部,然后将试样填入模框内,防止出现气孔。将试样表面刮平,使其厚度均匀达 3 mm。

(3) 沿试样外缘用薄刃刮刀切割一周,垂直提起模框,使成型的密封材料粘牢在铝片上。同时制备三个试件。

2. 试件处理

（1）将试件在标准实验条件下至少放置 24 h。其他类型密封材料试件在标准实验条件下放置的时间应与其固化时间相当。

（2）将试件按下面的温度周期处理三个循环：①于(70±2)℃ 处理 16 h；②于(10±3)℃、(−20±3)℃或(−30±3)℃处理 8 h。

3. 测试过程

在第三个循环处理周期结束时，使低温箱里的试件和圆棒同时处于规定的实验温度下，用手将试件绕规定直径的圆棒弯曲，弯曲时试件粘有试样的一面朝外，弯曲操作在 1~2 s 内完成。弯曲之后立即检查试样开裂、部分分层及粘结损坏情况。微小的表面裂纹、毛细裂纹或边缘裂纹可忽略不计。

（四）结果评定

实验报告中应写明以下内容：

（1）样品的名称、类别、批号。

（2）圆棒直径。

（3）低温实验温度。

（4）试件裂缝、分层及粘结破坏情况。

五、拉伸粘结性的测定

本实验适用于测定建筑密封材料正割拉伸模量以及拉伸至破坏时的最大拉伸强度、断裂伸长率与基材的粘结状况。标准实验条件为：温度(23±2)℃、相对湿度(50±5)%。

（一）实验原理

将待测密封材料粘结在两个平行基材的表面之间，制成试件。将试件拉伸至破坏，绘制力值-伸长值曲线，以计算的正割拉伸模量、最大拉伸强度、断裂伸长率表示密封材料的拉伸粘结性能。

（二）仪器设备和材料

1. 粘结基材：符合现行国家标准《建筑密封材料试验方法　第 1 部分：试验基材的规定》(GB/T 13477.1)规定的水泥砂浆板、玻璃板或铝板，用于制备试件。水泥砂浆板：尺寸为 75 mm×25 mm×12 mm，表面应具有足够的内聚强度，以承受密封材料试验过程中产生的应力；与密封材料粘结的表面应无浮浆、无松动砂粒和脱模剂。玻璃板：从公称厚度(6.0±0.1)mm、透射率 0.85 的清洁浮法玻璃板上制取基材；如果在试验标准中光的照射不作为影响因素的话，则其公称厚度可较大，如 8 mm；对于高模量密封材料，应提供足够增强的平板玻璃基材。铝板：尺寸为 75 mm×12 mm×5 mm。

2. 隔离垫块：表面应防粘，用于制备密封材料截面为 12 mm×12 mm 的试件(图 37.3 和图 37.4)。

3. 防粘材料：防粘薄膜或防粘纸，如聚乙烯(PE)薄膜等，用于制备试件。

4. 拉力试验机：配有记录装置，能以(5.5±0.7)mm /min 的速度拉伸试件。

5. 低温实验箱：能容纳试件在(−20±2)℃温度下进行拉伸实验。

6. 鼓风干燥箱:温度可调至(70±2)℃,用于下文 B 法处理试件。

7. 容器:用于盛蒸馏水,按下文 B 法浸泡处理试件。

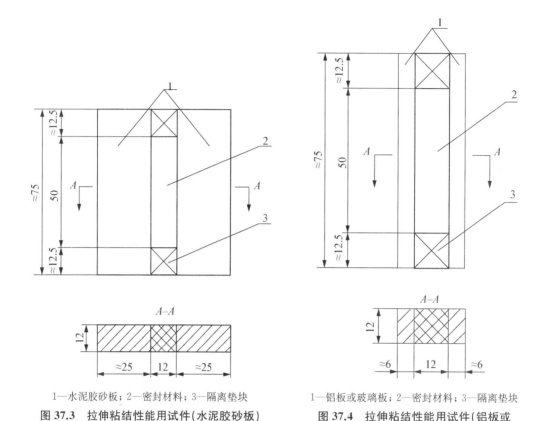

1—水泥胶砂板;2—密封材料;3—隔离垫块
图 37.3 拉伸粘结性能用试件(水泥胶砂板)(单位:mm)

1—铝板或玻璃板;2—密封材料;3—隔离垫块
图 37.4 拉伸粘结性能用试件(铝板或玻璃板)(单位:mm)

(三) 实验步骤

1. 试件制备

(1) 用脱脂纱布清除水泥砂浆板表面浮灰。用丙酮等溶剂清洗铝板和玻璃板,并干燥。

(2) 按密封材料生产商的说明(如是否使用底涂料及多组分密封材料的混合程序)制备试件。

(3) 将密封材料和基材保持在(23±2)℃,每种类型的基材和每种实验温度制备 3 块试件。

(4) 按图 37.3 和图 37.4 所示,在防粘材料上将两块粘结基材与两块隔离垫块组装成空腔。然后将密封材料试样嵌填在空腔内,制成试件。嵌填试样时应注意下列事项:①避免形成气泡;②将试样挤压在基材的粘结面上,粘结密实;③修整试样表面,使之与基材和垫块的上表面齐平。

(5) 将试样侧放,尽早去除防粘材料,以使试样充分固化或完全干燥。在养护期内,应使隔离垫块保持原位。

(6) 当选择的基材尺寸可能影响试件的固化速度时,宜尽早将隔离垫块与密封材料分离,但仍需保持定位状态。

2. 试件处理

试件处理有 A 法和 B 法,可按需要选择。

(1) A 法:将制备好的试件于标准实验条件下放置 28 d。

(2) B 法:先按照 A 法处理试件,然后将试件按下述程序处理 3 个循环:①在(70±2)℃干燥箱内存放 3 d;②在(23±2)℃蒸馏水中存放 1 d;③在(70±2)℃干燥箱内存放 2 d;④在(23±2)℃蒸馏水中存放 1 d。

上述程序也可以改为③—④—①—②顺序进行。

B 法处理后的试件在实验之前,应于标准实验条件下放置至少 24 h。

注:B 法是利用热和水影响试件固化速度的一种常规处理程序,不适宜给出密封材料的耐久性信息。

3. 测试过程

实验在(23±2)℃和(−20±2)℃两个温度下进行。每个测试温度测 3 个试件。

1.(23±2)℃时的拉伸粘结性

除去试件上的隔离垫块,将试件装入拉力试验机,在(23±2)℃下以(5.5±0.7)mm/min 的速度将试件拉伸至破坏。记录力值-伸长值曲线和破坏形式。

2.(−20±2)℃时的拉伸粘结性

实验前,试件应在(−20±2)℃温度下放置 4 h。

除去试件上的隔离垫块,将试件装入拉力试验机,在(−20±2)℃下以(5.5±0.7)mm/min 的速度将试件拉伸至破坏。记录力值-伸长值曲线和破坏形式。

(四) 结果计算及数据处理

1. 正割拉伸模量(σ)

每个试件选定伸长时的正割拉伸模量(σ)按式(37.1)计算,取 3 个试件的算术平均值:

$$\sigma = \frac{F}{S} \tag{37.1}$$

式中 σ——正割拉伸模量,单位为兆帕(MPa),结果精确至 0.01 MPa;

F——选定伸长时的力值,单位为牛顿(N);

S——试件初始截面积,单位为平方毫米(mm^2)。

2. 最大拉伸强度(T_s)

每个试件的最大拉伸强度(T_s)按式(37.2)计算,取 3 个试件的算术平均值:

$$T_s = \frac{P}{S} \tag{37.2}$$

式中 T_s——最大拉伸强度,单位为兆帕(MPa),结果精确至 0.01 MPa;

P——最大拉力值,单位为牛顿(N);

S——试件初始截面积,单位为平方毫米(mm^2)。

3. 断裂伸长率(E)

每个试件的断裂伸长率(E)按式(37.3)计算,以百分数表示,取 3 个试件的算术平均值:

$$E = \frac{(W_1 - W_0)}{W_0} \times 100\%$$ (37.3)

式中 E——断裂伸长率,用百分数表示,结果精确至 5%;

W_0——试件的初始宽度,单位为毫米(mm);

W_1——试件破坏时的宽度,单位为毫米(mm)。

注:结果需标明试件的破坏形式(粘结破坏/内聚破坏)。

六、定伸粘结性的测定

本实验适用于测定建筑密封材料在定伸状态下的拉伸粘结性能。实验室标准实验条件为:温度(23±2)℃、相对湿度 50%±5%。

(一)实验原理

将待测密封材料粘结在两个平行基材的表面之间,制成试件。将试件拉伸至规定宽度,并在规定条件下保持这一拉伸状态。记录密封材料粘结或内聚的破坏形式。

(二)仪器设备和材料

1. 粘结基材:符合现行国家标准《建筑密封材料试验方法 第 1 部分:试验基材的规定》(GB/T 13477.1)规定的水泥砂浆板、玻璃板或铝板,用于制备试件,见前文拉伸粘结性的测定中仪器设备和材料中相关规定。基材的形状及尺寸如图 37.3 和图 37.4 所示,对每一个试件,应使用两块相同材料的基材。也可用其他材质和尺寸的基材,但嵌填密封材料试样的粘结尺寸及面积应与图 37.3 和图 37.4 所示相同。

2. 隔离垫块:表面应防粘,用于制备密封材料截面为 12 mm×12 mm 的试件(图 37.3 和图 37.4)

3. 防粘材料:防粘薄膜或防粘纸,如聚乙烯(PE)薄膜等,宜按密封材料生产商的建议选用。用于制备试件。

4. 定位垫块:用于控制被拉伸的试件宽度,能使试件保持伸长率为初始宽度的 25%、60%、100% 或各方商定的宽度。

5. 拉力试验机:能以(5.5±0.7)mm/min 的速度拉伸试件。

6. 低温实验箱:能容纳试件在(−20±2)℃温度下进行拉伸实验。

7. 鼓风干燥箱:温度可调至(70±2)℃,用于按下文 B 法处理试件。

8. 容器:用于盛蒸馏水,按下文 B 法浸泡处理试件。

9. 量具:分度值为 0.5 mm。

(三)实验步骤

1. 试件制备

(1)用脱脂纱布清除水泥砂浆板表面浮灰。用丙酮等溶剂清洗铝板和玻璃板,并干燥。

(2)按密封材料生产商的说明(如是否使用底涂料及多组分密封材料的混合程序)制备试件。

(3)将密封材料和基材保持在(23±2)℃,每种类型的基材和每种实验温度制备 3 块试件。

（4）按图 37.3 和图 37.4 所示,在防粘材料上将两块粘结基材与两块隔离垫块组装成空腔。然后将密封材料试样嵌填在空腔内,制成试件。嵌填试样时应注意下列事项:①避免形成气泡;②将试样挤压在基材的粘结面上,粘结密实;③修整试样表面,使之与基材和隔离垫块的上表面齐平。

（5）将试件侧放,尽早去除防粘材料,以使试样充分固化或完全干燥。在养护期内,应使隔离垫块保持原位。

2. 试件处理

按需要可选用 A 法或者 B 法处理试件。

（1）A 法:将制备好的试件于标准实验条件下放置 28 d。

（2）B 法:先按照 A 法处理试件,然后将试件按下述程序处理 3 个循环:①在(70±2)℃干燥箱内存放 3 d;②在(23±2)℃蒸馏水中存放 1 d;③在(70±2)℃干燥箱内存放 2 d;④在(23±2)℃蒸馏水中存放 1 d。

上述程序也可以改为③—④—①—②顺序进行。

B 法处理后的试件在实验之前,应于标准实验条件下放置至少 24 h。

注:B 法是利用热和水影响试件固化速度的一种常规处理程序,不适宜给出密封材料的耐久性信息。

3. 测试过程

实验在(23±2)℃和(−20±2)℃两个温度下进行。每个测试温度测 3 个试件。

（1）(23±2)℃时的定伸粘结性

将试件除去隔离垫块,置入(23±2)℃温度下的拉力机夹具内,以(5.5±0.7)mm/min 的速度拉伸试件,拉伸伸长率为初始宽度的 25%、60% 或 100%(分别拉伸至 15 mm、19.2 mm 或 24 mm),或各方商定的宽度,用定位垫块固定伸长并在(23±2)℃下保持 24 h。然后,除去定位垫块,检查试件粘结或内聚破坏情况,并用分度值为 0.5 mm 的量具测量粘结或内聚破坏的深度(mm)。

（2）(−20±2)℃时的定伸粘结性

实验前,试件应在(−20±2)℃温度下放置 4 h。

将试件除去隔离垫块,置入(−20±2)℃温度下的拉力机夹具内,以(5.5±0.7)mm/min 的速度拉伸试件,拉伸伸长率为初始宽度的 25%、60% 或 100%(分别拉伸至 15 mm、19.2 mm 或 24 mm),或各方商定的宽度。用定位垫块固定伸长并在(−20±2)℃下保持 24 h。然后,除去定位垫块,使试件温度恢复至(23±2)℃,检查试件粘结或内聚破坏情况,并用分度值为 0.5 mm 的量具测量粘结或内聚破坏的深度(mm)。

(四) 结果评定

实验报告写明下述内容:

（1）样品名称、类别(化学种类)、颜色和批号。

（2）基材类别。

（3）所用底涂料(如果使用)、所用配合比(多组分样品)。

（4）试件处理方法(A 法或 B 法)。

（5）定伸伸长率(%)。

(6) 每个试件粘结和/或内聚破坏的深度。

(7) 与本实验规定实验条件的任何偏离。

七、压缩特性的测定

本实验适用于建筑结构接缝的密封材料抗压缩性能的测试。

（一）实验原理

将待测密封材料粘结在两个平行表面之间制成试件,在规定条件下压缩试件至规定值,记录压力和应力。

（二）仪器设备和材料

1. 铝基材:用于制备试件(每个试件要求用两块基材),尺寸如图 37.5 所示。

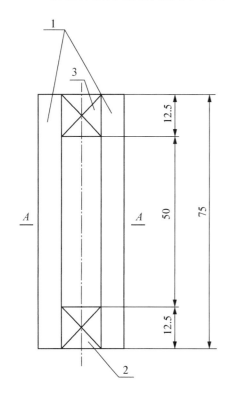

2. 隔离垫块:用于制备密封材料截面为 12 mm×12 mm 的试件,表面防粘(图 37.5)。

注:若隔离垫块所用材料与密封材料相粘,其表面应进行防粘处理,如薄的蜡涂层。

3. 防粘材料:防粘薄膜或防粘纸,如聚乙烯薄膜等,宜按密封材料生产厂的建议选用。用于制备试件。

4. 鼓风式干燥箱:能控制温度在(70±2)℃,用于 B 法处理试件。

5. 容器:装有蒸馏水,用于 B 法处理试件。

6. 试验机:具有记录装置,能以 5~6 mm/min 速度压缩试件。

（三）实验步骤

1. 试件制备

(1) 制备三个试件。每个试件由两个基材和两个隔离垫块装配后(图 37.5)放置在防粘材料上。

(2) 按密封材料生产方的要求制备试件,如是否使用底涂料及多组分密封材料的混合程序。

(3) 用已在(23±2)℃条件下放置 24 h 的密封材料填满基材和隔离垫块装配的空腔,并采取以下预防措施:①避免形成气泡;②将密封材料在基材粘结面上压实;③修整密封材料表面,使之与基材和垫块表面齐平。

(4) 将试件侧放,尽早除去防粘材料,以使密封材料充分固化或干燥。在固化期内,应使隔离垫块保持原位。

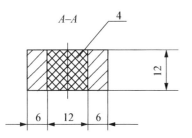

1—铝基材;2、3—隔离垫块;4—试样

图 37.5　压缩特性用试件(单位:mm)

2. 试件处理

按需要可选用 A 法或者 B 法处理试件。

（1）A 法：试件(23±2)℃、相对湿度 50％±5％下放置 28 d。

（2）B 法：先按照 A 法处理试件，然后将试件按下述程序处理三个循环：①在(70±2)℃干燥箱内存放 3 d；②在盛有(23±1)℃蒸馏水的容器中存放 1 d；③在(70±2)℃干燥箱内存放 2 d；④在(23±1)℃蒸馏水中存放 1 d。

上述程序也可以改为③—④—①—②顺序进行。

注：B 法是利用热和水影响试件固化速度的一种常规处理程序，不适宜给出密封材料的耐久性信息。

3. 测试过程

实验应在(23±2)℃温度下进行。

去除垫块，用试验机压缩试件至初始宽度的 75％或 80％，速度为 5～6 mm/min。

表 37.1 给出试件压缩后的接缝宽度 W_1(mm)。试件初始宽度 W_0 为 12 mm。

记录试件达到规定的压缩率时压力(N)。

表 37.1　压缩后的接缝宽度

比例 W_1/W_0	最终接缝宽度 W_1/mm^2
75％	9.0
80％	9.6

（四）结果评定

实验报告应写明下述内容：

（1）样品的名称和类型。

（2）所用底涂料(如果已知)。

（3）试件处理方法(A 法或 B 法)。

（4）试件压缩率。

（5）每个试件的压缩力(N)和计算应力(N/mm²)。

（6）与本实验规定实验条件的不同点。

八、弹性恢复率的测定

本实验适用于测定建筑密封材料的弹性恢复率。实验室标准实验条件为：温度(23±2)℃、相对湿度 50％±5％。

（一）实验原理

将试件拉伸至规定宽度，在规定时间内保持拉伸状态，然后释放。以试件在拉伸前后宽度的变化计算弹性恢复率(以伸长的百分比表示)。

（二）仪器设备和材料

1. 粘结基材：符合现行国家标准《建筑密封材料试验方法　第 1 部分：试验基材的规定》(GB/T 13477.1)规定的水泥砂浆板、玻璃板或铝板，用于制备试件，见本章拉伸粘结性中仪器设备和材料中相关规定。基材的形状及尺寸如图 37.3 和图 37.4 所示,对每一个试件,应使用两块相同材料的基材。也可选用其他材质和尺寸的基材。但嵌填密封材料试样的粘结尺寸及面积应与图 37.3 和图 37.4 所示相同。

2. 隔离垫块:表面应防粘,用于制备密封材料截面为 12 mm×12 mm 的试件(图 37.3、图 37.4)。

3. 定位垫块:用于控制被拉伸的试件宽度,能使试件保持伸长率为初始宽度的 25%、60%、100% 或各方商定的宽度。

4. 防粘材料:防粘薄膜或防粘纸,如聚乙烯(PE)薄膜等,宜按密封材料生产商的建议选用。用于制备试件。

5. 鼓风干燥箱:温度可调至(70±2)℃,用于按下文 B 法处理试件。

6. 拉力试验机:能以(5.5±0.7)mm/min 的速度拉伸试件。

7. 容器:用于盛蒸馏水,按下文 B 法浸泡处理试件。

8. 游标卡尺:分度值为 0.1 mm。

(三) 实验步骤

1. 试件制备

(1) 用脱脂纱布清除水泥砂浆板表面浮灰。用丙酮等溶剂清洗铝板和玻璃板,并干燥。

(2) 按密封材料生产商的说明(如是否使用底涂料及多组分密封材料的混合程序)制备试件。

(3) 将密封材料和基材保持在(23±2)℃,每种类型的基材制备 6 块试件,3 块作为实验试件,另 3 块作为备用试件。

(4) 按图 37.3 和图 37.4 所示,在防粘材料上将两块粘结基材与两块隔离垫块组装成空腔。然后将密封材料试样嵌填在空腔内,制成试件。嵌填试样时应注意下列事项:①避免形成气泡;②将试样挤压在基材的粘结面上,粘结密实;③修整试样表面,使之与基材和隔离垫块的上表面齐平。

(5) 将试件侧放,尽早去除防粘材料,以使试样充分固化或完全干燥。在养护期内,应使隔离垫块保持原位。

2. 试件处理

试件处理有 A 法和 B 法,可按需要选择。

(1) A 法:将制备好的试件于标准实验条件下放置 28 d。

(2) B 法:先按照 A 法处理试件,然后将试件按下述程序处理 3 个循环:①在(70±2)℃干燥箱内存放 3 d;②在(23±2)℃蒸馏水中存放 1 d;③在(70±2)℃干燥箱内存放 2 d;④在(23±2)℃蒸馏水中存放 1 d。

上述程序也可以改为按③—④—①—②顺序进行。

B 法处理后的试件在实验之前,应于标准实验条件下放置至少 24 h。

注:B 法是利用热和水影响试件固化速度的一种常规处理程序,不适宜给出密封材料的耐久性信息。

3. 测试过程

(1) 实验应在标准实验条件下进行。所有与弹性恢复率计算相关的测量均采用游标卡尺,测量既可以是接触密封材料的基材内侧表面之间的距离,也可以是未接触密封材料的基材外侧表面之间的距离。

（2）除去隔离垫块，测量每一试件两端的初始宽度 W_i。将试件放入拉力试验机，以 (5.5 ± 0.7)mm/min 的速度拉伸试件，拉伸伸长率为初始宽度的 25%、60% 或 100%（分别拉伸至 15 mm、19.2 mm 或 24 mm），或各方商定的百分比，用 W_e 表示伸长后的宽度。用合适的定位垫块使试件保持拉伸状态 24 h。

（3）在实验过程中按下列实验方法观察试件有无破坏现象：

在密封胶表面任何位置，如果粘结或内聚损坏深度超过 2 mm，则密封胶试件为破坏，如图 37.6 所示。

区域 a：在 2 mm×12 mm×12 mm 体积内的破坏是允许的，且不报告。

区域 b：对 E 类密封胶，允许破坏不大于 2 mm，但须报告作为实验结果。

区域 c：对 E 类密封胶，破坏从密封胶表面延伸到此区域（即深度不小于 2 mm）是不允许的，试件为破坏并报告实验结果。

注：仅在 c 区观察到的粘结缺陷或内部孔洞（如通过玻璃基材看到的）在实验报告中不作为破坏，但须报告观察结果。

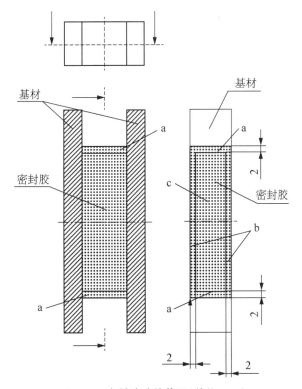

图 37.6　密封胶试件截面（单位：mm）

（4）若无破坏，去掉定位垫块，将试件以长轴向垂直放置在平滑的低摩擦表面上，如撒有滑石粉的玻璃板，静置 1 h，在每一试件两端同一位置测量恢复后的宽度 W_r。若有试件破坏，则取备用试件重复本部分实验。若 3 块重复实验试件中仍有试件破坏，则报告本部分的实验结果为试件破坏。

(5) 分别计算在每个试件两端测得的 W_i、W_e 和 W_r 的算术平均值。

（四）结果计算及数据处理

1. 每个试件的弹性恢复率 R 按式(37.4)计算：

$$R = \frac{(W_e - W_r)}{(W_e - W_i)} \times 100\% \tag{37.4}$$

式中　R——弹性恢复率,用百分数表示;

　　　W_i——试件的初始宽度,单位为毫米(mm);

　　　W_e——试件拉伸后的宽度,单位为毫米(mm);

　　　W_r——试件恢复后的宽度,单位为毫米(mm)。

计算 3 个试件弹性恢复率的算术平均值,精确到 1%。

2. 实验报告应写明下述内容：

(1) 样品名称、类别(化学种类)、颜色和批号。

(2) 基材类别。

(3) 所用底涂料(如果使用)、所用配合比(多组分样品)。

(4) 试件处理方法(A 法或 B 法)。

(5) 伸长率。

(6) 每一试件的弹性恢复率(或试件破坏)。

(7) 每组试件弹性恢复率的算术平均值(或试件破坏)。

(8) 与本实验规定实验条件的任何偏离。

九、剥离粘结性的测定

本实验适用于测定弹性建筑密封材料的剥离强度和破坏状况。实验室标准实验条件为：温度(23±2)℃,相对湿度 50%±5%。

（一）实验原理

将被测密封材料涂在粘结基材上,并埋入一布条,制得试件。于规定条件下将试件养护至规定时间,然后使用拉伸试验机将埋放的布条沿 180°方向从粘结基材上剥下,测定剥下布条时的拉力值及密封材料与粘结基材剥离时的破坏状况。

注:通常利用剥离粘结实验确定密封材料与底涂料在特殊或专用粘结基材上的粘结性能。

（二）仪器设备

1. 拉力试验机:配有拉伸夹具和记录装置,拉伸速度可调至 50 mm/min。

2. 铝合金板、水泥砂浆板、玻璃板:同本章五、拉伸粘结性中仪器设备和材料中相关规定。

3. 垫板:4 只,用硬木、金属或玻璃制成。其中 2 只尺寸为 150 mm×75 mm×5 mm,用于在铝板或玻璃板上制备试件,另 2 只尺寸为 150 mm×75 mm×10 mm,用于在水泥砂浆板上制备试件。

4. 玻璃棒、不锈钢棒或黄铜棒、遮蔽条:玻璃棒直径 12 mm;不锈钢棒或黄铜棒的直径应为 1.5 mm,长 300 mm;遮蔽条应成卷纸条,条宽 25 mm。

5. 布条/金属丝网:脱水处理的 8×10 或 8×12 帆布,尺寸为 180 mm×75 mm,厚约 0.8 mm;或用 30 目(孔径约 1.5 mm)、厚度 0.5 mm 的金属丝网。

6. 刮刀、锋利小刀。

7. 紫外线辐照箱:灯管功率 300 W。灯管与箱底平行,并且距离可调节,箱内温度可调至(65±3)℃。

(三) 实验步骤

1. 试件制备

(1) 将被测密封材料在未打开的原包装中置于标准条件下处理 24 h,样品数量不少于 250 g。如果是多组分密封材料,还要同时处理相应的固化剂。

(2) 用刷子清理水泥砂浆板表面,用丙酮或二甲苯清洗玻璃和铝基材,干燥后备用。根据密封材料生产厂的说明或有关各方的商定在基材上涂刷底涂料。每种基材准备两块板,并在每块基材上制备两个试件。

(3) 在粘结基材上横向放置一条 25 mm 宽的遮蔽条,条的下边距基材的下边至少 75 mm。然后将已在标准条件下处理过的试样涂抹在粘结基材上(多组分试样应按生产厂的配合比将各组分充分混合 5 min 后再涂抹),涂抹面积为 100 mm×75 mm(包括遮蔽条),涂抹厚度约 2 mm。

(4) 用刮刀将试样涂刮在布条一端,面积为 100 mm×75 mm,布条两面均涂试样,直到试样渗透布条为止。

(5) 将涂好试样的布条/金属丝网放在已涂试样的基材上,基材两侧各放置一块厚度合适的垫板。在每块垫板上纵向放置一根金属棒。从有遮蔽条的一端开始,用玻璃棒沿金属棒滚动,挤压下面的布条/金属丝网和试样,直至试样的厚度均达到 1.5 mm,除去多余的试样。

(6) 将制得的试件在标准条件下养护 28 d。多组分试件养护 14 d。养护 7 d 后应在布/金属丝网上复涂一层 1.5 mm 厚试样。

(7) 养护结束后,用锋利的刀片沿试件纵向切割 4 条线,每次都要切透试料和布条/金属丝网至基材表面。留下 2 条 25 mm 宽的、埋有布条/金属丝网的试料带,两条带的间距为 10 mm,除去其余部分。

(8) 如果剥离粘结性试件是玻璃基材,则在第(7)步之后,应将试件放入紫外线辐照箱,调节灯管与试件间的距离,使紫外线辐照强度为(2 000～3 000)μW/cm²,温度为(65±3)℃。试件的试料表面应背朝光源,透过玻璃进行紫外线曝露实验。在无水条件下紫外线曝露 200 h,然后继续第(9)步。

(9) 将试件在蒸馏水中浸泡 7 d。水泥砂浆试件应与玻璃、铝试件分别浸泡。

2. 测试

(1) 从水中取出试件后,立即擦干。将试料与遮蔽条分开,从下边切开 12 mm 试料,仅在基材上留下 63 mm 长的试料带。

(2) 将试件装入拉力试验机,以 50 mm/min 的速度于 180°方向拉伸布条/金属丝网,使试料从基材上剥离。剥离时间约 1 min。记录剥离时拉力峰值的平均值(N)。若发现从试料上剥下的布条/金属丝网很干净,应舍弃记录的数据,用刀片沿试料与基材的粘结面上切开一个缝口,继续进行实验。

对每种基材应测试二块试件上的 4 条实验带。

计算并记录每种基材上 4 条试料带的剥离强度及其平均值(N/mm)和每条试料带粘结或内聚破坏面积的百分率。

(四) 结果评定

实验报告应写明下述内容:

(1) 样品名称、类型和批号。

(2) 基材类别。

(3) 所用底涂料(如果使用)。

(4) 每种基材上 4 条试料带的剥离强度及其平均值,单位为牛顿每毫米(N/mm)。

(5) 每条试料带粘结或内聚破坏面积的百分率,用百分数表示。

(6) 布条的破坏情况。

(7) 与本实验规定实验条件的不同点。

实验 38　建筑防水卷材性能实验

一、实验意义和目的

防水卷材主要用于建筑墙体、屋面以及隧道、公路、垃圾填埋场等处,是起到抵御外界雨水、地下水渗漏的一种可卷曲成卷状的柔性建材产品,作为工程基础与建筑物之间无渗漏连接,是整个工程防水的第一道屏障,对整个工程起着至关重要的作用。本实验介绍了测定建筑防水卷材系列性能的方法,可以根据具体情况选择其中某些性能开展实验。具体实验目的如下:

(1) 掌握测定沥青防水卷材的拉伸性能、耐热性、低温柔性、撕裂性能、不透水性、抗冲击性能、吸水性的实验原理和实验方法。

(2) 测定沥青防水卷材的拉伸性能、耐热性、低温柔性、撕裂性能、不透水性、抗冲击性能和吸水性。

二、抽样

1. 抽样根据相关方协议的要求,若没有这种协议,可按表 38.1 所示进行。不要抽取损坏的卷材。

2. 试样和条件。

(1) 温度条件:在裁剪试样前样品应在(20±10)℃放置至少 24 h。无争议时可在样品规定的展开温度范围内裁取试样。

表 38.1　抽样

批量/m²		样品数量/卷
以上	直至	
—	1 000	1
1 000	2 500	2
2 500	5 000	3
5 000	—	4

（2）试样：在平面上展开抽取的样品，根据试件需要的长度在整个卷材宽度上裁取试样。若无合适的包装保护，将卷材外面的一层去除。

试样用能识别的材料标记卷材的上表面和机器生产方向。若无其他相关标准规定，在裁取试件前试样应在(23±2)℃放置至少 20 h。

（3）试件：在裁取试件前检查试样，试样不应有由于抽样或运输造成的折痕，保证试样不存在现行国家标准《建筑防水卷材试验方法　第 2 部分：沥青防水卷材　外观》(GB/T 328.2)或现行国家标准《建筑防水卷材试验方法　第 3 部分：高分子防水卷材　外观》(GB/T 328.3)规定的外观缺陷，具体见表 38.2。根据相关标准规定的检测性能和需要的试件数量裁取试件。

表 38.2　外观缺陷

缺陷	特点
气泡	凸起在卷材表面，有各种外形和尺寸，在其下面有空穴
裂缝	裂纹从表面扩展到材料胎基或整个厚度，沥青材料在裂缝处完全断开
孔洞	贯穿卷材整个厚度，能漏过水
裸露斑	缺少矿物料的表面面积超过 100 mm²
擦伤	由意外引起卷材单面损伤
凹痕	卷材表面小的凹坑或压痕
空包	不定型的带入的空穴，含有空气或其他气体
杂质	产品中含有无关的物质

三、拉伸性能

本实验适用于测定沥青屋面防水卷材拉伸性能。

（一）实验原理

试件以恒定的速度拉伸至断裂。连续记录实验中拉力和对应的长度变化。

（二）仪器设备

1. 拉伸试验机：有连续记录力和对应距离的装置，能按下面规定的速度均匀地移动夹具。拉伸试验机有足够的量程(至少 2 000 N)和夹具移动速度(100±10)mm/min,夹具宽度不小于 50 mm。

2. 夹具:拉伸试验机的夹具能随着试件拉力的增加而保持或增加夹具的夹持力,对于厚度不超过 3 mm 的产品能夹住试件使其在夹具中的滑移不超过 1 mm,更厚的产品不超过 2 mm。这种夹持方法不应在夹具内外产生过早的破坏。

为防止从夹具中的滑移超过极限值,允许用冷却的夹具,同时实际的试件伸长用引伸计测量。

(三) 实验步骤

1. 试件制备

(1) 整个拉伸实验应制备两组试件,一组纵向 5 个试件,一组横向 5 个试件。

(2) 试件在试样上距边缘 100 mm 以上任意裁取,用模板,或用裁刀,矩形试件宽为(50±0.5)mm,长为(200 mm+2×夹持长度),长度方向为实验方向。

(3) 表面的非持久层应去除。

(4) 试件实验前在(23±2)℃和相对湿度 30%～70%的条件下至少放置 20 h。

2. 拉伸

(1) 将试件紧紧地夹在拉伸试验机的夹具中,注意试件长度方向的中线与试验机夹具中心在一条线上。夹具间距离为(200±2)mm,为防止试件从夹具中滑移应做标记。当用引伸计时,实验前应设置标距间距离为(180±2)mm。为防止试件产生任何松弛,推荐加载不超过 5 N 的力。

(2) 实验在(23±2)℃进行,夹具移动的恒定速度为(100±10)mm/min。连续记录拉力和对应的夹具(或引伸计)间距离。

(四) 结果计算及数据处理

记录得到的拉力和距离,或记录最大的拉力和对应的由夹具(或引伸计)间距离与起始距离的百分率计算的延伸率。

去除任何在夹具 10 mm 以内断裂或在试验机夹具中滑移超过极限值的试件的实验结果,用备用件重测。

最大拉力的单位为 N/50 mm,对应的延伸率用百分率表示,作为试件同一方向结果。

分别记录每个方向 5 个试件的拉力值和延伸率,计算平均值。

拉力的平均值修约到 5 N,延伸率的平均值修约到 1%。

同时对于复合增强的卷材在应力应变图上有两个或更多的峰值,拉力和延伸率应记录两个最大值。

四、不透水性

本实验方法适用于沥青和高分子屋面防水卷材按规定步骤测定不透水性,即产品耐积水或有限表面承受水压。本实验方法也可用于其他防水材料。

(一) 实验原理

对于沥青、塑料、橡胶有关范畴的卷材,本实验给出两种实验方法。

方法 A:适用于卷材低压力的使用场合,如:屋面、基层、隔气层。试件满足 60 kPa 压力

24 h。

方法 B:适用于卷材高压力的使用场合,如:特殊屋面、隧道、水池。试件采用有四个规定形状尺寸狭缝的圆盘保持规定水压 24 h,或采用 7 孔圆盘保持规定水压 30 min,观测试件是否保持不渗水。

(二) 仪器设备

1. 方法 A

一个带法兰盘的金属圆柱体箱体,孔径 150 mm,并连接到开放管子末端或容器,其间高差不低于 1 m,如图 38.1 所示。

2. 方法 B

组成设备的装置如图 38.2 和图 38.3 所示,产生的压力作用于试件的一面。

试件用有四个狭缝的盘(或 7 孔圆盘)盖上。缝的形状尺寸符合图 38.4 的规定,孔的尺寸形状符合图 38.5 的规定。

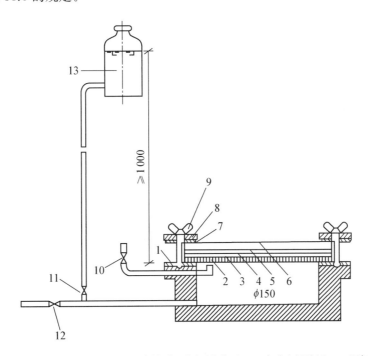

1—下橡胶密封垫圈;2—试件的迎水面是通常暴露于大气/水的面;3—实验室用滤纸;4—湿气指示混合物,均匀地铺在滤纸上面,湿气透过试件能容易被探测到,指示剂由细白糖(冰糖)(99.5%)和亚甲基蓝染料(0.5%)组成的混合物,用 0.074 mm 筛过滤并在干燥器中用氯化钙干燥;5—实验室用滤纸;6—圆的普通玻璃板,其中:5 mm 厚,水压≤10 kPa,8 mm 厚,水压≤60 kPa;7—上橡胶密封垫圈;8—金属夹环;9—带翼螺母;10—排气阀;11—进水阀;12—补水和排水阀;13—提供和控制水压到 60 kPa 的装置

图 38.1 低压力不透水装置(单位:mm)

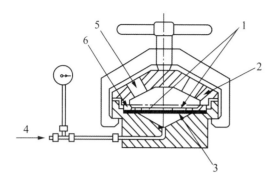

1—狭缝；2—封盖；3—试件；4—静压力；
5—观测孔；6—开缝盘

图 38.2　高压力不透水性用压力实验装置　　图 38.3　狭缝压力实验装置封盖

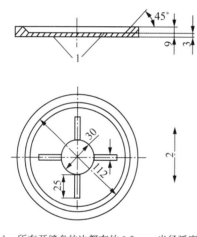

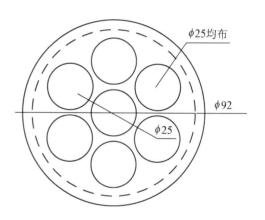

1—所有开缝盘的边都有约 0.5 mm 半径弧度；
2—试件纵向方向

图 38.4　开缝盘(单位:mm)　　　　图 38.5　7 孔圆盘(单位:mm)

(三) 实验步骤

1. 试件制备、尺寸及实验条件

(1) 制备:试件在卷材宽度方向均匀裁取,最外一个距卷材边缘 100 mm。试件的纵向与产品的纵向平行并标记。在相关的产品标准中应规定试件数量,最少三块。

(2) 试件尺寸如下。

方法 A:圆形试件,直径(200±2)mm。

方法 B:试件直径不小于盘外径(约 130 mm)。

(3) 实验条件:实验前试件在(23±5)℃放置至少 6 h。

2. 测试

(1) 实验在(23±5)℃进行,产生争议时,在(23±2)℃相对湿度(50±5)%条件下进行。

(2) 方法 A 步骤:

① 放试件在设备上,旋紧翼形螺母固定夹环。根据图 38.1,打开进水阀(11)让水进入,

同时打开排气阀(10)排出空气,直至水出来关闭排气阀(10),说明设备已水满。

② 调整试件上表面所要求的压力。

③ 保持压力(24±1)h。

④ 检查试件,观察上面滤纸有无变色。

(3) 方法 B 步骤:

① 图 38.2 装置中充水直到满出,彻底排出水管中空气。

② 试件的上表面朝下放置在透水盘上,盖上规定的开缝盘(或 7 孔圆盘),其中一个缝的方向与卷材纵向平行(图 38.4)。放上封盖,慢慢夹紧直到试件夹紧在盘上,用布或压缩空气干燥试件的非迎水面,慢慢加压到规定的压力。

③ 达到规定压力后,保持压力(24±1)h[7 孔圆盘保持规定压力(30±2)min]。

④ 实验时观察试件的不透水性(水压突然下降或试件的非迎水面有水)。

(四) 结果评定

1. 方法 A:试件有明显的水渗到上面的滤纸,使滤纸产生变色,认为实验不符合;所有试件通过认为卷材不透水。

2. 方法 B:所有试件在规定的时间不透水认为不透水性实验通过。

五、耐热性

本实验方法适用于沥青屋面防水卷材在温度升高时的抗流动性测定,实验卷材的上表面和下表面在规定温度或连续在不同温度测定的耐热性极限。

实验用来检验产品耐热性要求,或测定规定产品的耐热性极限,如测定老化后性能的变化结果。

本实验方法不适用于无增强层的沥青卷材。

(一) 实验方法 A

1. 实验原理

从试样裁取的试件,在规定温度分别垂直悬挂在烘箱中。在规定的时间后测量试件两面涂盖层相对于胎体的位移。平均位移超过 2.0 mm 为不合格。耐热性极限是通过在两个温度结果间插值测定的。

2. 仪器设备

(1) 鼓风烘箱(不提供新鲜空气):在实验范围内最大温度波动±2 ℃。当门打开 30 s 后,恢复温度到工作温度的时间不超过 5 min。

(2) 热电偶:连接到外面的电子温度计,在规定范围内能测量到±1 ℃。

(3) 悬挂装置(如夹子):至少 100 mm 宽,能夹住试件的整个宽度在一条线,并被悬挂在实验区域(图 38.6)。

(4) 光学测量装置(如读数放大镜):刻度至少 0.1 mm。

(5) 金属圆插销的插入装置和画线装置:内径约 4 mm。

(6) 画线装置:画直的标记线(图 38.6)。

(7) 墨水记号:线的宽度不超过 0.5 mm,白色耐水墨水。

(8) 硅纸。

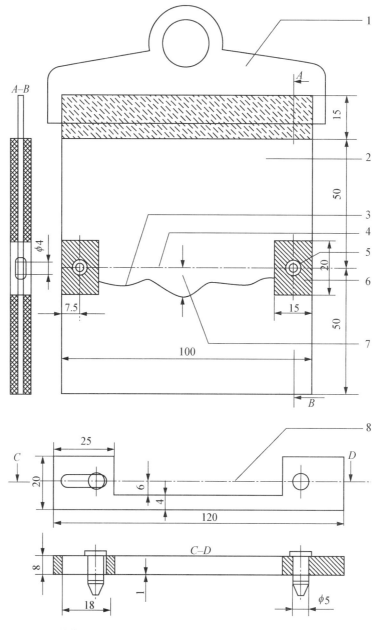

1—悬挂装置；2—试件；3—标记线 1；4—标记线 2；5—插销，$\phi 4$ mm；
6—去除涂盖层；7—滑动 ΔL(最大距离)；8—直边

图 38.6　试件,悬挂装置和标记装置示例(单位:mm)

3. 实验步骤

(1) 试件制备

矩形试件尺寸(115 ± 1)mm$\times (100\pm 1)$mm,按下文测试中第②和第③条规定实验。试件均匀的在试样宽度方向裁取,长边是卷材的纵向。试件应距卷材边缘 150 mm 以上,试件从卷材的一边开始连续编号,卷材上表面和下表面应标记。

去除任何非持久保护层,适宜的方法是常温下用胶带粘在上面,冷却到接近假设的冷弯温度,然后从试件上撕去胶带,另一方法是用压缩空气吹[压力约 0.5 MPa(5 bar),喷嘴直径约 0.5 mm],假若上面的方法不能除去保护膜,用火焰烤,用最少的时间破坏膜而不损伤试件。

在试件纵向的横截面一边,上表面和下表面的大约 15 mm 一条的涂盖层去除直至胎体,若卷材有超过一层的胎体,去除涂盖料直到另外一层胎体。在试件的中间区域的涂盖层也从上表面和下表面的两个接近处去除,直至胎体(图 38.6)。为此,可采用热刮刀或类似装置,小心地去除涂盖层不损坏胎体。两个内径约 4 mm 的插销在裸露区域穿过胎体(图 38.6)。任何表面浮着的矿物料或表面材料通过轻轻敲打试件去除。然后标记装置放在试件两边插入插销定位于中心位置,在试件表面整个宽度方向沿着直边用记号笔垂直画一条线(宽度约 0.5 mm),操作时试件平放。

试件实验前至少放置在(23±2)℃的平面上 2 h,相互之间不要接触或粘住,有必要时,将试件分别放在硅纸上防止粘结。

(2) 测试

① 实验准备

烘箱预热到规定实验温度,温度通过与试件中心同一位置的热电偶控制。整个实验期间,实验区域的温度波动不超过±2 ℃。

② 规定温度下耐热性的测定

将制备的一组三个试件露出的胎体处用悬挂装置夹住,涂盖层不要夹到。必要时,用硅纸的不粘层包住两面,便于在实验结束时除去夹子。

制备好的试件垂直悬挂在烘箱的相同高度,间隔至少 30 mm。此时烘箱的温度不能下降太多,开关烘箱门放入试件的时间不超过 30 s。放入试件后加热时间为(120±2)min。

加热周期一结束,试件和悬挂装置一起从烘箱中取出,相互间不要接触,在(23±2)℃自由悬挂冷却至少 2 h。然后除去悬挂装置,按上文试件制备中的要求,在试件两面画第二个标记,用光学测量装置在每个试件的两面测量两个标记底部间最大距离 ΔL,精确到 0.1 mm(图 38.6)。

③ 耐热性极限测定

耐热性极限对应的涂盖层位移正好 2 mm,通过对卷材上表面和下表面在间隔 5 ℃的不同温度段的每个试件的初步处理实验的平均值测定,其温度段总是 5 ℃的倍数(如 100 ℃、105 ℃、110 ℃)。这样实验的目的是找到位移尺寸 $\Delta L=2$ mm 在其中的两个温度段 T 和 $(T+5)$℃。

卷材的两个面按上文第②条规定实验,每个温度段应采用新的试件实验。

按上文第②条一组三个试件初步测定耐热性能的这样两个温度段已测定后,上表面和下表面都要测定两个温度 T 和$(T+5)$℃,在每个温度用一组新的试件。

在卷材涂盖层在两个温度段间完全流动将产生的情况下,$\Delta L=2$ mm 时的精确耐热性不能测定,此时滑动不超过 2.0 mm 的最高温度 T 可作为耐热性极限。

4. 结果计算及数据处理

(1) 平均值计算

计算卷材每个面三个试件的滑动值的平均值,结果精确到 0.1 mm。三个试件偏差范围应在 1.6 mm 以内。

（2）耐热性

耐热性按上文实验步骤测试中第②条规定实验,在此温度卷材上表面和下表面的滑动平均值不超过 2.0 mm 认为合格。

（3）耐热性极限

耐热性极限通过线性图或计算每个试件上表面和下表面的两个结果测定,每个面修约到 1 ℃(图 38.7)。

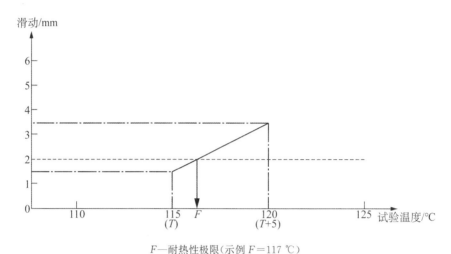

F—耐热性极限(示例 F=117 ℃)

图 38.7　内插法耐热性极限测定示例

（二）实验方法 B

1. 实验原理

从试样裁取的试件,在规定温度分别垂直悬挂在烘箱中。在规定的时间后测量试件两面涂盖层相对于胎体的位移及流淌、滴落。

2. 仪器设备

（1）鼓风烘箱(不提供新鲜空气):在实验范围内最大温度波动±2 ℃。当门打开 30 s后,恢复温度到工作温度的时间不超过 5 min。

（2）热电偶:连接到外面的电子温度计,在规定范围内能测量到±1 ℃。

（3）悬挂装置:洁净无锈的铁丝或回形针。

（4）硅纸。

3. 实验步骤

（1）试件制备

矩形试件尺寸(100±1)mm×(50±1)mm,按下文测试中第②条试验。试件均匀的在试样宽度方向裁取,长边是卷材的纵向。试件应距卷材边缘 150 mm 以上,试件从卷材的一边开始连续编号,卷材上表面和下表面应标记。

去除任何非持久保护层,适宜的方法是常温下用胶带粘在上面,冷却到接近假设的冷弯温度,然后从试件上撕去胶带,另一方法是用压缩空气吹[压力约 0.5 MPa(5 bar),喷嘴直径约 0.5 mm]，假若上面的方法不能除去保护膜，用火焰烤，用最少的时间破坏膜而不损伤试件。

试件实验前至少在(23±2)℃平放 2 h，相互之间不要接触或粘住，有必要时，将试件分别放在硅纸上防止粘结。

（2）测试

① 实验准备

烘箱预热到规定实验温度，温度通过与试件中心同一位置的热电偶控制。整个实验期间，实验区域的温度波动不超过±2 ℃。

② 规定温度下耐热性的测定

按上文制备一组三个试件，分别在距试件短边一端 10 mm 处的中心打一小孔，用细铁丝或回形针穿过，垂直悬挂试件在规定温度烘箱的相同高度，间隔至少 30 mm。此时烘箱的温度不能下降太多，开关烘箱门放入试件的时间不超过 30 s。放入试件后加热时间为(120±2)min。

加热周期一结束，试件从烘箱中取出，相互间不要接触，目测观察并记录试件表面的涂盖层有无滑动、流淌、滴落、集中性气泡。

集中性气泡指破坏涂盖层原形的密集气泡。

4. 结果计算及数据处理

试件任一端涂盖层不应与胎基发生位移，试件下端的涂盖层不应超过胎基，无流淌、滴落、集中性气泡，为规定温度下耐热性符合要求。

一组三个试件都应符合要求。

六、沥青防水卷材低温柔性

本实验适用增强沥青屋面防水卷材低温柔性的测定，没有增强的沥青防水卷材也可按本实验进行。

本实验方法要求卷材的上表面和下表面都要通过规定温度的实验或继续在不同温度范围测定作为极性温度的冷弯温度。本实验方法也可用于测定产品的最低冷弯温度或测定产品规定的冷弯温度，例如测定产品在加速老化后性能的变化。

（一）实验原理

从试样裁取的试件，上表面和下表面分别绕浸在冷冻液中的机械弯曲装置上弯曲180°。弯曲后，检查试件涂盖层存在的裂纹。

（二）仪器设备

实验装置如图 38.8 所示。该装置由两个直径(20±0.1)mm 不旋转的圆筒，一个直径(30±0.1)mm 的圆筒或半圆筒弯曲轴组成(可以根据产品规定采用其他直径的弯曲轴，如 20 mm、50 mm)，该轴在两个圆筒中间，能向上移动。两个圆筒间的距离可以调节，即圆筒和弯曲轴间的距离能调节为卷材的厚度。

整个装置浸入能控制温度在−40～＋20 ℃、精度 0.5 ℃温度条件的冷冻液中。冷冻液用任一混合物：丙烯乙二醇/水溶液(体积比 1∶1)低至−25 ℃，或低于−20 ℃的乙醇/水混合物(体积比 2∶1)。

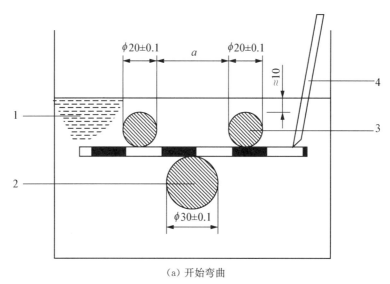

（a）开始弯曲

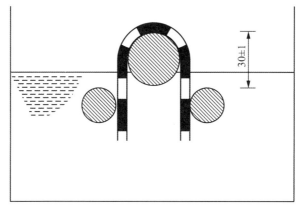

（b）弯曲结束

1—冷却液；2—弯曲轴；3—固定圆筒；4—半导体温度计(热敏探头)

图38.8　实验装置原理和弯曲过程(单位:mm)

用一支测量精度0.5 ℃的半导体温度计检查实验温度,放入实验液体中与实验试件在同一水平面。

试件在试验液体中的位置应平放且完全浸入,用可移动的装置支撑,该支撑装置应至少能放一组五个试件。

实验时,弯曲轴从下面顶着试件以360 mm/min的速度升起,这样试件能弯曲180°,电动控制系统能保证在每个实验过程和实验温度的移动速度保持在(360±40)mm/min。裂缝通过目测检查,在实验过程中不应有任何人为的影响。为了准确评价,试件移动路径是在实验结束时,试件应露出冷冻液,移动部分通过设置适当的极限开关控制限定位置。

(三) 实验步骤

1. 试件制备

矩形试件尺寸(150±1)mm×(25±1)mm,试件从试样宽度方向上均匀地裁取,长边在卷材的纵向,试件裁取时应距卷材边缘不少于150 mm,试件应从卷材的一边开始做连续的记号,同时标记卷材的上表面和下表面。

去除表面的任何保护膜,适宜的方法是常温下用胶带粘在上面,冷却到接近假设的冷弯温度,然后从试件上撕去胶带,另一方法是用压缩空气吹[压力约 0.5 MPa(5 bar),喷嘴直径约 0.5 mm],假若上面的方法不能除去保护膜,则用火焰烤,原则是用最少的时间破坏膜而不损伤试件。

试件实验前应在(23±2)℃的平板上放置至少 4 h,并且相互之间不能接触,也不能粘在板上。可以用硅纸垫,表面的松散颗粒用手轻轻敲打除去。

2. 测试

(1) 仪器准备

在开始所有实验前,两个圆筒间的距离(图 38.8)应按试件厚度调节,即弯曲轴直径+2 mm+两倍试件的厚度。然后装置放入已冷却的液体中,并且圆筒的上端在冷冻液面下约10 mm,弯曲轴在下面的位置。

弯曲轴直径根据产品不同可以为 20 mm、30 mm、50 mm。

(2) 试件条件

冷冻液达到规定的实验温度,误差不超过 0.5 ℃,试件放于支撑装置上,且在圆筒的上端,保证冷冻液完全浸没试件。试件放入冷冻液达到规定温度后,开始保持在该温度 1 h±5 min。半导体温度计的位置靠近试件,检查冷冻液温度,然后试件按下述进行实验。

(3) 低温柔性测定

两组各 5 个试件,全部试件按上文要求在规定温度处理后,一组是上表面实验,另一组是下表面实验,实验按下述进行。

试件放置在圆筒和弯曲轴之间,实验面朝上,然后设置弯曲轴以(360±40)mm/min 速度顶着试件向上移动,试件同时绕轴弯曲。轴移动的终点在圆筒上面(30±1)mm 处(图 38.8)。试件的表面明显露出冷冻液,同时液面也因此下降。

在完成弯曲过程 10 s 内,在适宜的光源下用肉眼检查试件有无裂纹,必要时,用辅助光学装置帮助。假若有一条或更多的裂纹从涂盖层深入到胎体层,或完全贯穿无增强卷材,即存在裂缝。一组五个试件应分别实验检查。假若装置的尺寸满足,可以同时实验几组试件。

(4) 冷弯温度测定

假若沥青卷材的冷弯温度要测定(如人工老化后变化的结果),按上文低温柔性测定和下面的步骤进行实验。

冷弯温度的范围(未知)最初测定,从期望的冷弯温度开始,每隔 6 ℃实验每个试件,因此每个实验温度都是 6 ℃的倍数(如−12 ℃、−18 ℃、−24 ℃等)。从开始导致破坏的最低温度开始,每隔 2 ℃分别实验每组五个试件的上表面和下表面,连续的每次 2 ℃的改变温度,直到每组 5 个试件分别实验后至少有 4 个无裂缝,这个温度记录为试件的冷弯温度。

(四) 结果评定

1. 规定温度的柔性结果

按上文低温柔性测定进行实验,一个实验面 5 个试件在规定温度至少 4 个无裂缝为通过,上表面和下表面的实验结果要分别记录。

2.冷弯温度测定的结果

测定冷弯温度时,要求 5 个试件中至少 4 个通过,冷弯温度是该卷材实验面的,上表面和下表面的结果应分别记录(卷材的上表面和下表面可能有不同的冷弯温度)。

七、沥青防水卷材撕裂性能(钉杆法)

本实验适用于沥青屋面防水卷材撕裂性能(钉杆法)的测定。

（一）实验原理

通过用钉杆刺穿试件实验测量需要的力,用与钉杆成垂直的力进行撕裂。

（二）仪器设备

1.拉伸试验机

拉伸试验机应有连续记录力和对应距离的装置,能够按以下规定的速度分离夹具。拉伸试验机有足够的荷载能力(至少 2 000 N),和足够的夹具分离距离,夹具拉伸速度为(100±10)mm/min,夹持宽度不少于 100 mm。

拉伸试验机的夹具能随着试件拉力的增加而保持或增加夹具的夹持力,夹具能夹住试件使其在夹具中的滑移不超过 2 mm,为防止从夹具中的滑移超过 2 mm,允许用冷却的夹具。这种夹持方法不应在夹具内外产生过早的破坏。

力测量系统满足《拉力、压力和万能试验机检定规程》(JJG 139—2014)至少 2 级(即±2%)。

2.U 型装置

U 型装置一端通过连接件连在拉伸试验机夹具上,另一端有两个臂支撑试件。臂上有钉杆穿过的孔,其位置能允许按下文实验步骤进行试验(图 38.9)。

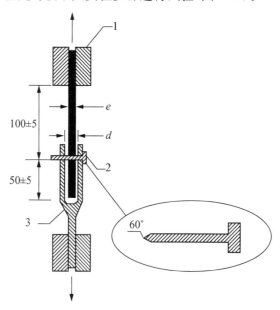

1—夹具；2—钉杆；3—U 型头；e—样品厚度；d—U 型头间隙($e+1 \leqslant d \leqslant e+2$)

图 38.9　钉杆撕裂实验装置图(单位:mm)

（三）实验步骤

1. 试件制备

（1）试件需距卷材边缘 100 mm 以上在试样上任意裁取，用模板或裁刀裁取，要求的长方形试件宽(100±1)mm，长至少 200 mm。试件长度方向是实验方向，试件从试样的纵向或横向裁取。

（2）对卷材用于机械固定的增强边，应取增强部位实验。

（3）每个选定的方向实验 5 个试件，任何表面的非持久层应去除。

（4）实验前试件应在(23±2)℃和相对湿度 30％～70％的条件下放置至少 20 h。

2. 测试过程

试件放入打开的 U 型头的两臂中，用一直径(2.5±0.1)mm 的尖钉穿过 U 型头的孔位置，同时钉杆位置在试件的中心线上，距 U 型头中的试件一端(50±5)mm(图 38.9)。

钉杆距上夹具的距离是(100±5)mm。

把该装置试件一端的夹具和另一端的 U 型头放入拉伸试验机，开动试验机使穿过材料面的钉杆直到材料的末端。实验装置如图 38.9 所示。

实验在(23±2)℃进行，拉伸速度(100±10)mm/min。

穿过试件钉杆的撕裂力应连续记录。

（四）结果计算及数据处理

1. 连续记录的力，试件撕裂性能(钉杆法)是记录实验的最大力。

2. 每个试件分别列出拉力值，计算平均值，精确到 5 N，记录实验方向。

八、沥青和高分子防水卷材抗冲击性能

本实验适用于沥青和高分子屋面防水卷材冲击穿刺性能测试。防水卷材的静态长时间荷载不同于动态短时间荷载的机械压力。本实验方法属于冲击引起穿刺的动态荷载。本实验方法也适用于其他防水材料。

（一）实验原理

试件的上表面被自由下落的重锤冲击，重锤下端有规定的穿刺工具。当冲击能量保持恒定时，穿刺工具的圆柱直径不一样。支撑物由发泡聚苯乙烯制成。

（二）仪器设备

实验用落锤试验装置进行，其由以下九部分组成。

1. 台架：台架是用于落锤的导轨，如图 38.10 所示。

2. 落锤：落锤安装有穿刺工具，落锤包括穿刺工具共(1 000±10)g，如图 38.11 所示。

3. 释放装置：释放装置用来固定落下高度，落下高度从穿刺工具的底部到试件的上表面测量，为(600±5)mm，如图 38.11 所示。

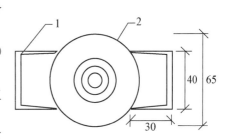

1—导轨；2—落锤

图 38.10 导轨(单位：mm)

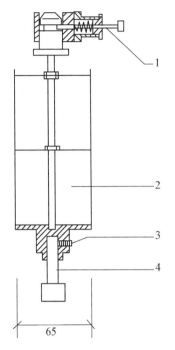

1—释放装置；2—落锤；3—固定螺丝；4—穿刺工具

图 38.11 落锤释放(单位:mm)

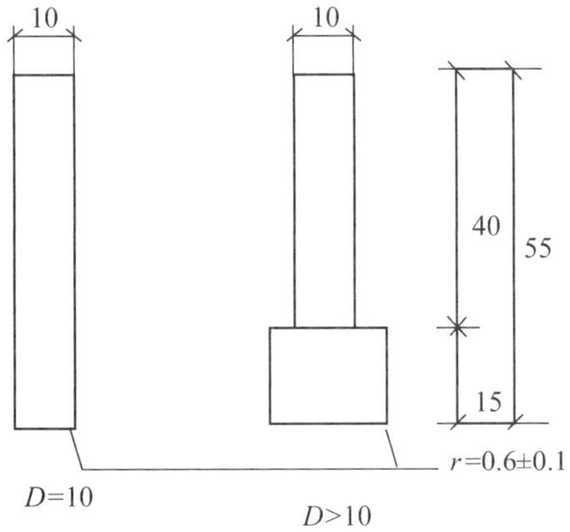

D—圆柱直径；r—圆边半径

图 38.12 穿刺工具(单位:mm)

4. 穿刺工具:穿刺工具的形状是圆柱活塞(图 38.12),并按以下规定制成:

(1) 不锈钢材料制造。

(2) 硬度 50HRC。

(3) 轴直径(10±0.1)mm。

(4) 圆柱直径:10 mm、20 mm、30 mm 和 40 mm,每种公差±0.1 mm。

(5) 圆柱边缘直径(0.6±0.1)mm。

5. 压环:压环是不锈钢,质量(5 000±50)g,内环直径(200±2)mm,如图 38.13 所示。

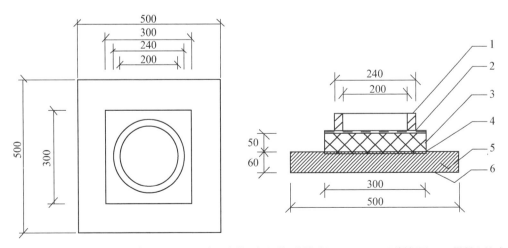

1—压环；2—试件；3—聚苯乙烯；4—10 mm 表面光滑无标记的不锈钢板；5—ϕ5 mm 不锈钢网；6—混凝土基础

图 38.13 基础和压环(单位:mm)

6. 标准发泡聚苯乙烯板:标准发泡聚苯乙烯板具有切割表面,密度$(20\pm2)kg/m^3$,尺寸约 300 mm×300 mm×50 mm。

7. 基础:基础是大约 500 mm×500 mm×60 mm 的混凝土块,其表面嵌入光滑无标记的不锈钢支撑板约 300 mm×300 mm×10 mm,如图 38.13 所示。

8. 穿刺实验装置:真空或压力装置用于确认可能的穿刺,如图 38.14 所示。

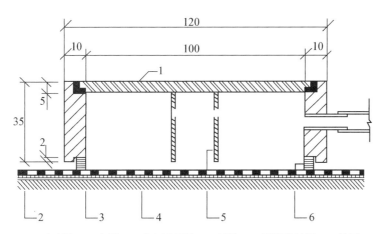

1—玻璃板;2—支撑;3—空气透过层;4—试件;5—透明塑料管;6—垫圆

图 38.14　真空装置(单位:mm)

9. 冷冻箱顶部的实验支架:实验在低温的冷房或冷冻箱进行时,如图 38.15 所示。

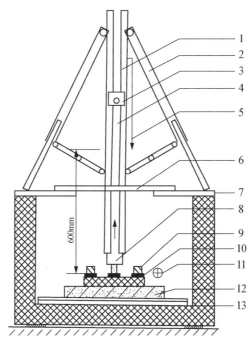

1—导轨;2—可调节支架;3—锁定机械;4—在上部位置的落锤;5—控制高度位置;
6—可移开透明盖;7—固定盖;8—落锤和穿刺工具;9—压环;10—试件;
11—试件水平位置的温度控制;12—基础;13—冷冻箱

图 38.15　在冷冻箱顶部的实验支架

（三）实验步骤

1. 试件制备

（1）至少约 300 mm×300 mm 的 10 个试件，从卷材宽度方向距边缘 100 mm 外裁取。

（2）试件在规定的条件下至少放置 24 h。

2. 测试

（1）实验在(23±2)℃进行，必要时采用(−10±2)℃。对后面的条件，试件冷冻至(−10±2)℃。当试件从冷冻箱取出，在室温下应在 10 s 内实验。

（2）每次实验采用新的试件和新的聚苯乙烯板。

（3）试件平放在绝热材料上，上表面朝上，并用压环压住，聚苯乙烯板放在基础的不锈钢板上。

（4）当落锤释放时，能从距试件上表面垂直高度(600±5)mm 的位置自由落下。

（5）穿刺工具应冲击压环下试件的中心。

（6）实验开始用 10 mm 直径的穿刺工具进行，当试件被击穿后，用更大直径的，如此反复直到使用 40 mm 直径的穿刺工具。

（7）检测试件是否击穿，用肥皂溶液涂冲击区域的表面，隔 5～10 min 实验。对冲击区域用真空或加压的方法产生 15 kPa 的压差，上表面在低压力的一面。若 60 s 后未观测到空气气泡，认为试件无渗漏和穿孔。

（四）结果评定

抗冲击用穿刺工具的直径表示，防水卷材 5 个试件中至少 4 个试件无渗漏。

九、沥青和高分子防水卷材吸水性

（一）实验原理

吸水性是将沥青和高分子防水卷材浸入水中规定的时间，测定质量的增加。

（二）仪器设备

1. 分析天平：精度 0.001 g，称量范围不小于 100 g。

2. 毛刷。

3. 容器：用于浸泡试件。

4. 试件架：用于放置试件，避免相互之间表面接触，可用金属丝制成。

（三）实验步骤

1. 试件制备

试件尺寸 100 mm×100 mm，共 3 块试件，从卷材表面均匀分布裁取。实验前，试件在(23±2)℃，相对湿度 50%±10%条件下放置 24 h。

2. 测试

（1）取 3 块试件，用毛刷将试件表面的隔离材料刷除干净，然后进行称量(W_1)，将试件浸入(23±2)℃的水中，试件放在试件架上相互隔开，避免表面相互接触，水面高出试件上端 20～30 mm。若试件上浮，可用合适的重物压下，但不应对试件带来损伤和变形。浸泡 4 h 后取出试件用纸巾吸干表面的水分，至试件表面没有水渍为度，立即称量试件质量(W_2)。

（2）为避免浸水后试件中水分蒸发，试件从水中取出至称量完毕的时间不应超过 2 min。

（四）结果计算及数据处理

吸水率按式(38.1)计算：

$$H = \frac{W_2 - W_1}{W_1} \times 100\%$$ (38.1)

式中　H ——吸水率，用百分数表示；

　　　W_1 ——浸水前试件质量，单位为克(g)；

　　　W_2 ——浸水后试件质量，单位为克(g)。

吸水率取三块试件的算术平均值表示，结果精确至 0.1%。

实验 39　建筑防水涂料性能实验

一、实验意义和目的

建筑防水涂料是建筑施工中用到的必不可少的材料之一，测量其物理力学性能，可以为建筑施工提供理论基础，也是衡量涂料质量的重要因素。涂料的不透水性，是评定防水涂料等级的指标。本实验介绍了测定建筑防水涂料系列性能的方法，可以根据具体情况选择其中某些性能开展实验。具体实验目的如下：

（1）掌握测定建筑防水涂料物理力学性能的实验原理和实验方法。

（2）测定建筑防水涂料物理力学性能。

二、实验条件

实验室标准实验条件为：温度(23±2)℃，相对湿度 50%±10%，严格条件可选温度(23±2)℃，相对湿度 50%±5%。

三、涂膜的制备

（一）仪器设备

1. 涂膜模框，如图 39.1 所示。

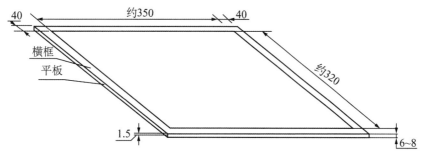

图 39.1　涂膜摸框示意图（材质：玻璃、金属、塑料；单位：mm）

2. 电热鼓风烘箱:控温精度±2 ℃。

(二) 实验步骤

1. 实验前模框、工具、涂料应在标准实验条件下放置 24 h 以上。

2. 称取所需的实验样品量,保证最终涂抹厚度(1.5±0.2)mm。

单组分防水涂料应将其混合均匀作为试料,多组分防水涂料应按生产厂规定的配比精确称量后,将其混合均匀作为试料。在必要时可以按生产厂家指定的量添加稀释剂,当稀释剂的添加量有范围时,取其中间值。将产品混合后充分搅拌 5 min,在不混入气泡的情况下倒入模框中。模框不得翘曲且表面平滑,为便于脱膜,涂覆前可用脱模剂处理。样品按生产厂的要求一次或多次涂覆(最多三次,每次间隔不超过 24 h),最后一次将表面刮平,然后按表 39.1 进行养护。

应按要求及时脱模,脱模后将涂膜翻面养护。脱模过程中应避免损伤涂膜。为便于脱膜可在低温下进行,但脱模温度不得低于低温柔性的温度。

3. 检查涂膜外观,从表面光滑平整、无明显气泡的涂膜上裁取试件。

表 39.1 涂膜制备的养护条件

分类		脱模前的养护条件	脱模后的养护条件
水性	沥青类	在标准条件 120 h	(40±2)℃48 h 后,标准条件 4 h
	高分子类	在标准条件 96 h	(40±2)℃48 h 后,标准条件 4 h
溶剂型、反应型		标准条件 96 h	标准条件 72 h

四、固体含量的测定

(一) 实验原理

通过实验测定固体含量,即测定涂料中固体物质占涂料固液混合液的百分比。

(二) 仪器设备

1. 天平:感量 0.001 g。

2. 电热鼓风烘箱:控温精度±2 ℃。

3. 干燥器:内放变色硅胶或无水氯化钙。

4. 培养皿:直径(60~75)mm。

(三) 实验步骤

将样品(对于固体含量实验不能添加稀释剂)搅匀后,取(6±1)g 的样品倒入已干燥称量的培养皿(m_0)中并铺平底部,立即称量(m_1),再放入到加热到表 39.2 规定温度的烘箱中,恒温 3 h,取出放入干燥器中,在标准实验条件下冷却 2 h,然后称量(m_2)。对于反应型涂料,应在称置(m_1)后在标准实验条件下放置 24 h,再放入烘箱。

表 39.2 涂料加热温度

涂料种类	水性	溶剂型、反应型
加热温度/℃	105±2	120±2

（四）结果计算及数据处理

固体含量按式(39.1)计算。

$$X = \frac{m_2 - m_0}{m_1 - m_0} \times 100\%$$ (39.1)

式中 X ——固体含量(质量分数)，用百分数表示；

m_0 ——培养皿质量，单位为克(g)；

m_1 ——干燥前试样和培养皿质量，单位为克(g)；

m_2 ——干燥后试样和培养皿质量，单位为克(g)。

实验结果取两次平行实验的平均值，结果精确至 1%。

五、耐热性的测定

（一）实验原理

将涂料样品涂覆于铝板上，然后置于电热鼓风干燥箱内规定时间，观察其状态，从而判断流动性。

（二）仪器设备

1. 电热鼓风烘箱：控温精度±2 ℃。

2. 铝板：厚度不小于 2 mm，面积大于 100 mm×50 mm，中间上部有一小孔，便于悬挂。

（三）实验步骤

将样品搅匀后，按生产厂的要求分 2~3 次涂覆(每次间隔不超过 24 h)在已清洁干净的铝板上，涂覆面积为 100 mm×50 mm，总厚度 1.5 mm，最后一次将表面刮平，按表 39.1 条件进行养护，不需要脱模。然后将铝板垂直悬挂在已调节到规定温度的电热鼓风干燥箱内，试件与干燥箱壁间的距离不小于 50 mm，试件的中心宜与温度计的探头在同一位置，在规定温度下放置 5 h 后取出，观察表面现象。本实验共测定 3 个试件。

（四）结果评定

实验后所有试件都不应产生流淌、滑动、滴落，试件表面无密集气泡。

六、粘结强度的测定

（一）实验原理

粘结强度即测定砂浆粘结面所受的最大拉力与粘结面面积的比值。

（二）仪器设备

实验方法分为 A 法和 B 法。

1. A 法所用仪器设备

(1)拉伸试验机：测量值在量程的 15%~85%，示值精度不低于 1%，拉伸速度(5±1)mm/min。

(2)电热鼓风烘箱：控温精度±2 ℃。

(3)拉伸专用金属夹具：应包括上夹具、下夹具、垫板，如图 39.2、图 39.4 所示。

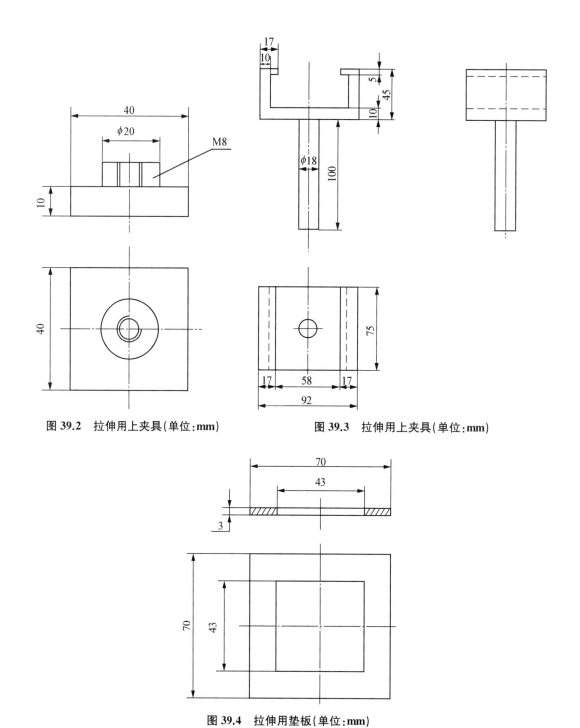

图 39.2　拉伸用上夹具(单位:mm)　　　　　图 39.3　拉伸用上夹具(单位:mm)

图 39.4　拉伸用垫板(单位:mm)

　　(4) 水泥砂浆块:尺寸 70 mm×70 mm×20 mm。采用强度等级 42.5 的普通硅酸盐水泥,将水泥、中砂按照质量比 1∶1 加入砂浆搅拌机中搅拌,加水量以砂浆稠度(70～90)mm为准,倒入模框中振实抹平,然后移入养护室,1 d 后脱模,水中养护 10 d 后再在(50±2)℃的烘箱中干燥(24±0.5)h,取出在标准条件下放置备用,去除砂浆试块成型面的浮浆、浮砂、灰尘等,同样制备五块砂浆试块。

(5) 高强度胶粘剂:难以渗透涂膜的高强度胶粘剂,推荐无溶剂环氧树脂。

2. B法所用仪器设备

(1) 拉伸试验机:测量值在量程的 15%～85%,示值精度不低于 1%,拉伸速度(5±1)mm/min。

(2) 电热鼓风烘箱温:控温精度±2 ℃。

(3) "8"字形金属模具:如图 39.5 所示,中间用插片分成两半。

(4) 粘结基材:"8"字形水泥砂浆块,如图 39.6 所示。采用强度等级 42.5 的普通硅酸盐水泥,将水泥、中砂按照质量比 1∶1 加入砂浆搅拌机中搅拌,加水量以砂浆稠度 70～90 mm 为准,倒入模框中振实抹平,然后移入养护室,1 d 后脱模,水中养护 10 d 后再在(50±2)℃ 的烘箱中干燥(24±0.5)h,取出在标准条件下放置备用,同样制备五对砂浆试块。

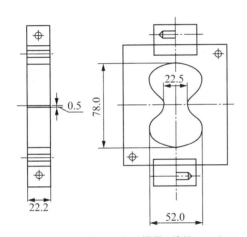

图 39.5　"8"字形金属模具(单位:mm)

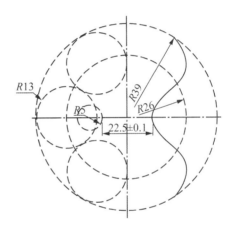

图 39.6　水泥砂浆块(单位:mm)

(三) 实验步骤

A 法实验步骤如下:

(1) 实验前制备好的砂浆块、工具、涂料应在标准实验条件下放置 24 h 以上。

(2) 取五块砂浆块用 2 号砂纸清除表面浮浆,必要时按生产厂要求在砂浆块的成型面(70 mm×70 mm)上涂刷底涂料,干燥后按生产厂要求的比例将样品混合后搅拌 5 min(单组分防水涂料样品直接使用)涂抹在成型面上,涂膜的厚度 0.5～1.0 mm(可分两次涂覆,间隔不超过 24 h)。然后将制得的试件按表 39.1 要求养护,不需要脱模,制备五个试件。

(3) 将养护后的试件用高强度胶粘剂将拉伸用上夹具与涂料面粘贴在一起,如图 39.7 所示,小心地除去周围溢出的胶粘剂,在标准实验条件下水平放置养护 24 h。然后沿上夹具边缘一圈用刀切割涂膜至基层,使实验面积为 40 mm×40 mm。

(4) 将粘有拉伸用上夹具的试件如图 39.8 所示安装在试验机上,保持试件表面垂直方向的中线与试验机夹具中心在一条线上,以(5±1)mm/min 的速度拉伸至试件破坏,记录试件的最大拉力。实验温度为(23±2)℃。

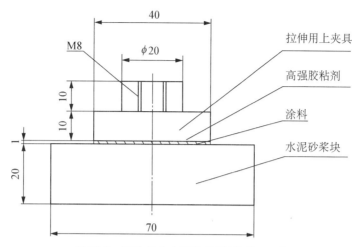

图 39.7　试件与上夹具粘结图(单位:mm)

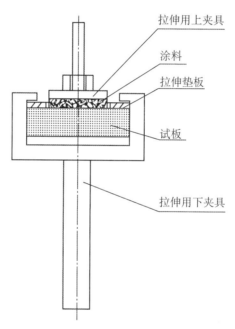

图 39.8　试件与夹具装配

B 法实验步骤如下:

(1) 实验前制备好的砂浆块、工具、涂料应在标准实验条件下放置 24 h 以上。

(2) 取五对砂浆块用 2 号砂纸清除表面浮浆,必要时先将涂料稀释后在砂浆块的断面上打底,干燥后按生产厂要求的比例将样品混合后搅拌 5 min(单组分防水涂料样品直接使用)涂抹在成型面上,将两个砂浆块断面对接,压紧,砂浆块间涂料的厚度不超过 0.5 mm。然后将制得的试件按表 39.1 要求养护,不需要脱模,制备 5 个试件。

(3) 将试件安装在试验机上,保持试件表面垂直方向的中线与试验机夹具中心在一条线上,以(5±1)mm/min 的速度拉伸至试件破坏,记录试件的最大拉力。实验温度为(23±2)℃。

（四）结果计算及数据处理

粘结强度按式(39.2)计算：

$$\sigma = \frac{F}{a \times b} \tag{39.2}$$

式中　σ——粘结强度，单位为兆帕(MPa)；

　　　F——试件的最大拉力，单位为牛顿(N)；

　　　a——试件粘结面的长度，单位为毫米(mm)；

　　　b——试件粘结面的宽度，单位为毫米(mm)。

去除表面未被粘住面积超过20%的试件，粘结强度以剩下的不少于3个试件的算术平均值表示，不足三个试件应重新实验，结果精确到0.01 MPa。

七、拉伸性能的测定

（一）实验原理

拉伸实验即用拉伸试验机将裁成规定形状的涂膜试件拉至断裂，然后计算其拉伸强度和断裂伸长率。

（二）仪器设备

1. 拉伸试验机：测量值在量程的15%～85%，示值精度不低于1%，伸长范围大于500 mm。

2. 冲片机及哑铃Ⅰ型裁刀：应符合现行国家标准《硫化橡胶或热塑性橡胶　拉伸应力应变性能的测定》(GB/T 528)的规定。

3. 厚度计：接触面直径6 mm，单位面积压力0.02 MPa，分度值0.01 mm。

（三）实验步骤

1. 无处理拉伸性能

将涂膜裁取哑铃Ⅰ型试件5个(图39.9)，并划好间距25 mm的平行标线，用厚度计测量试件标线中间和两端三点的厚度，取其算术平均值作为试件厚度。调整拉伸试验机夹具间距约70 mm，将试件夹在试验机上，保持试件长度方向的中线与试验机夹具中心在一条线上，按表39.3的拉伸速度进行拉伸至断裂，记录试件断裂时的最大荷载(P)，断裂时标线间距离(L_1)，结果精确到0.1 mm，测试5个试件，若有试件断裂在标线外，应舍弃并用备用件补测。

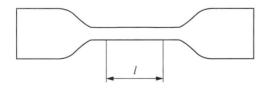

l 为实验长度：25 mm；狭窄部分的标准宽度为6.0 mm

图 39.9　哑铃状试样的形状

表 39.3　拉伸速度

产品类型	拉伸速度/$(mm \cdot min^{-1})$
高延伸涂料	500
低延伸涂料	200

2. 热处理拉伸性能

将涂膜按要求裁取 6 个 120 mm×25 mm 矩形试件平放在隔离材料上,水平放入已达到规定温度的电热鼓风烘箱中,加热温度沥青类涂料为(70±2)℃,其他涂料为(80±2)℃。试件与箱壁间距不得少于 50 mm,试件宜与温度计的探头在同一水平位置,在规定温度的电热鼓风烘箱中恒温(168±1)h 取出,然后在标准试验条件下放置 4 h,裁取哑铃Ⅰ型试件,按无处理拉伸性能实验步骤进行拉伸实验。

(四) 结果计算及数据处理

1. 拉伸强度

试件的拉伸强度按式(39.3)计算:

$$T_L = \frac{P}{B \times D} \tag{39.3}$$

式中　T_L——拉伸强度,单位为兆帕(MPa);

　　　P——最大拉力,单位为牛顿(N);

　　　B——试件中间部位宽度,单位为毫米(mm);

　　　D——试件厚度,单位为毫米(mm)。

取 5 个试件的算数平均值作为实验结果,结果精确至 0.01 MPa。

2. 断裂伸长率

试件的断裂伸长率按式(39.4)计算:

$$E = \frac{(L_1 - L_0)}{L_0} \times 100\% \tag{39.4}$$

式中　E——断裂伸长率,用百分数表示;

　　　L_0——试件起始标线间距离,25 mm;

　　　L_1——试件断裂时标线间距离,单位为毫米(mm)。

取 5 个试件的算数平均值作为实验结果,结果精确至 1%。

3. 保持率

拉伸性能保持率按式(39.5)计算:

$$R_t = \frac{T_1}{T} \times 100\% \tag{39.5}$$

式中　R_t——样品处理后拉伸性能保持率,以百分数表示;

　　　T_1——样品处理后平均拉伸强度,单位为兆帕(MPa);

　　　T——样品处理前平均拉伸强度,单位为兆帕(MPa)。

八、撕裂强度的测定

（一）实验原理

撕裂强度实验的原理为测量无割口直角撕裂试件被拉断时的最大拉力与试件厚度的比值。

（二）仪器设备

1. 拉伸试验机：测量值在量程的 $15\%\sim85\%$，示值精度不低于 1%，伸长范围大于 500 mm。

2. 电热鼓风干燥箱：控温精度 ±2 ℃。

3. 冲片机及符合现行国家标准《硫化橡胶或热塑性橡胶撕裂强度的测定（裤形、直角形和新月形试样）》(GB/T 529)中第 5.1.2 条要求的直角撕裂裁刀。

4. 厚度计：接触面直径 6 mm，单位面积压力 0.02 MPa，分度值 0.01 mm。

（三）实验步骤

裁取符合现行国家标准《硫化橡胶或热塑性橡胶撕裂强度的测定（裤形、直角形和新月形试样）》(GB/T 529)中规定的无割口直角形撕裂试件，用厚度计测量试件直角撕裂区域三点的厚度，取其算术平均值作为试件厚度。将试件夹在试验机上，保持试件长度方向的中线与试验机夹具中心在一条线上，按表 39.3 的拉伸速度进行拉伸至断裂，记录试件断裂时的最大荷载(P)，测试 5 个试件。

（四）结果计算及数据处理

试件的撕裂强度按式(39.6)计算：

$$T_s=\frac{P}{d} \tag{39.6}$$

式中 T_s——撕裂强度，单位为千牛每米(kN/m)；

P——最大拉力，单位为牛顿(N)；

d——试件厚度，单位为毫米(mm)。

取 5 个试件的算术平均值作为实验结果，结果精确到 0.1 kN/m。

九、低温柔性的测定

（一）实验原理

通过测试规定尺寸形状的试件在低温下的弯曲性能来测试低温柔性。

（二）仪器设备

1. 低温冰柜：控温精度 ±2 ℃。

2. 圆棒或弯板：直径 10 mm、20 mm、30 mm。

（三）实验步骤

将涂膜裁取 100 mm×25 mm 的试件 3 块进行实验，将试件和弯板或圆棒放入已调节到规定温度的低温冰柜的冷冻液中，温度计探头应与试件在同一水平位置，在规定温度下保持 1 h，然后在冷冻液中将试件绕圆棒或弯板在 3 s 内弯曲 180°，弯曲 3 个试件（无上、下表面区分），立即取出试件用肉眼观察试件表面有无裂纹、断裂。

(四) 结果评定

所有试件应无裂纹。

十、低温弯折性的测定

(一) 实验原理

将试件弯折后置于低温下规定时间,然后恢复至实验室温度,观察弯折面的状态判断低温弯折性。

(二) 仪器设备

1. 低温冰柜:控温精度±2 ℃。

2. 弯折仪(图 39.10)。

3. 6 倍放大镜。

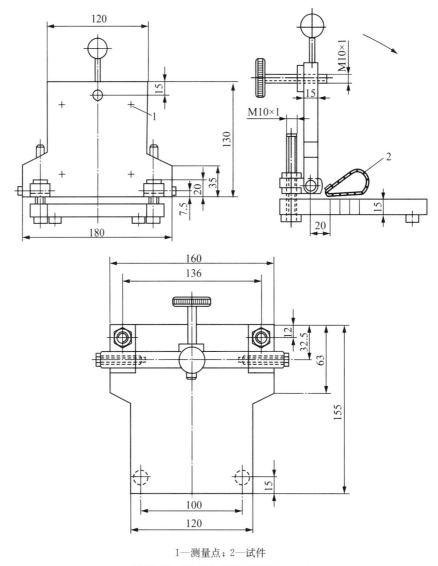

1—测量点；2—试件

图 39.10 弯折仪示意图(单位:mm)

（三）实验步骤

裁取的 3 个 100 mm×25 mm 试件,沿长度方向弯曲试件,将端部固定在一起,例如用胶粘带(图 39.10),如此弯曲 3 个试件。调节弯折仪的两个平板间的距离为试件厚度的 3 倍。检测平板间 4 点的距离,如图 39.10 所示。

放置弯曲试件在试验机上,胶带端对着平行于弯板的转轴,如图 39.10 所示。放置翻开的弯折试验机和试件于调好规定温度的低温箱中。在规定温度放置 1 h 后,在规定温度弯折试验机从超过 90°的垂直位置到水平位置,1 s 内合上,保持该位置 1 s,整个操作过程在低温箱中进行。从试验机中取出试件,恢复到(23±5)℃,用 6 倍放大镜检查试件弯折区域的裂纹或断裂。

（四）结果评定

所有试件应无裂纹。

十一、不透水性的测定

（一）实验原理

利用不透水仪,对试件表面施加压力至规定值,持续一定时间观察试件的透水情况。

（二）仪器设备

1. 不透水仪:符合现行国家标准《建筑防水卷材试验方法 第 10 部分:沥青和高分子防水卷材 不透水性》(GB/T 328.10)中 5.2 要求,组成设备的装置如图 39.11 和图 39.12 所示,产生的压力作用于试件的一面。试件用四个狭缝的盘(或 7 孔圆盘)盖上。缝的形状尺寸符合图 39.13 的规定,孔的尺寸形状符合图 39.14 的规定。

2. 金属网:孔径为 0.2 mm。

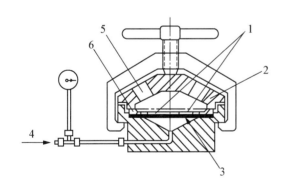

1—狭缝;2—封盖;3—试件;4—静压力;
5—观测孔;6—开缝盘

图 39.11 高压力不透水性压力实验装置

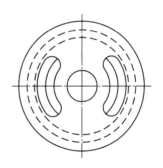

图 39.12 狭缝压力实验装置的封盖

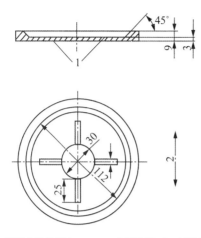

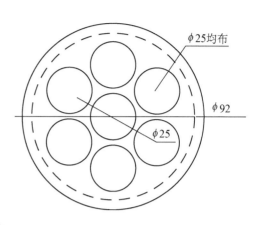

1—所有开缝盘的边都有 0.5 mm 半径弧度；2—试件纵向方向

图 39.13　开缝盘（单位：mm）　　　　图 39.14　7 孔圆盘（单位：mm）

（三）实验步骤

裁取 3 个约 150 mm×150 mm 试件，在标准实验条件下放置 2 h，实验在（23±5）℃进行，将装置中充水直到满出，彻底排出装置中空气。

将试件放置在透水盘上，再在试件上加一相同尺寸的金属网，盖上 7 孔圆盘，慢慢夹紧直到试件夹紧在盘上，用布或压缩空气干燥试件的非迎水面，慢慢加压到规定的压力。

达到规定压力后，保持压力（30±2）min。实验时观察试件的透水情况（水压突然下降或试件的非迎水面有水）。

（四）结果评定

所有试件在规定时间应无透水现象。

实验 40　建筑材料白度、光泽度的测量

一、实验意义和目的

各种物体对于投射在它上面的光，发生选择性反射和选择性吸收的作用。不同物体对各种不同波长的光的反射、吸收及透过的程度不同，反射方向也不同，就产生了各种物体不同的颜色、不同的光泽度及不同的透光度。测量材料的白度和光泽度对了解材料的装饰性质有一定的帮助。本实验目的如下：

（1）掌握测量建筑材料光学性质的实验原理和实验方法。

（2）测量建筑材料的白度和光泽度。

二、白度的测量

本实验方法适用于直接测量表面平整的物体或粉末，如陶瓷、涂料、白水泥、滑石粉、高

岭土、硅灰石、石膏、重质和轻质碳酸钙等建筑材料及非金属矿产品的白度。

（一）实验原理

仪器以样品蓝光反射率 R_b 来度量样品白度 W，即：$W=R_b$。

样品的照明接受方式采用国际照明委员会（Commission Internationale de l'Eclairage, CIE）所规定的 45/0 方式，光源发出的光以 45°方向射在样品表面上，经样品表面漫反射后的光，0°方向在半角 17.5°的锥体以内的部分被接受物镜会聚在光电池上，其间的蓝光滤色镜，起到光源光谱分布、接收器光谱灵敏度的校正作用。

仪器按照国际白度标准来校正的，即全黑被校正为零读数（样品架上安置黑筒时，由校零电位器实现）；白度（蓝光反射率）是以燃烧镁带烟熏产生的纯白表面覆盖层（精细的氧化镁）的反射率作为 100，然后将其 100 等分来定义白度。但实际上纯净的氧化镁白板很难制作，白度测定用的校正板都是由专业机构检定的（与氧化镁白板比较定值）、具有一定白度的瓷板或乳白玻璃来代替。白度的校正由校标电位器实现，当测试时，样品越白，反射光越强，样品白度 W 的读数也就越高。具有荧光增白剂的样品，使用紫外滤色镜（将无紫外滤色镜的插片换成有紫外滤色镜的样片）可消除荧光增白的作用，从而可以计算出荧光物质的白度增量。

（二）仪器设备

本实验采用 WSB-L 数字显示白度计，根据选用蓝光滤色片的波长可满足现行国家标准《建筑材料与非金属矿产品白度测量方法》（GB 5950）和《塑料白度试验方法》（GB 2913）等的要求。该仪器采用滑筒式样品架，液晶数字显示，手动校正，有操作方便，读数稳定可靠实用的特点。

仪器的主要技术指标和规格如下：

(1) 45/0 照明接收方式；

(2) 蓝光中心波长 457 nm；

(3) 硅光电池接收；

(4) 测量范围：0%～120%；

(5) 零位校正：电位器手动；

(6) 标准值校正：电位器手动；

(7) 显示方式：LCD $3\frac{1}{2}$ 位；

(8) 准确度：优于±1.5(%)；

(9) 重复性：优于 0.3(%)；

(10) 稳定性：优于±0.2(%)；

(11) 最小读数：0.1(%)。

（三）实验环境

1. 室温：10～30 ℃。

2. 相对湿度不大于 85%。

3. 无腐蚀性气体。

4. 无强烈电磁场干扰。

5. 无直接照射的阳光。

6. 仪器不应受到影响使用的振动。

7. 电源:电压(220±22)V,频率(50±1)Hz。

(四) 实验步骤

本实验按如下步骤进行。

(1) 开箱后将仪器附件中的紫外滤色镜的插片(无玻璃的)插入仪器右侧的插口。仪器的使用操作程序是:开机预热—校零校标—测试样品—关机。

(2) 开机预热 20 min。

(3) 按下仪器的样品座,将校零黑筒放入,轻轻地将样品座上升至测量口,等显示值稳定后,调整"校零"电位器,使仪器显示值"0"。

(4) 按下样品座,将校零黑筒取下,将校正用参比白板放在样品座上,轻轻地将样品座上升至测量口,等显示值稳定后,调整"校正"电位器,使液晶显示屏显示白板上所给定的白度值。

(5) "校正"和"校零"电位器在电路上有相关性,故重复上述(3)和(4)步骤数次,直至不需调整"调零"与"校准"旋钮(允差 2 个字),即仪器能稳定显示黑筒的"0"和参比白板的标定值,此时仪器已校准完毕。

(6) 按下滑筒,装上待测的样品,轻轻地将样品座上升至测量口,所显示的示值即为样品白度。

(7) 对于连续测试,且对比程度要求高的样品的测试,应该定时用参比白板校准仪器,以消除仪器的漂移量影响。

(8) 试样测试完毕后,按下仪器背面的电源开关,关断仪器电源,稍等冷却后,即用仪器的防尘罩将仪器盖好。

(9) 若要测试粉末样品,请参照图 40.1,按下列步骤操作:

① 用玻璃盖粗糙一面对着试样杯的测试口,并拧上试样杯帽;

② 加粉末试样,并用重锤将粉末压紧,拧上螺母;

③ 卸下第①步中玻璃盖和试样杯帽即可实验。

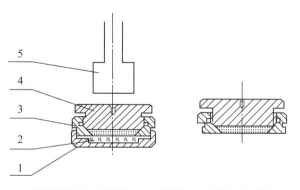

1—试样杯帽;2—玻璃盖;3—试样杯;4—螺母;5—重锤

图 40.1　粉末样品盒

(10) 如果样品有荧光剂,要评价荧光剂作用,可按以下操作:

① 测出白度作为 W_1;

② 将仪器右侧的插片拔下,换成有阻挡紫外线玻璃的插片,按上文步骤(3)~(7)测出白度,作为 W_2;

③ $W_1 - W_2$ 的差值,即为荧光剂的作用。

(五)结果评定

以 3 块试样板的白度平均值为试样的白度。当 3 块试样板的白度值中有一个超过平均值的±5%时,应预剔除,取其余两个测量值的平均值作为白度结果;如有两个超过平均值的±5%时,应重做测量。同一实验室内偏差应不超过 0.5。

三、光泽度的测量

本实验方法适用于测定大理石、花岗石、水磨石、陶瓷砖、塑料地板和纤维增强塑料板材等建筑饰面材料的镜向光泽度。其他建筑饰面材料的镜向光泽度可参照本方法进行测定。

(一)实验原理

镜向光泽度是在规定的光源和接收角的条件下,从物体镜向方向的反射光通量与折射率为 1.567 的玻璃上镜向方向的反射光通量的比值。

(二)仪器设备

1. 光泽度计

光泽度计利用光反射原理对试样的光泽度进行测量。即:在规定入射角和规定光束的条件下照射试样,得到镜向反射角方向的光束。光泽度计由光源、透镜、接收器和显示仪表等组成,其测量原理如图 42.2 所示。

应具备以下特性:

(1)几何条件

入射光线的轴线应分别与测量平面的垂线成 $20°±0.1°$、$60°±0.1°$、$85°±0.1°$,入射光束的孔径为 18 mm。接收器的轴线与入射光线轴线的镜像的角度在±0.1°之内。在实验板位置放置一块抛光黑玻璃平板或正面反射镜时,光源的镜象应在接收器视场光阑(接收器窗口)的中心位置形成(图 40.2)。为了确保覆盖整个表面,实验板面照射区域的宽度应尽可能大于表面结构:一般值为不小于 10 mm。

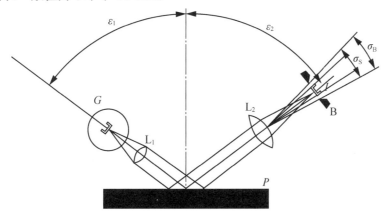

G— 光源;L_1 和 L_2— 透镜;B— 接收器视场光阑;P— 被测试样;
$\varepsilon_1 = \varepsilon_2$;$\sigma_B$— 接收器孔径角;$\sigma_S$— 光源象角;$I$— 光源影像

图 40.2　装置示意图

光源镜像和接收器的孔径以及相关尺寸及其允许偏差应符合现行国家标准《建筑饰面材料镜向光泽度测定方法》(GB/T 13891)的规定。接收器视场光阑的孔径尺寸可从接受透镜测得。

（2）接收器中的滤光

接收器中滤光器的滤光修正函数 $\tau(\lambda)$ 按式(40.1)计算：

$$\tau(\lambda) = k\frac{V(\lambda) \times S_c(\lambda)}{s(\lambda) \times S_s(\lambda)} \tag{40.1}$$

式中　$\tau(\lambda)$——修正函数；

　　　$V(\lambda)$——CIE 光的发光效率；

　　　$S_c(\lambda)$——CIE 标准照射 C 的光谱强度；

　　　$s(\lambda)$——接收器的感光灵敏度；

　　　$S_s(\lambda)$——照射光源的光谱强度；

　　　k——校准系数。

（3）晕映、接收器

在规定的张角范围内不应出现晕映；在满刻度读数的1％范围内，接收器测量装置给出的读数应与通过接收器的光通量成正比。

2. 标准板

基准板：以完善抛光的黑玻璃作为基准板，当用干涉光方法进行测定时，上表面每厘米内干涉条纹不多于两条。玻璃应该具有一定的折射率，在波长为 587.6 nm 处折射率为1.567的光泽值规定为100。如果没有这种折射率的玻璃，就必须进行校正。

工作板：该工作板可用瓷砖、搪瓷、不透明玻璃和抛光黑玻璃或其他光泽一致的材料做成，但必须具有极平的平面，并在指定的区域和照射方向上，对照标准板进行校正。工作板应该是匀质的、稳定的，并经过技术主管部门校验。每一种角度的光泽度计至少应配备两种不同光泽度等级的工作板。

零标准板：应该使用适当的标准(例如一个装有黑缎面、黑毛毡的黑盒子)检查光泽度计的零点。

3. 钢板尺：最小刻度为 1.0 mm。

（三）试样

1. 试样要求

试样表面应平整、光滑，无翘曲、波纹、突起等外观缺陷。

试样表面应洁净、干燥、无附着物。

2. 试样规格

每组的试样的数量和抽样方法有相关的产品标准规定。

试样规格和测点见表40.1。

表 40.1　试样规格和测点

试样	规格($a \times b$)/mm	测点/个
大理石板材 花岗石板材 水磨石板材	＞600×600 ≤600×600	9 5
陶瓷砖	＞600×600 ≤600×600	9 5
塑料地板	300×300	5
玻璃纤维增强塑料板材	150×150	10

注:特殊形状或规格尺寸的试样,测点数量与位置根据实际情况确定。

（四）实验步骤

1. 仪器校正

（1）仪器准备

在每一个操作周期的开始和在操作过程中应有足够的频次对仪器进行校准;以保证其正常工作。

（2）零点核对

在光泽度计开机稳定后,使用零标准板检查,调节零点(使用 KGZ-IC 型智能化光泽度计时:在测量头开口处放置黑绒板,按"MES"键,处于测量模式。按"▲"键选择连续测量方式 CONT 灯亮。然后按"NUL"键显示器显示为"0.0")。

若无调零装置,则使用零标准板检查零点。如果读数不在 0±0.1 光泽单位内,在以后的读数中要减去偏移数。

（3）校准

经计量检定合格的光泽度计,在每次使用前,必须用光泽计所附的工作板进行检查。

将光泽度计预热,调好零位。按光泽度计所附的高光泽板的光泽度值设定示值。测量光泽度计所附的中或低光泽板,可得示值的变量,其值不超过 1 光泽单位,方可使用;否则光泽度计及其所附的工作板须送检(使用 KGZ-IC 型智能化光泽度计时:在测量头开口处放置黑玻璃板,按"CAL"键处于校准模式,此时显示器上有一位在闪动。按"▼"可依次选择其他位,按"▲"可调整选择位的数值,并与黑标准板相应位的标准值相同。全部校准参数输入完毕之后,按"MES"键即可返回测量模式)。

2. 测试

对光泽度计进行检查符合标准后,按图 40.3 的测点位置进行光泽度测定(使用 KGZ-IC 型智能化光泽度计时:在测量头开口处放置被测样板。CONT 灯亮为连续采样模式。按动"▼"为手动采样模式,此时 CONT 和 MANUL 灯全部熄灭,每按动"MES"键一次,仪器采样一次,MANUL 灯亮一次。每次采样值都被记忆)。

大理石、花岗石、水磨石、陶瓷砖等规格不大于(600×600)mm 的试样,5 个测点。即板材(砖)中心与四角定四个测点,如图 40.3(a)所示;规格大于(600×600)mm 的试样,9 个测点,即四周边三个测点,中心一个测点,如图 40.3(b)所示。

塑料地板、纤维增强塑料板材,共确定 10 个测点。即板材中心与四角定 4 个测点,然后再将光泽度计转 90°,再测定 5 个测点,如图 40.3(a),图 40.3(c)所示。

在每组试样测量中应该保持相同的几何角度。

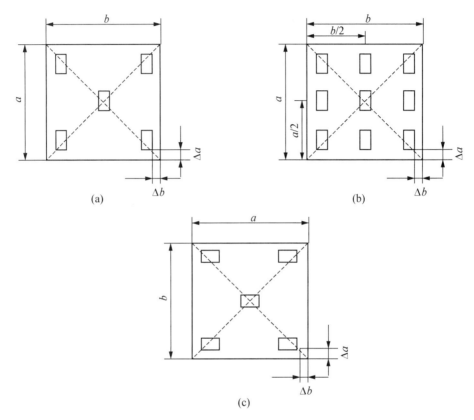

△a、△b—光泽度计边缘与试样边缘的距离;陶瓷砖为 30 mm;其他试样为 10 mm

图 40.3　测点布置示意图

(五) 结果计算及数据处理

1. 测定大理石、花岗石、水磨石、陶瓷砖等取 5 点或 9 点的算术平均值作为该试样的实验结果;测定塑料地板与纤维增强塑料板材光泽度时,取每块试样 10 点的算术平均值作为该试样的实验结果。计算精确至 0.1 光泽单位。如最高值与最低值超过平均值 10% 的数值应在其后的括弧内注明。

2. 以每组试样的平均值作为被测建筑饰面材料的镜向光泽度值。

重复性:在同一实验室内,同一试样表面重复测定所测得的平均值之差应不超过 1 光泽单位;在生产现场应不超过 2 光泽单位。

实验 41 绝热材料稳态热性能实验

一、实验意义和目的

材料内部的真实传热情况可能包含热传导、对流传热和辐射传热三种方式的复杂组合，以及它们的交互作用和传质（尤其是含湿材料）。利用防护热板法确定的传热性质可以用来预测实际情况下的特定材料的热品质，从而对材料的热性能有更深入的了解。本实验目的如下：

（1）掌握用防护热板法测量材料传热性质的实验原理和实验方法。

（2）测定材料传热性质，计算材料热阻和导热系数。

二、实验原理

在稳态条件下，在具有平行表面的均匀板状试件内，建立类似于以两个平行的温度均匀的平面为界的无限大平板中存在的一维的均匀热流密度。当在计量单元达到稳定传热状态后，测量热流量 Φ 以及此热流量流过的计量面的面积 A，以及试件的厚度 d，从而可计算出试件的热阻 R 和导热系数 λ。

三、防护热板装置

1. 装置类型

根据原理可建造两种形式的防护热板装置，即双试件式（和一个中间加热单元）和单试件式。

（1）双试件装置

双试件式装置中，由两个几乎相同的试件中夹一个加热单元，加热单元由一个圆或方形的中间加热器和两块金属面板组成。热流量由加热单元分别经两侧试件传给两侧冷却单元（圆或方形的、均温的平板组件），如图 41.1(a) 所示。

（2）单试件装置

单试件装置中，加热单元的一侧用绝热材料和背防护单元代替试件和冷却单元，如图 41.1(b) 所示。绝热材料的两表面应控制温差为零。

2. 加热和冷却单元

加热单元由分离的计量部分和围绕计量部分的防护部分组成，它们之间有一隔缝，在计量部分形成一维均匀的稳态热流密度。冷却单元可以是连续的平板，但最好与加热单元类似。

3. 边缘绝热和辅助防护单元

边缘绝热和（或）辅助防护单元的引入是必要的，尤其是当实验温度低于或高于室温时。

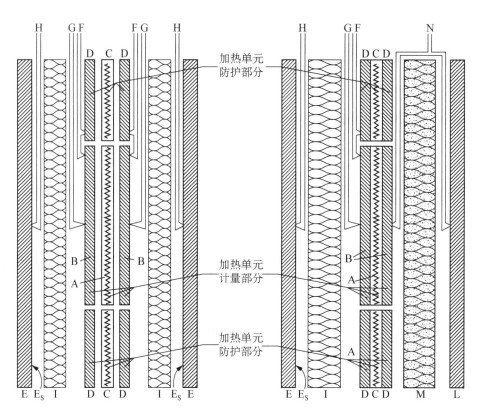

(a) 双试件装置　　　　　　　　(b) 单试件装置

A—计量加热器；B—计量面板；C—防护加热器；D—防护面板；E—冷却单元；Es—冷却单元面板；
F—温差热电偶；G—加热单元表面热电偶；H—冷却单元表面热电偶；I—试件；
L—背防护加热器；M—背防护绝热层；N—背防护单元温差热电偶

图 41.1　双试件和单试件防护热板装置

四、试件要求

1. 选择和尺寸

根据装置的形式从每个样品中选取一或两个试件。当需要两块试件时,它们应该尽可能地一样,厚度差别应小于 2%。试件的尺寸应该完全覆盖加热单元的表面。推荐标准尺寸直径(或边长)为 0.2 m(仅用于测定匀质材料),0.3 m,0.5 m,或 1 m(用于测定厚度超过 0.5 m 装置允许厚度的试件),试件的厚度应是实际使用的厚度或大于能给出被测材料热性质的最小厚度。

2. 制备

试件的表面应用适当方法(常用砂纸、车床切削和研磨)加工平整,使试件与面板或插入的薄片能紧密接触。

3. 状态调节

测定试件质量后,必须把试件放在干燥器或通风的烘箱里,以对材料适宜的温度将试件调节到恒定的质量。热敏材料不应暴露在会改变试件性质的温度中。当试件在给定的温度范围内使用时,应在这个温度范围的上限、空气流动并控制的环境下调节到恒定的质量。

五、实验步骤

1. 质量测定

在试件放入装置前测定试件质量,准确度±0.5%。

2. 厚度和密度测量

试件在测定状态的厚度(以及实验状态的容积)由加热单元和冷却单元位置确定或在开始测定时测得的试件的厚度。

测量试件厚度方法的准确度应小于0.5%。由于热膨胀或板的压力,试件的厚度可能变化。建议尽可能在装置里、在实际的测定温度和压力下测量试件厚度。可用装在冷板四角或边缘的中心的垂直于板面的测量针或测微螺栓测量试件厚度。有效厚度由试件在装置内和不在装置内时(冷板用相同的力相对紧压)测得距离的差值的平均值确定。或在装置之外用能够重现测定时试件上所受压力的仪表测得。从这些数据和状态调节过的试件质量,可算出试件在测定状态的密度。

3. 温差选择

按照下列之一选择温差:

(1) 按照特定材料、产品或系统的技术规范的要求;

(2) 被测定的特定试件或样品的使用条件(如果温差很小,准确度可以降低。如果温差很大,则不可能预测边缘热损失和不平衡误差,因为理论计算假定试件导热系数与温度无关);

(3) 确定温度与传热性质之间的未知关系时,温差尽可能小(5~10 K);

(4) 当要求试件内的传质减到最小时,按测定值的所需准确度选择最低的温差。

4. 环境条件

当需要测定试件在空气(或其他气体)中的传热性质时,调节防护热板组件周围气体的相对湿度,使其露点温度至少比冷却单元温度低5 K。

为了实验室间的相互比较,建议以露点温度比冷却单元的温度低5~10 K的气体作为标准大气。

把试件封入气密性封袋内避免湿分迁入(或逸出)试件时,实验时封袋与试件冷面接触的部分不应出现凝结水。

5. 热流量的测定

测量施加于计量部分的平均电功率,准确度不低于0.2%,强烈建议使用直流电。用直流电时,通常使用有电压和电流端的四线制电位差计测定。

推荐自动稳压的输入功率。输入功率的随机波动、变化引起的热板表面温度波动或变化应小于热板和冷板间温差的0.3%。

调节并维持防护部分的输入功率(最好用自动控制)。

6. 冷面控制

当使用双试件装置时,调节冷却单元或冷面加热器使两个试件的温差的差异不大于2%。

7. 温差检测

用已证明有足够精密度和准确度、满足本方法的全部要求的方法来测定加热面板和冷却面板的温度或试件表面温度和计量到防护的温度平衡。

8. 过渡时间和测量间隔

由于本方法是建立在热稳态状态下的,为得到热性质的准确值,让装置和试件有充分的热平衡时间是非常重要的。达到平衡所需的时间能从几分钟变化到几天,它与装置、试件及它们的交互作用有关。

在不可能较精确地估计过渡时间或者没有在同一装置里、在同样测定条件下测定类似试件的经验时,按式(41.1)计算时间间隔 Δt:

$$\Delta t = (\rho_p \cdot c_p \cdot d_p + \rho_s \cdot c_s \cdot d_s)R \tag{41.1}$$

式中　ρ_p, ρ_s——加热单元面板材料和试件的密度,单位为千克每立方米(kg/m³);

　　　c_p, c_s——加热单元面板材料和试件的比热容,单位为焦每千克(J/kg);

　　　d_p, d_s——加热单元面板材料和试件的厚度,单位为米(m);

　　　R——试件的热阻,单位为平方米开每瓦(m₂·K/W)。

以等于或大于 Δt 的时间间隔按上述"5. 热流量测定"和"7. 温差检测"的规定读取数据,持续到连续四组读数给出的热阻值的差别不超过1%,并且不是单调地朝一个方向改变时。在不可能较精确地估计过渡时间或者没有在同一装置里、在同样测定条件下测定类似试件的经验时,按照稳定状态开始的定义,读取数据至少持续 24 h。

当加热单元的温度为自动控制时,记录温差和(或)施加在计量加热器上的电压或电流有助于检查是否达到稳态平衡。

9. 最终质量和厚度测量

上述过渡时间和测量间隔的规定的读取数据完成以后,立即测量试件的最终质量。强烈推荐操作人员重复测量厚度,并报告试件体积的变化。

六、结果计算及数据处理

1. 密度

按式(41.2)、式(41.3)计算经过状态调节后的试件在测定时的密度 ρ_d 和(或)ρ_s:

$$\rho_d = \frac{m_2}{V} \tag{41.2}$$

$$\rho_s = \frac{m_3}{V} \tag{41.3}$$

式中　ρ_d——测定时干试件的密度,单位为千克每立方米(kg/m³);

　　　ρ_s——在复杂的调节过程(通常是与标准实验室的空气达到平衡)后的试件密度,单位为千克每立方米(kg/m³);

　　　m_2——干燥后试件的质量,单位为千克(kg);

　　　m_3——更复杂的调节过程后试件的质量,单位为千克(kg);

　　　V——干燥或调节后试件所占体积,单位为立方米(m³)。

2. 质量变化

材料因干燥所致的相对质量变化 m_r，或因更复杂的调节后的相对质量变化 m_c，按式(41.4)、式(41.5)计算：

$$m_r = \frac{m_1 - m_2}{m_2} \tag{41.4}$$

$$m_c = \frac{m_1 - M_3}{m_3} \tag{41.5}$$

式中 m_1——接收状态下材料的质量，单位为千克(kg)；

m_2，m_3——同上文"1. 密度"中的定义。

当材料产品标准要求或对正确评价实验状态有用时，除 m_c 之外，计算干燥后，因状态调节所致的相对质量变化 m_d 按式(41.6)计算：

$$m_d = \frac{m_3 - m_2}{m_2} \tag{41.6}$$

按式(41.7)计算试件在测定期间的相对质量增加 m_w：

$$m_w = \frac{m_4 - m_5}{M_5} \tag{41.7}$$

式中 m_w——测定中试件的相对质量增加；

m_4——测定结束时试件的质量，单位为千克(kg)；

m_5——临测定之前干试件的或调节过的质量，单位为千克(kg)。

3. 传热性质

用稳态数据的平均值进行所有的计算。应采用实验步骤过渡时间和测量间隔得到的四组数据进行计算，其他在稳态时观察的外加的测量数据，只要计算的传热性质与按实验步骤过渡时间和测量间隔观察的数据计算的传热性质的差异不超过 $\pm 1\%$，亦可使用。按式(41.8)计算热阻 R，或按式(41.9)计算导热系数 λ（或热阻系数 $\gamma = 1/\lambda$）：

$$R = \frac{A(T_1 - T_2)}{\Phi} \tag{41.8}$$

$$\lambda = \frac{\Phi \cdot d}{A(T_1 - T_2)} \tag{41.9}$$

式中 Φ——加热单元计量部分的平均加热功率，单位为瓦(W)；

T_1——试件热面温度平均值，单位为开(K)；

T_2——试件冷面温度平均值，单位为开(K)；

A——计量面积（双试件装置需乘以 2），单位为平方米(m^2)；

d——试件平均厚度，单位为米(m)。

实验 42　建筑吸声产品吸声系数的测定

一、实验意义和目的

吸声材料是一种能在较大程度上吸收由空气传递的声波能量的土木工程材料。在音乐厅、影视院、大会堂等室内的墙面、地面、天棚等部位,采用适当的吸声材料,能改善声波在室内的传播质量,保持良好的音响效果。测量吸声材料的吸声系数或吸声量,可以评定其吸声性能。本实验目的如下:

(1)掌握中断声源法测定建筑吸声材料吸声性能的实验原理和实验方法。

(2)测定试件的吸声量和吸声系数。

二、术语介绍

1. 衰变曲线:描述声源停止发声后房间内声压级随时间衰变的图形。

2. 混响时间:声音已达到稳态后停止声源,平均声能密度自原始值衰变百万分之一(60 dB)所需要的时间,单位为秒(s)。

3. 中断声源法:激励房间的宽带或窄带声源中断发声后,直接记录压级的衰变来获取衰变曲线的方法。

4. 房间吸声量:房间内各表面和物体的总吸声量加上房间内媒质中的损耗。

5. 试件吸声量:混响室在有和没有试件情况下的吸声量的差值。

6. 试件面积:被试件覆盖的地面或墙壁的面积。在试件被构造包围的情况,试件面积为构造所包围的面积。

7. 吸声系数:试件吸声量与试件面积的比值。

三、实验原理

本实验分别测量在有和没有试件情况下混响室的平均混响时间。试件吸声量 A_T 由这些混响时间数据用赛宾公式计算得出(见结果计算及数据处理中 A_1、A_2 和 A_T 的计算)。

对于均匀覆盖表面的试件(平面吸声体或规定的物体排列),其吸声系数为试件吸声量 A_T 与试件面积 S 的比值。

如果试件由若干个相同的物体组成,则单个物体的吸声量 A_{obj} 为总吸声量 A_T 与物体数量 n 的比值。

四、仪器设备

(一)混响室和声场扩散

1. 混响室容积:不应小于 150 m³。新建混响室的容积建议不小于 200 m³。容积超过 500 m³ 的混响室可能由于空气吸收而不能准确测量出高频段的吸声。

2. 混响室形状:应满足式(42.1)条件:

$$l_{max} < 1.9V^{\frac{1}{3}} \tag{42.1}$$

式中　l_{max} ——房间最大线度(比如矩形房间最大线度为主对角线),单位为米(m);

　　V ——房间容积,单位为立方米(m³)。

为达到简正频率(特别在低频段)的均匀分布,房间任意两个边的尺寸不应呈小整数比。

3. 声场扩散:混响室内逐渐衰变的声场应充分扩散。为达到满意的扩散度,不论混响室形状如何,通常需要设置固定或悬挂的扩散体或旋转扩散体。

4. 吸声量:按八、结果计算及数据处理中规定计算的空场混响室的 1/3 倍频程吸声量 A_1,不应超过表 42.1 给出的数值。

表 42.1　容积为 200³ 空场混响室的最大吸声量

频率/Hz	100	125	160	200	250	315	400	500	630
吸声量/m²	6.5	6.5	6.5	6.5	6.5	6.5	6.5	6.5	6.5
频率/Hz	800	1 000	1 250	1 600	2 000	2 500	3 150	4 000	5 000
吸声量/m²	6.5	7.0	7.5	8.0	9.5	10.5	12.0	13.0	14.0

如果混响室容积 V 不是 200 m³,则表 42.1 中给出的吸声量数值应乘以$(V/200)^{2/3}$。

空场混响室吸声量的频率特性图应为平滑的且没有明显的峰或谷的曲线,任何一个 1/3 倍频程吸声量与其相邻的两个 1/3 倍频程吸声量的平均值之间差别不应大于 15%。

(二) 传声器和扬声器

1. 传声器和传声器位置:测量用传声器应是全向传声器。应设不同的传声器位置,位置间距至少 1.5 m,距声源至少 2 m。距房间任何表面和试件至少 1 m。不同传声器位置测得的衰变曲线不应以任何方式合并。

2. 传声器和扬声器位置的数量:空间独立测量的衰变曲线至少为 12 条,因此传声器位置数与扬声器位置数的乘积至少为 12,其中传声器位置数最少为 3,声源位置数最少为 2。允许同时使用两个或两个以上的声源,只要它们各个 1/3 倍频程声功率之差不超过 3 dB。如果两个或两个以上的声源同时发声激励,则空间独立测量的衰变曲线可以减少到 6 条。

(三) 声源位置

混响室内声音应由全向辐射的声源发出。应设不同的声源位置,位置间距至少为 3 m。

五、试件要求及实验条件

(一) 平面吸声体

1. 试件面积应为 10～12 m²。如果混响室容积 V 大于 200 m³,则试件面积的上限应乘以$(V/200)^{2/3}$。

试件面积的选择取决于混响室容积和试件的吸声能力:房间容积越大,试件面积宜越大。对于吸声系数小的试件,宜选试件面积要求的上限。

2. 试件应做成宽度与长度之比为 0.7～1 的矩形,距房间任何边界宜不小于 1 m,但至少

0.75 m。试件边界宜不平行于距其最近的房间边界。如必要,较重的试件可沿着墙壁垂直安装并直接落在地面上,这时可不考虑试件距房间边界至少0.75 m的要求。

3.试件应按表42.2中规定的某一种方式安装,安装细节应符合现行国家标准《声学 混响室吸声测量》(GB/T 20247)中附录 B 的规定。空场混响室混响时间的测量应在没有试件框架或侧框的情况下进行(J类安装时环绕挡板除外)。

(二)分立吸声体

1.矩形单元吸声垫或板应按表42.2中J类方式安装。

2.分立物体(如座椅、独立式屏风、人等)应按实际应用中典型安装方式安装。比如,座椅或独立式屏风应落在地面上,但距房间任何其他边界不小于1 m。空间吸声体应安装在距房间任何边界、房间扩散体以及传声器均至少1 m的地方。办公室屏风应按单个物体安装。

3.试件应包含足够数量的单个物体(一般至少三个),以提供可测的房间吸声量的改变量大于1 m²,但不超过12 m²。如果混响室容积 V 大于200 m³,则这两数值应乘以 $(V/200)^{2/3}$。分立物体间距应至少2 m,且随机地布置。如果试件只是一个物体,则至少要测三个位置,每个位置间距至少2 m,并将测量结果予以平均。

表 42.2　吸声测试的试件安装

安装方式	安装方法
A类	试件安装或直接放置在房间表面,比如混响室地面
B类	适用于用粘合剂直接黏合在某硬面上的产品。实际应用中通常在产品和黏合产品的硬面之间留有一层薄空腔
E类	安装的试件背后留有空腔
G类安装	试件如帘幕、织物、窗帘、百页等平行于房间表面悬挂安装
I类安装	适用于喷涂或抹涂的材料,如灰泥。应用适当的衬底
J类安装	适用于矩形单元吸声垫或板的吸声测量。吸声垫或板的侧边应放置在或接触房间的一个表面,也可选用其他有地面净空的安装方式。吸声垫或板的侧边与房间表面之间不应留有空腔。试件安装占地面积应为10~15 m²

(三)温度和相对湿度

测量过程中温度和相对湿度的变化对测得的混响时间有很大影响,特别是在高频段和相对湿度较小时。

空室和放试件后混响室内的测量宜在温度和相对湿度近乎相同的情况下进行,这样缘于空气吸收的调整就相差不大。不论如何,整个测量过程中混响室内相对湿度至少为30%,最大为90%;温度不低于15 ℃。所有测量都应按照八、结果计算与数据处理中的方法对空气吸收的变化进行修正。

测试进行之前,让试件在混响室内达到温度及相对湿度条件的平衡。

六、混响时间测量

本实验采用的中断声源法测出的衰变曲线是一个统计过程的结果,为获取合适的可重复性数据,必须把在某一传声器/扬声器位置测得的数条衰变曲线或数个混响时间值进行平均。

（一）房间声激励

使用扬声器作为声源,馈给扬声器的信号为具有连续频谱的宽带或窄带噪声信号。当使用宽带噪声信号和实时分析仪时,该噪声信号的频谱应使混响室内两个相邻的 1/3 倍频程声压级的差值不超过 6 dB。当使用窄带噪声信号时,其宽带应至少为 1/3 倍频程。

声激励时间应足够长,在停止之前应能在需测的所有频带里产生稳态的声压级。为此,声激励时间至少是混响时间预估值的一半。

激励信号的声压级在衰变之前应足够高,以使衰变曲线中取值范围下限处的声压级至少高于背景噪声声压级 10 dB。

如果信号的宽带大于 1/3 倍频程,相邻频带的混响时间差别会影响衰变曲线中较低的部分。如果相邻频带的混响时间相差超过 1.5 倍,则应用 1/3 倍频程声源单独测量其中最短混响时间的频带的衰变曲线。

（二）平均

上文已阐述,必须将在某一传声器/扬声器位置测得的多个数据进行平均,以减小因统计偏差引起的测量不确定度。至少应有 3 个数据的平均。如果希望中断声源法的可重复性与脉冲响应积分法的可重复性处于同一范围,则至少应有 10 个数据的平均。有两种平均方法,第一种是用式（42.2）对某一传声器/扬声器位置记录下的衰变曲线进行平均:

$$L_p(t) = 10\lg\left[\frac{1}{N}\sum_{n=1}^{N}10^{\frac{L_{pn}(t)}{10}}\right] \tag{42.2}$$

式中 $L_p(t)$——总数为 N 个衰变计算的在 t 时刻的平均声压级,单位为分贝（dB）;

$L_{pn}(t)$——第 n 个衰变在 t 时刻的平均声压级,单位为分贝（dB）。

这种方法一般称为"集合平均法"。

第二种平均方法适用于集合平均法不能应用的情况,先对单个衰变曲线进行混响时间取值,再将取得的混响时间值进行算术平均。在不同传声器/扬声器位置记录下的衰变曲线不应进行平均。

（三）记录系统

记录系统应是一个电平记录仪或其他合适的用来确定与混响时间对应的衰变曲线平均斜度的系统,包括必要的放大器和滤波器。

记录（显示和/或取值）声压级衰变的仪器可能会运用:指数平均,输出连续曲线,或指数平均,输出连续平均得出的逐次离散的样点,或线性平均,输出逐次离散的线性平均,某些情况下在确定平均值时有相当长的暂停时间。

指数平均仪器的时间常数应低于,并尽可能接近 $T/20$。线性平均仪器的平均时间应低于 $T/12$。

对于将衰变记录成一系列离散点的仪器,记录的采样时间间隔应低于仪器的平均时间（$\leqslant T/12$）。

在衰变记录必须直观取值的情况下,宜调整显示图的时间刻度以使衰变曲线的斜度尽可能接近 45°。

注:(1) 以图形方式记录作为时间函数的声压级的商用电平记录仪近似等效于指数平

均仪器。

(2) 使用指数平均仪器时,把平均时间设定成远低于 $T/20$ 优点很少;使用线性平均仪器时,把采样时间间隔设定成远低于 $T/12$ 没有优点。系列测量过程中,可针对各个频带设定合适的平均时间。上述做法不可行的测量过程中,建议根据最短混响时间依上述要求确定所有频带的平均时间或采样时间间隔。

七、根据衰变曲线的混响时间取值

(一) 取值范围

测量应按 1/3 倍频程进行,其中心频率(Hz)按现行国家标准《声学中的常用频率》(GB/T 3240)规定如下:

100	125	160	200	250	315
400	500	630	800	1 000	1 250
1 600	2 000	2 500	3 150	4 000	5 000

上述规定的各个频带衰变曲线的取值应在低于起始声压级 5 dB 的地方开始。取值范围应为 20 dB,其下限应比测量系统的整体背景噪声至少高出 10 dB。

(二) 取值方法

当使用计算机控制的记录系统时,计算出整个取值范围的最小二乘法拟合直线是确定混响时间的一个便利的方法。运用其他算法也可得到类似的结果。当使用电平记录仪直接记录时,应手工画出尽可能靠近衰变曲线的一条直线。在对离散点取值的情况下,点的数量应足够多,以便应用最小二乘拟合法。

八、结果计算及数据处理

(一) 结果计算

1. 混响时间 T_1 和 T_2 的计算

混响室各个频带的混响时间由在该频带测得的所有混响时间的算术平均值表达。

空场混响室和有试件情况下分别测得的各个频带混响时间的平均值,T_1 和 T_2,应保留小数点后两位有效数字计算和表达。

2. A_1、A_2 和 A_T 的计算

(1) 空场混响室的吸声量 A_1(m²),应按式(42.3)计算:

$$A_1 = \frac{55.3V}{c_1 T_1} - 4Vm_1 \tag{42.3}$$

式中 V ——空场混响室容积,单位为立方米(m³);

c_1 ——空场混响室条件下声音在空气中的传播速度,单位为米每秒(m/s);

T_1 ——空场混响室的混响时间,单位为秒(s);

m_1 ——空场混响室条件下的声强衰减系数,单位为每米(m⁻¹)。根据测量过程中空场混响室空气条件按照现行国家标准《声学 户外声传播衰减 第1部分:大

气声吸收的计算》(GB/T 17247.1)计算得出。m 值可通过现行国家标准《声学　户外声传播衰减　第 1 部分:大气声吸收的计算》(GB/T 17247.1)中应用的衰减系数 α 按式(42.4)计算:

$$n = \frac{\alpha}{10\lg(e)} \qquad (42.4)$$

注:温度在 15 ℃度到 30 ℃范围内,c 值可按 $c = 331.45 + 0.6t$ 计算,c 为空气中声速,单位为米每秒(m/s),t 为空气温度,单位为摄氏度(℃)。

(2) 放试件后混响室的吸声量 A_2(m^2),应按式(42.5)计算。

$$A_2 = \frac{55.3V}{c_2 T_2} - 4Vm_2 \qquad (42.5)$$

式中　c_2——放试件后混响室条件下声音在空气中的传播速度,单位为米每秒(m/s);

T_2——放试件后混响室的混响时间,单位为秒(s);

m_2——放试件后混响室条件下的声强衰减系数,单位为每米(m^{-1})。根据测量过程中放试件后混响室空气条件按照现行国家标准《声学　户外声传播衰减　第 1 部分:大气声吸收的计算》(GB/T 17247.1)计算得出。m 值可通过现行国家标准《声学　户外声传播衰减　第 1 部分:大气声吸收的计算》(GB/T 17247.1)中应用的衰减系数 α 按式(42.4)计算。

(3) 试件吸声量 A_T(m^2),可按式(42.6)计算:

$$A_T = A_2 - A_1 = 55.3V\left(\frac{1}{c_2 T_2} - \frac{1}{c_1 T_1}\right) - 4V(m_2 - m_1) \qquad (42.6)$$

3. 吸声系数 α_s 的计算

平面吸声体或规定的物体排列的吸声系数 α_s 应按式(42.7)计算:

$$\alpha_s = \frac{A_T}{S} \qquad (42.7)$$

式中,S 为试件面积,单位为平方米(m^2)。

4. 分立吸声体吸声量的计算

对于分立吸声体,通常用单个物体的吸声量 A_{obj} 来表示结果,应按式(42.8)计算:

$$A_{obj} = \frac{A_T}{n} \qquad (42.8)$$

式中,n——被测物体数量。

对于规定的物体排列,用吸声系数来表示结果。

(二) 精密度

整个吸声测量的不确定度受两方面因素的影响。第一是混响时间测量的不确定度,第二个引起不确定度的因素是再现性的限制,这是由包括混响室和安装方法在内的整个测量过程的设置造成的。

混响时间测量的重复率:在 20 dB 的衰变范围内取值的混响时间 T_{20} 的相对标准偏差可用式(42.9)估算:

$$\varepsilon_{20}(T)=\sqrt{\frac{2.42+\dfrac{3.59}{N}}{fT}} \tag{42.9}$$

式中 $\varepsilon_{20}(T)$——混响时间 T_{20} 的标准偏差;

　　T——测得的混响时间,单位为秒(s);

　　f——1/3 倍频程中心频率,单位为赫兹(Hz);

　　N——衰变曲线的数量。

(三)结果表述

对于所有测量频带,应在测量报告中以表格和图形的方式给出下列结果:

(1)对于平面吸声体,吸声系数 α_s。

(2)对于单个物体,单个物体吸声量 A_{obj}。

(3)对于规定的物体排列,吸声系数 α_s。

试件吸声量应修约到 0.1 m^2,吸声系数应修约到 0.01。

注:注意测量结果的精密度可能会小于上述小数点修约限值所指的精密度。

图形表示中各数据点应用直线连接,横坐标以对数刻度表示频率,纵坐标以线性刻度表示吸声量或吸声系数。纵坐标上由 $A_T=0$ 至 $A_T=10$ m^2 或由 $\alpha_s=0$ 至 $\alpha_s=1$ 的距离与横坐标上 5 个倍频程的距离之比应为 2:3。对于测量结果 $A_T\leqslant3$ m^2,纵坐标刻度范围可选择为 $A_T=0$ 至 $A_T=5$ m^2。

实验 43　建筑材料及制品的燃烧性能实验

一、实验意义和目的

建筑材料的燃烧热值是表征建筑材料潜在火灾危险性的重要参数,是计算建筑材料燃烧释放热量和火灾荷载必不可少的基础数据。热值是单位质量的材料燃烧所产生的热量,是材料的自然属性,与材料的外形尺寸和使用状态等不相关。本实验目的如下:

(1)掌握测定建筑材料燃烧热值的实验方法和实验原理。

(2)测定建筑材料的燃烧热值。

二、实验原理

在标准条件下,将特定质量的试样置于一个体积恒定的氧弹量热仪中,测试试样燃烧热值。氧弹量热仪需用标准苯甲酸进行校准。在标准条件下,实验以测试温升为基础,在考虑所有热损失及汽化潜热的条件下,计算试样的燃烧热值。

三、仪器设备

实验仪器如图 43.1 所示，以下对仪器做出规定。

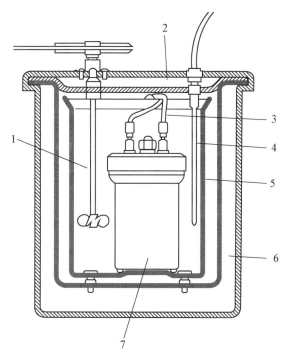

1—搅拌器；2—内筒盖；3—点火丝；4—温度计；5—内筒；6—外筒；7—氧弹

图 43.1　实验装置

（一）量热弹

量热弹应满足下列要求：

（1）容量：(300 ± 50)mL。

（2）质量不超过 3.25 kg。

（3）弹桶厚度至少是弹桶内径的 1/10。

盖子用来容放坩埚和电子点火装置。盖子以及所有的密封装置应能承受 21 MPa 的内压。

弹桶内壁应能承受样品燃烧产物的侵蚀，即使对硫磺进行实验，弹桶内壁也应能够抵制燃烧产生的酸性物质所带来的点腐蚀和晶间腐蚀。

（二）量热仪

1. 量热仪外筒

量热仪外筒应是双层容器，带有绝热盖，内外壁之间填充有绝热材料。外筒充满水。外筒内壁与量热仪四周至少有 10 mm 的空隙。应尽可能以接触面积最小的三点来支撑弹筒。

对于绝热量热系统，加热器和温度测量系统应组合起来安装在筒内，以保证外筒水温与量热仪内筒水温相同。

对于等温量热系统,外筒水温应保持不变,有必要对等温量热仪的温度进行修正。

2. 量热仪内筒

量热仪内筒是磨光的金属容器,用来容纳氧弹。量热仪内筒的尺寸应能使氧弹完全浸入水中。

3. 搅拌器

搅拌器应由恒定速度的马达带动。为避免量热仪内的热传递,在搅拌轴同外桶盖和外桶之间接触的部位,应使用绝热垫片隔开。可选用具有相同性能的磁力搅拌装置。

(三) 温度测量装置

温度测量装置分辨率为 0.005 K。

如果使用水银温度计,分度值至少精确到 0.01 K,保证读数在 0.005 K 内,并使用机械振动器来轻叩温度计,保证水银柱不黏结。

(四) 坩埚

坩埚应由金属制成,如铂金、镍合金、不锈钢,或硅石。坩埚的底部平整,直径 25 mm(切去了顶端的最大尺寸),高 14~19 mm。建议使用下列壁厚的坩埚:

(1) 金属坩埚:壁厚 1.0 mm;

(2) 硅石坩埚:壁厚 1.5 mm。

(五) 计时器

计时器用以记录实验时间,精确到 s,精度为 1 s/h。

(六) 电源

点火电路的电压不能超过 20 V。电路上应装有电表用来显示点火丝是否断开。断路开关是供电回路的一个重要附属装置。

(七) 压力表和针阀

压力表和针阀要安装在氧气供应回路上,用来显示氧弹在充氧时的压力,精确到 0.1 MPa。

(八) 天平

需要两个天平:

(1) 分析天平:精度为 0.1 mg。

(2) 普通天平:精度为 0.1 g。

(九) 制备"香烟"装置

制备"香烟"的装置和程序如图 43.2 所示。制备"香烟"的装置由一个模具和金属轴(不能使用铝制作)组成。

(十) 制丸装置

如果没有提供预制好的丸状样品,则需要使用制丸装置。

(十一) 试剂

1. 蒸馏水或去离子水。

2. 纯度≥99.5%的去除其他可燃物质的高压氧气(由电解产生的氧气可能含有少量的氢,不适用于该试验)。

3. 被认可且标明热值的苯甲酸粉末和苯甲酸丸片可作为计量标准物质。

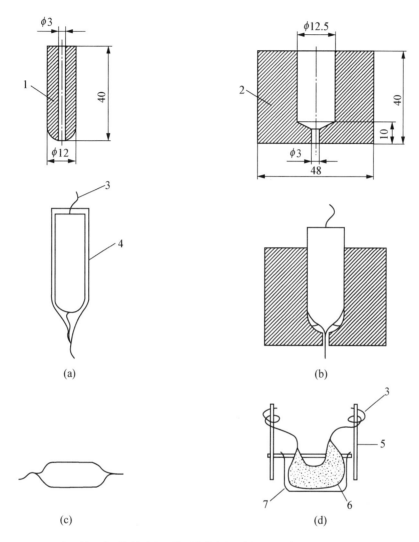

（a）在心轴上成型"香烟纸"。将预先粘好的"香烟纸"边缘重叠黏结固定起来。
（b）移出心轴后，固定"香烟纸"在模具中的位置，准备填装试样。
（c）制好"香烟"，将"香烟纸"端拧在一起。
（d）将"香烟"放入坩埚中，点火丝被紧密地包裹缠绕在电极线上。
　1—心轴；2—模具；3—点火丝；4—"香烟纸"；5—电极；6—香烟；7—坩埚

图 43.2　香烟法制备试样（单位：mm）

4. 助燃物采用已知热值的材料，比如石蜡油。

5. 已知热值的"香烟纸"应预先粘好，且最小尺寸为 55 mm×50 mm。可将市面上买来的 55 mm×100 mm 的"香烟纸"裁成相等的两片来用。

6. 点火丝为直径 0.1 mm 的纯铁铁丝。也可以使用其他类型的金属丝，只要在点火回路合上时，金属丝会因张力而断开，且燃烧热是已知的。使用金属坩埚时，点火丝不能接触坩埚，建议最好将金属丝用棉线缠绕。

7. 棉线以白色棉纤维制成。

四、试样

应对制品的每个组分进行评价,包括次要组分。如果非匀质制品不能分层,则需单独提供制品的各组分。如果制品可以分层,那么分层时,制品的每个组分应与其他组分完全剥离,不能黏附有其他成分。

注:匀质产品为由单一材料组成的制品或整个制品内部具有均匀的密度和组分;非匀质产品为由一种或多种主要或次要组分组成的制品。

(一) 制样

样品应具有代表性,对匀质制品或非匀质制品的被测组分,应任意截取至少 5 个样块作为试样。若被测组分为匀质制品或非匀质制品的主要成分,则样块最小质量为 50 g。若被测组分为非匀质制品的次要成分,则样块最小质量为 10 g。

1. 松散填充材料:从制品上任意截取最小质量为 50 g 的样块作为试样。

2. 含水产品:将制品干燥后,任意截取其最小质量为 10 g 的样块作为试样。

(二) 表观密度测量

如果有要求,应在最小面积为 250 mm×250 mm 的试样上对制品的每个组分进行面密度测试,精度为 ±0.5%。如为含水制品,则需对干燥后的制品质量进行测试。

(三) 研磨

将样品逐次研磨得到粉末状的试样。在研磨的时候不能有热分解发生。样品要采用交错研磨的方式进行研磨。如果样品不能研磨,则可采用其他方式将样品制成小颗粒或片材。

(四) 试样类型

通过研磨得到细粉末样品,应以坩埚法(见下文坩埚实验)制备试样。如果通过研磨不能得到细粉末样品,或以坩埚实验时试件不能完全燃烧,则应采用"香烟"法(见下文香烟实验)制备试样。

(五) 试样数量

应对 3 个试样进行试验。如果试验结果不能满足有效性的要求(见下文实验结果的有效性),则需对另外 2 个试样进行试验。按分级体系的要求,可以进行多于 3 个试样的试验。

(六) 质量测定

称取下述样品,结果精确到 0.1 mg:

(1) 被测材料 0.5 g。

(2) 苯甲酸 0.5 g。

(3) 必要时,应称取点火丝、棉线和"香烟"纸。

注:(1) 对于高热值的制品,可以不使用助燃物或减少助燃物。

(2) 对于低热值的制品,为了使得试样达到完全燃烧,可以将材料和苯甲酸的质量比由 1∶1 改为 1∶2,或增加助燃物来增加试样的总热值。

(七) 坩埚实验

实验步骤如下(图 43.3):

(1) 将已称量的试样和苯甲酸的混合物放入坩埚中。

(2) 将已称量的点火丝连接到两个电极上。

(3) 调节点火丝的位置,使之与坩埚中的试样良好地接触。

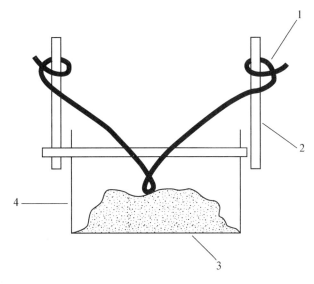

1—点火丝;2—电极;3—苯甲酸和试样混合物;4—坩埚

图 43.3 坩埚法制备试样

(八) 香烟实验

实验步骤如下(图 43.2):

(1) 调节已称量的点火丝,下垂到心轴的中心。

(2) 用已称量的"香烟纸"将心轴包裹,并将其边缘重叠处用胶水黏结。如果"香烟纸"已黏结,则不需要再次黏结。两端留出足够的纸,使其和点火丝拧在一起。

(3) 将纸和心轴下端的点火丝拧在一起放入模具中,点火丝要穿出模具的底部。

(4) 移出心轴。

(5) 将已称量的试样和苯甲酸的混合物放入"香烟纸"。

(6) 从模具中拿出装有试样和苯甲酸混合物的"香烟纸",分别将"香烟纸"两端扭在一起。

(7) 称量"香烟"状样品,确保总重和组成成分的质量之差不能超过 10 mg。

(8) 将"香烟"状样品放入坩埚。

五、状态调节

实验前,应将粉末试样、苯甲酸和"香烟纸"在(23±2)℃、相对湿度 50%±5% 的条件下放置不少于 48 h,直到达到恒定的质量,即 24 h 内的两个连续称量操作的测量质量之差不超过试样质量的 0.1% 或者 0.1 g。

六、测定步骤

(一) 概述

实验应在标准实验条件下进行,实验室内温度要保持稳定。对于手动装置,房间内的温度和量热筒内水温的差异不能超过 ±2 K。

(二) 校正步骤

1. 水当量的测定

量热仪、氧弹及其附件的水当量 E(MJ/K)可通过对 5 组质量为 0.4~1.0 g 的标准苯甲酸样品进行总热值测定来进行标定。标定步骤如下：

(1) 压缩已称量的苯甲酸粉末,用制丸装置将其制成小丸片,或使用预制的小丸片。预制的苯甲酸小丸片的燃烧热值同实验时采用的标准苯甲酸粉末燃烧热值一致时,才能将预制小丸片用于实验。

(2) 称量小丸片,精确到 0.1 mg。

(3) 将小丸片放入坩埚。

(4) 将点火丝连接到两个电极。

(5) 将已称量的点火丝接触到小丸片。

按下文标准实验程序进行实验。水当量 E 应为 5 次标定结果的平均值,以 MJ/K 表示。每次标定结果与水当量 E 的偏差不能超过 0.2%。

2. 重复标定的条件

在规定周期内,或不超过 2 个月,或系统部件发生了显著变化时,应按上文水当量的测定的规定进行标定。

3. 标准实验程序

(1) 检查两个电极和点火丝,确保其接触良好,在氧弹中倒入 10 mL 的蒸馏水,用来吸收实验过程中产生的酸性气体。

(2) 拧紧氧弹密封盖,连接氧弹和氧气瓶阀门,小心开启氧气瓶,给氧弹充氧至压力达到 3.0~3.5 MPa。

(3) 将氧弹放入量热仪内筒。

(4) 在量热仪内筒中注入一定量的蒸馏水,使其能够淹没氧弹,并对其进行称量。所用水量应和校准过程中(见上文水当量的测定)所用的水量相同,结果精确到 1 g。

(5) 检查并确保氧弹没有泄漏(没有气泡)。

(6) 将量热仪内筒放入外筒。

(7) 步骤如下:

① 安装温度测定装置,开启搅拌器和计时器。

② 调节内筒水温,使其和外筒水温基本相同。每隔一分钟应记录一次内筒水温,调节内筒水温,直到 10 min 内的连续读数偏差不超过 ±0.01 K。将此时的温度作为起始温度 (T_i)。

③ 接通电流回路,点燃样品。

④ 对绝热量热仪来说:在量热仪内筒快速升温阶段,外筒的水温应与内筒水温尽量保持一致;其最高温度相差不能超过 ±0.01 K。每隔一分钟应记录一次内筒水温,直到 10 min 内的连续读数偏差不超过 ±0.01 K。将此时的温度作为最高温度 (T_m)。

(8) 从量热仪中取出氧弹,放置 10 min 后缓慢泄压。打开氧弹。如氧弹中无煤烟状沉淀物且坩埚上无残留碳,便可确定试样发生了完全燃烧。清洗并干燥氧弹。

(9) 如果采用坩埚法进行实验时,试样不能完全燃烧,则采用"香烟"法重新进行实验。

如果采用"香烟"法进行实验,试样同样不能完全燃烧,则继续采用"香烟"法重复实验。

七、结果计算及数据处理

(一) 手动测试设备的修正

按照温度计的校准证书,根据温度计的伸入长度,对测试的所有温度进行修正。

(二) 等温量热仪的修正

1. 因为同外界有热交换,所以有必要按式(43.2)对温度进行修正(如果使用了绝热护套,或采用自动装置且自动进行修正,那么温度修正值为0)。

$$c = (t - t_1) \times T_2 - t_1 \times T_1 \tag{43.2}$$

式中 t ——从主期采样开始到出现最高温度时的一段时间,最高温度出现的时间是指温度停止升高并开始下降的时间的平均值,单位为 min、s(图 43.4);

  t_1 ——从主期采样开始到温度达到总温升值$(T_m - T_1)6/10$时刻的这段时间(图 43.4),这些时刻的计算是在相互两个最相近的读数之间通过插值获得,单位为 min 或 s;

  T_2 ——末期采样阶段温度每分钟下降的平均值(图 43.4);

  T_1 ——初期采样阶段温度每分钟增长的平均值(图 43.4)。

差异通常与量热仪过热有关。

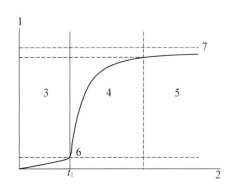

1—温度;2—时间;3—实验初期;4—实验主期;5—实验末期;6—点火;7—T(外筒)

图 43.4 温度-时间曲线

(三) 试样燃烧总热值的计算

计算试样燃烧的总热值时,应在恒容的条件下进行,由式(43.3)计算得出,以 MJ/kg 表示。对于自动测试仪,燃烧总热值可以直接获得,并作为实验结果:

$$PCS = \frac{E(T_m - T_i + c) - b}{m} \tag{43.3}$$

式中 PCS ——总热值,单位为兆焦耳每千克(MJ/kg);

  E ——量热仪、氧弹及其附件以及氧弹中充入水的水当量,单位为兆焦耳每开尔文 (MJ/K);

T_i——起始温度，单位为开尔文(K)；

T_m——最高温度，单位为开尔文(K)；

b——实验中所用助燃物的燃烧热值的修正值，单位为兆焦耳(MJ)，如点火丝、棉线、"香烟纸"、苯甲酸或其他助燃物；

注：除非棉线、"香烟纸"或其他助燃物的燃烧热值是已知的，否则都应测定。按照坩埚实验的规定来制备试样，并按照上文测定步骤中标准实验程序的规定进行试验。

各种点火丝的热值：镍铬合金点火丝：1.403 MJ/kg；铂金点火丝：0.419 MJ/kg；纯铁点火丝：7.490 MJ/kg。

c——与外部进行热交换的温度修正值，单位为开尔文(K)(见上文等温量热仪的修正)；

m——试样的质量，单位为千克(kg)。

(四) 产品燃烧总热值的计算

1. 概述

对于燃烧发生吸热反应的制品或组件，得到的 PCS 值可能会是负值。

采用以下步骤计算制品的 PCS 值。

首先，确定非匀质制品的单个成分的 PCS 值或匀质材料的 PCS 值。如果3组试验结果均为负，则在实验结果中应注明，并给出实际结果的平均值。

例如：-0.3，-0.4，+0.1，平均值为-0.2。

对于匀质制品，以这个平均值作为制品的 PCS 值，对于非匀质制品，应考虑每个组分的 PCS 平均值。若某一组分的热值为负值，在计算试样总热值时可将该热值设为0。金属成分不需要测试，计算时将其热值设为0。

如4个成分的热值分别为：-0.2，15.6，6.3，-1.8。负值设为0，即为：0，15.6，6.3，0。由这些值计算制品的 PCS 值。

2. 匀质制品

(1) 对于一个单独的样品，应进行3次实验。如果单个值的离散符合下文实验结果的有效性的判据要求，则实验有效，该制品的热值为这3次测试结果的平均值。

(2) 如果这3次实验的测试值偏差不在实验结果的有效性的规定值范围内，则需要对同一制品的两个备用样品进行测试。在这5个实验结果中，去除最大值和最小值，用余下的3个值按(1)的规定计算试样的总热值。

(3) 如果测试结果的有效性不满足(1)规定要求，则应重新制作试样，并重新进行实验。

(4) 如果分级实验中需要对2个备用试样(已做完3组试样)进行实验时，则应按(2)的规定准备2个备用试样，即是说对同一制品，最多对5个试样进行实验。

3. 非匀质制品

(1) 对于非匀质制品，应计算每个单独组分的总热值，总热值以 MJ/kg 表示，或以组分的面密度将总热值表示为 MJ/m²；

(2) 用单个组分的总热值和面密度计算非匀质产品的总热值。

八、实验结果的有效性

只有符合表43.1的判据要求时，实验结果才有效。

表 43.1　实验结果有效的标准

总燃烧值	3 组实验的最大和最小值偏差	有效范围
PCS PCS^a	$\leqslant 0.2$ MJ/kg $\leqslant 0.1$ MJ/m^2	$0 \sim 3.2$ MJ/kg $0 \sim 4.1$ MJ/m^2

^{a} 仅适用于非匀质材料。

实验 44　建筑材料不燃性实验

一、实验意义和目的

不燃性是建筑材料使用过程中需要考虑的性能之一,尤其在高层建筑的使用,而不燃性实验,更是对 A_1 级、A_2 级建筑材料的燃烧性能分级的判定依据。本实验目的如下:

(1) 掌握测量不燃性的实验原理和实验方法。

(2) 测定材料的不燃性。

二、实验原理

将试样置入加热炉中,通过测量材料实验过程中的质量损失、火焰持续时间以及仪器的热电偶温升,来衡量样品的不燃性。

三、仪器设备

实验装置为一加热炉系统。加热炉系统有电热线圈的耐火管,其外部覆盖有隔热层,锥形空气稳流器固定在加热炉底部,气流罩固定在加热炉顶部。加热炉安装在支架上,并配有试样架和试样架插入装置。布置有热电偶测定炉内温度、炉壁温度。典型的实验装置如图 44.1 所示。

(一) 加热炉、支架和气流罩

1. 加热炉管应由密度为 $(2\,800 \pm 300)$ kg/m^3 的铝矾土耐火材料制成,高 (150 ± 1) mm,内径 (75 ± 1) mm,壁厚 (10 ± 1) mm。

2. 加热炉管安置在一个由隔热材料制成的高 150 mm、壁厚 10 mm 的圆柱管的中心部位,并配以带有内凹缘的顶板和底板,以便将加热炉管定位。加热炉管与圆柱管之间的环状空间内应填充适当的保温材料。

3. 加热炉底面连接一个两端开口的倒锥形空气稳流器,其长为 500 mm,并从内径为 (75 ± 1) mm 的顶部均匀缩减至内径为 (10 ± 0.5) mm 的底部。空气稳流器采用 1 mm 厚的钢板制作,其内表面应光滑,与加热炉之间的接口处应紧密、不漏气、内表面光滑。空气稳流器的上半部采用适当的材料进行外部隔热保温。

4. 气流罩采用与空气稳流器相同的材料制成,安装在加热炉顶部。气流罩高 50 mm、内径 (75 ± 1) mm,与加热炉的接口处的内表面应光滑。气流罩外部应采用适当的材料进行

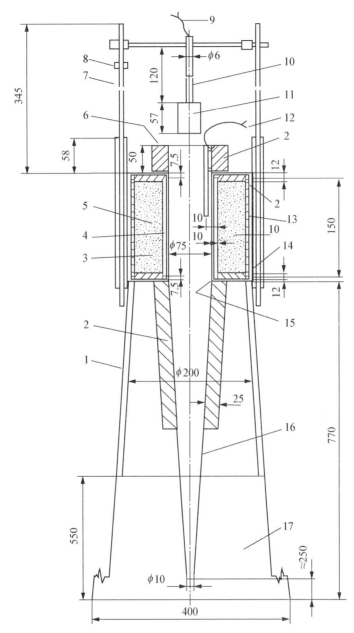

1—支架；2—矿棉隔热层；3—氧化镁粉；4—耐火管；5—加热电阻带；6—气流罩；7—插入装置；
8—定位块；9—试样热电偶；10—支撑件钢管；11—试样架；12—炉内热电偶；
13—外部隔热管；14—矿棉；15—密封件；16—空气稳流器；17—气流屏(钢板)

图 44.1　典型的试验装置图(单位:mm)

外部隔热保温。

　　5.加热炉、空气稳流器和气流罩三者的组合体应安装在稳固的水平支架上。该支架具
有底座和气流屏,气流屏用以减少稳流器底部的气流抽力。气流屏高 550 mm,稳流器底部
高于支架底面 250 mm。

(二) 试样架和插入装置

1. 试样架如图 44.2 所示,采用镍/铬或耐热钢丝制成,试样架底部安有一层耐热金属丝网盘,试样架质量为(15±2)g。

2. 试样架应悬挂在一根外径 6 mm、内径 4 mm 的不锈钢管制成的支承件底端。

3. 试样架应配以适当的插入装置,能平稳地沿加热炉轴线下降,以保证试样在实验期间准确地位于加热炉的几何中心。插入装置为一根金属滑动杆,滑动杆能在加热炉侧面的垂直导槽内自由滑动。

4. 对于松散填充材料,试样架应为圆柱体,外径与上文 1.规定的试样外径相同,采用类似上文 1.规定的制作试样架底部的金属丝网的耐热钢丝网制作。试样架顶部应开口,且质量不应超过 30 g。

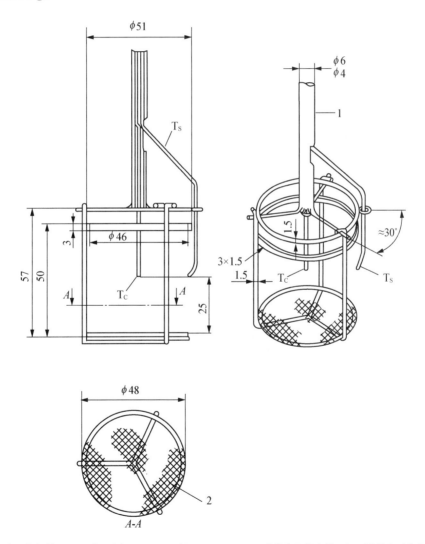

1—支承件钢管;2—网盘(网孔 0.9 mm、丝径 0.4 mm);T_C—试件中心热电偶;T_S—试件表面热电偶

图 44.2 试样架(单位:mm)

注:T_C、T_S 可任选使用。

(三) 热电偶

1. 采用丝径为 0.3 mm,外径为 1.5 mm 的 K 型热电偶或 N 型热电偶,其热接点应绝缘且不能接地。

2. 新热电偶在使用前应进行人工老化,以减少其反射性。

3. 如图 44.3 所示,炉内热电偶的热接点应距加热炉管壁(10±0.5)mm,并处于加热炉管高度的中点。热电偶位置可采用图 44.4 所示的定位杆标定,借助一根固定于气流罩上的导杆以保持其准确定位。

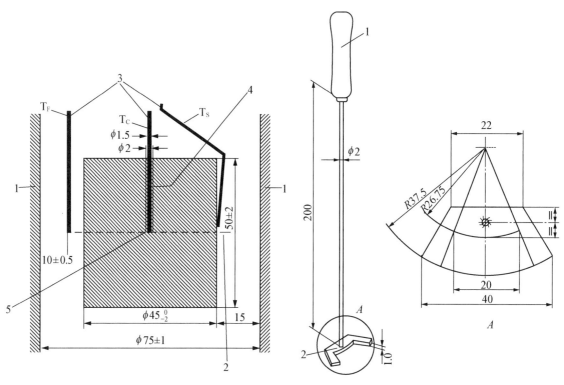

1—炉壁;2—中部温度;3—热电偶;4—直径 2 mm 的孔;
5—热电偶与材料间的接触;T_F—炉内热电偶;
T_C—试样中心热电偶;T_S—试样表面热电偶

图 44.3　加热炉、试样和热电偶的位置(单位:mm)
注:对于 T_C 和 T_S 可任选使用。

1—手柄;2—焊接处

图 44.4　定位杆(单位:mm)

(四) 接触式热电偶

接触式热电偶应由热电偶构成,并焊接在一个直径(10±0.2)mm 和高度(15±0.2)mm 的铜柱体上。

(五) 观察镜

为便于观察持续火焰和保护操作人员的安全,可在实验装置上方不影响实验的位置设置一面观察镜。观察镜为正方形,其边长为 300 mm,与水平方向呈 30°夹角,宜安放在加热炉上方 1 m 处。

（六）天平

称量精度为 0.01 g。

（七）稳压器

额定功率不小于 1.5 k(V·A)的单相自动稳压器,其电压在从零至满负荷的输出过程中精度应在额定值的±1%以内。

（八）调压变压器

控制最大功率应达 1.5 k(V·A),输出电压应能在零至输入电压的范围内进行线性调节。

（九）电气仪表

应配备电流表、电压表或功率表,以便对加热炉工作温度进行快速设定。这些仪表应满足对下文实验步骤关于测试验过程中实验前准备工作对电源规定的电量的测定。

（十）温度记录仪

温度显示记录仪应能测量热电偶的输出信号,其精度约 1 ℃或相应的毫伏值,并能生成间隔时间不超过 1 s 的持续记录。

注:记录仪工作量程为 10 mV,在大约+700 ℃的测量范围内的测量误差小于±1 ℃。

（十一）计时器

记录实验持续时间,其精度为 1 s/h。

（十二）干燥皿

贮存经状态调节的试样。

四、实验步骤

（一）试样

1. 概要

试样应从代表制品的足够大的样品上制取。

试样为圆柱形,体积(76±8)cm^3,直径(45$^0_{-2}$)mm,高度(50±3)mm。

2. 试样制备

(1)若材料厚度不满足(50±3)mm,可通过叠加该材料的层数和/或调整材料厚度来达到(50±3)mm 的试样高度。

(2)每层材料均应在试样架中水平放置,并用两根直径不超过 0.5 mm 的铁丝将各层捆扎在一起,以排除各层间的气隙,但不应施加显著的压力。松散填充材料的试样应代表实际使用的外观和密度等特性(注:如果试样是由材料多层叠加组成,则试样密度宜尽可能与生产商提供的制品密度一致)。

(3)试样数量:一共测试五组试样。

（二）状态调节

实验前,试样应按照建筑制品对火反应试验——状态条件程序及基本材料的一般规定(EN 13238)的有关规定进行状态调节。然后,将试样放入(60±5)℃的通风干燥箱内调节 20～24 h,然后将试样置于干燥皿中冷却至室温。实验前应称量每组试样的质量,结果精确至 0.01 g。

(三) 测试过程

1. 实验前准备工作

(1) 实验环境:实验装置不应设在风口,也不应受到任何形式的强烈日照或人工光照,以利于对炉内火焰的观察。实验过程中室温变化不应超过 5 ℃。

(2) 将试样架及其支承件从炉内移开。

(3) 按规定布置炉内热电偶,所有热电偶均应通过补偿导线连接到温度记录仪上。

(4) 电源:

将加热炉管的电热线圈连接到稳压器、调压变压器、电气仪表或功率控制器,如图 44.5 所示。实验期间,加热炉不应采用自动恒温控制。

在稳态条件下,电压约 100 V 时,加热线圈通过约 9～10A 的电流。为避免加热线圈过载,建议最大电流不超过 11 A。

对新的加热炉管,开始时宜慢慢加热,加热炉升温的合理程序是以约 200 ℃分段,每个温度段加热 2 h。

(5) 炉内温度的平衡:调节加热炉的输入功率,使炉内热电偶测试的炉内温度平均值平衡在(750±5)℃至少 10 min,其温度漂移(线性回归)在 10 min 内不超过 2 ℃,并要求相对平均温度的最大偏差(线性回归)在 10 min 内不超过 10 ℃,并对温度作连续记录。

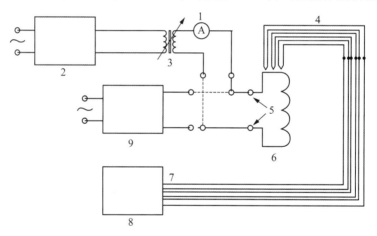

1—电流表;2—稳压器;3—调压器;4—热电偶;5—接线端子;
6—加热炉电阻带;7—补偿导线;8—温度显示器;9—功率控制器

图 44.5 实验装置和附加设备的布置

2. 校准程序

(1) 炉壁温度

① 当炉内温度稳定在上文实验前准备工作中对炉内温度的平衡所作规定的温度范围时,应使用规定的接触式热电偶和温度记录仪在炉壁三条相互等距的垂直轴线上测量炉壁温度。对于每条轴线,记录其加热炉管高度中心处及该中心上下各 30 mm 处三点的壁温(表 44.1)。采用合适的带有热电偶和隔热套管的热电偶扫描装置,可方便地完成对上述规定位置的测定过程,应特别注意热电偶与炉壁之间的接触保持良好,如果接触不好将导致温度读数偏低。在每个测温点,应待热电偶的记录温度稳定后,再读取该点的温度值。

表 44.1 炉壁温度读数

垂轴线	位置		
	a(30 mm 处)	b(0 mm 处)	c(−30 mm 处)
1(0°)	$T_{1;a}$	$T_{1;b}$	$T_{1;c}$
2(+120°)	$T_{2;a}$	$T_{2;b}$	$T_{2;c}$
3(+240°)	$T_{3;a}$	$T_{3;b}$	$T_{3;c}$

② 计算并记录按上述规定测量的 9 个温度读数的算术平均值,将其作为炉壁平均温度 T_{avg},按式(44.1)计算:

$$T_{avg} = \frac{T_{1;a} + T_{1;b} + T_{1;c} + T_{2;a} + T_{2;b} + T_{2;c} + T_{3;a} + T_{3;b} + T_{3;c}}{9} \tag{44.1}$$

分别计算按上述规定测量的三根垂轴线上温度读数的算术平均值,将其作为垂轴上的炉壁平均温度,如式(44.2)、式(44.3)、式(44.4)所示。

$$T_{avg,axis1} = \frac{T_{1;a} + T_{1;b} + T_{1;c}}{3} \tag{44.2}$$

$$T_{avg,axis2} = \frac{T_{2;a} + T_{2;b} + T_{2;c}}{3} \tag{44.3}$$

$$T_{avg,axis3} = \frac{T_{3;a} + T_{3;b} + T_{3;c}}{3} \tag{44.4}$$

式中 $T_{avg,axis1}$——第一根垂轴线上温度读数的算术平均值,单位为摄氏度(℃);

$T_{avg,axis2}$——第二根垂轴线上温度读数的算术平均值,单位为摄氏度(℃);

$T_{avg,axis3}$——第三根垂轴线上温度读数的算术平均值,单位为摄氏度(℃)。

分别计算三根垂轴线上的测量温度值相对平均炉壁温度偏差的绝对百分数,如式(44.5)、式(44.6)、式(44.7)所示。

$$T_{dev,axis1} = 100 \times \left| \frac{T_{avg} - T_{avg,axis1}}{T_{avg}} \right| \tag{44.5}$$

$$T_{dev,axis2} = 100 \times \left| \frac{T_{avg} - T_{avg,axis2}}{T_{avg}} \right| \tag{44.6}$$

$$T_{dev,axis3} = 100 \times \left| \frac{T_{avg} - T_{avg,axis3}}{T_{avg}} \right| \tag{44.7}$$

式中 $T_{dev,axis1}$——第一根垂轴线上测量温度值相对平均炉壁温度偏差的绝对百分数;

$T_{dev,axis2}$——第二根垂轴线上测量温度值相对平均炉壁温度偏差的绝对百分数;

$T_{dev,axis3}$——第三根垂轴线上测量温度值相对平均炉壁温度偏差的绝对百分数。

按式(44.8)计算并记录三根垂轴线上的平均炉温偏差值(算术平均值):

$$T_{\text{avg.dev.axis}} = \frac{T_{\text{dev.axis1}} + T_{\text{dev.axis2}} + T_{\text{dev.axis3}}}{3} \tag{44.8}$$

按式(44.9)、式(44.10)、式(44.11)计算测量的三根垂轴线上同一位置的温度读数的算术平均值:

$$T_{\text{avg.levela}} = \frac{T_{1;\,a} + T_{2;\,a} + T_{3;\,a}}{3} \tag{44.9}$$

$$T_{\text{avg.levelb}} = \frac{T_{1;\,b} + T_{2;\,b} + T_{3;\,b}}{3} \tag{44.10}$$

$$T_{\text{avg.levelc}} = \frac{T_{1;\,c} + T_{2;\,c} + T_{3;\,c}}{3} \tag{44.11}$$

式中 $T_{\text{avg.levela}}$——三个垂轴线上位置 a 的温度读数的算术平均值,单位为摄氏度(℃);

      $T_{\text{avg.levelb}}$——三个垂轴线上位置 b 的温度读数的算术平均值,单位为摄氏度(℃);

      $T_{\text{avg.levelc}}$——三个垂轴线上位置 c 的温度读数的算术平均值,单位为摄氏度(℃)。

按式(44.12)、式(44.13)、式(44.14)计算所测得的三根垂轴线上同一位置的温度值相对平均炉壁温度偏差的绝对百分数:

$$T_{\text{dev.levela}} = 100 \times \left| \frac{T_{\text{avg}} - T_{\text{avg.levela}}}{T_{\text{avg}}} \right| \tag{44.12}$$

$$T_{\text{dev.levelb}} = 100 \times \left| \frac{T_{\text{avg}} - T_{\text{avg.levelb}}}{T_{\text{avg}}} \right| \tag{44.13}$$

$$T_{\text{dev.levelc}} = 100 \times \left| \frac{T_{\text{avg}} - T_{\text{avg.levelc}}}{T_{\text{avg}}} \right| \tag{44.14}$$

式中 $T_{\text{dev.levela}}$——三根垂轴线上位置 a 的温度值相对平均炉壁温度偏差的绝对百分数;

      $T_{\text{dev.levelb}}$——三根垂轴线上位置 b 的温度值相对平均炉壁温度偏差的绝对百分数;

      $T_{\text{dev.levelc}}$——三根垂轴线上位置 c 的温度值相对平均炉壁温度偏差的绝对百分数。

按式(44.15)计算并记录三根垂轴线上同一位置的平均炉壁温度偏差值(算术平均值):

$$T_{\text{avg.level}} = \frac{T_{\text{dev.levela}} + T_{\text{dev.levelb}} + T_{\text{dev.levelc}}}{3} \tag{44.15}$$

三根垂轴线上的温度相对平均炉壁温度的偏差量($T_{\text{avg.dev.axis}}$)不应超过 0.5%。

三根垂轴上同一位置的平均温度偏差量相对平均炉壁温度的偏差量($T_{\text{avg.level}}$)不应超过 1.5%。

③ 确认在位置(+30 mm)处的炉壁温度平均值 $T_{\text{avg.levela}}$ 低于在位置(−30 mm)处的炉壁温度平均值 $T_{\text{avg.levelc}}$。

(2)炉内温度

在炉内温度稳定在上文规定的温度范围以及按规定校准炉壁温度后,使用接触式热电偶和温度记录仪沿加热炉中心轴线测量炉温。以下程序需采用一个合适的定位装置以对接触式热电偶进行准确定位。垂直定位的参考面应是接触式热电偶的铜柱体的上表面。

沿加热炉的中心轴线,在加热管高度中点位置记录该测温点的温度值。

沿中心轴线上中点向下以不超过 10 mm 的步长移动接触式热电偶,直至抵达加热炉管底部,待温度读数稳定后,记录每个测温点的温度值。

沿加热炉中心轴线从最低点向上以不超过 10 mm 的步长移动接触式热电偶,直至抵达加热炉管的顶部,待温度读数稳定后,记录每个测温点的温度值。

沿加热炉中心轴线从顶部向下以不超过 10 mm 的步长移动接触式热电偶,直至抵达加热炉管的底部,待温度读数稳定后,记录每个测温点的温度值。

每个测温点均记录有两个温度值,其中一个是向上移动测量的温度值,另一个是向下移动时测量的温度值。计算并记录这些等距测温点的算术平均值。

位于同一高度位置的温度平均值应处于式(44.16)和式(44.17)规定的范围(图 44.6):

$$T_{\min} = 541\ 653 + (5\ 901 \times x) - (0.067 \times x^2) + (3\ 375 \times 10^{-4} \times x^3) - (8\ 553 \times 10^{-7} \times x^4)$$

$$(44.16)$$

$$T_{\max} = 613\ 906 + (5\ 333 \times x) - (0.081 \times x^2) + (5\ 779 \times 10^{-4} \times x^3) - (1\ 767 \times 10^{-7} \times x^4)$$

$$(44.17)$$

式中,x 指炉内高度(mm),$x = 0$ 对应加热炉的底部,表 44.2 给出了图 44.6 中的数据。

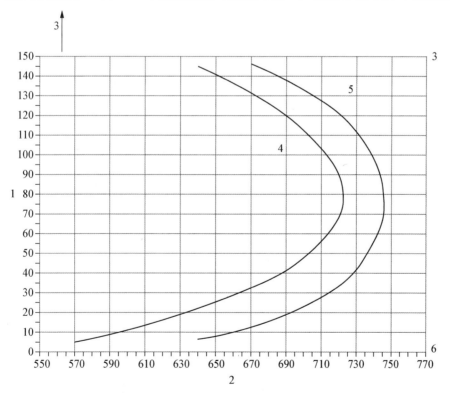

1—炉体高度(mm);2—温度(℃);3—炉体顶部;4—温度下限($T_{\min}$);5—温度上限($T_{\max}$);6—炉体底部

图 44.6　采用热传感器沿炉内中心轴线测量的温度曲线分布图

表 44.2 炉体温度分布值

高度/mm	T_{min}/℃	T_{max}/℃
145	639.4	671.0
135	663.5	697.5
125	682.8	716.1
115	697.9	728.9
105	709.3	737.4
95	717.3	742.8
85	721.8	745.9
75	722.7	747.0
65	719.6	746.0
55	711.9	742.5
45	698.8	735.5
35	679.3	723.5
25	652.2	705.0
15	616.2	677.5
5	569.5	638.6

（3）校准周期

当使用新的加热炉或更换加热炉管、加热电阻带、隔热材料或电源时,应执行上述（1）、（2）规定的程序。

3. 标准实验步骤

（1）使加热炉温度平衡。如果温度记录仪不能进行实时计算,最后应检查温度是否平衡。若不能满足上述规定的温度平衡条件,应重新实验。

（2）实验前应确保整台装置处于良好的工作状态,如空气稳流器整洁畅通、插入装置能平稳滑动、试样架能准确位于炉内规定位置。

（3）将一个试样放入试样架内,试样架悬挂在支承件上。

（4）将试样架插入炉内规定位置,该操作时间不应超过 5 s。

（5）当试样位于炉内规定位置时,立即启动计时器。

（6）记录实验过程中炉内热电偶测量的温度。

（7）进行 30 min 实验:如果炉内温度在 30 min 时达到了最终温度平衡,即由热电偶测量的温度在 10 min 内漂移(线性回归)不超过 2 ℃,则可停止实验。如果 30 min 内未能达到温度平衡,应继续进行实验,同时每隔 5 min 检查是否达到最终温度平衡,当炉内温度达到最终温度平衡或实验时间达 60 min 时应结束实验。记录实验的持续时间,然后从加热炉内取出试样架,实验的结束时间为最后一个 5 min 的结束时刻或 60 min。

若温度记录仪不能进行实时记录,实验后应检查实验结束时的温度记录。若不能满足上述要求,则应重新实验。

若实验使用了附加热电偶,则应在所有热电偶均达到最终温度平衡时或当实验时间为 60 min 时结束实验。

(8) 收集实验时和实验后试样碎裂或掉落的所有碳化物、灰和其他残屑,同试样一起放入干燥皿中冷却至环境温度后,称量试样的残留质量。

(9) 按上述(1)～(8)的规定共测试五组试样。

4. 实验期间的观察

(1) 按上文标准实验步骤的规定,在实验前和实验后分别记录每组试样的质量并观察记录实验期间试样的燃烧行为。

(2) 记录发生的持续火焰及持续时间,精确到 s。试样可见表面上产生持续 5 s 或更长时间的连续火焰才应视作持续火焰。

(3) 记录以下炉内热电偶的测量温度,单位为℃:

① 炉内初始温度 T_1,上文规定的炉内温度平衡期的最后 10 min 的温度平均值;

② 炉内最高温度 T_m,整个实验期间最高温度的离散值;

③ 炉内最终温度 T_f,上文标准实验步骤(7)实验过程最后 1 min 的温度平均值。

五、结果计算及数据处理

(一) 质量损失

计算并记录按上文实验期间的观察第(1)条规定测量的各组试样的质量损失,以试样初始质量的百分数表示。

(二) 火焰

计算并记录按上文实验期间的观察第(2)条规定的每组试样持续火焰持续时间的总和,以秒(s)为单位。

(三) 温升

计算并记录按上文实验期间的观察第(3)条规定的试样的热电偶温升,$\Delta T = T_m - T_f$,以摄氏度(℃)为单位。

实验 45　建筑材料难燃性实验

一、实验意义和目的

在我国建筑物的内装饰中,很多新型的复合建筑材料被广泛地应用,但是这些新型材料的应用也给我国居民带来了安全隐患,因为很多的新型复合建筑材料都具有可燃性,只要达到燃点,就会有自燃的隐患。建筑材料难燃性实验是判断难燃性建筑材料的依据。本实验目的如下:

(1) 掌握测量建筑材料难燃性的实验原理和实验方法。

(2) 测量建筑材料难燃性。

二、实验原理

将试件置于处于规定条件下的燃烧竖炉中一段时间,然后测定试件燃烧的剩余长度以及平均烟气温度,用于衡量材料的难燃性能。

三、仪器设备

(一) 燃烧竖炉

燃烧竖炉主要由燃烧室、燃烧器、试件支架、空气稳流层及烟道等部分组成。其外形尺寸为 1 020 mm×1 020 mm×3 930 mm,如图 45.1 和图 45.2 所示。

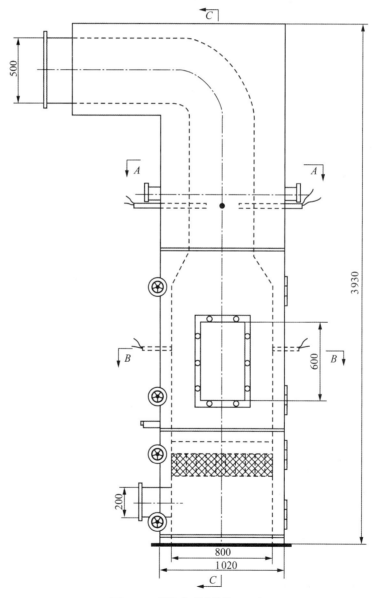

图 45.1 燃烧竖炉(单位:mm)

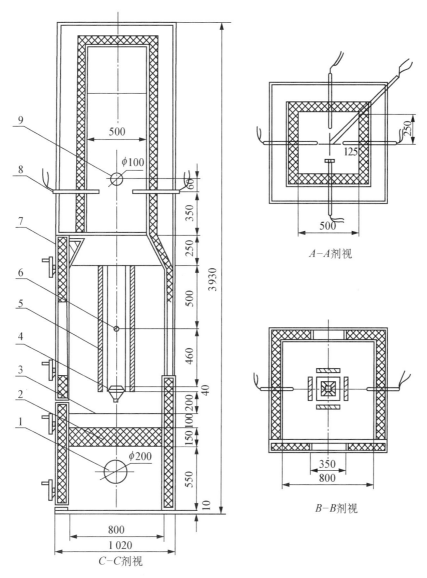

1—空气进口管；2—空气稳流器；3—铁丝网；4—燃烧器；5—试件；6—壁温热电偶；
7—炉壁结构(由内向外)2 mm 钢板、6 mm 石棉板、约 40 mm 厚的岩棉纤维隔热板、10 mm 石棉水泥板；
8—烟道热电偶；9—T 型测压管

图 45.2　燃烧炉竖炉剖视图(单位：mm)

1. 燃烧室

燃烧室由炉壁和炉门构成，其内空间尺寸为 800 mm×800 mm×2 000 mm。炉壁为保温夹层结构，其结构形式如图 45.2 所示。炉门分为上、下两门，分别用铰链与炉体连接，其结构与炉壁相似。两门借助手轮和固定螺杆与炉体闭合，在上炉门和燃烧室后壁设有观察窗。

2. 燃烧器

燃烧器水平置于燃烧室中心，距炉底 1 000 mm 处，如图 45.3 所示。

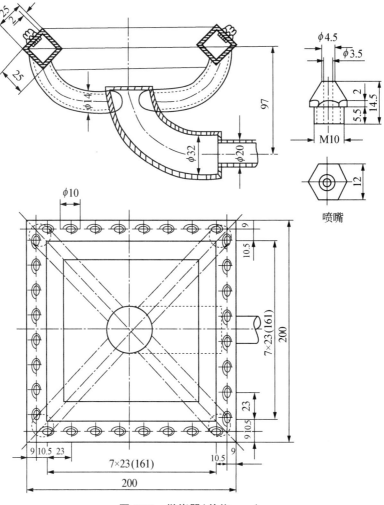

图 45.3 燃烧器(单位:mm)

3. 试件支架

试件支架为高 1 000 mm 的长方体框架,框架四个侧面设有调节试件安装距离的螺杆,框架由角钢制成,如图 45.4 所示。

4. 空气稳流层

空气稳流层为一角钢制成的方框,设置于燃烧器下方。方框底部铺设铁丝网,其上铺设多层玻璃纤维毡。

5. 烟道

燃烧炉的烟道为方形的通道,其截面积为 500 mm×500 mm,并位于炉子顶部,下部与燃烧室相通,上部与外部烟囱相连。

6. 供气

为在燃烧室内形成均匀气流,在炉体下部通过直径 200 mm 管道以恒定的速率及温度输入空气。

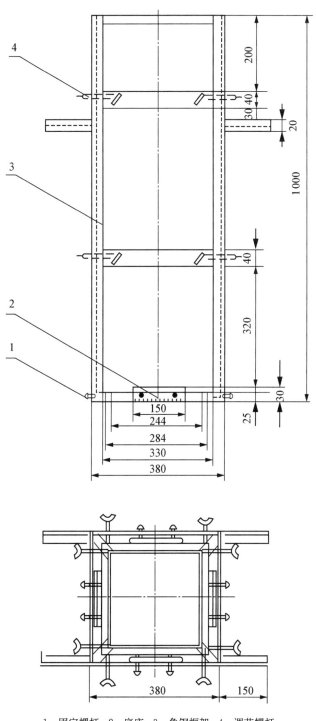

1—固定螺杆；2—底座；3—角钢框架；4—调节螺杆

图 45.4　试件支架(单位:mm)

(二) 测试设备

燃烧竖炉的测试设备应包括流量计、热电偶、温度记录仪、温度显示仪表及炉内压力测试仪表等。

1. 流量计

甲烷气和压缩空气流量的测定,选用精度 2.5 级,量程范围为 0.25～2.5 m^2/h 的流量计。

2. 热电偶

烟道气温度和炉壁温度的测定均采用精度为 Ⅱ 级,丝径为 0.5 mm,外径不大于 3 mm 的镍铬-镍硅铠装热电偶,安装部位如图 45.2 所示。

3. 温度记录仪及显示仪表

温度测定采用微机显示和记录,其测试精度为 1 ℃;也可采用与热电偶配套的精度为 0.5 级的可连续记录的电子电位差计或其他合适的可连续记录仪表。

(三) 炉内压力

在距炉底 2 700 mm 的烟道部位,距烟道壁 100 mm 处设置 T 型炉压测试管,T 型管内径 10 mm,头宽 100 mm,通过一台精度 0.5 级的差压变送器与微机或其他记录仪相连,进行连续监测。

(四) 燃烧竖炉中各组件的校正实验

1. 热荷载的均匀性实验

为确保实验时试件承受热荷载的均匀性。将 4 块 1 000 mm×190 mm×3 mm 的不锈钢板放置于试件架上,在距各不锈钢板底部 200 mm 处的中心线上,牢固地设置 1 支镍铬-镍硅热电偶。按下文实验步骤规定的操作程序进行实验。当实验进行 10 min 后,上述不锈钢板上四支热电偶所测得的温度平均值应满足(540±15)℃,否则,装置应进行调试。该实验必须每 3 个月进行一次。

2. 空气的均匀性实验

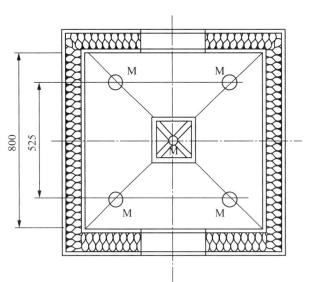

在燃烧竖炉下炉门关闭的供气条件下,在空气稳流层的钢丝网上取 5 点(图 45.5),距网 50 mm 处,采用测量误差不大于 10% 的热球式微风速仪或其他具有相同精度的风速仪,测量每点的风速。5 个测速点所测得的风速的平均值换算成气流量,并应满足竖炉规定的(10±1)m^3/min 的供气量。该项实验必须每半年进行 1 次。

3. 烟气温度热电偶的检查

为确保烟气温度测量的准确,每月至少应进行 1 次烟气温度热电偶的检查,有烟垢应除去,热电偶发生位移或变形的应校正达规定位置。

图 45.5　空气均匀性实验测点位置(单位:mm)

四、试件制备

（一）试件数目、规格及要求

1. 每次实验以 4 个试样为一组，每块试样均以材料实际使用厚度制作。其表面规格为 $(1\ 000^{0}_{-5})$ mm×(190^{0}_{-5}) mm，材料实际使用厚度超过 80 mm 时，试样制作厚度应取 $(80±5)$ mm，其表面和内层材料应具有代表性。

2. 均向性材料作 3 组试件，对薄膜、织物及非均向性材料作 4 组试件，其中每 2 组试件应分别从材料的纵向和横向取样制作。

3. 对于非对称性材料，应从试样正、反两面各制 2 组试件。若只需从一侧划分燃烧性能等级，可对该侧面制取 3 组试件。

（二）状态调节

在实验进行之前，试件必须在温度 $(23±2)$℃，相对湿度 $(50±5)$％的条件下调节至质量恒定。其判定条件为间隔 24 h，前后两次称量的质量变化率不大于 0.1％。如果通过称量不能确定达到平衡状态，在实验前就应在上述温、湿度条件下存放 28 d。

五、实验步骤

1. 实验操作

（1）实验在如图 45.1 所示的燃烧竖炉内进行。

（2）将 4 个经状态调节已达到规定要求的试样垂直固定在试件支架上，组成垂直方形烟道，试样相对距离为 $(250±2)$ mm。

（3）保持炉内压力为 $(-15±10)$ Pa。

（4）试件放入燃烧室之前，应将竖炉内炉壁温度预热至 50 ℃。

（5）将试件放入燃烧室内规定位置，关闭炉门。

（6）当炉壁温度降至 $(40±5)$℃时，在点燃燃烧器的同时，揿动计时器按钮，开始实验。实验过程中竖炉内应维持流量为 $(10±1)$ m³/min、温度为 $(23±2)$℃的空气流。燃烧器所用的燃气为甲烷和空气的混合气；甲烷流量为 $(35±0.5)$ L/min，其纯度大于 95％；空气流量为 $(17.5±0.2)$ L/min。以上两种气体流量均按标准状态计算。

气体标准状态按式（45.1）计算：

$$\frac{P_0 V_0}{T_0} = \frac{P_t V_t}{T_t} \tag{45.1}$$

式中　P_0——101 325 Pa；

$\qquad V_0$——甲烷气 35 L/min，空气 17.5 L/min；

$\qquad T_0$——273 ℃；

$\qquad P_t$——环境大气压＋燃气进入流量计的进口压力，单位为帕（Pa）；

$\qquad V_t$——甲烷气或空气的流量，单位为升每分钟（L/mm）；

$\qquad T_t$——甲烷气和空气的温度，单位为摄氏度（℃）。

实验中的现象应注意观察并记录。

(7) 实验时间为 10 min,当试件上的可见燃烧确已结束或 5 支热电偶所测得的平均烟气温度最大值超过 200 ℃时,实验用火焰可提前中断。

2. 试件燃烧后剩余长度的判断

(1) 试件燃烧后剩余长度为试件既不在表面燃烧,也不在内部燃烧形成炭化部分的长度(明显变黑色为炭化)。

试件在实验中产生变色,被烟熏黑及外观结构发生弯曲、起皱、鼓泡、熔化、烧结、滴落、脱落等变化均不作为燃烧判断依据。如果滴落和脱落物在筛底继续燃烧 20 s 以上,应在实验报告中注明。

(2) 采用防火涂层保护的试件,如木材及木制品,其表面涂层的炭化可不考虑。在确定被保护材料的燃烧后剩余长度时,其保护层应除去。

六、结果判定

1. 按照实验规定的程序,同时符合下列条件可认定为燃烧竖炉实验合格。

(1) 试件燃烧的剩余长度平均值应大于等于 150 mm,其中没有一个试件的燃烧剩余长度为零。

(2) 每组实验由 5 支热电偶所测得的平均烟气温度不超过 200 ℃。

2. 凡是燃烧竖炉实验合格,并能符合现行国家标准《建筑材料及制品燃烧性能分级》(GB 8624),对可燃性实验[现行国家标准《建筑材料可燃性试验方法》(GB/T 8626)]、烟密度实验[现行国家标准《建筑材料燃烧或分解的烟密度试验方法》(GB/T 8627)]规定要求的材料可定为难燃性建筑材料。

实验 46　建筑材料可燃性实验

一、实验意义和目的

建筑材料是否可燃是建筑材料使用过程中需要考虑的重要因素,根据建筑材料的可燃性不同,其相应的使用位置和使用方法也不一样。本实验目的如下:

(1) 掌握测量建筑材料可燃性的实验原理和实验方法。

(2) 测量建筑材料可燃性。

二、实验原理

在没有外加辐射条件下,用小火焰直接冲击垂直放置的试样以测定建筑制品可燃性。

三、仪器设备

1. 实验室

环境温度为(23±5)℃,相对湿度为 50%±20% 的房间。

注:光线较暗的房间有助于识别表面上的小火焰。

2. 燃烧箱

燃烧箱(图 46.1)由不锈钢钢板制作,并安装有耐热玻璃门,以便于至少从箱体的正面和一个侧面进行实验操作和观察。燃烧箱通过箱体底部的方形盒体进行自然通风,方形盒体由厚度 1.5 mm 的不锈钢制作,盒体高度 50 mm,开敞面积 25 mm×25 mm(图 46.1)。为达到自然通风目的,箱体应放置在高 40 mm 支座上,以使箱体底部存在一个通风空气隙。如图 46.1 所示,箱体正面两支座之间的空气隙应予以封闭。在只点燃燃烧器和打开抽风罩的条件下,测量的箱体烟道(图 46.1)内的空气流速应为(0.7±0.1)m/s。

燃烧箱应放置在合适的抽风罩下方。

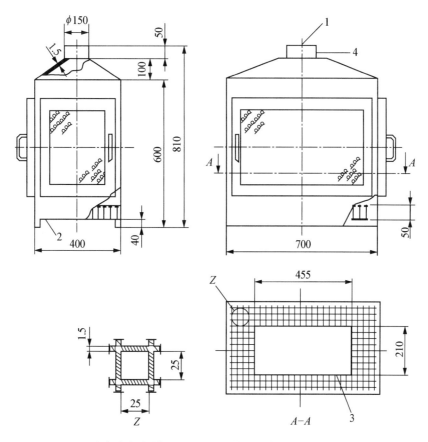

1—空气流速测量点;2—金属丝网格;3—水平钢板;4—烟道

图 46.1 燃烧箱(单位:mm)

注:除规定了公差外,全部尺寸均为公称值。

3. 燃烧器

结构如图 46.2 所示,燃烧器应能在垂直方向使用或与垂直轴线成 45°角。燃烧器应安装在水平钢板上,并可沿燃烧箱中心线方向前后平稳移动。

燃烧器应安装一个微调阀,以调节火焰高度。

4. 燃气:纯度≥95%的商用丙烷。为使燃烧器在 45°角方向上保持火焰稳定,燃气压力应在 10~50 kPa 范围内。

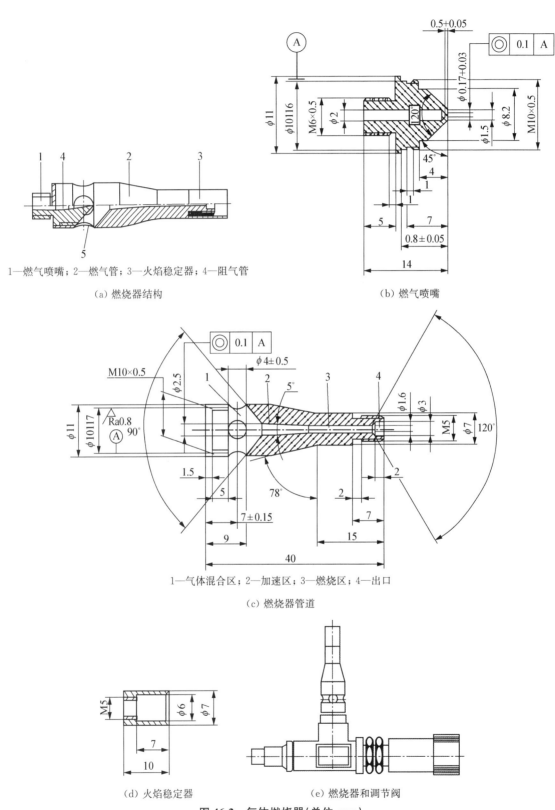

1—燃气喷嘴;2—燃气管;3—火焰稳定器;4—阻气管

(a)燃烧器结构

(b)燃气喷嘴

1—气体混合区;2—加速区;3—燃烧区;4—出口

(c)燃烧器管道

(d)火焰稳定器

(e)燃烧器和调节阀

图 46.2 气体燃烧器(单位:mm)

5. 试样夹:两个 U 型不锈钢框架构成,宽 15 mm,厚(5±1)mm,其他尺寸如图 46.3 所示。框架垂直悬挂在挂杆上(图 46.4),以使试样的底面中心线和边缘可以直接受火(图 46.5—图 46.7)。

为避免试样歪斜,用螺钉或夹具将两个试样框架卡紧。

采用的固定方式应能保证试样在整个试样测试过程中不会移位,这一点非常重要。

注:在与试样贴紧的框架内表面上可嵌入一些长度约 1 mm 的小销钉。

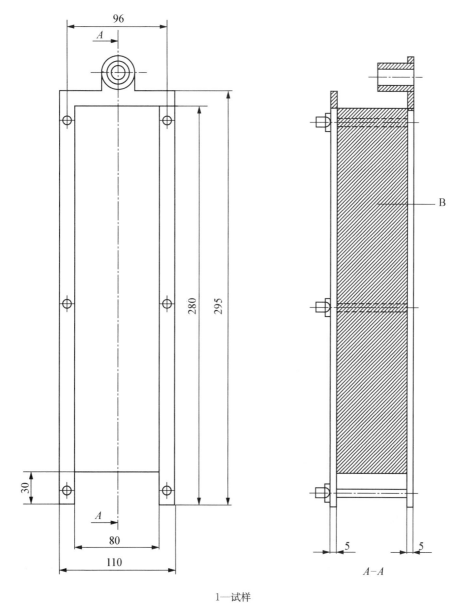

1—试样

图 46.3　典型试样夹(单位:mm)

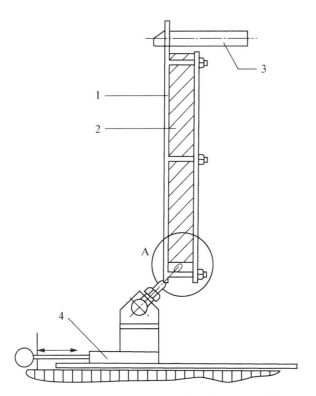

1—试样夹；2—试样；3—挂杆；4—燃烧器底座；A—见图 46.5

图 46.4　典型的挂杆和燃烧器定位(侧视图)

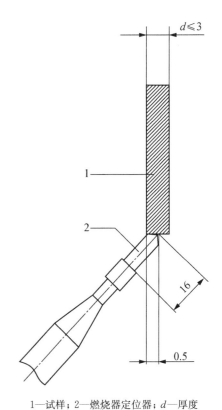

1—试样；2—燃烧器定位器；d—厚度

**图 46.5　厚度小于或等于 3 mm 的制品的
火焰冲击点(单位:mm)**

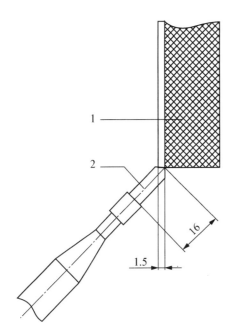

1—试样；2—燃烧器定位器

图 46.6　厚度大于 3 mm 的制品的典型火焰冲击点(单位:mm)

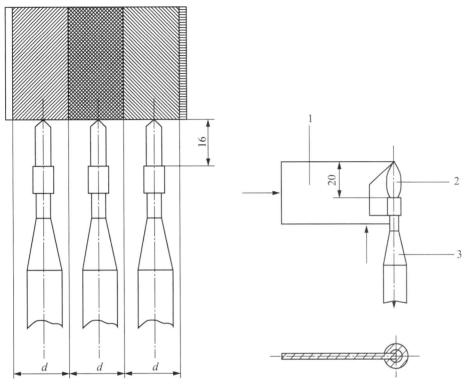

图 46.7　厚度大于 10 mm 的多层试样在附加
实验中的火焰冲击点(单位:mm)

1—金属片;2—火焰;3—燃烧器

图 46.8　典型的火焰高度测量器具(单位:mm)

6. 挂杆:挂杆固定在垂直立柱上,使试样夹能垂直悬挂,燃烧器火焰能作用于试样 (图 46.4)。对于边缘点火方式和表面点火方式,试样底面与金属网上方水平钢板的上表面 之间的距离应分别为(125±10)mm 和(85±10)mm。

7. 计时器:显示到秒(s),精度≤1 s/h。

8. 试样模板:两块金属板,其中一块长 250_{-1}^{0} mm,宽 90_{-1}^{0} mm;另一块长 250_{-1}^{0} mm,宽 180_{-1}^{0} mm。

9. 火焰检查装置:

(1) 火焰高度测量工具:以燃烧器上某一固定点为测量起点,能显示火焰高度为 20 mm 的合适工具(图 46.8)。火焰高度测量工具的偏差应为±0.1 mm。

(2) 用于边缘点火的点火定位器:能插入燃烧器喷嘴长 16 mm 的抽取式定位器,用以确 定同预先设定火焰在试样上的接触点的距离(图 46.9)。

(3) 用于表面点火的点火定位器:能插入燃烧器喷嘴的抽取式锥形定位器,用以确定燃 烧器前端边缘与试样表面的距离为 5 mm(图 46.9)。

10. 风速仪:精度为±0.1 m/s,用以测量燃烧箱顶部出口的空气流速。

11. 滤纸和收集盘。

未经染色的新滤纸,面密度为 60 kg/m²,含灰量小于 0.1%。

采用铝箔制作的收集盘,100 mm×50 mm,深 10 mm。收集盘放在试样正下方,每次实验后应更换收集盘。

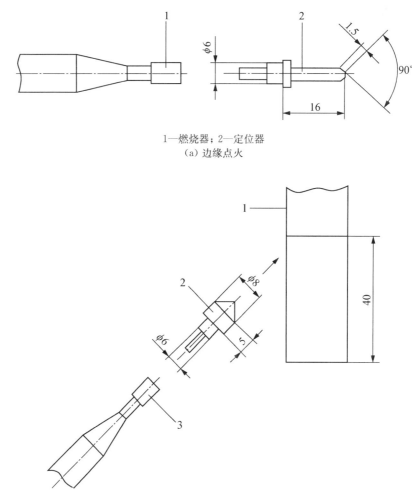

1—燃烧器；2—定位器
(a) 边缘点火

1—试样表面；2—定位器；3—燃烧器
(b) 表面点火

图 46.9　燃烧器定位器(单位:mm)

四、试样

1. 试样制备

使用仪器设备中规定的试样模板在代表制品的实验样品上切割试样。

2. 试样尺寸

试样尺寸为:长 250_{-1}^{0} mm,宽 90_{-1}^{0} mm。

厚度不超过 60 mm 的试样应按其实际厚度进行实验。厚度大于 60 mm 的试样,应从其背火面将厚度削减至 60 mm,按 60 mm 厚度进行实验。若需要采用这种方式削减试样尺寸,该切削面不应作为受火面。对于通常生产尺寸小于试样尺寸的制品,应制作适当尺寸的样品专门用于实验。

3. 非平整制品

基本平整样品应具有以下某一特征：

（1）平整受火面。

（2）如果制品表面不规则，但整个受火面均匀体现这种不规则特性，只要满足以下规定要求，可视为平整受火面。

在 250 mm×250 mm 的代表区域表面上，至少应有 50％的表面与受火面最高点所处平面的垂直距离不超过 6 mm；或对于有缝隙、裂纹或孔洞的表面，缝隙、裂纹或孔洞的宽度不应超过 6.5 mm，且深度不应超过 10 mm，其表面积也不应超过受火面 250 mm×250 mm 代表区域的 30％。

对于非平整制品，试样可按其最终应用条件进行实验（如隔热导管）。应提供完整制品或长 250 mm 的试样。

4. 实验数量

（1）对于每种点火方式，至少应测试 6 块具有代表性的制品试样，并应分别在样品的纵向和横向上切制 3 块试样。

（2）若实验用的制品厚度不对称，在实际应用中两个表面均可能受火，则应对试样的两个表面分别进行实验。

（3）若制品的几个表面区域明显不同，但每个表面区域均符合基本平整制品的表面特性，则应再附加一组实验来评估该制品。

（4）如果制品在安装过程中四周封边，但仍可以在未加边缘保护的情况下使用，应对封边的试样和未封边的试样分别实验。

5. 基材

若制品在最终应用条件下是安装在基材上，则试样应能代表最终应用状况。

五、状态调节

试样和滤纸应根据建筑制品对火反应试验——状态条件程序及基本材料选择的一般规定（EN 13238）进行状态调节。

六、实验步骤

1. 概述

有 2 种点火时间供选择，15 s 或 30 s。实验开始时间就是点火的开始时间。

2. 实验准备

（1）确认燃烧箱烟道内的空气流速符合要求。

（2）将 6 个试样从状态调节室中取出，并在 30 min 内完成实验。若有必要，也可将试样从状态调节室取出，放置于密闭箱体中的实验装置内。

（3）将试样置于试样夹中，试样的两个边缘和上端边缘被试样夹封闭，受火端距离试样夹底端 30 mm（图 46.3）。

注：操作员可在试样框架上做标记以确保试样底部边缘处于正确位置。

（4）将燃烧器角度调整至 45°角，使用定位器确认燃烧器与试样的距离（图 46.4～图 46.7）。

（5）在试样下方的铝箔收集盘内放两张滤纸，这一操作应在实验前的 3 min 内完成。

3. 实验步骤

（1）点燃位于垂直方向的燃烧器，待火焰稳定。调节燃烧器微调阀，并采用测量器具测量火焰高度，火焰高度应为(20±1)mm。应在远离燃烧器的预设位置上进行该操作，以避免试样意外着火。在每次对试样点火前应测量火焰高度。

注：光线较暗的环境有助于测量火焰高度。

（2）沿燃烧器的垂直轴线将燃烧器倾斜 45°，水平向前推进，直至火焰抵达预设的试样接触点。当火焰接触到试样时开始计时。按照要求，点火时间为 15 s 或 30 s。然后平稳地撤回燃烧器。

（3）点火方式：试样可能需要采用表面点火方式或边缘点火方式，或这两种点火方式都要采用。

注：建议的点火方式可能在相关的产品标准中给出。

① 表面点火：对所有的基本平整制品，火焰应施加在试样的中心线位置，底部边缘上方 40 mm 处(图 46.9)。应分别对实际应用中可能受火的每种不同表面进行实验。

② 边缘点火：对于总厚度不超过 3 mm 的单层或多层的基本平整制品，火焰应施加在试样底面中心位置处(图 46.5)。对于总厚度大于 3 mm 的单层或多层的基本平整制品，火焰应施加在试样底边中心且距受火表面 1.5 mm 的底面位置处(图 46.6)。对于所有厚度大于 10 mm 的多层制品，应增加实验，将试样沿其垂直轴线旋转 90°，火焰施加在每层材料底部中线所在的边缘处(图 46.7)。

（4）对于非基本平整制品和按实际应用条件进行测试的制品，应按照上述点火方式的规定进行点火，并应在实验报告中详尽阐述使用的点火方式。

4. 实验时间

（1）如果点火时间为 15 s，总实验时间是 20 s，从开始点火计算。

（2）如果点火时间为 30 s，总实验时间是 60 s，从开始点火计算。

七、结果评定

1. 记录点火位置。

2. 对于每块试样，记录以下现象：

（1）试样是否被引燃。

（2）火焰尖端是否到达距点火点 150 mm 处，并记录该现象发生时间。

（3）是否发生滤纸被引燃。

（4）观察试样的物理行为。

参 考 文 献

[1] 国药集团化学试剂有限公司.分析实验室用水规格和试验方法:GB/T 6682—2008[S].北京:中国标准出版社,2008.

[2] 中国建筑材料科学研究总院,无锡建仪仪器机械有限公司,绍兴肯特机械电子有限公司,等.水泥比表面积测定方法 勃氏法:GB/T 8074—2008[S].北京:中国标准出版社,2008.

[3] 中国建筑材料科学研究总院有限公司.水泥细度和比表面积标准样品:GSB 14—1511—2019[S].

[4] 建筑材料工业技术监督研究中心,中国建筑材料科学研究总院,云南国资水泥红河有限公司.水泥取样方法:GB/T 12573—2008[S].北京:中国标准出版社,2009.

[5] 中机生产力促进中心,新乡市巴山精密滤材有限公司.试验筛 金属丝编织网、穿孔板和电成型薄板筛孔的基本尺寸:GB/T 6005—2008[S].北京:中国标准出版社,2009.

[6] 中机生产力促进中心,新乡市巴山精密滤材有限公司,河南新乡新航丝网滤器有限公司.试验筛 技术要求和检验 第1部分:金属丝编织网试验筛:GB/T 6003.1—2012[S].北京:中国标准出版社,2013.

[7] 中国建筑材料科学研究院.水泥净浆搅拌机:JC/T 729—2005[S].北京:中国建材工业出版社,2005.

[8] 中国建筑材料科学研究院.水泥净浆标准稠度与凝结时间测定仪:JC/T 727—2005[S].北京:中国建材工业出版社,2005.

[9] 中国建筑材料科学研究院.行星式水泥胶砂搅拌机:JC/T 681—2005[S].北京:中国建材工业出版社,2005.

[10] 中国建筑材料科学研究院.水泥胶砂试模:JC/T 726—2005[S].北京:中国建材工业出版社,2005.

[11] 中国建筑材料科学研究院.水泥胶砂试体成型振实台:JC/T 682—2005[S].北京:中国建材工业出版社,2005.

[12] 中国建筑材料科学研究院.水泥胶砂振动台:JC/T 723—2005[S].北京:中国建材工业出版社,2005.

[13] 中国建筑材料科学研究院.水泥胶砂电动抗折试验机:JC/T 724—2005[S].北京:中国建材工业出版社,2005.

[14] 中国建筑材料科学研究院,绍兴市肯特机械电子有限公司.水泥胶砂强度自动压力试验机:JC/T 960—2005[S].北京:中国建材工业出版社,2005.

[15] 中国建筑材料科学研究院.40 mm×40 mm 水泥抗压夹具:JC/T 683—2005[S].北京:中国建材工业出版社,2005.

[16] 江西新华金属制品有限责任公司,法尔胜集团公司,冶金工业信息标准研究院.冷拉碳素弹簧钢丝:GB/T 4357—2009[S].北京:中国标准出版社,2010.

[17] 洛阳轴承研究所有限公司,洛阳轴研科技股份有限公司,山东东阿钢球集团有限公司,等.滚动轴承 球 第1部分:钢球:GB/T 308.1—2013[S].北京:中国标准出版社,2014.

[18] 中机生产力促进中心,新乡市巴山精密滤材有限公司,河南新乡新航丝网滤器有限公司,等.试验筛 技术要求和检验 第2部分:金属穿孔板试验筛:GB/T 6003.2—2012[S].北京:中国标准出版社,2013.

[19] 中国建筑科学研究院.试验用砂浆搅拌机:JG/T 3033—1996[S].北京:中国标准出版社,1997.

[20] 通用电气生物科技(杭州)有限公司,杭州特种纸业有限公司,中国制浆造纸研究院.化学分析滤纸:

GB/T 1914—2017[S].北京:中国标准出版社,2017.

[21] 中国建筑科学研究院,湖南省建筑工程集团总公司,同济大学,等.混凝土试模:JG 237—2008[S].北京:中国标准出版社,2009.

[22] 中国建筑科学研究院,美巢集团股份公司,上海岩艺墙体材料科技有限公司,等.建筑室内用腻子:JG/T 298—2010[S].北京:中国标准出版社,2011.

[23] 中国建筑材料科学研究总院.通用硅酸盐水泥:GB 175—2007[S].北京:中国标准出版社,2008.

[24] 中国建筑科学研究院.普通混凝土用砂、石质量及检验方法标准:JGJ 52—2006[S].北京:中国建筑工业出版社,2007.

[25] 中国建筑科学研究院.混凝土用水标准:JGJ 63—2006[S].北京:中国建筑工业出版社,2006.

[26] 中国建筑科学研究院.混凝土试验用搅拌机:JG 244—2009[S].北京:中国标准出版社,2009.

[27] 中国建筑科学研究院,长春建工集团有限公司.混凝土坍落度仪:JG/T 248—2009[S].北京:中国标准出版社,2009.

[28] 中国建筑科学研究院,安徽建工集团有限公司.维勃稠度仪:JG/T 250—2009[S].北京:中国标准出版社,2009.

[29] 中国建筑科学研究院,山东齐泰实业集团股份有限公司.混凝土试验用振动台:JG/T 245—2009[S].北京:中国标准出版社,2009.

[30] 中国建筑科学研究院,中国建筑第四工程局有限公司.混凝土含气量测定仪:JG/T 246—2009[S].北京:中国标准出版社,2009.

[31] 陕西鼓风机(集团)有限公司,安徽天康(集团)股份有限公司,北京布莱迪仪器仪表有限公司,等.精密压力表:GB/T 1227—2017[S].北京:中国标准出版社,2018.

[32] 中国建筑科学研究院,宿迁华夏建设(集团)工程有限公司.普通混凝土拌合物性能试验方法标准:GB/T 50080—2016[S].北京:中国建筑工业出版社,2017.

[33] 杭州坦司特仪器设备有限公司,长春试验机研究所有限公司.液压式万能试验机:GB/T 3159—2008[S].北京:中国标准出版社,2009.

[34] 长春试验机研究所,济南试金集团有限公司,上海华龙测试仪有限公司,等.试验机 通用技术要求:GB/T 2611—2007[S].北京:中国标准出版社,2008.

[35] 中国林业科学研究院木材工业研究所,浙江升华云峰新材股份有限公司,德华兔宝宝装饰新材股份有限公司.普通胶合板:GB/T 9846—2015[S].北京:中国标准出版社,2015.

[36] 中国林业科学研究院木材工业研究所,敦化丹峰林业纤维板有限责任公司,黑龙江省伊春市友好纤维板厂,等.湿法硬质纤维板 第2部分:对所有板型的共同要求:GB/T 12626.2—2009[S].北京:中国标准出版社,2009.

[37] 重庆大学,郑州大学,北京市建筑设计研究院,等.混凝土结构设计规范:GB 50010—2010[S].北京:中国建筑工业出版社,2015.

[38] 河南建筑材邻研究院,广州白云粘胶厂.建筑密封材料试验方法 第1部分:试验基材的规定:GB/T 13477.1—2002[S].北京:中国标准出版社,2003.

[39] 中国化学建筑材料公司苏州防水材料研究设计所,建材工业技术监督研究中心.建筑防水卷材试验方法 第2部分:沥青防水卷材 外观:GB/T 328.2—2007[S].北京:中国标准出版社,2007.

[40] 中国化学建筑材料公司苏州防水材料研究设计所,建材工业技术监督研究中心.建筑防水卷材试验方法 第3部分:高分子防水卷材 外观:GB/T 328.3—2007[S].北京:中国标准出版社,2007.

[41] 中橡集团沈阳橡胶研究设计院,北京橡胶工业研究设计院,承德精密试验机有限公司.硫化橡胶或热塑性橡胶 拉伸应力应变性能的测定:GB/T 528—2009[S].北京:中国标准出版社,2009.

[42] 桦林佳通轮胎有限公司.硫化橡胶或热塑性橡胶撕裂强度的测定(裤形、直角形和新月形试样):GB/T 529—2008[S].北京:中国标准出版社,2008.

[43] 中国化学建筑材料公司苏州防水材料研究设计所,建材工业技术监督研究中心.建筑防水卷材试验方法 第10部分:沥青和高分子防水卷材 不透水性:GB/T 328.10—2007[S].北京:中国标准出版社,2007.

[44] 建筑材料工业技术监督研究中心,北京康光仪器有限公司,桂林桂广滑石开发有限公司,等.建筑材料与非金属矿产品白度测量方法:GB/T 5950—2008[S].北京:中国标准出版社,2008.

[45] 上海市合成树脂研究所.塑料白度试验方法:GB 2913—1982[S].北京:中国标准出版社,1983.

[46] 建筑材料工业技术监督研究中心,中材人工晶体研究院,咸阳陶瓷研究设计院,等.建筑饰面材料镜向光泽度测定方法:GB/T 13891—2008[S].北京:中国标准出版社,2009.

[47] 中广电广播电影电视设计研究院,中国科学院声学研究所.声学 混响室吸声测量:GB/T 20247—2006[S].北京:中国标准出版社,2006.

[48] 声学名词术语编制组.声学测量中的常用频率:GB 3240—1982[S].

[49] 中国科学院声学研究所,北京大学.声学 户外声传播衰减 第1部分:大气声吸收的计算:GB/T 17247.1—2000[S].北京:中国标准出版社,2000.

[50] 公安部四川消防研究所.建筑材料及制品燃烧性能分级:GB 8624—2012[S].北京:中国标准出版社,2013.

[51] 公安部四川消防研究所.建筑材料可燃性试验方法:GB 8626—2007[S].北京:中国标准出版社,2008.

[52] 公安部四川消防研究所,浙江省公安厅消防局.建筑材料燃烧或分解的烟密度试验方法:GB/T 8627—2007[S].北京:中国标准出版社,2008.

[53] 中国石油化工股份有限公司茂名分公司.煤油:GB 253—2008[S].北京:中国标准出版社,2009.

[54] 中国建筑科学研究院.混凝土外加剂应用技术规范:GB 50119—2013[S].北京:中国建筑工业出版社,2014.

[55] 中国建筑材料科学研究总院,中国疾病预防控制中心辐射防护与核安全医所,中国建筑材料工业地质勘查中心,等.建筑材料放射性核素限量:GB 6566—2010[S].北京:中国标准出版社,2011.

[56] 南京玻璃纤维研究设计院.绝热材料稳态热阻及有关特性的测定 防护热板法:GB/T 10294—2008[S].北京:中国标准出版社,2009.

[57] 浙江绍兴陶堰新兴仪器厂,陕西西安西缆铜网厂.水泥细度检验方法筛析法:GB/T 1345—2005[S].北京:中国标准出版社,2005.

[58] 中国建筑材料科学研究总院,厦门艾思欧标准砂有限公司,浙江中富建筑集团股份有限公司,等.水泥标准稠度用水量、凝结时间、安定性检验方法:GB/T 1346—2011[S].北京:中国标准出版社,2012.

[59] 河南建筑材料研究设计院有限责任公司,广州市白云化工实业有限公司,郑州中原应用技术研究开发有限公司,等.建筑密封材料试验方法 第10部分:定伸粘结性的测定:GB/T 13477.10—2017[S].北京:中国标准出版社,2017.

[60] 河南建筑材料研究设计院.建筑密封材料试验方法 第16部分:压缩特性的测定:GB/T 13477.16—2002[S].北京:中国标准出版社,2003.

[61] 河南建筑材料研究设计院有限责任公司,广州市白云化工实业有限公司,郑州中原应用技术研究开发有限公司,等.建筑密封材料试验方法 第17部分:弹性恢复率的测定:GB/T 13477.17—2017[S].北京:中国标准出版社,2018.

[62] 河南建筑材料研究设计院.建筑密封材料试验方法 第18部分:剥离粘结性的测定:GB/T 13477.18—2002[S].北京:中国标准出版社,2003.

[63] 河南建筑材料研究设计院.建筑密封材料试验方法 第 5 部分:表干时间的测定:GB/T 13477.5—2002[S].北京:中国标准出版社,2003.

[64] 河南建筑材料研究设计院.建筑密封材料试验方法 第 6 部分:流动性的测定:GB/T 13477.6—2002[S].北京:中国标准出版社,2003.

[65] 河南建筑材料研究设计院.建筑密封材料试验方法 第 7 部分:低温柔性的测定:GB/T 13477.7—2002[S].北京:中国标准出版社,2003.

[66] 河南建筑材料研究设计院有限责任公司,广州市白云化工实业有限公司,成都硅宝科技股份有限公司,等.建筑密封材料试验方法 第 8 部分:拉伸粘结性的测定:GB/T 13477.8—2017[S].北京:中国标准出版社,2017.

[67] 安徽农业大学,国际竹藤网络中心,中国林业科学研究院,等.木材横纹抗拉强度试验方法:GB/T 14017—2009[S].北京:中国标准出版社,2009.

[68] 公安部四川消防研究所.广东省公安厅消防局.建筑材料及制品的燃烧性能 燃烧热值的测定:GB/T 14402—2007[S].北京:中国标准出版社,2008.

[69] 中冶建筑研究总院有限公司,冶金工业信息标准研究院,首钢长治钢铁有限公司,等.钢筋混凝土用钢 第 2 部分:热轧带肋钢筋:GB/T 1499.2—2018[S].北京:中国标准出版社,2018.

[70] 中国化学建筑材料公司苏州防水材料研究设计所.建筑防水涂料试验方法:GB/T 16777—2008[S].北京:中国标准出版社,2009.

[71] 中国建材检验认证集团股份有限公司,上海众材工程检测有限公司,中国建材检验认证集团江苏有限公司,等.水泥化学分析方法:GB/T 176—2017[S].北京:中国标准出版社,2017.

[72] 中国新型建筑材料工业杭州设计研究院.建筑石膏 力学性能的测定:GB/T 17669.3—1999[S].北京:中国标准出版社,1999.

[73] 中国新型建筑材料工业杭州设计研究院.建筑石膏 净浆物理性能的测定:GB/T 17669.4—1999[S].北京:中国标准出版社,1999.

[74] 中国新型建筑材料工业杭州设计研究院.建筑石膏 粉料物理性能的测定:GB/T 17669.5—1999[S].北京:中国标准出版社,1999.

[75] 中国建筑材料科学研究院.水泥胶砂强度检验方法(ISO 法):GB/T 17671—1999[S].北京:中国标准出版社,1999.

[76] 中国林业科学研究院木材工业研究所,东北林业大学.木材含水率测定方法:GB/T 1931—2009[S].北京:中国标准出版社,2009.

[77] 中国林业科学研究院木材工业研究所,东北林业大学.木材顺纹抗压强度试验方法:GB/T 1935—2009[S].北京:中国标准出版社,2009.

[78] 中国林业科学研究院木材工业研究所.木材抗弯强度试验方法:GB/T 1936.1—2009[S].北京:中国标准出版社,2009.

[79] 安徽农业大学,国际竹藤网络中心,中国林业科学研究院,等.木材顺纹抗剪强度试验方法:GB/T 1937—2009[S].北京:中国标准出版社,2009.

[80] 安徽农业大学,国际竹藤网络中心,中国林业科学研究院,等.木材顺纹抗拉强度试验方法:GB/T 1938—2009[S].北京:中国标准出版社,2009.

[81] 安徽农业大学,国际竹藤网络中心,中国林业科学研究院,等.木材横纹抗压试验方法:GB/T 1939—2009[S].北京:中国标准出版社,2009.

[82] 中国建筑材料科学研究院,唐山北极熊特种水泥有限公司,郑州王楼水泥工业有限公司,等.硫铝酸盐水泥:GB 20472—2006[S].北京:中国标准出版社,2007.

[83] 中国建筑材料科学研究总院,浙江城建建设集团有限公司,厦门艾思欧标准砂有限公司,等.水泥密度测定方法:GB/T 208—2014[S].北京:中国标准出版社,2014.

[84] 钢铁研究总院,济南试金集团有限公司,冶金工业信息标准研究院,宝钢股份公司,等.金属材料 拉伸试验 第1部分:室温试验方法:GB/T 228.1—2010[S].北京:中国标准出版社,2011.

[85] 首钢总公司,冶金工业信息标准研究院,钢铁研究总院.金属材料 弯曲试验方法:GB/T 232—2010[S].北京:中国标准出版社,2011.

[86] 中国建筑材料科学研究院.水泥胶砂流动度测定方法:GB/T 2419—2005[S].北京:中国标准出版社,2005.

[87] 西安墙体材料研究设计院,中国建材检验认证集团西安有限公司,南京鑫翔新型建筑材料有限责任公司,等.砌墙砖试验方法:GB/T 2542—2012[S].北京:中国标准出版社,2013.

[88] 天津水泥工业设计研究院有限公司.水泥原料易磨性试验方法(邦德法):GB/T 26567—2011[S].北京:中国标准出版社,2012.

[89] 首钢总公司,冶金工业信息标准研究院,中冶建筑研究总院有限公司,等.钢筋混凝土用钢材试验方法:GB/T 28900—2012[S].北京:中国标准出版社,2013.

[90] 中国化学建筑材料公司苏州防水材料研究设计所,建材工业技术监督研究中心.建筑防水卷材试验方法 第1部分:沥青和高分子防水卷材 抽样规则:GB/T 328.1—2007[S].北京:中国标准出版社,2007.

[91] 中国化学建筑材料公司苏州防水材料研究设计所,建材工业技术监督研究中心.建筑防水卷材试验方法 第11部分:沥青防水卷材 耐热性:GB/T 328.11—2007[S].北京:中国标准出版社,2007.

[92] 中国化学建筑材料公司苏州防水材料研究设计所,建材工业技术监督研究中心.建筑防水卷材试验方法 第14部分:沥青防水卷材 低温柔性:GB/T 328.14—2007[S].北京:中国标准出版社,2007.

[93] 中国化学建筑材料公司苏州防水材料研究设计所,建材工业技术监督研究中心.建筑防水卷材试验方法 第18部分:沥青防水卷材 撕裂性能(钉杆法):GB/T 328.18—2007[S].北京:中国标准出版社,2007.

[94] 中国化学建筑材料公司苏州防水材料研究设计所,建材工业技术监督研究中心.建筑防水卷材试验方法 第24部分:沥青和高分子防水卷材 抗冲击性能:GB/T 328.24—2007[S].北京:中国标准出版社,2007.

[95] 中国化学建筑材料公司苏州防水材料研究设计所,建材工业技术监督研究中心.建筑防水卷材试验方法 第27部分:沥青和高分子防水卷材 吸水性:GB/T 328.27—2007[S].北京:中国标准出版社,2007.

[96] 中国化学建筑材料公司苏州防水材料研究设计所,建材工业技术监督研究中心.建筑防水卷材试验方法 第8部分:沥青防水卷材 拉伸性能:GB/T 328.8—2007[S].北京:中国标准出版社,2007.

[97] 咸阳陶瓷研究设计院,杭州诺贝尔集团有限公司,广东蒙娜丽莎新型材料集团有限公司,等.陶瓷砖试验方法 第2部分:尺寸和表面质量的检验:GB/T 3810.2—2016[S].北京:中国标准出版社,2017.

[98] 咸阳陶瓷研究设计院,杭州诺贝尔集团有限公司,广东蒙娜丽莎新型材料集团有限公司,等.陶瓷砖试验方法 第4部分:断裂模数和破坏强度的测定:GB/T 3810.4—2016[S].北京:中国标准出版社,2017.

[99] 咸阳陶瓷研究设计院,杭州诺贝尔集团有限公司,广东蒙娜丽莎新型材料集团有限公司,等.陶瓷砖试验方法 第5部分:用恢复系数确定砖的抗冲击性:GB/T 3810.5—2016[S].北京:中国标准出版社,2017.

[100] 中国石油大学(华东)重质油研究所.沥青延度测定法:GB/T 4508—2010[S].北京:中国标准出版社,2011.

[101] 中国石油大学重质油研究所.沥青软化点测定法 环球法:GB/T 4507—2014[S].北京:中国标准出版社,2014.

[102] 全国石油产品和润滑剂标准化技术委员会石油沥青分技术委员会.沥青针入度测定法:GB/T 4509—2010[S].北京:中国标准出版社,2011.

[103] 中国建筑科学研究院有限公司.混凝土物理力学性能试验方法标准:GB/T 50081—2019[S].北京:中国建筑工业出版社,2019.

[104] 中国建筑科学研究院有限公司.普通混凝土长期性能和耐久性能试验方法标准:GB/T 50082—2009[S].北京:中国建筑工业出版社,2009.

[105] 公安部四川消防研究所.建筑材料不燃性试验方法:GB/T 5464—2010[S].北京:中国标准出版社,2011.

[106] 中国建筑材料科学院.水泥压蒸安定性试验方法:GB/T 750—1992[S].北京:中国标准出版社,1993.

[107] 苏州混凝土水泥制品研究院有限公司,浙江五龙新材股份有限公司.混凝土外加剂匀质性试验方法:GB/T 8077—2012[S].北京:中国标准出版社,2013.

[108] 公安部四川消防研究所.建筑材料难燃性试验方法:GB/T 8625—2005[S].北京:中国标准出版社,2005.

[109] 中材人工晶体研究院有限公司,北京中材人工晶体研究院有限公司,环球石材(福建)有限公司,等.天然石材试验方法 第3部分:吸水率、体积密度、真密度、真气孔率试验[S].北京:中国标准出版社,2020.

[110] 北京建筑材料科学研究总院有限公司.建筑干混砂浆用可再分散乳胶粉:JC/T 2189—2013[S].北京:中国建筑工业出版社,2013.

[111] 北京建筑材料科学研究总院有限公司.建筑干混砂浆用纤维素醚:JC/T 2190—2013[S].北京:中国建筑工业出版社,2013.

[112] 中国建筑材料科学研究总院,中国建筑材料检验认证中心.膨胀水泥膨胀率试验方法:JC/T 313—2009[S].北京:中国建筑工业出版社,2010.

[113] 中国建筑材料科学研究院.自应力水泥物理检验方法:JC/T 453—2004[S].北京:中国标准出版社,2005.

[114] 苏州中石钙化物工程技术有限公司,常熟大众钙化物有限公司,中国石灰协会.建筑石灰试验方法 第1部分:物理试验方法:JC/T 478.1—2013[S].北京:中国标准出版社,2013.

[115] 中国建筑材料科学研究院.水泥标准筛和筛析仪:JC/T 728—2005[S].北京:中国标准出版社,2005.

[116] 中国建筑科学研究院.普通混凝土配合比设计规程:JGJ 55—2011[S].北京:中国建筑工业出版社,2011.

[117] 陕西省建筑科学研究院,山河建设集团有限公司.建筑砂浆基本性能试验方法标准:JGJ/T 70—2009[S].北京:中国建筑工业出版社,2009.

[118] 河南建筑材料研究设计院有限责任公司,瓮福(集团)有限责任公司,云南云天化国际化工股份有限公司.建筑石膏:GB/T 9776—2008[S].北京:中国标准出版社,2008.

[119] 山东省计量科学研究院.拉力、压力和万能试验机检定规程:JJG 139—2014[S].北京:中国质检出版社,2015.